徹底攻略

電験一種

一次試験

機械

塩沢孝則［著］

読者の皆さまへ

社会の生産活動や人々の暮らしを支えるエネルギーは，ますます重要性を増しています．特に，カーボンニュートラルを目指す動きの中で，電気はエネルギー源の中核を引き続き担っていくことでしょう．

このような情勢にあって，事業用電気工作物の安全で効率的な運用を行うため，その工事と維持，運用に関する保安と監督を担うのが電気主任技術者です．この役割は非常に重要になっており，人気のある国家資格となっています．第一種電気主任技術者試験は電験一種とも言われ，電験最高峰の試験です．一次試験は，理論，電力，機械，法規の４つがあり，二次試験は一次試験に合格した人だけが受験できる試験で，電力・管理と機械・制御の２つで実施されます．

本シリーズは，電験一種合格を目標とし，一次試験対策として「理論」，「電力」，「機械」，「法規」の４冊，二次試験対策として「電力・管理」，「機械・制御」の２冊，合計６冊からなる受験対策書シリーズで，次の配慮をしています．

①電験一種受験者は，参考書の解説を読んで学ぶよりも，問題を解きながら知識を補充して積み重ねる方が実践的で効率的だと考えます．このため，本シリーズは，電験一種の過去問題を分析したうえで，頻出分野から，良問，典型的な問題，新傾向の問題を選定し，図を取り入れながら詳細に解説を行っています．

②詳細解説では一種独自の分野や学ぶべき知識・技術を重点的に説明しています．

③過去問題を解きながら学習を進める場合，年度別に解くよりも，分野毎に過去問題を分類して解く方が学習効果は高いので，そうした配列にしています．

他方，電験一種といえども，基礎が重要であり，近年その傾向が強くなっています．「ガッツリ学ぶ電験二種シリーズ（理論，電力，機械，法規）」は電験二種一次試験と二次試験論説対策も考慮して執筆しているので，基礎事項の復習・整理の観点から，本書と併せてご愛読いただければ，より効果的です．

読者の皆様が，本書を活用し，電験一種の合格を勝ち取られることを心より祈念しております．

最後に，本書の編集にあたり，お世話になりましたオーム社の方々に厚く御礼申し上げます．

2025 年 3 月

塩　沢　孝　則

目　次

第1章　同期機

1　同期発電機

2　同期電動機

第2章　誘導機と直流機

1　誘導電動機

2　誘導発電機

3　直流機

第 3 章　変圧器と機器

1　変圧器

2　機器

第 4 章　パワーエレクトロニクス

1　半導体素子

2 整流回路

3 チョッパ回路

4 インバータと応用

第 5 章 電気鉄道と電動機応用

1 電気鉄道

2 電動機応用

第 6 章 照明と電熱

1 照明の基本的事項と照明計算

2 センサおよびメカトロニクス

第 9 章 情報伝送・処理

1 コンピュータシステム

2 ネットワーク

第 1 章

同　期　機

[学習のポイント]

○同期機は，機械科目を代表する分野であり，機械科目における一次試験・二次試験対策だけではなく二次試験の電力分野のベースともなることから，十分に学習する．電力系統における安定度も，本質的には同期機の挙動である．

○同期発電機では，等価回路とフェーザ図，電機子反作用，無負荷飽和曲線と短絡特性曲線，同期機のリアクタンスと時定数，電機子巻線の分布係数，制動巻線，突極機の出力，励磁装置，容量性負荷における同期発電機の特性，軸電流を取り上げた．

○一方，同期電動機では，突極形同期電動機の出力とトルク，始動法，永久磁石式同期電動機の駆動法，リラクタンスモータを取り上げている．

○本書で取り上げた問題は，同期発電機や同期電動機の分野の典型的な問題であり，詳細解説を含めて，十分に学習していただきたい．

1　同期発電機

問題 1　三相円筒形同期機とフェーザ図　（R4-A1）

次の文章は，三相円筒形同期機とそのフェーザ図に関する記述である．なお，簡単のために同期機の損失は無視するものとする．

同期発電機と同期電動機は原理的には同じ構造を持ち，一つの同期機で発電機運転と電動機運転を行うことができる．同期機の端子電圧を $\dot{V}$〔p.u.〕，無負荷誘導起電力を $\dot{E}$〔p.u.〕とすると，（1）であれば同期機は発電機として動作し，逆になれば電動機として動作する．

ただし，電機子反作用は，電動機運転では進み電流のときに，発電機運転では遅れ電流のときに，（2）となる．

上記を踏まえて，以下の同期機の運転状態に対応するフェーザ図を解答群から選べ．

・発電機，遅れ力率運転の場合　（3）
・発電機，進み力率運転の場合　（4）
・調相機，遅れ力率運転の場合　（5）

なお，同期機の等価回路は右図のとおりであり，$\dot{I}$ は電機子電流，X_S は同期リアクタンスとする．

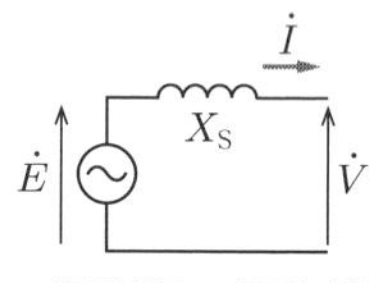

発電機及び調相機

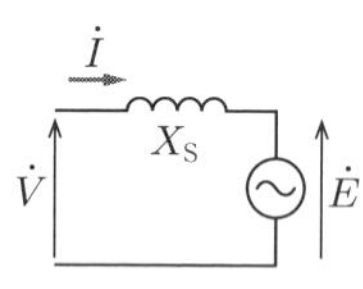

電動機

解答群

（イ）E が V より大　（ロ）$\dot{E}$ が $\dot{V}$ より遅れ位相　（ハ）増磁作用
（ニ）回転子反作用　（ホ）$\dot{E}$ が $\dot{V}$ より進み位相　（ヘ）減磁作用

（ト）

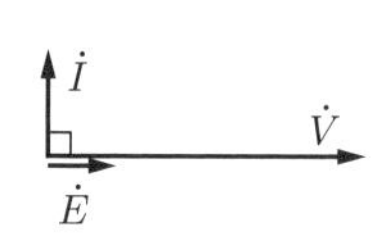

（チ）

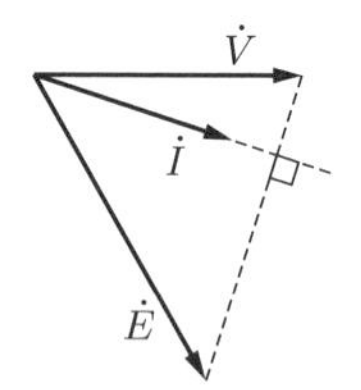

（リ）

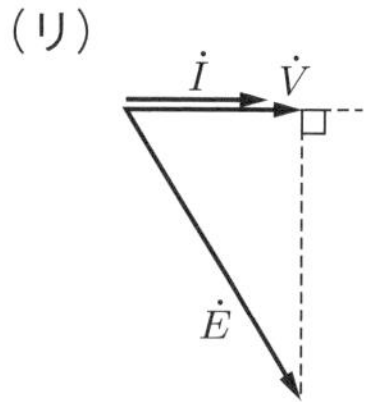

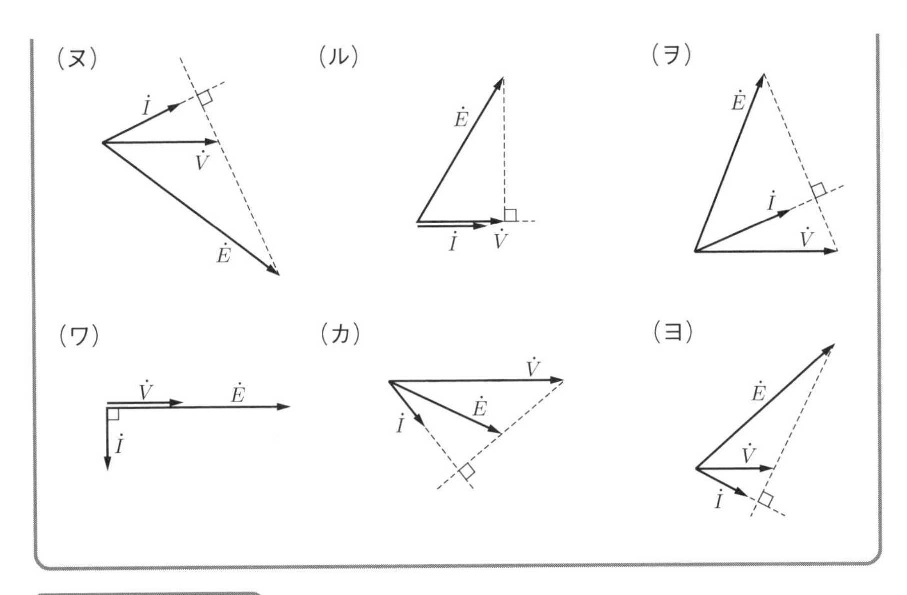

—攻略ポイント—

三相円筒形同期機の端子電圧と無負荷誘導起電力の関係，フェーザ図（ベクトル図），減磁作用と増磁作用に関する基本的事項を問う問題である．

解説　(1) 同期機の端子電圧を $\dot{V}$〔p.u.〕，無負荷誘導起電力を $\dot{E}$〔p.u.〕，同期リアクタンス jX_S とすれば，解図1のように，発電機運転では電流が流出するので，$\dot{E}=\dot{V}+jX_S\dot{I}$ となる．つまり，**$\dot{E}$ は $\dot{V}$ よりも進み位相**になる．逆に，発電機運転の場合，端子電圧 $\dot{V}$ は $\dot{E}$ よりも必ず遅れ位相になる．

逆に，電動機運転の場合，電流 $\dot{I}$ が流入することで，$\dot{V}=\dot{E}+jX_S\dot{I}$ となるため，$\dot{E}$ が $\dot{V}$ よりも遅れ位相になる．

(2) 電機子反作用は，電動機運転では進み電流のときに，発電機運転では遅れ電流のときに**減磁作用**となる．他方，電動機運転で遅れ電流，発電機運転で進み電流のときに増磁作用として働く．本問の詳細解説で詳しく説明する．

(3) 発電機が遅れ力率で運転しているから，解図1の電流の位相は端子電圧の位相よりも遅れており，$\dot{E}=\dot{V}+jX_S\dot{I}$ を図とし

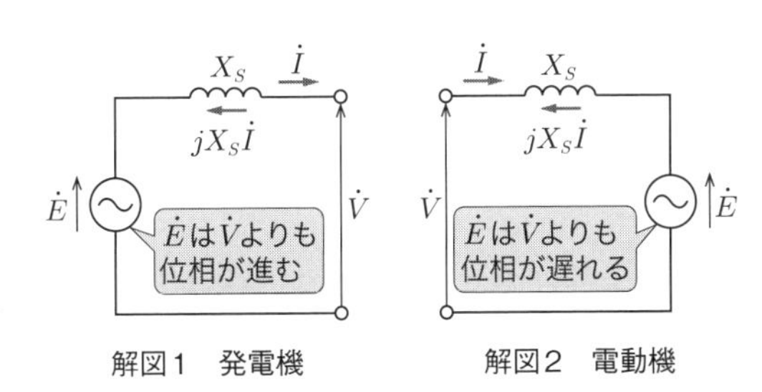

解図1　発電機　　解図2　電動機

て示しているのは **(ヨ)** である．

(4) 発電機が進み力率で運転しているから，解図1の電流の位相は端子電圧の位相よりも進んでおり，$\dot{E}=\dot{V}+jX_{\mathrm{S}}\dot{I}$ を図として示しているのは **(ヲ)** である．

(5) 同期調相機は，通常，無負荷同期電動機として扱うことが多いが，本問では問題図のように発電機と同期調相機を同じ等価回路で扱っている．すなわち，同期調相機に関して，無効電力を供給・吸収する専用の発電機としてみなしている．$\dot{E}$ と $\dot{V}$ は同相であり，励磁調整により $\dot{E}$ の大きさを変化させることで $\dot{I}$ の大きさを変化させる．界磁を強めて $\dot{E}$ を大きくすれば，系統に遅れ無効電力を供給するので，電力用コンデンサと同じ働きをすることになる．一方，界磁を弱めて $\dot{E}$ を小さくすれば，系統に進み無効電力を供給（遅れ無効電力を消費）するので，分路リアクトルと同じ働きをすることになる．これらを図示しているのは **(ワ)** である．なお，同期調相機は本章の詳細解説9を参照されたい．

(1)(ホ)　(2)(ヘ)　(3)(ヨ)　(4)(ヲ)　(5)(ワ)

詳細解説1　同期機の電機子反作用と円筒機の等価回路

(1) 内部誘導起電力

同期機の電機子巻線に対称三相電流が流れると，正弦波状の回転磁界 $\dot{\phi}_a$ が発生し，同期速度で回転する．そこで，ギャップに生ずる磁束分布は，この回転磁界 $\dot{\phi}_a$ と界磁極による回転磁界 $\dot{\phi}_f$ との合成回転磁界 $\dot{\phi}$ となる．この合成回転磁界 $\dot{\phi}$ によって電機子巻線に誘導される起電力を**内部誘導起電力** $\dot{E}_i$ という．この電機子電流による回転磁界 $\dot{\phi}_a$ のギャップ磁束に及ぼす影響を**電機子反作用**といい，$\dot{\phi}_a$ を**電機子反作用磁束**という．

同期発電機が三相平衡負荷に電力を供給しているときには，図1·1のように，発電機の端子電圧は，電機子抵抗 r_a，電機子漏れリアクタンス x_l によるインピーダンス降下のため，内部誘導起電力とは異なって，次式となる．

$$\dot{\boldsymbol{V}}=\dot{\boldsymbol{E}}_i-(\boldsymbol{r}_a+\boldsymbol{j}\boldsymbol{x}_l)\dot{\boldsymbol{I}} \qquad (1\cdot1)$$

（ここで，$\dot{V}$，$\dot{E}_i$ は相電圧）

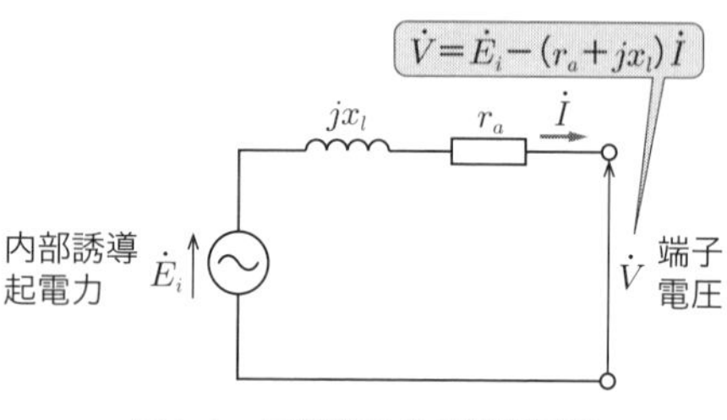

図1·1　同期発電機の等価回路

(2) 交差磁化作用・減磁作用・増磁作用

回転子が円筒形の場合，磁気抵抗は磁極の位置に関係なく一様である．同期発電機の電機子反作用は，発電機に接続された負荷の力率すなわち電機子電流の位相によって大きく異なる．

①無負荷誘導起電力 $\dot{E}_0$ と電機子電流 $\dot{I}$ が同相のケース

界磁極によって電機子導体に誘導される無負荷誘導起電力 $\dot{E}_0$ が最大になるのは，磁極の中央がその導体位置を通過するときである．例えば，a 相の無負荷誘導起電力が最大となるのは，磁極が図 1･2 の位置にある瞬間である．

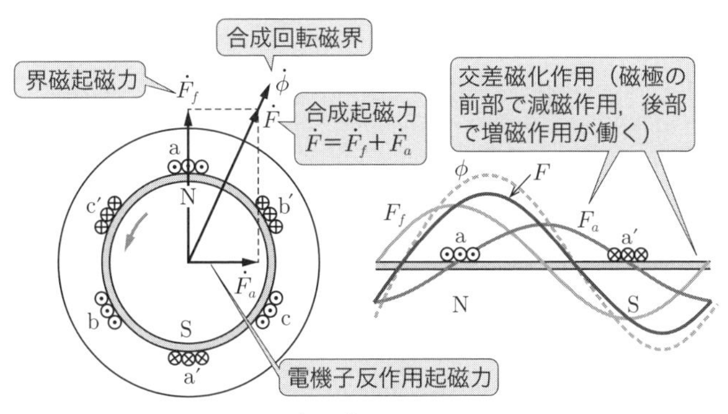

図1･2　$\dot{I}$ と $\dot{E}_0$ が同相のケース

a 相巻線に無負荷誘導起電力 $\dot{E}_0$ と同相の電流 $\dot{I}$ が流れる場合を考えると，a 相巻線の電機子電流 $\dot{I}$ が最大となる瞬間には，回転子の磁極 NS は図 1･2 の位置にある．このとき電機子電流 $\dot{I}$ によって生じる電機子反作用起磁力 $\dot{F}_a$ の方向は a 相巻線軸の方向であり，その大きさは電機子電流 $\dot{I}$ の大きさに比例する．合成起磁力であるギャップ起磁力 $\dot{F}$ は，界磁起磁力 $\dot{F}_f$ と電機子反作用起磁力 $\dot{F}_a$ のベクトル和で，各起磁力分布は図 1･2 のとおりとなる．同図に示すように，電機子反作用起磁力 $\dot{F}_a$ は界磁起磁力 $\dot{F}_f$ を磁極の片方で弱め，片方で強めることになり，これを**交差磁化作用**という．起磁力 $\dot{F}_f$，$\dot{F}_a$，$\dot{F}$ はいずれも回転起磁力であるので，図 1･2 の相対位置を保ちながら同期速度で回転する．

②電機子電流 $\dot{I}$ が $\dot{E}_0$ より 90° 遅れているケース

a 相巻線の電機子電流 $\dot{I}$ が最大になる瞬間を考えると，無負荷誘導起電力 $\dot{E}_0$ は $\dot{I}$ より 90° 進むので，回転子の N 極は図 1･3 のように 90° 進んだ位置にある．したがって，電機子反作用起磁力 $\dot{F}_a$ は $\dot{F}_f$ と逆方向になり，電機子電流による磁束が主磁束を打ち消す方向に作用（**減磁作用**）する．

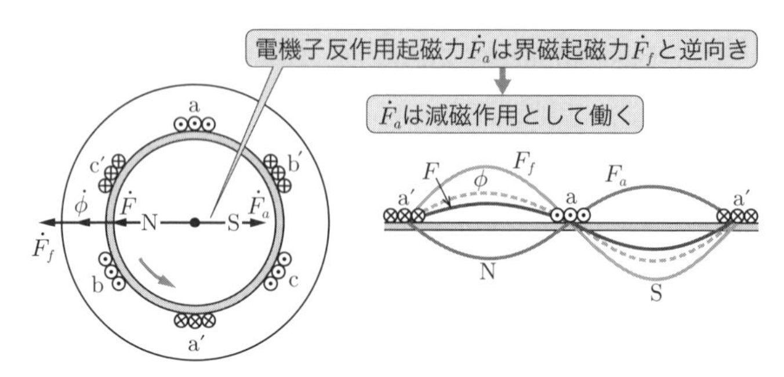

図1･3　$\dot{I}$ が $\dot{E}_0$ より 90° 遅れているケース

③電機子電流 $\dot{I}$ が $\dot{E}_0$ より 90° 進んでいるケース

a 相巻線の電機子電流 $\dot{I}$ が最大になる瞬間を考えると，回転子の N 極は図 1･4 のように 90° 遅れた位置にある．このとき電機子反作用起磁力 $\dot{F}_a$ は界磁起磁力 $\dot{F}_f$ と同方向となり，電機子電流による磁束が主磁束を強める方向に作用（**増磁作用**）する．

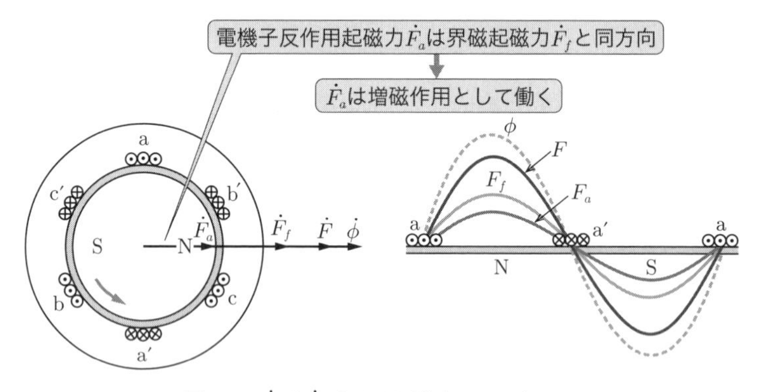

図1･4　$\dot{I}$ が $\dot{E}_0$ より 90° 進んでいるケース

無負荷誘導起電力 $\dot{E}_0$ と電機子電流 $\dot{I}$ の位相差が θ のとき，電機子電流 $\dot{I}$ の $\dot{E}_0$ と同相の成分 $I\cos\theta$ は交差磁化作用，直角の成分 $I\sin\theta$ は減磁作用または増磁作用として働く．このように電機子反作用は負荷の力率によって大きく変わる．**同期発電機の場合には，誘導性負荷で減磁作用，容量性負荷に対しては増磁作用を及ぼす**．一方，**同期電動機ではその影響は逆**となる．

（3）円筒機のベクトル図

同期機の定常状態に関しては，ベクトル図で考えればよい．同期機の電圧・電流は時間ベクトルであり，回転起磁力 $\dot{F}_f$，$\dot{F}_a$，$\dot{F}$ や合成回転磁界 $\dot{\phi}$ は空間ベクトルであるが，次のように同一ベクトル図上に書く．

ある巻線における無負荷誘導起電力 $\dot{E}_0$ が最大になる瞬間で空間ベクトルを固定し，一方，時間ベクトルはその巻線の巻線軸方向に無負荷誘導起電力のベクトル $\dot{E}_0$ を取って基準ベクトルとする．図 1･5 のように界磁極 NS が a 相巻線導体の位置にきたときに空間ベクトルを固定し，無負荷誘導起電力 $\dot{E}_0$ のベクトルを a 相巻線軸の方向（$\dot{F}_f$ より 90° 遅れた方向）に取る．この場合，電機子電流ベクトル $\dot{I}$ と電機子反作用起磁力ベクトル $\dot{F}_a$ の方向が一致する．

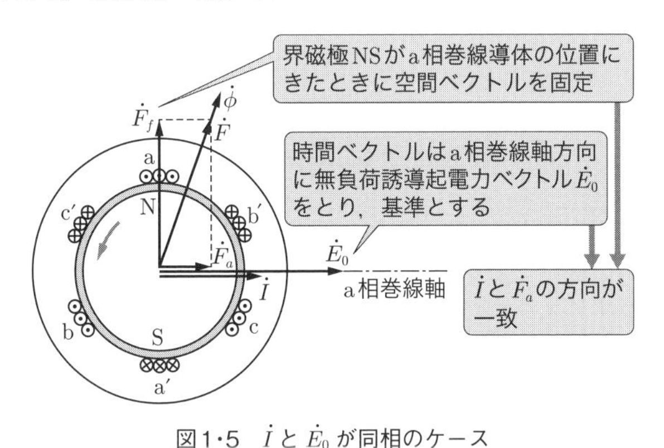

図1･5　$\dot{I}$ と $\dot{E}_0$ が同相のケース

そこで，電機子巻線に遅れ電流が流れる場合のベクトル図を示すと，図 1･6 のようになる．同図において，$\dot{F}_f$ と $\dot{E}_0$，$\dot{F}$ と $\dot{E}_i$ はそれぞれ 90° の位相差があり，大きさは比例している．また，電機子反作用起磁力 $\dot{F}_a$ は $\dot{I}$ と同方向で大きさは電機子電流 $\dot{I}$ に比例する．ギャップの合成回転磁束 $\dot{\phi}$ によって内部誘導起電力 $\dot{E}_i$ が誘導され，それから $(r_a+jx_l)\dot{I}$ の電圧降下分を差し引いたのが端子電圧 $\dot{V}$ である．

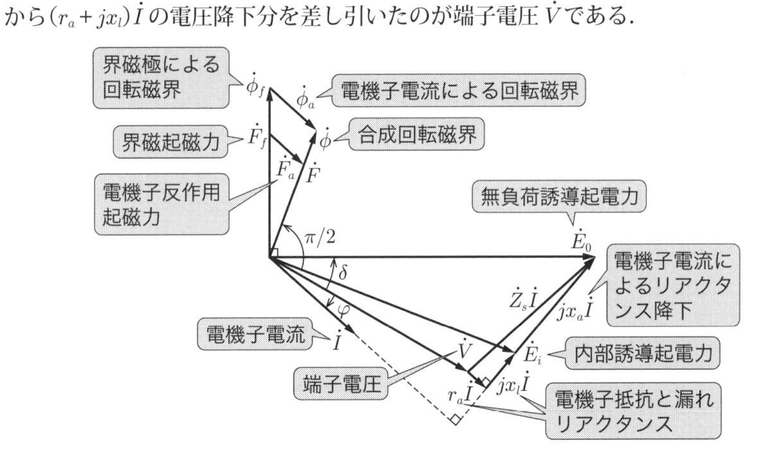

図1･6　円筒機のベクトル図

$(\dot{E}_0 - \dot{E}_i)$は電機子反作用起磁力 $\dot{F}_a$ によって電機子巻線に発生する逆起電力であるが，図1･6から，$(\dot{E}_0 - \dot{E}_i)$は電機子電流ベクトル $\dot{I}$ より90°進み，大きさは $\dot{I}$ に比例する．したがって，電機子反作用の誘導起電力に与える効果は電機子電流のリアクタンス降下として，次式のように表すことができる．

$$\dot{\boldsymbol{E}}_0 - \dot{\boldsymbol{E}}_i = \boldsymbol{j x_a \dot{I}} \tag{1･2}$$

ここで，x_a を**電機子反作用リアクタンス**という．

以上を踏まえ，円筒機の1相分等価回路は図1･7のとおりとなる．電機子漏れリアクタンス x_l と電機子反作用リアクタンス x_a の和 $x_s = x_l + x_a$ を**同期リアクタンス**といい，電機子抵抗 r_a を加えた $\dot{Z}_s = r_a + jx_s$ を**同期インピーダンス**という．同期インピーダンスを用いた1相分等価回路が図1･8である．

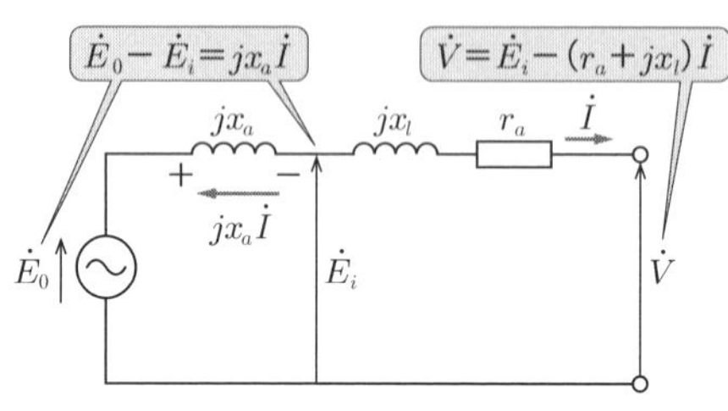

図1･7　円筒機の等価回路

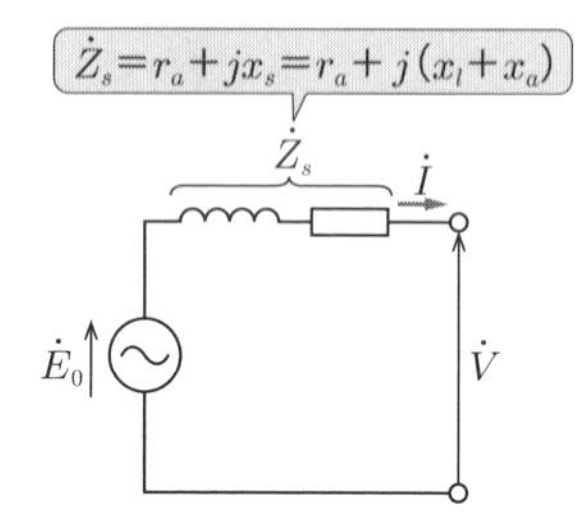

図1･8　円筒機の等価回路

問題2　同期発電機の無負荷飽和曲線と三相短絡試験　(R3-A1)

次の文章は，三相同期発電機の試験結果に関する記述である．

16 000 kV･A，11 000 V の定格を持つ三相同期発電機（以下，試験機と呼ぶ）の試験結果は以下のとおりであった．また，試験結果をグラフ化すると図のようになった．

(a)　無負荷飽和特性試験

端子電圧（線間電圧）〔V〕	4 000	8 000	11 000	14 300
界磁電流〔A〕	205	410	680	1 400

(b)　三相短絡特性試験（定常短絡試験）

電機子電流〔A〕	400	600	840
界磁電流〔A〕	435	652	913

一般に同期機には磁気飽和特性があるため，同期リアクタンスには飽和値と不飽和値が定義される．試験機の同期リアクタンスの飽和値 X_S〔%〕は，[(1)] %であり，これをΩ値で表した毎相の同期リアクタンスの飽和値 X_S〔Ω〕は，[(2)] Ωである．

試験機の同期リアクタンスの不飽和値 X_{SU}〔%〕は，図中の記号を用いて X_{SU}〔%〕$= X_S$〔%〕$\times$ [(3)] として求められ，試験機の X_{SU}〔%〕は，[(4)] %である．

定格電圧における同期機の磁気飽和の程度を表す飽和率 σ は，図中の記号を用いて $\sigma = \dfrac{\boxed{(5)}}{I_{f0g}}$ として求められる．

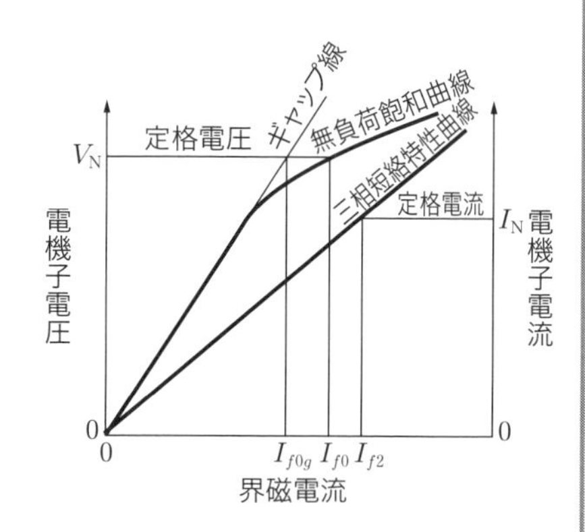

解答群

(イ)	134	(ロ)	0.102	(ハ)	74.5	(ニ)	5.63
(ホ)	10.2	(ヘ)	217	(ト)	162	(チ)	89.8
(リ)	1.34	(ヌ)	$(I_{f2}-I_{f0g})$	(ル)	$(I_{f2}-I_{f0})$		
(ヲ)	$(I_{f0}-I_{f0g})$	(ワ)	$\dfrac{I_{f0}}{I_{f2}}$	(カ)	$\dfrac{I_{f2}}{I_{f0g}}$	(ヨ)	$\dfrac{I_{f0}}{I_{f0g}}$

―攻略ポイント―

三相同期発電機において，無負荷飽和特性試験と三相短絡特性試験は基本的な試験である．単位法表現による同期インピーダンスと短絡比との関係など十分に理解しておく．

解説　(1)(2) まず，発電機の定格電流 I_N は，定格容量が16 000 kVA，定格電圧が11 kVであるから，$I_N = 16\,000/(\sqrt{3}\times 11) \fallingdotseq 839.8$ A である．三相短絡特性試験より，三相短絡電流が840 Aのときの界磁電流 I_{f2} は $I_{f2} = 913$ A である．

一方，無負荷飽和特性試験より，定格電圧 $V_N = 11$ kVに等しい無負荷誘導起電力を発生させるのに必要な界磁電流 I_{f0} は $I_{f0} = 680$ A である．したがって，三相短絡試験結果より，界磁電流 $I_{f0} = 680$ A に対する三相短絡電流 I_S は $I_S = 839.8\times 680/913 \fallingdotseq 625.48$ A となる．そこで，同期リアクタンスの飽和値 X_S はΩ表示，%

表示で，詳細解説2の式(1･4)，式(1･6)より

$$X_S = \frac{V_N/\sqrt{3}}{I_S} = \frac{11\,000/\sqrt{3}}{625.48} \fallingdotseq 10.154 \fallingdotseq \mathbf{10.2}\ \Omega$$

$$X_S〔\%〕= \frac{X_S P_N}{{V_N}^2} \times 100 \fallingdotseq \frac{10.154 \times 16\,000 \times 10^3}{11\,000^2} \times 100 \fallingdotseq 134.3 = \mathbf{134}\%$$

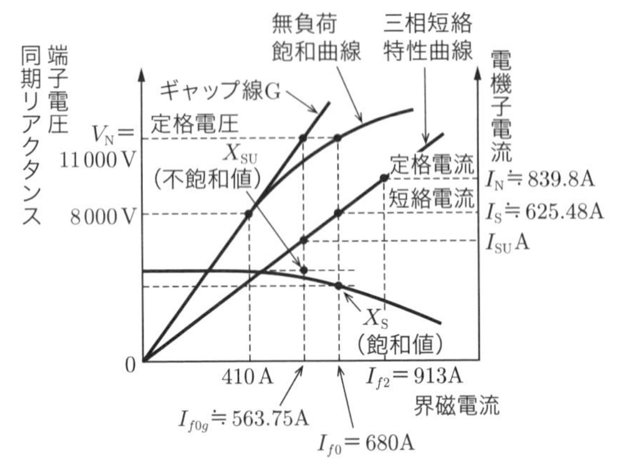

解図　発電機の特性

(3) 定格電圧に等しい無負荷誘導起電力を生じさせるための界磁電流は，不飽和時は I_{f0g}，飽和時は I_{f0} である．それぞれの界磁電流に対する三相短絡電流を I_{SU}，I_S とすれば，三相短絡曲線が直線なので，三角形の相似より $I_S/I_{SU} = I_{f0}/I_{f0g}$ であるから

$$\frac{X_{SU}〔\Omega〕}{X_S〔\Omega〕} = \frac{\dfrac{V_N/\sqrt{3}}{I_{SU}}}{\dfrac{V_N/\sqrt{3}}{I_S}} = \frac{I_S}{I_{SU}} = \frac{\boldsymbol{I_{f0}}}{\boldsymbol{I_{f0g}}}$$

ここで，$X_{SU}〔\%〕= \dfrac{X_{SU}〔\Omega〕P_N}{{V_N}^2} \times 100$，$X_S〔\%〕= \dfrac{X_S〔\Omega〕P_N}{{V_N}^2} \times 100$ の関係があるから

$$X_{SU}〔\%〕= X_S〔\%〕\times \frac{X_{SU}〔\Omega〕}{X_S〔\Omega〕} = X_S〔\%〕\times \frac{\boldsymbol{I_{f0}}}{\boldsymbol{I_{f0g}}}$$

(4) 定格電圧 11 kV を発生させる界磁電流 I_{f0g} は，無負荷飽和特性試験の表よりギャップ線の傾きを求めることができる（8 000 V までは比例関係にある）ので，

$$I_{f0g}=\frac{410}{8\,000}\times 11\,000=563.75\ \mathrm{A}$$

したがって，同期リアクタンスの不飽和値は，(3) の結果を用いて

$$X_{\mathrm{SU}}〔\%〕=X_{\mathrm{S}}〔\%〕\times\frac{I_{f0}}{I_{f0g}}=134.3\times\frac{680}{563.75}\fallingdotseq \mathbf{162}\%$$

(5) 飽和率（飽和係数）の定義は詳細解説 2 の式(1·3)より次式のとおりである．

$$\sigma=\frac{\boldsymbol{I_{f0}-I_{f0g}}}{I_{f0g}}$$

(1)（イ）　(2)（ホ）　(3)（ヨ）　(4)（ト）　(5)（ヲ）

詳細解説 2　無負荷飽和曲線，三相短絡曲線，負荷飽和曲線，短絡比と同期インピーダンス

(1) 無負荷飽和曲線

同期発電機を定格回転速度，無負荷で運転している場合の界磁電流に対する端子電圧の関係を示す曲線を**無負荷飽和曲線**と呼ぶ．図 1·9 に示すように，界磁電流が小さい間は E_0 と I_f は比例するが，界磁電流が増加するにつれて磁気回路が飽和して特性曲線は飽和特性を示す．

また，原点において無負荷飽和曲線に引いた接線 0G は，ギャップに要する起磁力と誘導起電力の関係を表し，**ギャップ線**という．図 1·9 において，ある電圧 V を誘導するのに必要な界磁電流は $\overline{\mathrm{ac}}$ であるが，このうち $\overline{\mathrm{ab}}$，$\overline{\mathrm{bc}}$ はそれぞれギャップおよび鉄部分に磁束を通すのに必要な励磁電流である．そこで，次の**飽和係数（飽和率）**σ

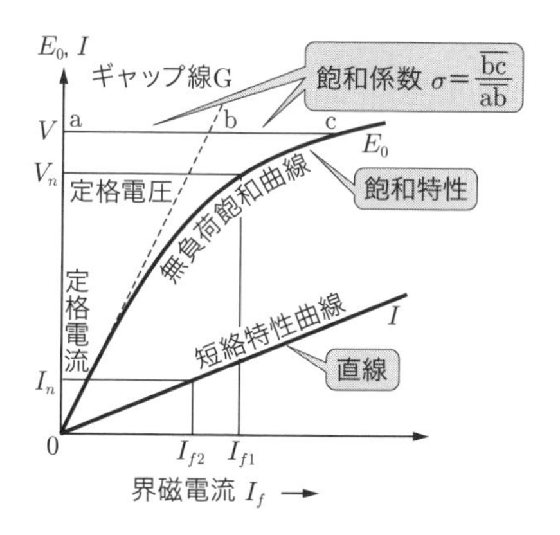

図1·9　無負荷飽和曲線と三相短絡曲線

を定義し，飽和の度合いを表す．

$$\sigma = \frac{\overline{\mathrm{bc}}}{\overline{\mathrm{ab}}} \qquad (1\cdot3)$$

(2) 短絡特性曲線

同期発電機の3端子を短絡し，定格回転速度で運転した場合において，界磁電流に対する電機子電流（短絡電流）の関係を示す曲線を**短絡特性曲線（三相短絡曲線）**という．この特性は，図1・9のようにほぼ直線となる．これは，短絡時は端子電圧が零であるから，誘導起電力 $\dot{E}_0$ に対して短絡電流 $\dot{I}$ はほぼ 90° 遅れの電流であり，電機子反作用による減磁作用で界磁起磁力の大部分は打ち消され，磁束 ϕ は極めて少ない．したがって，磁気回路は不飽和であるから，界磁電流 $\dot{I}_f$ と短絡電流 $\dot{I}$ の関係は直線となる．

(3) 負荷飽和曲線

発電機を定格回転速度で運転し，電機子電流の大きさおよびその力率を一定に保った場合の界磁電流 I_f と端子電圧 V との関係を表した特性を**負荷飽和曲線**という．このうち一定力率の定格電流に対する特性曲線を**全負荷飽和曲線**といい，図1・10に示している．特に，力率を零に保った場合の特性を**零力率飽和曲線**という．この図からもわかるように，負荷の力率が遅れ力率になるほど端子電圧が低下するが，これは減磁作用が働くことからも理解できる．

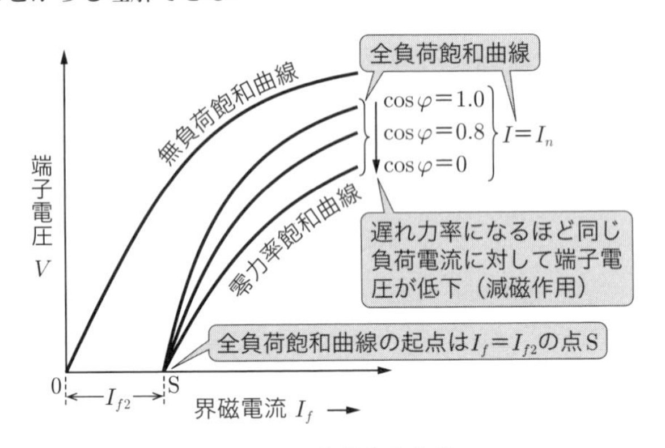

図1・10　負荷飽和曲線

さらに，図1・10に示すように，全負荷飽和曲線において，図1・9の短絡特性曲線で定格電流 I_n を流す界磁電流 I_{f2} のとき，端子電圧 $V=0$ になり，力率に関係なく全負荷飽和曲線の起点になる．これは，図1・8の等価回路で，短絡電流 $\dot{I}$ = 定格電流 $\dot{I}_n$ と考えれば，同期リアクタンス降下 $\dot{Z}_s\dot{I}_n$ は誘導起電力 $\dot{E}_0$ に等しくなるので，端子電

圧 $V=0$ になると考えればよい.

(4) 外部特性曲線

発電機を定格回転速度で運転し，界磁電流を一定に保ち，負荷電流と端子電圧との関係を表した特性を**外部特性曲線**といい，図 1･11 にその特性を示す．遅れ力率の負荷では，負荷電流を増加させると，減磁作用が大きくなって端子電圧は降下する．一方，進み力率の負荷では，負荷電流を増加させると，電機子反作用による増磁作用のため，端子電圧は上昇する．

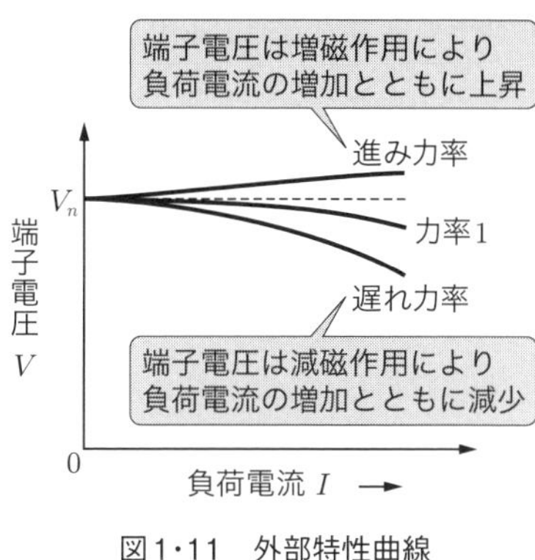

図1･11　外部特性曲線

(5) 同期インピーダンス

図 1･8 の同期機の等価回路を見れば，短絡状態では無負荷誘導起電力 $\dot{E}_0$ は同期インピーダンスによる電圧降下 $\dot{Z}_s\dot{I}$ に等しい．したがって，1 相の同期インピーダンス $\dot{Z}_s$ は $\dot{Z}_s=\dot{E}_0/\dot{I}$ であるから，同期インピーダンスは無負荷飽和曲線と短絡特性曲線から計算できる．

図 1･12 は，様々な界磁電流について同期インピーダンスを求めたものである．同期インピーダンスは，一定ではなく，磁気飽和により界磁電流の増加に伴って減少する．通常，同期インピーダンスは，無負荷誘導起電力 E_0 が定格電圧 V_n に等しい界磁電流 I_{f1} に対する値（飽和値）を用いるので，次式となる．

$$\boldsymbol{Z_s}=\frac{\boldsymbol{V_n}}{\boldsymbol{I}}=\frac{\overline{\mathbf{cd}}}{\overline{\mathbf{gd}}}\;[\Omega] \qquad (1\cdot4)$$

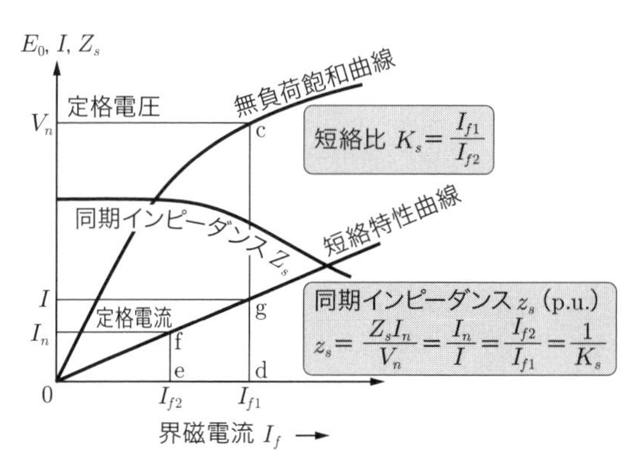

図1･12　同期インピーダンス

また，電機子巻線1相当たりの抵抗値 r_a がわかれば，同期リアクタンス x_s は

$$x_s = \sqrt{Z_s^2 - r_a^2}\ [\Omega] \qquad (1\cdot5)$$

から計算できる．大容量機では $r_a \ll x_s$ であるから，$x_s \fallingdotseq Z_s$ と近似できる．

(6) 単位法による同期インピーダンス

単位法の基準値として，定格電圧（相電圧）V_n，定格電流 I_n，定格時の皮相電力 V_nI_n（三相機では $3V_nI_n$）を用いる．そこで，インピーダンスの場合は，定格電流 I_n が流れたときの電圧降下が定格電圧 V_n になるインピーダンスを基準値にとる．したがって，インピーダンスのp.u.値とΩ値の関係は

$$z\ [\text{p.u.}] = \frac{Z\ [\Omega] \cdot I_n\ [\text{A}]}{V_n\ [\text{V}]} \qquad (1\cdot6)$$

である．単位法を用いて式(1･4)の同期インピーダンスを表すと，図1･12の三角形0feと三角形0gdが相似であるから，次式となる．

$$z_s\ [\text{p.u.}] = \frac{Z_sI_n}{V_n} = \frac{I_n}{I} = \frac{\overline{\text{fe}}}{\overline{\text{gd}}} = \frac{I_{f2}}{I_{f1}} \qquad (1\cdot7)$$

(7) 短絡比

図1･12において，無負荷飽和曲線で定格電圧 V_n を発生するための界磁電流 I_{f1} と，短絡特性曲線で定格電流 I_n を流すための界磁電流 I_{f2} との比を**短絡比**という．短絡比 K_s は

$$K_s = \frac{I_{f1}}{I_{f2}} = \frac{1}{z_s\ [\text{p.u.}]} \qquad (1\cdot8)$$

である．**短絡比は，単位法で表した同期インピーダンスの逆数**となる．短絡比が大きいということは，①電機子コイルの巻回数が少ない，②磁束数が大きく，電圧を誘起するのに必要な界磁電流が大きい，③鉄機械となり機械の体格は大きくなり，高価になる，④鉄損や風損も大きくなり，効率は悪くなることを意味する．逆に，短絡比が小さいということは，電機子電流による起磁力が大きく，銅機械であると言える．極数が少ないほど，界磁巻線を巻く場所が狭くなるから，短絡比も小さくなる．**水車発電機の短絡比は0.8～1.2程度，タービン発電機では0.5～1.0程度**である．したがって，一般的に水車発電機の同期インピーダンスはタービン発電機よりも小さくなるため，安定度が良く，電圧変動率が小さく，線路充電容量が大きくなる．

問題3　同期機の各種リアクタンス　(H24-A2)

次の文章は，同期機のリアクタンスに関する記述である．

同期機に電機子電流が流れると，その起磁力によって界磁と同期して回転する基本波磁界が空隙(くうげき)中に生じ，これが界磁電流による磁界に影響を及ぼして電機子巻線での誘導起電力を無負荷状態から変化させる．これを電機子反作用といい，電機子反作用磁束に関するリアクタンスを電機子反作用リアクタンスという．任意の力率の電機子反作用磁束は直軸磁束及び横軸磁束に分けることができ，それぞれ対応するリアクタンスを直軸電機子反作用リアクタンス（X_{ad}）及び横軸電機子反作用リアクタンス（X_{aq}）という．

電機子電流による大部分の磁束は，電機子反作用磁束として電機子巻線及び界磁巻線と鎖交するが，一部の磁束は，電機子巻線だけと鎖交する．これが ［(1)］ 磁束であり，［(1)］ リアクタンス（X_a）に対応する．

界磁電流による大部分の磁束は，電機子巻線及び界磁巻線と鎖交するが，一部の磁束は界磁巻線だけと鎖交する．これが ［(2)］ 磁束であり，［(2)］ リアクタンス（X_F）に対応する．

円筒機のスロット内に収められた制動導体及び導電性くさび並びに突極機の磁極頭部の制動棒に漏れ磁束が存在する．これらの漏れ磁束に対応するのが直軸制動巻線漏れリアクタンス（X_{Dd}）及び横軸制動巻線漏れリアクタンス（X_{Dq}）である．

各巻線リアクタンスの回路に電機子巻線抵抗，界磁巻線抵抗，直軸及び横軸制動巻線抵抗を加えると，電機子端子側から直軸及び横軸それぞれの等価回路ができる．この等価回路から，同期機の各リアクタンスを次のように求めることができる．

直軸同期リアクタンス：$X_d = X_a + X_{ad}$

横軸同期リアクタンス：$X_q = X_a + X_{aq}$

直軸過渡リアクタンス：$X_d' =$ ［(3)］

直軸初期過渡リアクタンス：$X_d'' =$ ［(4)］

横軸初期過渡リアクタンス：$X_q'' =$ ［(5)］

解答群

(イ) 界磁漏れ　(ロ) $\dfrac{(X_a + X_{ad})\cdot X_F \cdot X_{Dd}}{(X_a + X_{ad})(X_F + X_{Dd}) + X_F \cdot X_{Dd}}$

(ハ) 電機子鎖交　(ニ) $X_a + X_{Dq}$　(ホ) $X_a + \dfrac{X_{ad}\cdot X_F}{X_{ad} + X_F}$

(ヘ) 界磁鎖交　(ト) $\dfrac{(X_a + X_{aq})\cdot X_{Dq}}{X_a + X_{aq} + X_{Dq}}$　(チ) $\dfrac{(X_a + X_{ad})\cdot X_F}{X_a + X_{ad} + X_F}$

（リ）　$X_a + \dfrac{X_{ad} \cdot X_F \cdot X_{Dd}}{X_{ad} \cdot X_F + X_{ad} \cdot X_{Dd} + X_F \cdot X_{Dd}}$　　（ヌ）　$X_a + \dfrac{X_{aq} \cdot X_{Dq}}{X_{aq} + X_{Dq}}$

（ル）　固定子鎖交　　（ヲ）　電機子漏れ　　（ワ）　$X_a + X_F$

（カ）　回転子鎖交　　（ヨ）　$X_a + X_{Dd}$

―攻略ポイント―

同期機のリアクタンスは，電機子反作用，二反作用理論，三相突発短絡電流における応動から，よく理解しておかなければならない．問題1の電機子反作用の詳細解説1に加えて，本問の詳細解説3，4において，二反作用理論や三相突発短絡電流を取り上げている．

解説　(1)(2) 詳細解説1の「同期機の電機子反作用および円筒機の等価回路」，詳細解説3に示す「二反作用理論」を参照する．

電機子電流による大部分の磁束は，電機子反作用磁束として電機子巻線および界磁巻線と鎖交するが，一部の磁束は電機子巻線だけと鎖交する．これが**電機子漏れ**磁束であり，**電機子漏れ**リアクタンス（X_a）に対応する．

一方，界磁電流による大部分の磁束は電機子巻線および界磁巻線と鎖交するが，一部の磁束は界磁巻線だけと鎖交する．これが**界磁漏れ**磁束であり，**界磁漏れ**リアクタンス（X_F）に対応する．

(3) 詳細解説4の「三相突発短絡電流」を参照する．直軸回路の構成と等価回路を解図1，横軸回路の構成と等価回路を解図2に示す．

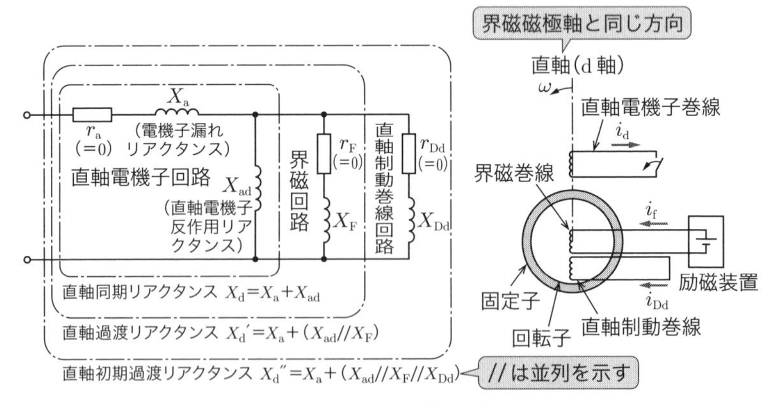

解図1　直軸回路の構成と等価回路

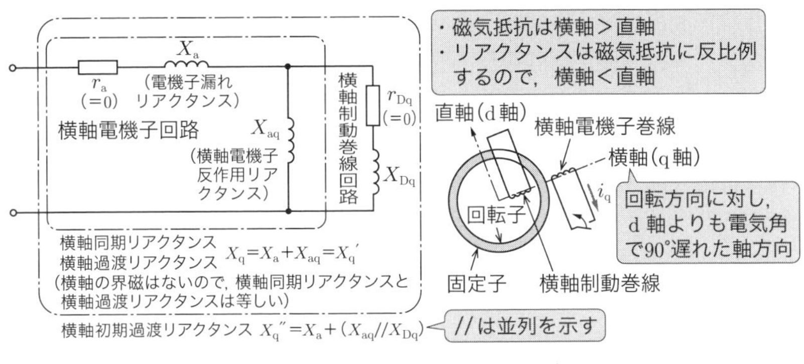

解図2　横軸回路の構成と等価回路

過渡リアクタンスは，制動巻線をもたない同期発電機を無負荷で運転中に突発的に三相短絡した場合，最初に流れる突発短絡電流の交流分を制限するリアクタンスである．無負荷で運転中の同期発電機を三相短絡した場合，電機子反作用リアクタンスはすぐには現れない．これは，無負荷で運転中に突発的に短絡電流を電機子巻線に流すと，直軸方向には界磁巻線が存在するため，界磁巻線と鎖交する磁束が急増しようとするが，レンツの法則により界磁巻線に磁束の変化を妨げようとする誘導電流が流れるからである．この界磁巻線に誘導電流が流れ，徐々に減衰しているときのリアクタンスが直軸過渡リアクタンス X_d' である．等価回路は解図3に示すとおりであり，次式で表現することができる．

$$X_d' = X_a + \frac{\boldsymbol{X_{ad}X_F}}{\boldsymbol{X_{ad}+X_F}}$$

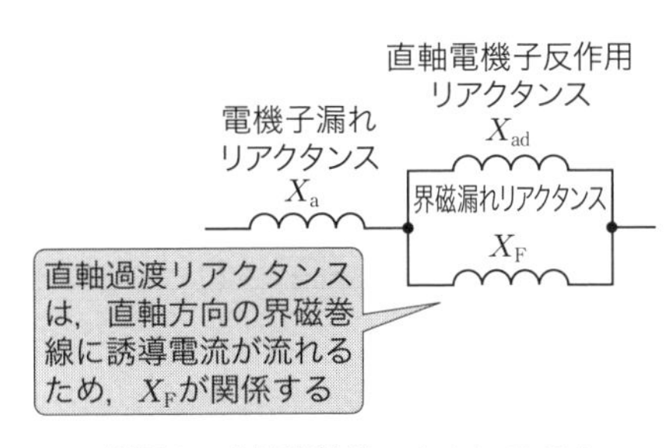

解図3　直軸過渡リアクタンス X_d'

一方，横軸方向には界磁巻線が存在しないため，X_F は関係せず，横軸過渡リアクタンス X_q' は

$$X_q' = X_q = X_a + X_{aq}$$

で表すことができる．(解図4参照)

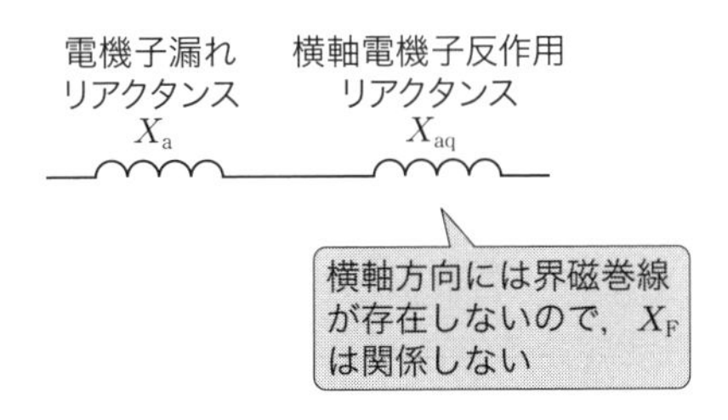

解図4　横軸過渡リアクタンス X_q'

(4) (5) 初期過渡リアクタンスは，制動巻線をもつ同期発電機を無負荷で運転中に三相短絡した場合，最初に流れ

る突発短絡電流の交流分を制限するリアクタンスである．磁極面に制動巻線を設置する場合，界磁巻線よりも電機子巻線に接近しているため，磁気的結合が大きく，磁束の変化を妨げる効果も大きくなり，短絡瞬時の電流が大きくなる．すなわち，初期過渡リアクタンスは，過渡リアクタンスよりも小さい値である．この直軸初期過渡リアクタンス X_{d}'' は解図5の等価回路で表され，次式で表現することができる．

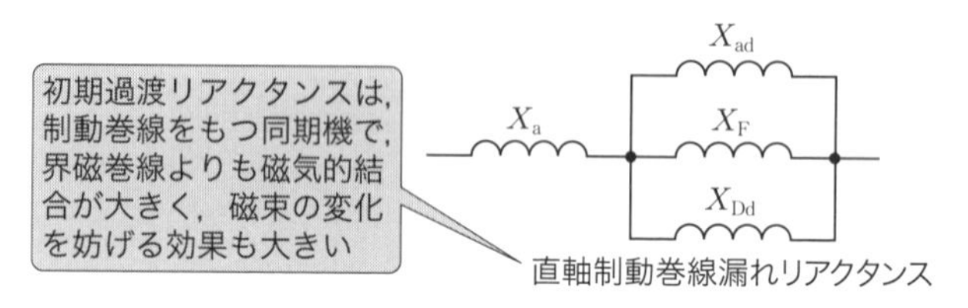

解図5　直軸初期過渡リアクタンス X_{d}''

$$X_{\mathrm{d}}'' = X_{\mathrm{a}} + \frac{1}{\dfrac{1}{X_{\mathrm{ad}}} + \dfrac{1}{X_{\mathrm{F}}} + \dfrac{1}{X_{\mathrm{Dd}}}} = \boldsymbol{X_{\mathrm{a}}} + \frac{\boldsymbol{X_{\mathrm{ad}} X_{\mathrm{F}} X_{\mathrm{Dd}}}}{\boldsymbol{X_{\mathrm{ad}} X_{\mathrm{F}} + X_{\mathrm{ad}} X_{\mathrm{Dd}} + X_{\mathrm{F}} X_{\mathrm{Dd}}}}$$

また，横軸初期過渡リアクタンス X_{q}'' は，解図6に示す等価回路で表され，次式で表現できる．

$$X_{\mathrm{q}}'' = \boldsymbol{X_{\mathrm{a}}} + \frac{\boldsymbol{X_{\mathrm{aq}} X_{\mathrm{Dq}}}}{\boldsymbol{X_{\mathrm{aq}} + X_{\mathrm{Dq}}}}$$

横軸制動巻線漏れリアクタンス

解図6　横軸初期過渡リアクタンス X_{a}''

解答　(1)（ヲ）　(2)（イ）　(3)（ホ）　(4)（リ）　(5)（ヌ）

詳細解説3　二反作用理論

突極形回転子をもつ同期機では，磁極片に対する部分のエアギャップは小さく磁気抵抗も小さいため，磁束は通りやすい．しかし，磁極と磁極の中間部はエアギャップが大きく磁気抵抗が大きいので，磁束は通りにくい．したがって，起磁力の方向によって磁束の量が変わるため，電機子反作用起磁力 $\dot{F}_a$ を，界磁極の中心を通る方向の**直軸成分** $\dot{F}_{ad}$ と，界磁極と直角方向の**横軸成分** $\dot{F}_{aq}$ とに分ける必要がある．

図1･13に示すように，電機子電流 $\dot{I}$ を無負荷誘導起電力 $\dot{E}_0$ と同相成分 $\dot{I}_q$ と $90°$ の位相差をもつ直角成分 $\dot{I}_d$ に分解する．$\dot{I}_q$ は，$\dot{E}_0$ と同相で界磁を横方向に磁化する電流であり，**横軸電流**という．$\dot{I}_q$ は横軸方向の横軸反作用起磁力 $\dot{F}_{aq}$ を作り，その電機

子反作用は交差磁化作用である．これを**横軸電機子反作用**という．$\dot{I}_d$ は，$\dot{E}_0$ より位相が 90° 遅れ，界磁を軸方向に磁化する電流であり，**直軸電流**という．$\dot{I}_d$ は，直軸方向の直軸反作用起磁力 $\dot{F}_{ad}$ を作り，その電機子反作用は減磁作用である．これを**直軸電機子反作用**という．なお，直軸電流の符号が変わると，電機子反作用は増磁作用となる．このように直軸と横軸の直交する二つの成分に分けて同期機の動作を取り扱う理論がブロンデルの**二反作用理論**である．

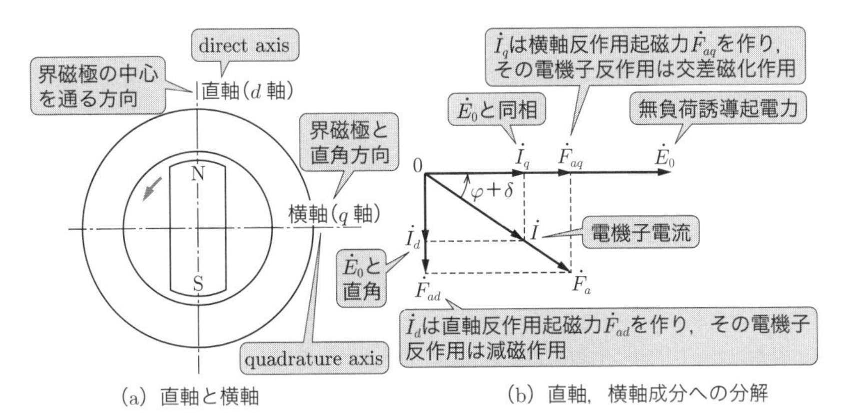

(a) 直軸と横軸　　(b) 直軸，横軸成分への分解

図1・13　電機子電流の直軸成分と横軸成分

突極機において直軸方向と横軸方向の磁気抵抗が異なるので，それぞれの磁気抵抗を R_d，R_q とすれば，直軸および横軸反作用磁束 $\dot{\phi}_{ad}$，$\dot{\phi}_{aq}$ は

$$\dot{\phi}_{ad}=\frac{\dot{F}_{ad}}{R_d},\quad \dot{\phi}_{aq}=\frac{\dot{F}_{aq}}{R_q} \tag{1・9}$$

となる．合成電機子反作用磁束 $\dot{\phi}_a$ は $\dot{\phi}_a=\dot{\phi}_{ad}+\dot{\phi}_{aq}$ となるが，$R_d<R_q$ なので，$\dot{\phi}_a$ と $\dot{F}_a$ の方向は一致しない．したがって，$\dot{\phi}$ と $\dot{F}$ の方向も一致しない．

$\dot{\phi}_{ad}$ と $\dot{\phi}_{aq}$ による電機子巻線に誘導される逆起電力は，K を比例定数として

$$\begin{aligned}\dot{E}_{ad}&=jK\dot{\phi}_{ad}=jK\dot{F}_{ad}/R_d=jx_{ad}\dot{I}_d\\ \dot{E}_{aq}&=jK\dot{\phi}_{aq}=jK\dot{F}_{aq}/R_q=jx_{aq}\dot{I}_q\end{aligned} \tag{1・10}$$

となる．この x_{ad}，x_{aq} をそれぞれ**直軸電機子反作用リアクタンス**，**横軸電機子反作用リアクタンス**という．突極機では，$x_{ad}>x_{aq}$ である．突極機のベクトル図は図 1・14 である．

そして，x_l を電機子漏れリアクタンスとして，$x_d=x_l+x_{ad}$，$x_q=x_l+x_{aq}$ をそれぞれ**直軸同期リアクタンス**，**横軸同期リアクタンス**という．一般的には $x_d>x_q$ である．円筒機では，$x_d=x_q=x_s$（x_s：同期リアクタンス）と考えればよい．これを考慮した突

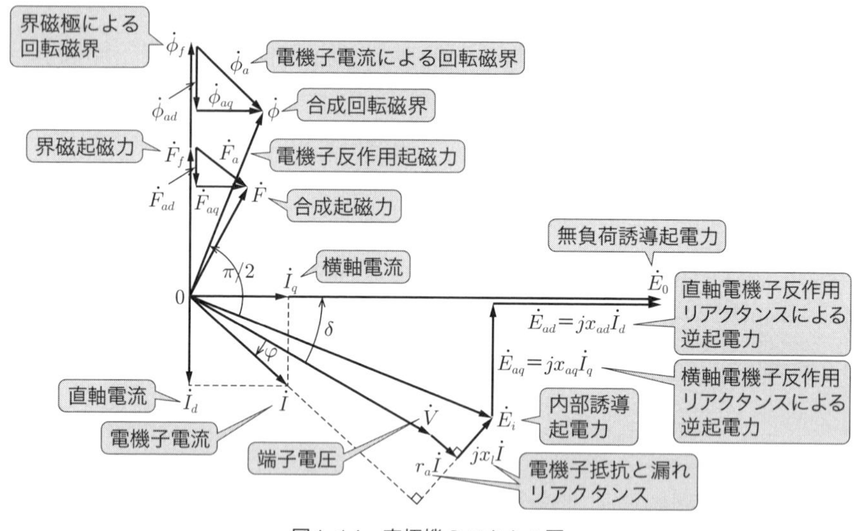

図1･14　突極機のベクトル図

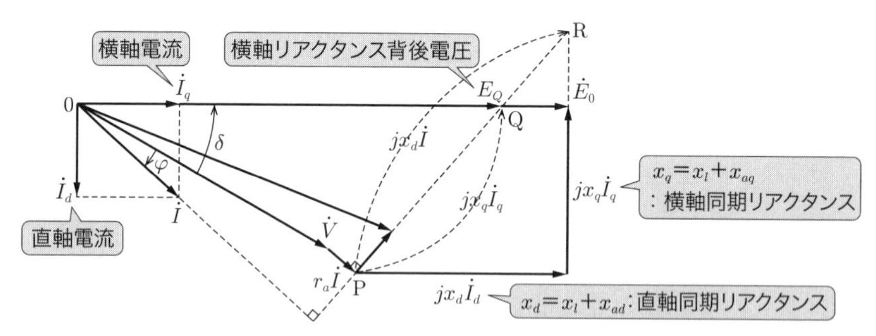

図1･15　直軸同期リアクタンスと横軸同期リアクタンスによる突極機のベクトル図

極機のベクトル図は，図 1･15 となる．

図 1･15 において，リアクタンスによる電圧降下は $\dot{I}_q = \dot{I} - \dot{I}_d$ より

$$jx_d\dot{I}_d + jx_q\dot{I}_q$$
$$= jx_q\dot{I} + j(x_d - x_q)\dot{I}_d \quad (1･11)$$

となる．ここで，$j(x_d - x_q)\dot{I}_d$ は $\dot{E}_0$ と同相であるから，図 1･15 より

$$\dot{E}_0 - j(x_d - x_q)\dot{I}_d = \dot{E}_Q \quad (1･12)$$

となり，突極形同期発電機の等価回路

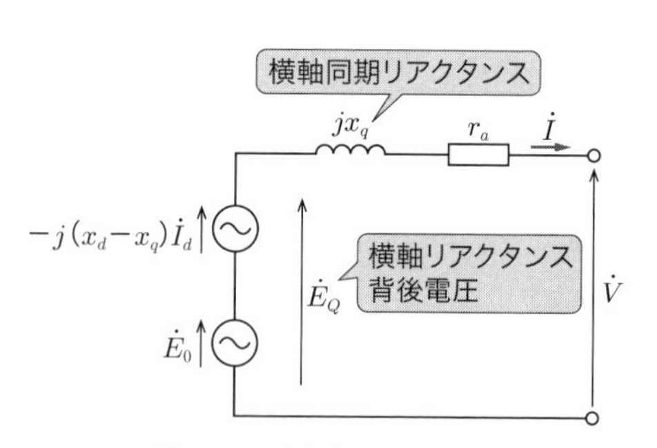

図1･16　突極機の等価回路

は図1・16のようになる．同図において，$\dot{E}_Q$ は**内部横軸リアクタンス電圧**（または**横軸リアクタンス背後電圧**）という．

詳細解説 4　三相突発短絡電流

定格回転速度，無負荷にて運転中で対称三相電圧を誘導している発電機の三相端子を突発的に短絡すると，電機子に大きな過渡電流が流れ，次第に減衰して数秒後に永久短絡電流の値に収束する．この過渡電流は，近似的に次式で表すことができ，その瞬時値の変化を図1・17のように示す．

$$i_a = \underbrace{-\frac{E_0}{x_d''}\cos\alpha e^{-t/T_a}}_{\text{直流分}} + \underbrace{\left\{\underbrace{\left(\frac{1}{x_d''}-\frac{1}{x_d'}\right)e^{-t/T_d''}}_{\text{初期過渡電流}} + \underbrace{\left(\frac{1}{x_d'}-\frac{1}{x_d}\right)e^{-t/T_d'}}_{\text{過渡電流}} + \underbrace{\frac{1}{x_d}}_{\text{持続短絡電流}}\right\}E_0\cos(\omega t+\alpha)}_{\text{交流分}} \quad (1\cdot13)$$

（ただし，$E_0\sin(\omega t+\alpha)$：電機子1相の短絡直前の誘導起電力，x_d：同期リアクタンス，x_d'：過渡リアクタンス，x_d''：初期過渡リアクタンス，T_d'：短絡過渡時定数，T_d''：短絡初期過渡時定数，T_a：電機子時定数）

①直流分の減衰

式(1・13)において，第一項は時定数 T_a で比較的急速に減衰する直流分である．短絡が起こった瞬間に，電機子コイルと鎖交している磁束を一定に保とうとして，その磁束鎖交数に比例した大きさの直流分が流れる．

②交流分の減衰

第二項は交流分であり，括弧内｛　　｝の第一項，第二項は過渡電流に相当し，第三項が持続短絡電流で最終的にはこの値に落ち着く．

図1・17(b)に示すように，短絡瞬時の電流値は直軸初期過渡リアクタンス x_d'' によって制限され，短絡初期過渡時定数 T_d'' で急速に減衰し，続いて過渡リアクタンス x_d' によって制限されて短絡過渡時定数 T_d' で減衰する．

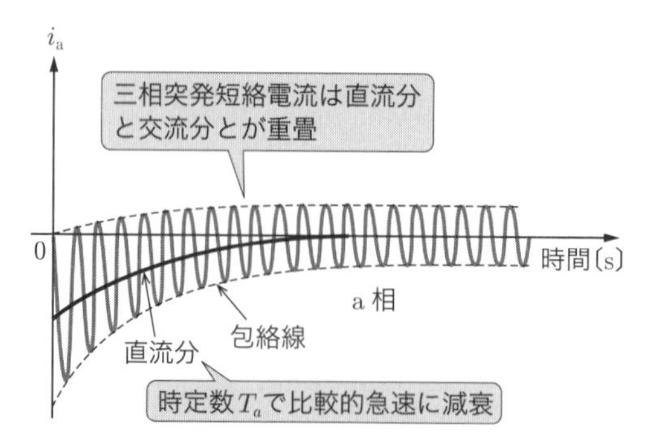

(a) 三相突発短絡電流(a 相の直流分＋交流分)

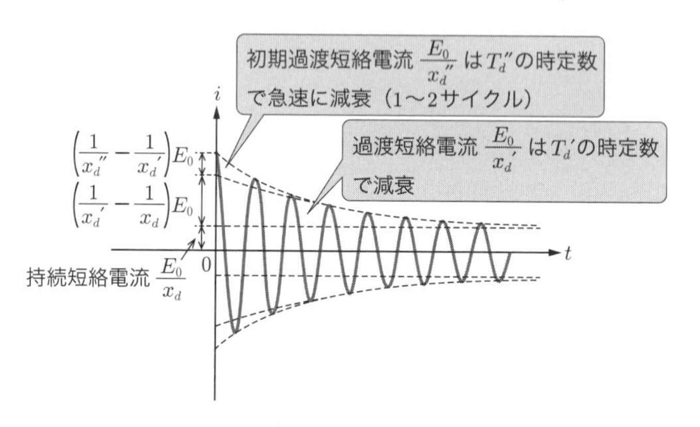

(b) 交流分電流の変化

図1･17　発電機の三相突発短絡電流

問題 4　同期機のリアクタンス測定法　(H28-A2)

次の文章は，同期機のリアクタンス測定法に関する記述である．なお，電機子巻線抵抗などの抵抗分は無視する．また，電圧の単位は〔V〕，電流の単位は〔A〕，リアクタンスの単位は〔Ω〕である．

a　直軸同期リアクタンス X_d の代表的な測定法として，無負荷飽和特性曲線及び三相短絡電流特性曲線から求める方法がある．この方法では，無負荷飽和特性曲線上の電機子定格電圧（線間電圧）V_R を誘起するのに要する I_{fNL} 及び三相短絡電流特性曲線上の電機子定格電流（相電流）I_R を流すのに要する界磁電流 I_{f3S} を用いて，X_d＝ (1) の式によって計算される．

b　直軸同期リアクタンス及び横軸同期リアクタンスの測定法の一つに滑り法がある．この方法では，界磁回路を開放し，無励磁のまま回転子を駆動機によって (2) 速度で回転させ，電機子回路に定格周波数の三相対称低電圧（電機子定格電圧の10％程度）を加える．このときの電機子端子電圧（線間電圧）及び電機子電流（相電流）を記録し，電機子端子電圧の最大値 $V_{\max}$，最小値 $V_{\min}$ 及び電機子電流の最大値 $I_{\max}$，最小値 $I_{\min}$ を求める．これらの測定値から滑り法による直軸同期リアクタンス X_{sd} は $X_{sd}=\dfrac{V_{\max}}{\sqrt{3}I_{\min}}$ によって，滑り法による横軸同期リアクタンス X_{sq} は $X_{sq}=\dfrac{V_{\min}}{\sqrt{3}I_{\max}}$ によって求めることができる．また，横軸同期リアクタンス X_q は，a項で求めた X_d を用い，$X_q=$ (3) の式によってa項の X_d の数値に整合する数値が得られる．

c　逆相リアクタンス X_2 の測定法として単相短絡法がある．この方法では，電機子巻線の2端子を短絡し，短絡回路には電流計，短絡回路と開放端子との間には電圧計を接続し，同期機を定格回転速度で運転する．界磁電流を流して，短絡電機子回路電流 I_{2s} 及び短絡回路と開放端子との間の線間電圧 V_{OL} を測定し，$X_2=$ (4) の式によって計算される．

d　零相リアクタンス X_0 の測定法として二相接地法がある．この方法では，電機子巻線の短絡した2端子と中性点間とを更に短絡し，その短絡した2端子と中性点の間に電流計，開放端子と中性点の間には電圧計を接続し，同期機を定格回転速度で運転する．界磁電流を流して，中性点電流 I_n 及び相電圧 V_{ON} を測定し，$X_0=$ (5) の式によって計算される．

解答群

（イ）$\dfrac{V_{ON}}{3I_n}$　（ロ）$\dfrac{V_R I_{f3S}}{\sqrt{3}I_R I_{fNL}}$　（ハ）$\dfrac{V_R I_{fNL}}{\sqrt{3}I_R I_{f3S}}$

（ニ）$X_d\dfrac{V_{\min}I_{\min}}{V_{\max}I_{\max}}$　（ホ）$\dfrac{V_{OL}}{3I_{2s}}$　（ヘ）$\dfrac{V_{OL}}{\sqrt{3}I_{2s}}$

（ト）同　期　（チ）同期速度から僅かに外れた

（リ）$\dfrac{I_{f3S}}{I_{fNL}}$　（ヌ）$\dfrac{3V_{OL}}{I_{2s}}$　（ル）$\dfrac{3V_{ON}}{I_n}$

（ヲ）$X_d\dfrac{V_{\max}I_{\max}}{V_{\min}I_{\min}}$　（ワ）定格回転　（カ）$X_d\dfrac{V_{\max}I_{\min}}{V_{\min}I_{\max}}$

（ヨ）　$\dfrac{V_{\mathrm{ON}}}{I_{\mathrm{n}}}$

―攻略ポイント―

直軸同期リアクタンスや横軸同期リアクタンスを測定する滑り法は基本的なので十分に理解する．逆相リアクタンスや零相リアクタンスの測定として対称座標法を活用する．

解 説　(1) 詳細解説 2 に示す図 1·12 および式(1·4)から，求めればよい．図 1·12 における $I_{f1}=I_{\mathrm{fNL}}$，$I_{f2}=I_{\mathrm{f3S}}$ であるから，直軸同期リアクタンス X_{d} は

$$X_{\mathrm{d}}=\frac{V_{\mathrm{R}}/\sqrt{3}}{I_{\mathrm{S}}}=\frac{V_{\mathrm{R}}/\sqrt{3}}{I_{\mathrm{R}}\dfrac{I_{\mathrm{fNL}}}{I_{\mathrm{f3S}}}}=\frac{\boldsymbol{V_{\mathrm{R}}\,I_{\mathrm{f3S}}}}{\boldsymbol{\sqrt{3}\,I_{\mathrm{R}}\,I_{\mathrm{fNL}}}}$$

(2) (3) 突極機では横軸同期リアクタンス X_{q} を知るのに，滑り法を使う．同期発電機の界磁回路を開放し，無励磁のまま回転子を**同期速度 N_{S} より僅かに外れた**速度 N で運転し，電機子回路に定格周波数の対称三相交流電源から定格電圧の 10 %程度の電圧を加える．電機子電流による回転磁界 ϕ は同期速度 N_{S} で回転するので，回転子は ϕ に対してすべり $s=(N_{\mathrm{S}}-N)/N_{\mathrm{S}}$ で回転する．発電機の界磁誘導電圧，端子電圧，電機子電流の波形は解図 1 のとおりで，端子電圧と電機子電流はすべり周波数の 2 倍の周波数のうなり波形となる．

解図 1 で，端子電圧が最大になるときは回転磁界 ϕ が直軸位置にあるときであり，一方，最小になるときは回転磁界 ϕ が横軸位置にあるときだから

$$\left.\begin{aligned}X_{\mathrm{sd}}&=\frac{V_{\max}}{\sqrt{3}I_{\min}}\,〔\Omega〕\\X_{\mathrm{sq}}&=\frac{V_{\min}}{\sqrt{3}I_{\max}}\,〔\Omega〕\end{aligned}\right\}\cdots\cdots\cdots\text{①}$$

(1) で求めた直軸同期リアクタンス X_{d} に対応する横軸同期リアクタンス X_{q} は式①より

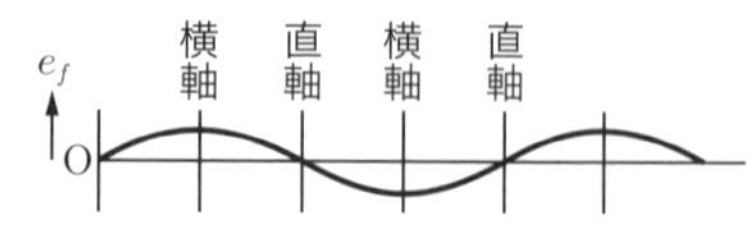

(a) 開放された界磁回路の誘導起電力

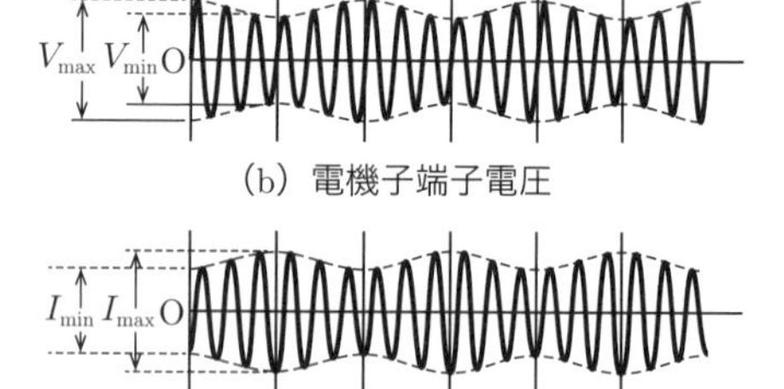

(b) 電機子端子電圧

(c) 電機子電流

解図 1　滑り法による各種波形

$$X_q = \frac{X_{sq}}{X_{sd}} X_d$$

$$= \frac{V_{min}/(\sqrt{3} I_{max})}{V_{max}/(\sqrt{3} I_{min})} X_d$$

$$= \frac{\boldsymbol{V_{min} I_{min}}}{\boldsymbol{V_{max} I_{max}}} \boldsymbol{X_d}$$

(4) 逆相リアクタンスは，単相短絡法（b，c 相短絡）により，解図2に示す回路で測定する．解図2で，$\dot{V}_b = \dot{V}_c$，$\dot{I}_a = 0$，$\dot{I}_b + \dot{I}_c = 0$ が境界条件なので，対称座標法を適用すれば

$$\dot{V}_0 + a^2 \dot{V}_1 + a\dot{V}_2 = \dot{V}_0 + a\dot{V}_1 + a^2 \dot{V}_2$$

$$\therefore \quad \dot{V}_1 = \dot{V}_2 \quad \cdots\cdots ②$$

$$\dot{I}_0 + \dot{I}_1 + \dot{I}_2 = 0,\ \ \dot{I}_0 + a^2 \dot{I}_1 + a\dot{I}_2 + \dot{I}_0 + a\dot{I}_1 + a^2 \dot{I}_2 = 0$$

$$\therefore \quad \dot{I}_1 = -\dot{I}_2,\ \ \dot{I}_0 = 0 \quad \cdots\cdots ③$$

発電機の基本式 $\dot{V}_0 = -\dot{Z}_0 \dot{I}_0$，$\dot{V}_1 = \dot{E}_a - \dot{Z}_1 \dot{I}_1$，$\dot{V}_2 = -\dot{Z}_2 \dot{I}_2$ に式②，③を代入すれば

$$\dot{E}_a - \dot{Z}_1 \dot{I}_1 = -\dot{Z}_2 \dot{I}_2 = \dot{Z}_2 \dot{I}_1$$

$$\therefore \quad \dot{I}_1 = \frac{\dot{E}_a}{\dot{Z}_1 + \dot{Z}_2} \quad \cdots\cdots ④$$

したがって，各相の電圧，電流は発電機の基本式，式②～式④より次式となる．

$$\left.\begin{aligned}
\dot{I}_b &= -\dot{I}_c = \dot{I}_0 + a^2 \dot{I}_1 + a\dot{I}_2 = \frac{(a^2 - a)\dot{E}_a}{\dot{Z}_1 + \dot{Z}_2} \\
\dot{V}_a &= \dot{V}_0 + \dot{V}_1 + \dot{V}_2 = \frac{2\dot{Z}_2 \dot{E}_a}{\dot{Z}_1 + \dot{Z}_2} \\
\dot{V}_b &= \dot{V}_c = \dot{V}_0 + a^2 \dot{V}_1 + a\dot{V}_2 = \frac{(a^2 + a)\dot{Z}_2 \dot{E}_a}{\dot{Z}_1 + \dot{Z}_2} = \frac{-\dot{Z}_2 \dot{E}_a}{\dot{Z}_1 + \dot{Z}_2}
\end{aligned}\right\} \quad \cdots\cdots ⑤$$

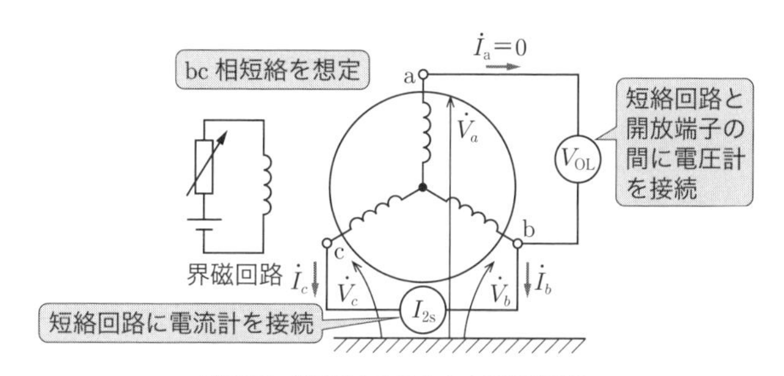

解図2　逆相リアクタンス測定回路

そこで，式⑤より，解図2の測定電圧 V_{OL}，測定電流 I_{2s}，これらの比は

$$\dot{V}_{OL} = \dot{V}_a - \dot{V}_b = \frac{3\dot{Z}_2\dot{E}_a}{\dot{Z}_1+\dot{Z}_2},\quad \dot{I}_{2s} = \dot{I}_b = \frac{(a^2-a)\dot{E}_a}{\dot{Z}_1+\dot{Z}_2}$$

$$\therefore\quad \frac{\dot{V}_{OL}}{\dot{I}_{2s}} = \frac{3\dot{Z}_2}{a^2-a} = \frac{3\dot{Z}_2}{-j\sqrt{3}} = j\sqrt{3}\,\dot{Z}_2$$

$$\therefore\quad X_2 = |\dot{Z}_2| = \left|\frac{\dot{V}_{OL}}{j\sqrt{3}\,\dot{I}_{2s}}\right| = \frac{\boldsymbol{V_{OL}}}{\boldsymbol{\sqrt{3}\,I_{2s}}}$$

(5) 零相リアクタンス

零相リアクタンスは，二相接地法（b，c 相接地）により，解図3に示す回路で測定する．解図3で，$\dot{I}_a = 0$，$\dot{V}_b = \dot{V}_c = 0$ であるから，対称座標法により

$$\dot{I}_0 = \frac{1}{3}(\dot{I}_a+\dot{I}_b+\dot{I}_c) = \frac{1}{3}(\dot{I}_b+\dot{I}_c) \quad\cdots\cdots⑥$$

$$\dot{V}_0 = \frac{1}{3}(\dot{V}_a+\dot{V}_b+\dot{V}_c) = \frac{1}{3}\dot{V}_a \quad\cdots\cdots⑦$$

解図3の測定電圧は $\dot{V}_{ON} = \dot{V}_a$，測定電流は $\dot{I}_n = \dot{I}_b + \dot{I}_c$ だから，発電機の基本式 $\dot{V}_0 = -\dot{Z}_0\dot{I}_0$ に式⑥，⑦を代入して

$$\dot{Z}_0 = -\frac{\dot{V}_0}{\dot{I}_0}\qquad \therefore\quad X_0 = |\dot{Z}_0| = \left|\frac{\dot{V}_0}{\dot{I}_0}\right| = \left|\frac{\dot{V}_a/3}{(\dot{I}_b+\dot{I}_c)/3}\right| = \left|\frac{\dot{V}_a}{\dot{I}_b+\dot{I}_c}\right| = \frac{\boldsymbol{V_{ON}}}{\boldsymbol{I_n}}$$

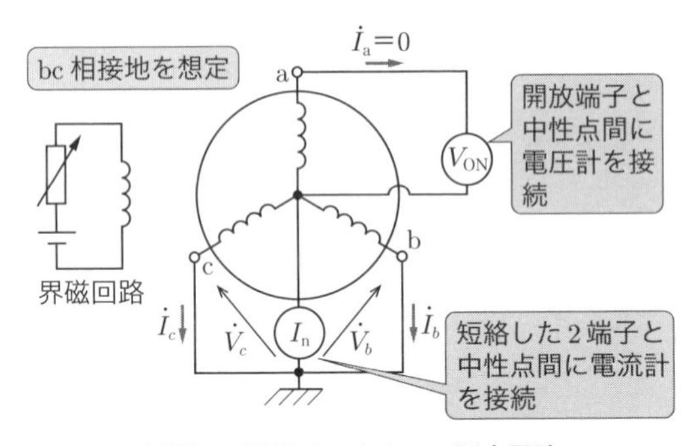

解図3　零相リアクタンス測定回路

解答　(1)（ロ）　(2)（チ）　(3)（ニ）　(4)（ヘ）　(5)（ヨ）

詳細解説 5　対称座標法におけるリアクタンス

(1) 正相リアクタンス：同期リアクタンスに等しい．正相電流による回転磁界が回転子の回転方向と同方向に同期速度で回転する場合のリアクタンスである．

(2) 逆相リアクタンス：電機子電流による回転磁界と界磁との相対速度が同期速度の2倍であるときのリアクタンスである．この場合，電機子電流による回転磁界の磁束の変化が正相時よりも激しいので，その変化を妨げるように界磁巻線に電流が流れようとするために逆相リアクタンス x_2 は正相リアクタンス x_1 より小さくなり，過渡インピーダンス程度になる．これは，近似的に $x_2=(x_d'+x_q')/2$ と表すことができる．制動巻線がある場合には，逆相リアクタンスはさらに小さくなって，初期過渡リアクタンス程度になる．近似的には，$x_2=(x_d''+x_q'')/2$ と表すことができる．

(3) 零相リアクタンス：三相の電機子巻線に同じ電流が流れた場合のリアクタンスなので，電機子反作用が発生しないため，電機子漏れリアクタンス x_l に近い値になるが，一般的にはそれより小さい値となる．

問題 5　同期機の時定数の種類と定義　(H27-A2)

次の文章は，同期機の時定数に関する記述である．

同期機の過渡現象計算に用いられる時定数は，以下で扱う電流の初期過渡，過渡及び直流の変化成分の初期値からの変化量が初期値から最終値までの変化量の [(1)] %となるのに要する時間である．

直軸開路初期過渡時定数 T_{do}'' は電機子巻線開路時の直軸 [(2)] 回路時定数であり，直軸短絡初期過渡時定数 T_{d}'' は電機子巻線閉路時の直軸 [(2)] 回路時定数である．T_{d}'' は三相突発短絡電流の交流分の最初の数サイクル（初期過渡）の急激な減衰を定める時定数であり，$T_{\mathrm{d}}''=$ [(3)] $\times T_{\mathrm{do}}''$ となる．

直軸開路時定数 T_{do}' は電機子巻線開路時の界磁回路時定数であり，直軸短絡過渡時定数 T_{d}' は電機子巻線閉路時の界磁回路時定数である．T_{d}' は三相突発短絡電流の交流分から前述の初期過渡の急激な減衰電流を除外した電流の減衰を定める時定数であり，$T_{\mathrm{d}}'=$ [(4)] $\times T_{\mathrm{do}}'$ となる．

電機子時定数 T_{a} は，電機子回路の直流分電流に対する時定数で，突発短絡電流の直流分の減衰を定める時定数であり，

$$T_{\mathrm{a}}=\frac{\boxed{(5)}}{2\pi f R_{\mathrm{a}}}$$

となる．ただし，f は周波数，R_a は電機子巻線抵抗である．

なお，解答群において，X_d'' は直軸初期過渡リアクタンス，X_d' は直軸過渡リアクタンス，X_d は直軸同期リアクタンス，X_1 は正相リアクタンス，X_2 は逆相リアクタンス，X_0 は零相リアクタンスである．

解答群

(イ)　制動巻線	(ロ)　一次巻線	(ハ)　X_0	(ニ)　50
(ホ)　$\dfrac{X_d'}{X_d'+X_d''}$	(ヘ)　$\dfrac{X_d'}{X_d}$	(ト)　$\dfrac{X_d'}{X_d+X_d'}$	(チ)　63.2
(リ)　$\dfrac{X_d''}{X_d'+X_d''}$	(ヌ)　$\dfrac{X_d''}{X_d'}$	(ル)　$\dfrac{X_d}{X_d+X_d'}$	
(ヲ)　二次巻線	(ワ)　X_1	(カ)　36.8	(ヨ)　X_2

―攻略ポイント―

同期機の直軸回路や横軸回路のリアクタンスとセットで時定数についても理解を深めておく．また，時定数の意味についても重要かつ基礎的なので，理解しておく．

解説　(1) RL 直列回路に直流電圧を印加する簡単なケースを取り上げる．解図１の回路の微分方程式は式①で表され，その解は式②となることは理論で学んでいる．

$$Ri+L\frac{di}{dt}=E \quad \cdots\cdots ①$$

$$i=\frac{E}{R}(1-e^{-t/T})\left(T=\frac{L}{R}\right) \quad \cdots\cdots ②$$

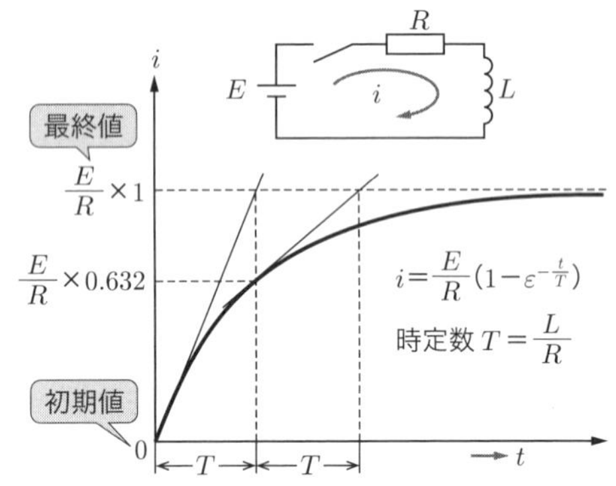

解図１　RL 直列回路の過渡現象

このとき，電流 i は，L/R 秒後に次式となる．

$$\frac{E}{R}(1-e^{-1})=0.632\times\frac{E}{R}$$

すなわち，最終値の **63.2 %**になる T $(=L/R)$ が時定数である．

(2) (3) 同期機の直軸回路の構成と等価回路を解図２に示す．同図の等価回路や問題３の解説から，直軸初期過渡リアクタンス X_d''，直軸過渡リアクタンス X_d'，直軸同期リアクタンス X_d は

$$X_d{}'' = x_a + \frac{1}{\dfrac{1}{x_{ad}} + \dfrac{1}{x_F} + \dfrac{1}{x_{Dd}}},\quad X_d{}' = x_a + \frac{1}{\dfrac{1}{x_{ad}} + \dfrac{1}{x_F}},\quad X_d = x_a + x_{ad} \cdots\cdots ③$$

となる.

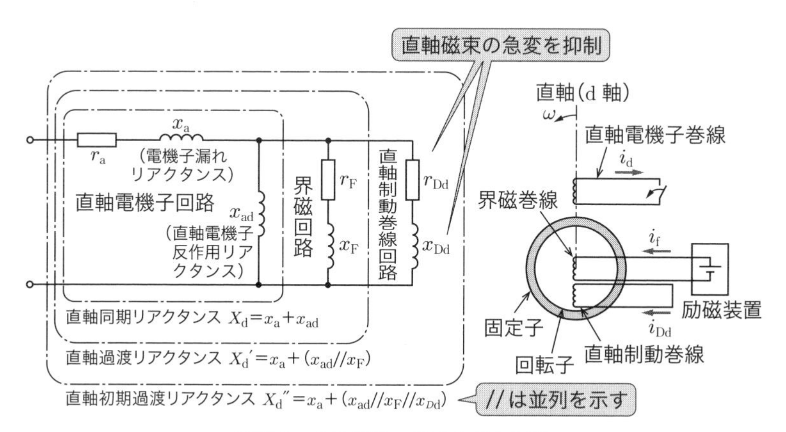

解図2　直軸回路の構成と等価回路

詳細解説 4 に示すように，三相突発短絡電流の初期過渡状態における減衰の早さを示すのが，式(1･13)にもある直軸短絡初期過渡時定数 $T_d{}''$ である．初期過渡状態における直軸電流の減衰は，直軸制動巻線回路抵抗 r_{Dd} によるものが大きいから，直軸**制動巻線**回路の時定数で決まる．そこで，解図 3 のように，電機子回路の抵抗 r_a，界磁回路の抵抗 r_F を無視して考えると，直軸制動巻線回路から電機子回路側をみたリアクタンス x_s は次式である．

$$x_s = \frac{1}{\dfrac{1}{x_a} + \dfrac{1}{x_{ad}} + \dfrac{1}{x_F}} \cdots\cdots ④$$

そして，RL 回路の時定数 T は (1) より，$T = L/R$ で，定格角速度を ω，リアクタンスを $X = \omega L$ とすれば，$L = X/\omega$ であるから，時定数 $T = X/(\omega R)$ となる．そこで，直軸短絡初期過渡時定数 $T_d{}''$ は

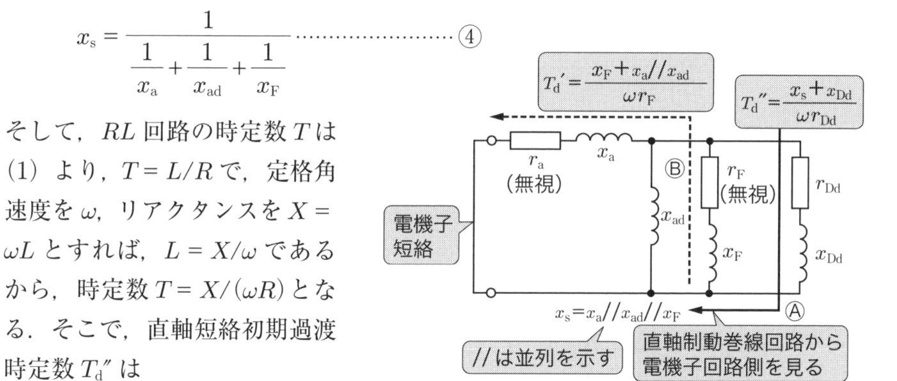

解図3　直軸短絡初期過渡時定数 $T_d{}''$

$$T_d'' = \frac{x_{Dd}+x_s}{\omega r_{Dd}} = \frac{x_{Dd}+\dfrac{1}{\dfrac{1}{x_a}+\dfrac{1}{x_{ad}}+\dfrac{1}{x_F}}}{\omega r_{Dd}} \quad \cdots\cdots ⑤$$

解図３で，Ⓐから見る

となる．直軸開路初期過渡時定数 T_{do}'' は，解図４のように，電機子巻線開路時の直軸**制動巻線**回路時定数であるから

$$T_{do}'' = \frac{x_{Dd}+\dfrac{1}{\dfrac{1}{x_{ad}}+\dfrac{1}{x_F}}}{\omega r_{Dd}}$$

解図４のように，直軸制動巻線回路から電機子回路側を見れば，抵抗 r_{Dd} とリアクタンス x_{Dd} 及び x_o（$=x_{ad}/\!/x_F$）とが直列になっている．（Ⓐから見る）

$$\therefore\quad \frac{T_d''}{T_{do}''} = \frac{\dfrac{x_{Dd}+\dfrac{1}{\dfrac{1}{x_a}+\dfrac{1}{x_{ad}}+\dfrac{1}{x_F}}}{\omega r_{Dd}}}{\dfrac{x_{Dd}+\dfrac{1}{\dfrac{1}{x_{ad}}+\dfrac{1}{x_F}}}{\omega r_{Dd}}}$$

$$= \frac{x_{Dd}+\dfrac{1}{\dfrac{1}{x_a}+\dfrac{1}{x_{ad}}+\dfrac{1}{x_F}}}{x_{Dd}+\dfrac{1}{\dfrac{1}{x_{ad}}+\dfrac{1}{x_F}}}$$

$$= \frac{x_{Dd}\left(\dfrac{1}{x_a}+\dfrac{1}{x_{ad}}+\dfrac{1}{x_F}\right)+1}{x_{Dd}\left(\dfrac{1}{x_a}+\dfrac{1}{x_{ad}}+\dfrac{1}{x_F}\right)+\dfrac{\dfrac{1}{x_a}}{\dfrac{1}{x_{ad}}+\dfrac{1}{x_F}}+1}$$

$T_{do}'=\dfrac{x_F+x_{ad}}{\omega r_F}$　$T_{do}''=\dfrac{x_o+x_{Dd}}{\omega r_{Dd}}$

r_a（無視）　x_a　Ⓑ　r_F　x_{ad}　x_F　r_{Dd}　x_{Dd}　電機子開路　$x_o=x_{ad}/\!/x_F$　Ⓐ

//は並列を示す

直軸制動巻線回路から電機子回路側を見る

解図４　直軸開路初期過渡時定数 T_{do}''

$$=\frac{\dfrac{1}{x_\mathrm{a}}+\dfrac{1}{x_\mathrm{ad}}+\dfrac{1}{x_\mathrm{F}}+\dfrac{1}{x_\mathrm{Dd}}}{\dfrac{1}{x_\mathrm{a}}+\dfrac{1}{x_\mathrm{ad}}+\dfrac{1}{x_\mathrm{F}}+\dfrac{1}{x_\mathrm{Dd}}+\dfrac{\dfrac{1}{x_\mathrm{a}x_\mathrm{Dd}}}{\dfrac{1}{x_\mathrm{ad}}+\dfrac{1}{x_\mathrm{F}}}}$$

$$=\frac{1+\dfrac{\dfrac{1}{x_\mathrm{a}}}{\dfrac{1}{x_\mathrm{ad}}+\dfrac{1}{x_\mathrm{F}}+\dfrac{1}{x_\mathrm{Dd}}}}{1+\dfrac{\dfrac{1}{x_\mathrm{a}}+\dfrac{\dfrac{1}{x_\mathrm{a}x_\mathrm{Dd}}}{\dfrac{1}{x_\mathrm{ad}}+\dfrac{1}{x_\mathrm{F}}}}{\dfrac{1}{x_\mathrm{ad}}+\dfrac{1}{x_\mathrm{F}}+\dfrac{1}{x_\mathrm{Dd}}}}=\frac{x_\mathrm{a}+\dfrac{1}{\dfrac{1}{x_\mathrm{ad}}+\dfrac{1}{x_\mathrm{F}}+\dfrac{1}{x_\mathrm{Dd}}}}{\dfrac{\dfrac{1}{x_\mathrm{ad}}+\dfrac{1}{x_\mathrm{F}}+\dfrac{1}{x_\mathrm{Dd}}}{\dfrac{1}{x_\mathrm{ad}}+\dfrac{1}{x_\mathrm{F}}}\cdot\dfrac{1}{1}\;\Big/\;\left(x_\mathrm{a}+\dfrac{\dfrac{1}{x_\mathrm{ad}}+\dfrac{1}{x_\mathrm{F}}}{\dfrac{1}{x_\mathrm{ad}}+\dfrac{1}{x_\mathrm{F}}+\dfrac{1}{x_\mathrm{Dd}}}\right)^{-1}}$$

$$=\frac{x_\mathrm{a}+\dfrac{1}{\dfrac{1}{x_\mathrm{ad}}+\dfrac{1}{x_\mathrm{F}}+\dfrac{1}{x_\mathrm{Dd}}}}{x_\mathrm{a}+\dfrac{1}{\dfrac{1}{x_\mathrm{ad}}+\dfrac{1}{x_\mathrm{F}}}}$$

ここで，式③の X_d'，X_d'' の式と見比べれば

$$\frac{T_\mathrm{d}''}{T_\mathrm{do}''}=\frac{\boldsymbol{X_\mathrm{d}''}}{\boldsymbol{X_\mathrm{d}'}}$$

(4)　一方，直軸開路時定数 T_do' は電機子巻線開路時の界磁回路時定数，直軸短絡過渡時定数 T_d' は電機子巻線閉路時の界磁回路時定数である．T_d' は，詳細解説 4 に示すように，三相突発短絡電流の交流分から初期過渡電流を除いた電流の減衰を決める時定数である．そこで，解図 3 および解図 4 において，一番右側の直軸制動巻線回路を無視し，界磁巻線回路の抵抗 r_F による時定数を求めればよい．直軸短絡過渡時定数 T_d'，直軸開路時定数 T_do' はそれぞれ

$$T_d{}' = \frac{x_F + \dfrac{1}{\dfrac{1}{x_a} + \dfrac{1}{x_{ad}}}}{\omega r_F}, \quad T_{do}{}' = \frac{x_F + x_{ad}}{\omega r_F}$$

解図3でⒷから見る

解図4でⒷから見る

となるから，この比を取って，式③の $X_d{}'$，X_d の式と見比べれば

$$\frac{T_d{}'}{T_{do}{}'} = \frac{\dfrac{x_F + \dfrac{1}{\dfrac{1}{x_a} + \dfrac{1}{x_{ad}}}}{\omega r_F}}{\dfrac{x_F + x_{ad}}{\omega r_F}} = \frac{x_F + \dfrac{1}{\dfrac{1}{x_a} + \dfrac{1}{x_{ad}}}}{x_F + x_{ad}} = \frac{x_a(x_F + x_{ad}) + x_F x_{ad}}{(x_F + x_{ad})(x_a + x_{ad})}$$

$$= \frac{x_a + \dfrac{1}{\dfrac{1}{x_F} + \dfrac{1}{x_{ad}}}}{x_a + x_{ad}} = \frac{\boldsymbol{X_d{}'}}{\boldsymbol{X_d}}$$

(5) 詳細解説4の式(1･13)の第一項が，時定数 T_a で比較的急速に減衰する直流分である．固定子に巻かれた電機子巻線に直流が流れたとき，静止磁界となるため，同期速度で回転子が回転することにより，直軸，横軸交互にリアクタンスが変動する．また，界磁回路，制動巻線回路からみて，常に磁束が変化する初期過渡状態が持続するため，リアクタンスは $X_d{}''$ と $X_q{}''$ の中間値の $(X_d{}'' + X_q{}'')/2$ となる．これは，詳細解説5の逆相リアクタンスで説明するように，近似的には逆相リアクタンス X_2 に等しい．したがって，電機子時定数 T_a は

$$T_a = \frac{\boldsymbol{X_2}}{2\pi f R_a}$$

と表すことができる．

解答　(1)(チ)　(2)(イ)　(3)(ヌ)　(4)(ヘ)　(5)(ヨ)

詳細解説6　同期機の横軸（q軸）のリアクタンスと時定数

横軸回路の構成と等価回路を図1･18に示す．

横軸回路は，界磁回路がないので，横軸過渡リアクタンスと横軸同期リアクタンスは等しい．本問の直軸回路と同様に考えれば，横軸初期過渡リアクタンス $X_q{}''$，横軸過渡リアクタンス $X_q{}'$，横軸開路初期過渡時定数 $T_{qo}{}''$，横軸短絡初期過渡時定数 $T_q{}''$ は

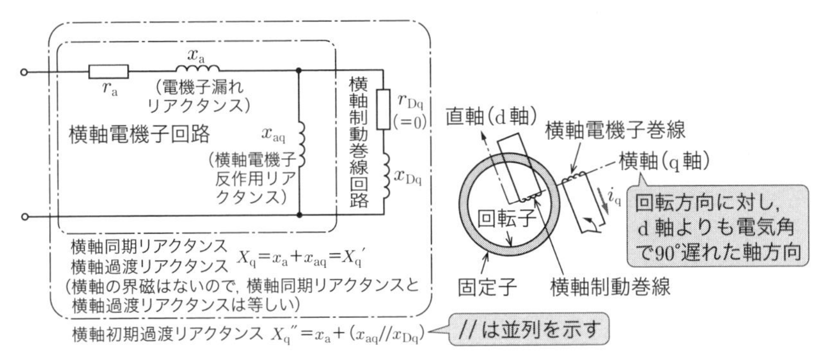

図1・18　横軸回路の構成と等価回路

次式のように表すことができる．

$$X_q' = X_q = x_a + x_{aq},\quad X_q'' = x_a + \frac{1}{\dfrac{1}{x_{aq}} + \dfrac{1}{x_{Dq}}},\quad T_q'' = \frac{x_{Dq} + \dfrac{1}{\dfrac{1}{x_a} + \dfrac{1}{x_{aq}}}}{\omega r_{Dq}},$$

$$T_{qo}'' = \frac{x_{Dq} + x_{aq}}{\omega r_{Dq}}$$

そして，上式を活用して比を取れば

$$\frac{T_q''}{T_{qo}''} = \frac{x_{Dq} + \dfrac{1}{\dfrac{1}{x_a} + \dfrac{1}{x_{aq}}}}{x_{Dq} + x_{aq}} = \frac{x_{Dq} + \dfrac{x_a x_{aq}}{x_a + x_{aq}}}{x_{Dq} + x_{aq}} = \frac{\dfrac{x_{Dq}x_a + x_{Dq}x_{aq} + x_a x_{aq}}{x_{Dq} + x_{aq}}}{x_a + x_{aq}}$$

$$= \frac{x_a + \dfrac{x_{Dq}x_{aq}}{x_{Dq} + x_{aq}}}{x_a + x_{aq}} = \frac{x_a + \dfrac{1}{\dfrac{1}{x_{aq}} + \dfrac{1}{x_{Dq}}}}{x_a + x_{aq}} = \frac{X_q''}{X_q'} \qquad (1\cdot 14)$$

問題 6　同期発電機の電機子巻線の分布係数　(H30−A1)

次の文章は，同期発電機の電機子巻線の分布係数に関する記述である．

同期発電機では界磁磁束によって電機子巻線に発生する誘導起電力の波形は正弦波であることが望ましい．しかし，界磁磁束の空隙の磁束密度分布は台形波に近くなり，$\boxed{\quad(1)\quad}$ 次の高調波成分を含む．また，電機子巻線に対称三相交流電流が流れるとき，1個のコイルによって生じる回転方向に沿った起磁力の分布は $\boxed{\quad(2)\quad}$ 波となり，$\boxed{\quad(1)\quad}$ 次の高調波成分を含む．そこで界磁磁束によって電機子巻線に発生する誘導起電力の波形を正弦波に近づけるとともに，電機子電流による起磁力の高調波成分を低減するため，電機子巻線に分布巻が用いられる．ここでは，界磁磁束によって電機子巻線に発生する誘導起電力の波形に対する分布巻の効果を分布係数で説明する．

毎極毎相の導体を1個のスロットに納める集中巻に対して，何個かのスロットに分布して配置することを分布巻という．毎極毎相のスロット数を q 個（整数とする）とすると，隣り合うコイルの誘導起電力はスロット間隔に対応した位相差を生じ，q 個のコイルに発生する誘導起電力は各コイルの誘導起電力の $\boxed{\quad(3)\quad}$ となる．一方，集中巻の場合は1個のコイルの誘導起電力の大きさの q 倍となる．

分布巻の場合の集中巻の場合に対する誘導起電力の大きさの比を分布係数という．相数を m として，基本波成分に対してはスロット間隔に対応して各コイルの位相差は電気角で $\alpha=\dfrac{\pi}{mq}$〔rad〕となり，分布係数は $k_{\mathrm{d1}}=\boxed{\quad(4)\quad}$ となる．また，ν 次高調波成分に対してはスロット間隔に対応して隣り合うコイルの高調波誘導起電力の位相差は電気角で $\nu\alpha=\dfrac{\nu\pi}{mq}$〔rad〕となるので，$\nu$ 次高調波誘導起電力に対する分布係数は $k_{\mathrm{d}\nu}=\boxed{\quad(5)\quad}$ となる．

分布係数の値は，通常，基本波に対しては数パーセントの減少であるが，高調波に対しては大きな減少となり，誘導起電力の波形は正弦波に近づく．

解答群

(イ)　偶　数　　(ロ)　奇　数　　(ハ)　$\dfrac{\sin\left(\dfrac{\pi}{2m}\right)}{q\sin\left(\dfrac{\pi}{2mq}\right)}$

(ニ)　三　角　　(ホ)　$\dfrac{\cos\left(\dfrac{\pi}{m}\right)}{q\cos\left(\dfrac{\pi}{mq}\right)}$　　(ヘ)　のこぎり

(ト)	方　形	(チ)	$\dfrac{\sin\left(\dfrac{\nu\pi}{2m}\right)}{q\sin\left(\dfrac{\nu\pi}{2mq}\right)}$	(リ)	ベクトル積
(ヌ)	分　数	(ル)	$\dfrac{\sin\left(\dfrac{\nu\pi}{m}\right)}{q\sin\left(\dfrac{\nu\pi}{mq}\right)}$	(ヲ)	$\dfrac{\sin\left(\dfrac{\pi}{m}\right)}{q\sin\left(\dfrac{\pi}{mq}\right)}$
(ワ)	代数和	(カ)	$\dfrac{\cos\left(\dfrac{\nu\pi}{m}\right)}{q\cos\left(\dfrac{\nu\pi}{mq}\right)}$	(ヨ)	ベクトル和

―攻略ポイント―

発電機の電機子巻線の分布係数に関しては，ほぼ同様の問題が平成 20 年（解説中の別解の考え方）にも出されているので，よく学習する．

解説　(1)(2) 集中巻は，電機子巻線を一つのスロットに集中して巻き付ける巻線方式である．界磁磁束の空隙の磁束密度は台形波に近くなり，**奇数**次の高調波成分を含む．電機子巻線に三相平衡負荷を接続しても，1 個のコイルによって生じる回転方向に沿った起磁力の分布は**方形**波となり，**奇数**次の高調波成分を含む．一方，分布巻は，電機子巻線を 2 つ以上のスロットに分散して巻き付ける巻線方式であり，空隙の磁束密度分布を正弦波に近づけるようにした巻線方式である．発電機の電機子巻線では分布巻が使われる．

(3) 分布巻は，複数のスロットにコイルが分散して巻かれるため，隣り合ったスロットのコイルの起電力は位相が異なり，毎極毎相の起電力は，これらのコイルの起電力のフェーザ上の**ベクトル和**となる．

(4) 集中巻の起電力 E_c は，各コイルの誘導起電力のスカラー和となるから

$$E_c = E_1 + E_2 + \cdots + E_q = qE_1 \quad \cdots\cdots ①$$

となる．一方，分布巻は，解図のように，起電力のベクトル図に補助線を入れると

$$A\sin\frac{\alpha}{2} = \frac{E_1}{2} \quad \cdots\cdots ②$$

$$A\sin\frac{q\alpha}{2}=\frac{E}{2}\cdots\cdots\cdots\cdots③$$

の関係が成り立つから，式②と式③の比をとって E について整理すれば

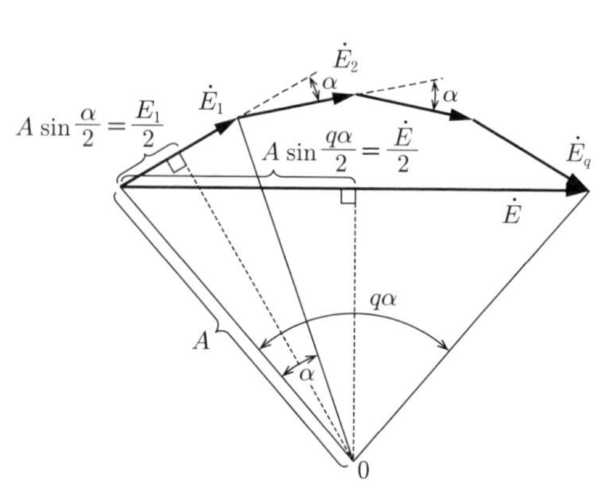

解図　分布巻起電力のベクトル図

$$\frac{\sin\dfrac{\alpha}{2}}{\sin\dfrac{q\alpha}{2}}=\frac{E_1}{E}$$

$$\therefore\quad E=\frac{\sin\dfrac{q\alpha}{2}}{\sin\dfrac{\alpha}{2}}E_1$$

となる．ここで，題意より，$\alpha=\pi/(mq)$〔rad〕を代入し，式①を活用すれば

$$E=\frac{\sin\dfrac{\pi}{2m}}{\sin\dfrac{\pi}{2mq}}E_1=\frac{\sin\dfrac{\pi}{2m}}{q\sin\dfrac{\pi}{2mq}}E_c\qquad\therefore\quad k_{d1}=\frac{E}{E_c}=\boldsymbol{\frac{\sin\dfrac{\pi}{2m}}{q\sin\dfrac{\pi}{2mq}}}$$

［別解］解図をベクトルで表すと，$\dot{E}_1=E_1$，$\dot{E}_2=E_1e^{-j\alpha}$，…，$\dot{E}_q=E_1e^{-j(q-1)\alpha}$ となり，このベクトル和である合成起電力ベクトル $\dot{E}$ は公比 $e^{-j\alpha}$ の等比級数だから

$$\dot{E}=E_1\frac{1-e^{-jq\alpha}}{1-e^{-j\alpha}}=E_1\frac{\dfrac{1}{e^{j\frac{q\alpha}{2}}}\left(e^{j\frac{q\alpha}{2}}-e^{-j\frac{q\alpha}{2}}\right)}{\dfrac{1}{e^{j\frac{\alpha}{2}}}\left(e^{j\frac{\alpha}{2}}-e^{-j\frac{\alpha}{2}}\right)}=E_1\frac{e^{j\frac{\alpha}{2}}\dfrac{\left(e^{j\frac{q\alpha}{2}}-e^{-j\frac{q\alpha}{2}}\right)}{2j}}{e^{j\frac{q\alpha}{2}}\dfrac{\left(e^{j\frac{\alpha}{2}}-e^{-j\frac{\alpha}{2}}\right)}{2j}}$$

$$=E_1\frac{e^{j\frac{\alpha}{2}}\cdot\sin\dfrac{q\alpha}{2}}{e^{j\frac{q\alpha}{2}}\cdot\sin\dfrac{\alpha}{2}}$$

上式の大きさを E とすると，ベクトル $e^{j\frac{\alpha}{2}}$ とベクトル $e^{jq\alpha/2}$ は位相が異なるが大きさは等しいので，$E=E_1\dfrac{\sin\dfrac{q\alpha}{2}}{\sin\dfrac{\alpha}{2}}$ となる．一方，集中巻の起電力の大きさは

式①より qE_1 であり，分布係数は両者の比だから

$$k_{d1} = \frac{E}{E_c} = \frac{E_1 \dfrac{\sin \dfrac{q\alpha}{2}}{\sin \dfrac{\alpha}{2}}}{qE_1} = \frac{\sin \dfrac{q\alpha}{2}}{q \sin \dfrac{\alpha}{2}} = \frac{\sin \dfrac{\pi}{2m}}{q \sin \dfrac{\pi}{2mq}}$$

(5) ν 次高調波成分に対しては，上式の α を $\nu\alpha$ に置き換えればよいので，次式となる．

$$k_{d\nu} = \frac{\sin \dfrac{\nu\pi}{2m}}{q \sin \dfrac{\nu\pi}{2mq}}$$

ν 次高調波に対しては，スロットピッチ α の値として $\nu\alpha$ をとらなくてはならない

解答　(1)（ロ）　(2)（ト）　(3)（ヨ）　(4)（ハ）　(5)（チ）

問題 7　同期機の制動巻線　(R2-A1)

次の文章は，同期機の制動巻線に関する記述である．

同期機の運転において，負荷が急変すると，同期機の入出力に過渡的なアンバランスが生じて，回転速度が同期速度を中心に動揺する．この現象を　(1)　という．条件によっては　(1)　が激しくなって，回転速度が同期速度から外れて継続的な運転ができなくなることがあり，この現象を　(2)　という．

回転速度の動揺が起こると，回転磁界に対して回転子の相対速度が生じるため，回転子の鉄心が塊状構造であれば回転子表面に誘導電流が流れて回転子の動揺を制動するように働く．

回転子の鉄心が　(3)　構造の場合は，鉄心が軸方向に絶縁されているため，回転子表面の軸方向に沿って複数本の導体を設置して誘導電流の経路を形成すると，有効な制動効果が得られる．この導体を制動巻線という．

大型のタービン発電機などでは，回転子の鉄心は塊状構造が一般的であるが，制動効果を強めるために，鉄心より　(4)　の高い材質の制動巻線を設置している場合が多い．

同期機が突発短絡したときにも制動巻線に電流が流れる．そのような状態における制動巻線に流れる電流も考慮した同期機のリアクタンスを (5) リアクタンスという．

解答群

(イ)	復　調	(ロ)	円　筒	(ハ)	制動巻線漏れ		
(ニ)	透磁率	(ホ)	突　極	(ヘ)	導電率	(ト)	解　列
(チ)	積　層	(リ)	短　絡	(ヌ)	初期過渡	(ル)	脱　調
(ヲ)	変　調	(ワ)	トリップ	(カ)	抵抗率	(ヨ)	乱　調

— 攻略ポイント —

同期機の制動巻線は，回転子の回転速度の動揺の抑制（乱調防止），逆相磁界や高調波磁界の吸収，初期過渡リアクタンス低下による高調波異常電圧の抑制という観点から重要であり，構造および機能をよく理解しておく．

解説　(1) (2) 同期機の運転において，負荷が急変すると，同期機の入出力に過渡的なアンバランスが生じ，回転速度が同期速度を中心に動揺する．この現象を**乱調**という．そして，乱調がさらに激しくなると，回転速度が同期速度から外れて継続的な運転をできなくなることがあり，これを**脱調**という．

(3) (4) 同期機が乱調を起こしている場合，電機子電流の作る回転磁界に対して回転子がその前後に動揺するので，回転子の磁極面にうず電流が流れ，この電流が回転子の振動を制動するよう働く．この効果を高めるため，多くの同期機では，誘導電動機のかご形巻線と同じ構造の制動巻線を設けている．

解図のように，突極形同期機の回転子の磁極頭部に設けたスロットに，銅棒ま

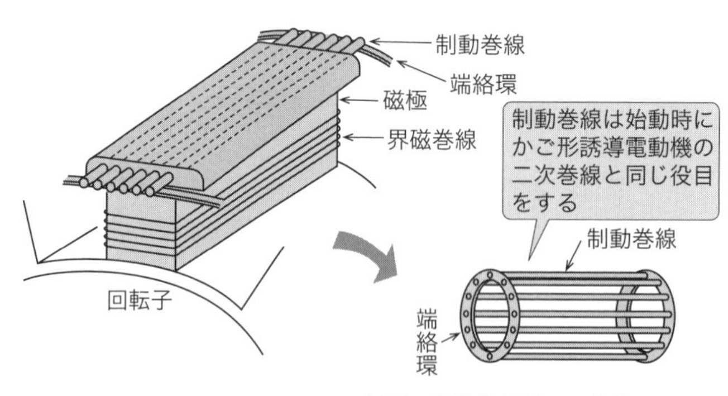

制動巻線の効果
① 回転子の回転速度の動揺の抑制（乱調防止）
② 逆相磁界や高調波磁界の吸収
③ 初期過渡リアクタンス低下による高調波異常電圧の抑制

解図　制動巻線付き同期機

たは黄銅棒など鉄心より**導電率**の高い材質の導体を挿入し，かご形誘導電動機の二次巻線のように端絡環によって相互に接続して構成する巻線が**制動巻線**である．回転子の鉄心が**積層**構造の場合，鉄心が軸方向に絶縁されているため，回転子表面の軸方向に沿って複数本の導体を設置して誘導電流の経路を形成すると，有効な制動効果が得られる．

負荷の急変に伴う同期機の過渡運転状態において回転子の回転速度に動揺が起こると，系統周波数で決まる同期速度との間に滑りが生じ，この巻線に誘導電動機としてのトルクが発生する．このトルクは速度変動を抑える方向に働く．

制動巻線は，電機子巻線と界磁巻線の磁路中に介在する低インピーダンス巻線であるため，制動の機能以外にも，三相不平衡負荷に起因する逆相磁界または負荷電流の歪みなどに起因する高調波磁界を吸収する効果がある．さらに，初期過渡リアクタンスを低下させることにより，系統故障時の開閉サージに対して高調波異常電圧を抑制できるので，故障遮断を容易にする効果もある．

(5) 問題3や問題5の解説そして詳細解説4に示すように，界磁磁極に制動巻線を有する同期発電機が突発三相短絡したときの短絡瞬時の電流を制限するリアクタンスは**初期過渡リアクタンス**である．

(1)（ヨ） (2)（ル） (3)（チ） (4)（ヘ） (5)（ヌ）

問題8　三相突極形同期発電機の出力　（H21-B5）

次の文章は，同期発電機の出力に関する記述である．

図は，遅れ力率で運転されている三相突極形同期発電機の一相分のベクトル図（フェーザ図）である．ただし，$\dot{V}$ は端子電圧（相電圧），$\dot{E}_0$ は無負荷誘導起電力（相電圧），$\dot{I}_a$ は電機子電流，$\dot{I}_d$ は $\dot{I}_a$ の直軸分，$\dot{I}_q$ は $\dot{I}_a$ の横軸分，X_d は直軸同期リアクタンス，X_q は横軸同期リアクタンス，［(1)］は負荷角，ϕ は力率角とし，また，電機子抵抗は無視するものとする．

$\dot{E}_0$ を基準ベクトルとすると，ベクトル図から，$\dot{E}_0=E_0$，$\dot{I}_a=$［(2)］，$\dot{V}=Ve^{-j\delta}$ となるから，出力は

$$P=\mathrm{Re}(3\overline{\dot{V}}\dot{I}_a)=\boxed{(3)} \quad\cdots\cdots ①$$

となる．I_d，I_q を求めるため，ベクトル図から，

$$V\cos\delta=E_0-X_dI_d \quad\cdots\cdots ②$$

$$V\sin\delta=X_qI_q \quad\cdots\cdots ③$$

なる関係を得る．これを①式に代入して整理すると，

$$P=3\frac{VE_0}{X_d}\sin\delta+\frac{3}{2}\left(\frac{1}{X_q}-\frac{1}{X_d}\right)V^2\times\boxed{\ (4)\ }\cdots\cdots④$$

となる．一般にδが60°～70°のときに突極形発電機の出力は最大となる．

非突極機では，$X_d=X_q$といえるから，これをX_sとおくと出力は，

$$P=3\frac{VE_0}{X_s}\sin\delta\cdots\cdots⑤$$

となり，非突極機の出力はδが90°で最大となる．

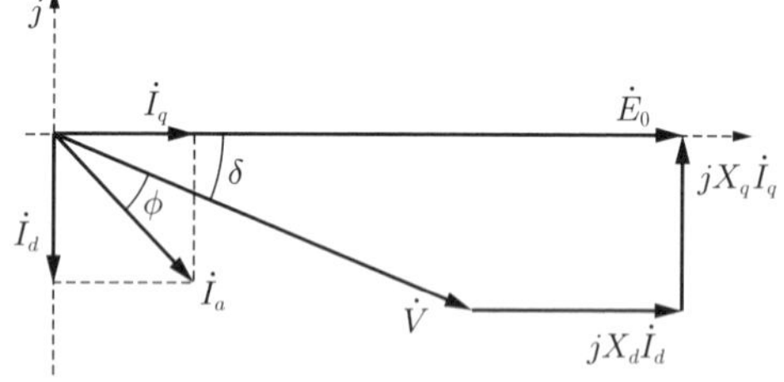

突極機の場合，界磁電流の大きさに依存しない④式第二項が存在する．これは　(5)　に基づくもので，突極機に特有なものである．

解答群

(イ)	I_d-jI_q	(ロ)	反作用トルク	(ハ)	$\delta-\phi$
(ニ)	$\delta+\phi$	(ホ)	I_q+jI_d	(ヘ)	$3V(I_q\cos\delta+I_d\sin\delta)$
(ト)	I_q-jI_d	(チ)	作用トルク	(リ)	$\cos\delta$
(ヌ)	$3V(I_q+I_d)\sin\delta$	(ル)	$\sin 2\delta$	(ヲ)	負荷トルク
(ワ)	$\cos 2\delta$	(カ)	δ	(ヨ)	$3V(I_d\cos\delta+I_q\sin\delta)$

―攻略ポイント―

突極形同期発電機の出力を求める基礎的かつ重要な問題である．問題の誘導がなくても，二次試験対策として，自らの手でベクトル図を描いて導出できるようにしておく．

解説　(1) 同期機の**内部相差角（負荷角）$\boldsymbol{\delta}$**は，詳細解説1の図1･6の円筒機のベクトル図や本問の突極機の図に示すように，無負荷誘導起電力$\dot{E}_0$と端子電圧$\dot{V}$とのなす角である．この内部相差角δは，回転磁界の作用軸と回転界磁の作用軸との作る角を電気角で表したものである．

(2) 電機子電流$\dot{I}_a$は，問題のベクトル図から，$\boldsymbol{\dot{I}_a=\dot{I}_q-j\dot{I}_d}$と表すことができる．

(3) (4) 問題のベクトル図から，$\dot{E}_0=E_0$，$\dot{V}=Ve^{-j\delta}$と表せるから，出力$P+jQ$は，進み無効電力を正として

$$P+jQ=3\bar{\dot{V}}\cdot\dot{I}_a=3\overline{Ve^{-j\delta}}\times(I_q-jI_d)=3Ve^{j\delta}(I_q-jI_d)$$
$$=3V(\cos\delta+j\sin\delta)(I_q-jI_d)$$
$$=3V[(I_q\cos\delta+I_d\sin\delta)+j(I_q\sin\delta-I_d\cos\delta)]$$
$$\therefore\quad P=\mathrm{Re}[3\bar{\dot{V}}\cdot\dot{I}_a]=\boldsymbol{3V(I_q\cos\delta+I_d\sin\delta)}\cdots\cdots ①$$

となる．また，ベクトル図から，次式が成り立つ．

$$V\cos\delta=E_0-X_dI_d\cdots\cdots ②$$
$$V\sin\delta=X_qI_q\cdots\cdots ③$$

式②より，I_d について解き，式③より，I_q について解いて，これらを式①に代入すれば

$$P=3V\left(\frac{V}{X_q}\sin\delta\cos\delta+\frac{E_0-V\cos\delta}{X_d}\sin\delta\right)$$
$$=\boldsymbol{\frac{3VE_0}{X_d}\sin\delta+\frac{3}{2}V^2\left(\frac{1}{X_q}-\frac{1}{X_d}\right)\sin 2\delta}\cdots\cdots ④$$

式④において，円筒機の場合には $X_d=X_q=X_s$ だから，これを式④に代入すると，出力は次式となる．

$$P=\frac{3VE_0}{X_s}\sin\delta\cdots\cdots ⑤$$

式④，式⑤を図に示すと，解図のような出力相差角曲線となる．

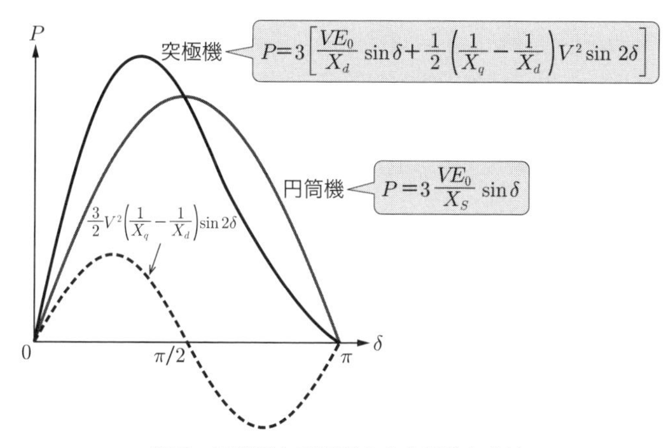

解図　円筒機と突極機の出力相差角曲線

(5) 式④の第一項は円筒機と同様であるが，第二項は突極機固有の項である．この第二項は，E_0 とは無関係で，言うなれば，励磁がなくても接続された母線から

遅れ電流をとって，その電機子反作用によって界磁は磁化され，**反作用トルク**（リラクタンストルク）を生じる．

解答　(1)（カ）　(2)（ト）　(3)（へ）　(4)（ル）　(5)（ロ）

問題９　同期発電機の励磁装置　（H26-A1）

次の文章は，同期発電機の励磁装置に関する記述である．

同期発電機の界磁巻線に直流電流を供給し，同期発電機の端子電圧を一定に保持又は調整する装置を励磁装置という．近年製作される励磁装置の多くがサイリスタ励磁方式又はブラシレス励磁方式となっている．サイリスタ励磁方式には，同期発電機の主回路端子に ［(1)］ を接続し，この出力を励磁電源に用いた自励方式が多く，［(1)］ とサイリスタ変換器を使用して励磁装置が構成される方式であり，同期発電機の界磁電圧を直接制御するため一般に応答性が優れる特長をもっている．一方，ブラシレス励磁方式は，同期発電機と同一又は直結した回転軸上に回転 ［(2)］ 形同期発電機及び ［(3)］ を設置し，ブラシ及びスリップリングを使用しないで同期発電機に直流の界磁電流を供給する方式であり，機械しゅう動部がないため，保守点検の簡素化が図れる特長をもっている．

同期発電機が定格運転している状態で，同期発電機の端子電圧が突然大きく低下した場合の励磁装置の出力電圧応答特性の一例を図に示す．

・励磁系頂上電圧 V_{fc}〔V〕：励磁装置の出力電圧（直流平均電圧）の最大値．
・励磁系電圧応答時間 t_R〔s〕：出力電圧が同期発電機の定格負荷状態における界磁電圧 V_{fn}〔V〕から V_{fc} との差の 95 %に増加するのに要する時間．
・励磁系 ［(4)］ 〔s^{-1}〕：0〜0.5 s に得られる励磁装置の等価電圧変化の割合を V_{fn} で割った値である．図で（斜線部 abc の面積）＝（三角形 adc の面積）とするとき，

励磁系 ［(4)］

$$=\frac{\overline{dc}}{0.5\times V_{fn}}\ 〔s^{-1}〕$$

となる．

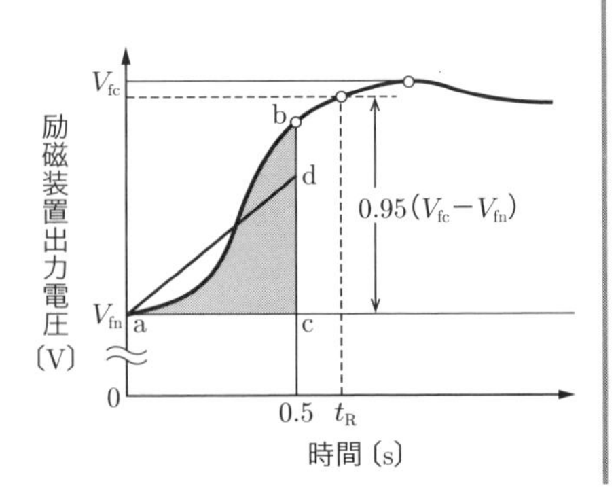

電力系統の過渡安定度を向上させるため，励磁系の応答が速いサイリスタ励磁方式のほかに，IEEE 421.1 に記載の，t_R が 0.1 s 以下であるハイイニシャルレスポンスの速応形ブラシレス励磁方式も使用されている．速応形の応答特性の一例として，励磁装置出力電圧が V_{fn} から直線的に増加し，時間 0.1 s にて $V_{fc} = 2 \times V_{fn}$ に到達後，0.5 s までその V_{fc} が保持された場合，励磁系 (4) は約 (5) 〔s^{-1}〕となり，応答性が十分高いことが分かる．

解答群

(イ)	整流子	(ロ)	励磁用交流発電機	(ハ)	回転抵抗器
(ニ)	電圧速応度	(ホ)	励磁用変圧器	(ヘ)	2.7
(ト)	1.8	(チ)	電圧上昇度	(リ)	励磁用直流発電機
(ヌ)	電圧変動度	(ル)	回転変圧器	(ヲ)	界　磁
(ワ)	3.6	(カ)	回転整流器	(ヨ)	電機子

―攻略ポイント―

発電機の励磁方式は，電験では機械分野だけでなく電力分野を含め，一次試験や二次試験でよく出題されるテーマである．直流励磁機方式，交流励磁機方式（他励），ブラシレス励磁方式，サイリスタ励磁方式の装置概要，特徴を十分に学習する．

解 説　(1)～(3) サイリスタ励磁方式は，解図1に示すように，発電機主回路に**励磁用変圧器**を接続し，この出力をサイリスタで直流に変換して界磁電流として供給し，サイリスタのゲート位相制御によって界磁電流を制御する方式である．

一方，ブラシレス励磁方式は，解図2に示すように，交流励磁機方式の一種で，主軸の回転子に直結された**回転電機子形**交流発電機の出力を**回転整流器**で直流に変換し，ブラシおよびスリップリングを使用しないで直接界磁電流として供給す

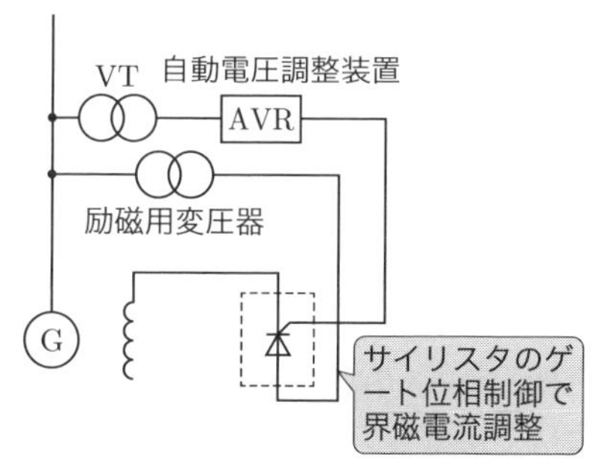

解図1　サイリスタ励磁方式

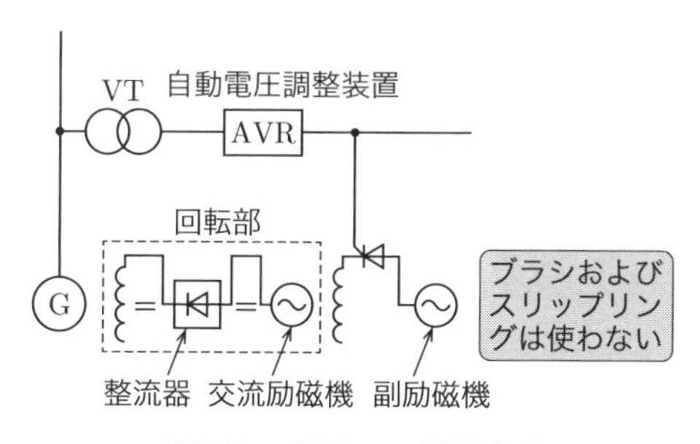

解図2　ブラシレス励磁方式

る方式である．

(4) 励磁系の速応性は，励磁装置の出力電圧に影響を与える**励磁系電圧速応度**で評価する．励磁系電圧速応度は，励磁装置を使用状態とし，同期発電機が定格運転している状態で，同期発電機の端子電圧が突然大きく低下するのと等価な変化を自動電圧調整装置（AVR）に与え，変化を与えた瞬時から 0.5 s の間に得られる励磁装置の等価電圧変化の割合を，定格負荷状態における励磁装置の出力電圧 V_{fn} で割った値を指す．具体的には，問題文中に与えられた式で定義される．

(5) 題意の速応形励磁装置の出力電圧の時間的変化を解図３に示す．解図３において，斜線部の四角形 aebc の面積と三角形 adc の面積が等しいとき，$V_{fc} = 2V_{fn}$ であるから

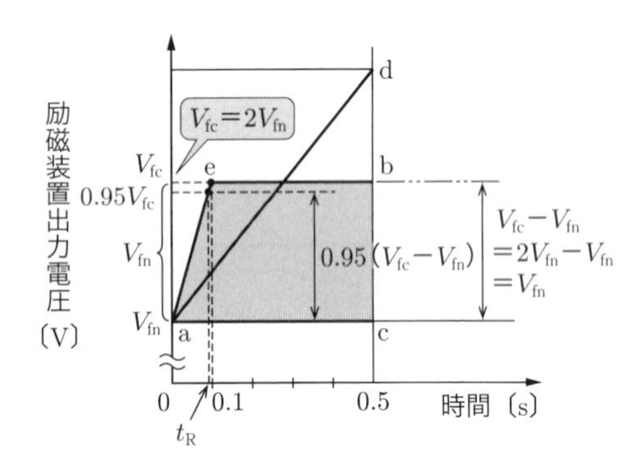

解図３　励磁系電圧速応度

四角形 aebc の面積

$$= \frac{1}{2} \times 0.1 \times V_{fn} + 0.4 \times V_{fn}$$

$$= 0.45V_{fn}$$

三角形 adc の面積

$$= \frac{1}{2} \times 0.5 \times \overline{dc} = 0.25\overline{dc}$$

$$0.45V_{fn} = 0.25\overline{dc} \qquad \therefore \quad \overline{dc} = \frac{0.45}{0.25}V_{fn} = 1.8V_{fn}$$

したがって，励磁系電圧速応度 E は

$$E = \frac{\overline{dc}}{0.5 \times V_{fn}} = \frac{1.8V_{fn}}{0.5 \times V_{fn}} = 3.6\ \mathrm{s}^{-1}$$

解答　(1)（ホ）　(2)（ヨ）　(3)（カ）　(4)（ニ）　(5)（ワ）

問題 10　容量性負荷における同期発電機の特性　(R1-A1)

次の文章は，容量性負荷における同期発電機の特性に関する記述である．

無負荷の長距離送電線に同期発電機を無励磁で接続しても，送電線の線間及び対地静電容量の影響によってこれらを充電する電機子電流が流れ，これ

によって発電機の端子電圧が高められ，さらに電流が増すという過程を繰り返して，端子電圧が著しく増大することがある．このときの同期発電機の電機子電流 I_a に対する端子電圧 V は図の曲線 O′a のような飽和特性であるとする．同期発電機に上述の静電容量に相当する１相当たりキャパシタンス C の容量性負荷を接続した場合，その電圧電流特性を直線 Ob で表し，その傾きを $\tan\theta$ とする．発電機には残留磁気による誘導起電力 OO′ を生じているから，これによって［(1)］の電機子電流が流れる．この電流による電機子反作用は［(2)］作用となり端子電圧を上昇させ，ある電機子電流 I_a に対して飽和曲線 O′a の方が直線 Ob よりも大きい間は電圧及び電流ともに増加し続け，曲線 O′a と直線 Ob の交点 P に達し，この点で安定し運転を持続する．このような現象を同期発電機の［(3)］といい，点 P を［(4)］点という．点 P の電圧はキャパシタンス C の大きさによって上下する．C が［(5)］く，傾き $\tan\theta$ が小さい場合，点 P の電圧が高くなる．その結果，点 P の電圧が発電機の定格電圧より非常に高くなる場合には，機器の絶縁を脅かすことになる．これを防ぐためには，その交点の電圧が同期発電機の定格電圧よりも低いことが必要である．

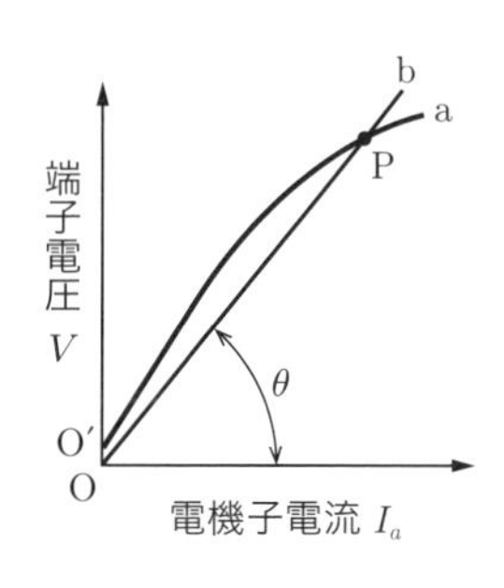

解答群

(イ)	自動励磁	(ロ)	同　相	(ハ)	減　磁	(ニ)	運転継続
(ホ)	電圧確立	(ヘ)	大　き	(ト)	交差磁化	(チ)	自動電圧調整
(リ)	増　磁	(ヌ)	進　相	(ル)	励磁可能	(ヲ)	小　さ
(ワ)	自己励磁	(カ)	遅　相	(ヨ)	同期化		

—攻略ポイント—

発電機の自己励磁現象も，電験の機械，電力科目でよく出題される分野である．本問は，自己励磁現象や電機子反作用に関する基礎的な出題である．

解説　(1)～(5) 同期発電機は，無励磁であっても残留磁気のため，自ら電圧を誘起する．したがって，無負荷長距離送電線のように**静電容量が大きい線路**に接続すると，充電電流が流れ（発電機には**進相**の電機子電流が流れ），電機子反作用は**増磁**作用となって，発電機端子電圧を上昇させる．場合によっては，発電機の定格電圧を超える電圧上昇をもたらし，機器や線路の絶縁を脅かすことがある．この現象を**自己励磁現象**という．

問題図において，aは発電機の無負荷飽和曲線であり，bは容量性負荷の充電特性である．キャパシタンスをC，充電電流I_a，送電線線間電圧をVとすれば，bの直線は$V=\sqrt{3}I_a/(2\pi fC)$（f：周波数）と表される．無負荷飽和曲線aと容量性負荷の充電特性の直線bとの交点は**電圧確立点**という．

解図のように，キャパシタンスCが**大きく**なると，容量性負荷の充電特性は直線Aから直線Bに移行し，電圧確立点もP_AからP_Bに遷移する．つまり，発電機の端子電圧は上昇する．

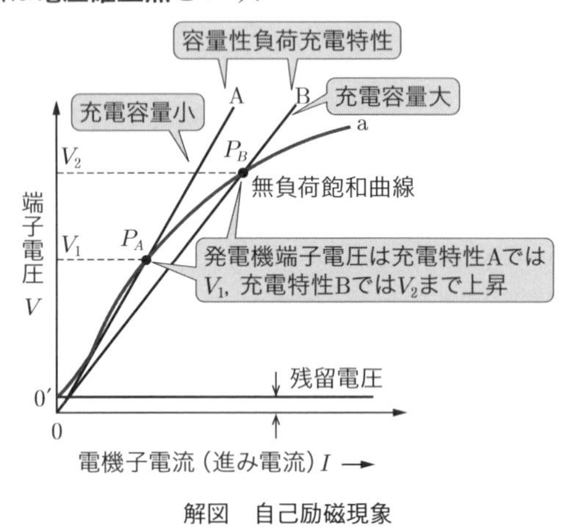

解図　自己励磁現象

自己励磁は，無負荷の長い線路を小容量の発電機で充電する場合に発生しやすい．1台の発電機で無負荷送電線を自己励磁現象なしに充電できる発電機容量P_G〔kVA〕は次式となる．

$$P_G > \frac{Q}{K_s}\left(\frac{V_n}{V}\right)^2(1+\sigma) \quad \cdots\cdots ①$$

（ここで，Q：電圧Vにおける線路充電容量〔kVA〕，V：線路充電電圧〔kV〕，σ：定格電圧における飽和係数，V_n：定格電圧〔kV〕，K_s：短絡比）

また，式①から，短絡比が大きくなれば線路充電容量も大きくなることがわかる．言い換えれば，同期発電機に許容される進相電流が増すことになる．同期発電機は，定格容量が大きいほど，短絡比が大きいほど，自己励磁現象を起こしにくい．水車発電機は，その短絡比がタービン発電機よりも大きいため，自己励磁現象を起こしにくく，線路充電容量が大きい．このため，定格容量と短絡比の大きい水車発電機が送電系統の試充電に使われる．

［自己励磁現象の防止対策］

①短絡比の大きい発電機で送電線路を充電する．

②送電線路の受電端に分路リアクトル，変圧器または同期調相機を接続し，遅相電流を流す．

③送電線路を充電するときに1台の発電機では容量が不足して自己励磁現象を起

こす場合には，複数台の発電機で並列運転すれば，充電電流が各発電機の発電機容量と短絡比の積に比例して分担されるので，自己励磁現象を起こさず，充電できる．

解答　(1)（ヌ）　(2)（リ）　(3)（ワ）　(4)（ホ）　(5)（へ）

詳細解説 7　自己励磁現象を起こさないための条件式

図1・19は，同期発電機の自己励磁飽和曲線Nと線路の充電電流特性の関係を示す．線路の充電特性OPの直線の傾きを$\tan\alpha$，自己励磁飽和曲線Nの原点Oにおける接線OM_1の傾きを$\tan\beta$とすれば，発電機が自己励磁を起こさない条件式は次式となる．

$$\tan\alpha > \tan\beta \quad (1\cdot15)$$

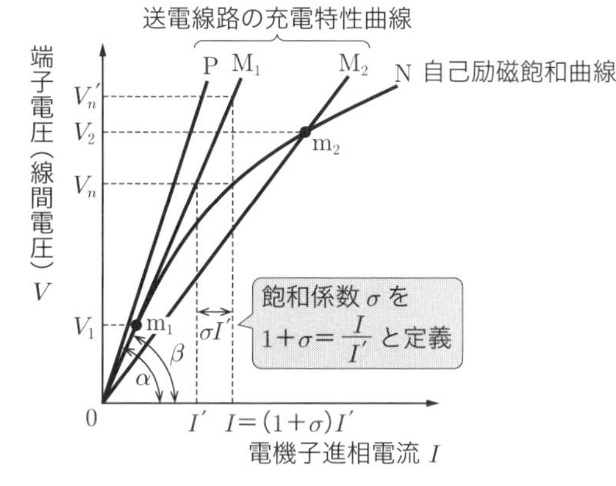

図1・19　自己励磁現象

ここで，$\tan\alpha = \dfrac{V/\sqrt{3}}{I} = \dfrac{V^2}{\sqrt{3}VI} = \dfrac{V^2}{Q}$である．同期リアクタンス$x_s = \dfrac{V_n/\sqrt{3}}{I} = \dfrac{V_n/\sqrt{3}}{(1+\sigma)I'} = \dfrac{1}{1+\sigma}\cdot\dfrac{V_n}{\sqrt{3}I'} = \dfrac{1}{1+\sigma}\cdot\tan\beta$となる．さらに，式(1・6)，式(1・8)から，$\dfrac{1}{K_s} = \dfrac{\sqrt{3}I_n x_s}{V_n} = \dfrac{x_s P_n}{V_n^2} = (z_{pu} \cong x_{spu})$である．これらの式を式(1・15)へ代入すれば

$$\frac{V^2}{Q} > (1+\sigma)x_s \qquad \therefore \quad \frac{V^2}{Q} > (1+\sigma)\frac{V_n^2}{K_s P_n}$$

$$\therefore \quad P_n > \frac{Q}{K_s}\left(\frac{V_n}{V}\right)^2(1+\sigma) \qquad (1\cdot16)$$

式(1・16)が自己励磁現象を起こさないための条件式であり，問題10の解説中の式①に相当する．

問題11　同期発電機の軸電流　（H20-A1）

次の文章は，同期発電機の回転子の軸の両端間に発生する電圧に関する記述である．

同期発電機の回転中に回転子の軸の両端間に電圧が発生する．この発生のメカニズムは，次の二つに大別することができる．

その一つは，構造上の原因から，回転子鉄心の［(1)］が円周方向に不同であると，回転子の軸と鎖交する交番磁束が発生し，軸に起電力を誘導することによるものである．この起電力は，通常，［(2)］程度の大きさである．同期発電機の回転中には，回転子の軸は軸受の油膜の上に乗っているので，この電圧では油膜の絶縁が破壊されるようなことはない．しかし，給油不足などにより油膜が切れて軸と軸受面が金属接触すると，軸，軸受，固定子又はベースからなるほとんど短絡状態に近い閉回路ができ，かなり大きな電流が流れる．この電流は［(3)］と呼ばれている．この電流が大きくなると，それによって軸受面を損傷し，著しい場合には，軸受の過熱損傷を招いて軸に過大な振動が生じ，事故の発生につながる．これを防止するためには，［(4)］に対する鉄心の分割数が最適になるように設計すればよいが，工作上のばらつきは免れないので，軸受メタルの支持部，軸受ブラケットの固定子枠の間，あるいは軸受台とベースの間に絶縁物を入れるなどの対策が採られている．

他の一つは，蒸気タービンに接続された同期発電機に見られる現象で，蒸気の粒子が相互に摩擦したり，あるいはタービンの動翼や軸に高速で衝突又は摩擦したりする際にイオン化し，タービンの軸に［(5)］が生じ，それが軸に蓄積されて電位を高めていくことによるものである．この電位が軸受の油膜の耐電圧以上になると，絶縁を破壊して間欠的に放電し，軸受を損傷することにより，軸振動が増大して事故の発生につながる．これを防止するためには，軸にブラシを取り付ける方法が採られている．

解答群

(イ)	数ボルト	(ロ)	短絡電流	(ハ)	スロット数
(ニ)	数ミリボルト	(ホ)	軸電流	(ヘ)	磁極数
(ト)	摩耗粉	(チ)	磁気抵抗	(リ)	転　位
(ヌ)	熱起電力	(ル)	漏れ電流	(ヲ)	静電荷
(ワ)	数百ボルト	(カ)	熱伝導率	(ヨ)	界磁巻線の巻回数

一攻略ポイント一

発電機の構造に関する出題として，軸電流を取り上げている．やや専門的であるが，これを機に水車発電機とタービン発電機の構造を学ぶ．

解説 (1)～(5) **軸電流**とは，解図に示すように，発電機の主軸・軸受・台座などからなる一つの回路に，漏れ磁束や静電荷によって誘起電圧を生じ，これにより流れる電流をいう．この発生原因で多いのは，磁気的な要因によって軸に**数ボルト**程度の起電力が生じることである．これは，回転子鉄心の円周方向の**磁気抵抗**が不均等な場合に軸と鎖交する磁束が生じ，これが軸の両端間に交流起電力を誘導して，軸電流の原因になる．また，微粒子が衝突してイオン化し，タービンの軸に**静電荷**が生じ，それが軸に蓄積されて電位を高めていくこともある．軸電流は，発生原因により，交流と直流の場合がある．

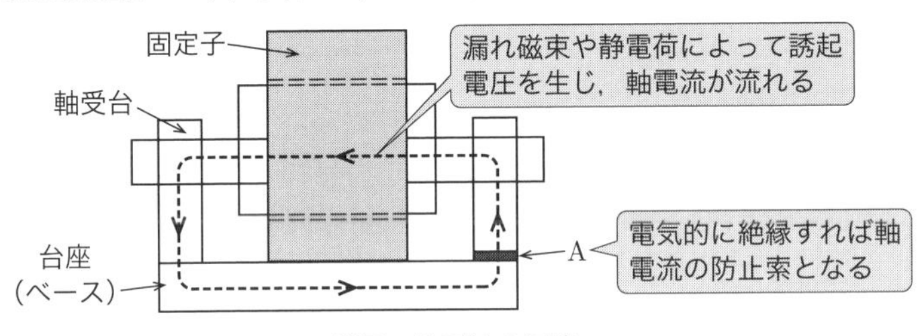

解図　軸電流の回路

この軸電流を防止するため，**磁極数**に対する鉄心の分割数が最適になるように設計するものの，それ以外の対策としては，①解図のAの部分を電気的に絶縁する，②軸受支持部に非磁性材料を挿入して磁路のリアクタンスを大きくする，③軸を接地する，などを行う．

解答 **(1)（チ） (2)（イ） (3)（ホ） (4)（ヘ） (5)（ヲ）**

詳細解説 8　水車発電機とタービン発電機の構造

同期機では，一般的に，電圧や電流が大きくなる電機子を固定して，界磁を回転させる**回転界磁形**としている．界磁巻線に直流電流を流すため，直流電源やサイリスタ整流器を用いた交流励磁機，静止形励磁装置が用いられる．図1•20は立軸形水車発電機の構造例，図1•21はタービン発電機の構造例を示す．タービン発電機は，蒸気タービンやガスタービンで駆動されるので，水車発電機よりも回転速度が高く，磁極数は2極（大容量火力機）または4極（原子力機）と少なく，横軸形である．

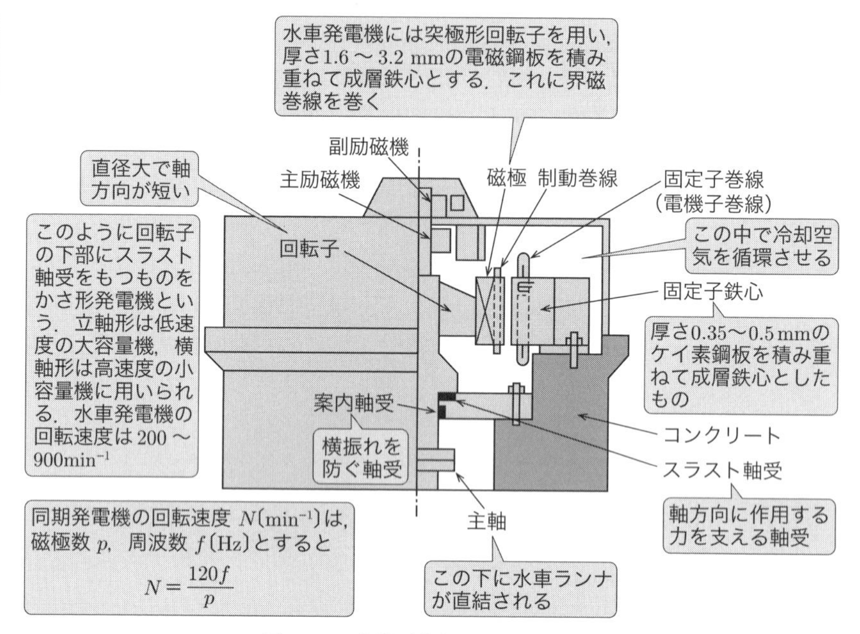

図1・20　立軸形水車発電機の構造例

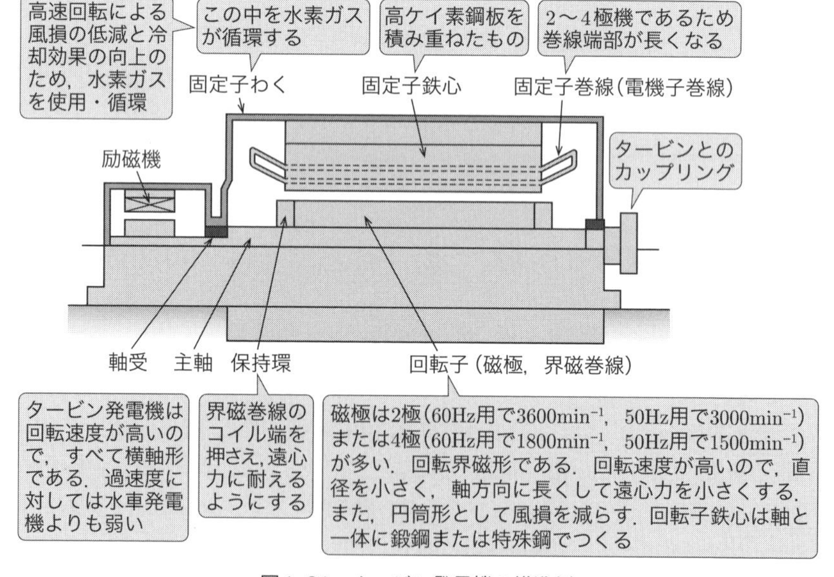

図1・21　タービン発電機の構造例

2　同期電動機

問題 12　突極形同期電動機の出力トルク　（H29-A1）

次の文章は，突極形同期電動機の出力トルクに関する記述である．

図は，三相突極形同期電動機の等価回路及びその等価回路に基づくフェーザ図（進み力率）を示している．フェーザ図において，界磁 N 極の中心線に一致している d 軸に虚軸を，d 軸より 90° 遅れとした q 軸に実軸を割り当てている．ここでは，電機子巻線抵抗及び各種損失は無視する．

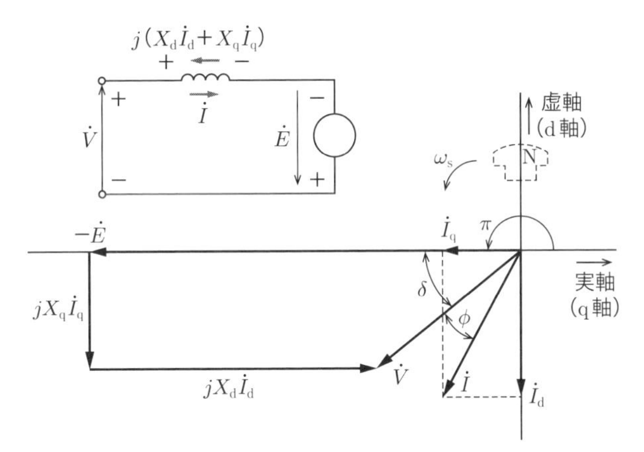

$\dot{V}$	：端子電圧（相電圧）	$\dot{E}$	：無負荷誘導起電力（相電圧）
$\dot{I}$	：電機子電流（相電流）	$\dot{I}_d$	：$\dot{I}$ の直軸分　$\dot{I}_q$：$\dot{I}$ の横軸分
X_d	：直軸同期リアクタンス	X_q	：横軸同期リアクタンス
δ	：内部相差角	ϕ	：力率角
ω_s	：同期角速度	N	：界磁 N 極

図　三相突極形同期電動機の等価回路とフェーザ図（進み力率）
（電機子巻線抵抗を無視した場合）

フェーザ図から $-\dot{E}=Ee^{j\pi}=-E$，$\dot{I}=\dot{I}_q+\dot{I}_d=$ [(1)]，$\dot{V}=Ve^{j(\delta+\pi)}$ となる．損失は無視したため，出力 P_{OP} は入力に等しく，P_{OP} は①式となる．

$$P_{OP}=\mathrm{Re}(3\dot{V}\bar{\dot{I}})= \boxed{(2)} \cdots\cdots ①$$

フェーザ図から，②及び③式が導かれる．

$$-V\cos\delta = \boxed{(3)} \cdots\cdots ②$$

$$-V\sin\delta = -X_q I_q \cdots\cdots ③$$

②及び③式より，I_d 及び I_q を求めて①式に代入すれば，出力トルク T は④式になる．

$$T = \frac{p' P_{OP}}{\omega_s} = \frac{p'}{\omega_s}\cdot\frac{3VE}{X_d}\sin\delta + \frac{p'}{\omega_s}\cdot\frac{3V^2}{2}\left(\boxed{(4)}\right)\times\sin 2\delta \cdots\cdots ④$$

ここで，p' は極対数である．一般に δ が 65～70° 付近で突極形同期電動機の出力トルクは最大となる．

突極機の場合，無負荷誘導起電力の大きさに依存しない④式右辺第二項が存在する．この成分のトルクを $\boxed{(5)}$ と呼ぶ．

解答群

(イ)　$3V(I_q\cos\delta + I_d\sin\delta)$　　(ロ)　負荷トルク

(ハ)　リラクタンストルク　　(ニ)　$\dfrac{1}{X_q} - \dfrac{1}{X_d}$

(ホ)　$\dfrac{1}{X_d} - \dfrac{1}{X_q}$　　(ヘ)　$E + X_d I_d$　　(ト)　$-E - X_d I_d$

(チ)　$-I_d - jI_q$　　(リ)　$-E + X_d I_d$　　(ヌ)　$\dfrac{1}{X_d} + \dfrac{1}{X_q}$

(ル)　界磁トルク　　(ヲ)　$I_q + jI_d$　　(ワ)　$3V(I_d\cos\delta + I_q\sin\delta)$

(カ)　$-I_q - jI_d$　　(ヨ)　$3V(-I_q\cos\delta + I_d\sin\delta)$

―攻略ポイント―

同期機は，回転子から機械的入力を加えれば発電機として動作し，電機子巻線に電気入力を加えると電動機として働く．このように電力の流れが逆であることを除けば，同期発電機も同期電動機も，同期機としての回路的性質は基本的には同じである．

解説　(1) 問題図の設定を見れば，電流 $\dot{I} = \dot{I}_q + \dot{I}_d = \boldsymbol{-I_q - jI_d}$

(2) 問題中の式①に，上式や $\dot{V} = Ve^{j(\pi+\delta)}$ を代入すれば，遅れ無効電力を正として

$$\begin{aligned} P_{OP} &= \mathrm{Re}[3\dot{V}\bar{I}] = \mathrm{Re}[3Ve^{j(\delta+\pi)}(-I_q + jI_d)] \\ &= \mathrm{Re}[3V\{\cos(\delta+\pi) + j\sin(\delta+\pi)\}(-I_q + jI_d)] \\ &= \mathrm{Re}[3V(-\cos\delta - j\sin\delta)(-I_q + jI_d)] \\ &= \mathrm{Re}[3V(I_q\cos\delta - jI_d\cos\delta + jI_q\sin\delta + I_d\sin\delta)] \end{aligned}$$

$$= 3\boldsymbol{V}(\boldsymbol{I}_{\mathrm{q}}\cos\delta + \boldsymbol{I}_{\mathrm{d}}\sin\delta) \quad \cdots\cdots ①$$

(3) 問題図のフェーザ図を見れば，次式が成り立つ．

$$-V\cos\delta = -\boldsymbol{E} + \boldsymbol{X}_{\mathrm{d}}\boldsymbol{I}_{\mathrm{d}} \quad \cdots\cdots ②$$

$$-V\sin\delta = -X_{\mathrm{q}}I_{\mathrm{q}} \quad \cdots\cdots ③$$

(4) 式②，式③をそれぞれ I_{d}，I_{q} について解き，これらを式①に代入すれば

$$P_{\mathrm{OP}} = 3V\left(\frac{V\sin\delta}{X_{\mathrm{q}}}\cos\delta + \frac{E - V\cos\delta}{X_{\mathrm{d}}}\sin\delta\right)$$

$$= \frac{3VE}{X_{\mathrm{d}}}\sin\delta + \frac{3V^2}{2}\left(\frac{1}{X_{\mathrm{q}}} - \frac{1}{X_{\mathrm{d}}}\right)\sin 2\delta \quad \cdots\cdots ④$$

同期機の毎秒の回転速度を n_{s}，極対数を p'，供給する電圧の周波数を f とすれば，$n_{\mathrm{s}} = f/p'$ であるから，同期角速度 ω_{m} は

$$\omega_{\mathrm{m}} = 2\pi n_{\mathrm{s}} = \frac{2\pi f}{p'} = \frac{\omega_{\mathrm{s}}}{p'} \quad \cdots\cdots ⑤$$

出力トルク T は，出力とトルクの関係および式⑤から

$$P_{\mathrm{OP}} = \omega_{\mathrm{m}}T = \frac{\omega_{\mathrm{s}}}{p'}T \qquad \therefore \quad T = \frac{p'P_{\mathrm{OP}}}{\omega_{\mathrm{s}}} \quad \cdots\cdots ⑥$$

そこで，式④を式⑥に代入すれば，出力トルク T は

$$T = \frac{p'}{\omega_{\mathrm{s}}}\cdot\frac{3VE}{X_{\mathrm{d}}}\sin\delta + \frac{p'}{\omega_{\mathrm{s}}}\cdot\frac{3V^2}{2}\left(\frac{\mathbf{1}}{\boldsymbol{X}_{\mathrm{q}}} - \frac{\mathbf{1}}{\boldsymbol{X}_{\mathrm{d}}}\right)\sin 2\delta \quad \cdots\cdots ⑦$$

(5) 突極機の場合，無負荷誘導起電力の大きさに依存しない式⑦の第二項のトルクが発生する．これを**リラクタンストルク**という．

詳細解説 9　円筒形同期電動機の出力・トルク

(1) 同期電動機の出力

同期電動機の1相当たりの等価回路を図1･22に示す．同期電動機の出力を求めるのに，簡単化するため，電機子抵抗を無視したうえで，端子電圧 $\dot{V}$ を基準ベクトルにしてベクトル図を描いている．同期電動機では，逆起電力に打ち勝つ外部電源電圧によって電流を流し，トルクを生み出す．なお，電動機の場合には，$\dot{E}_0$ は $\dot{V}$ よりも位相が遅れることに留意する．そこで，1相当たりの同期リアクタンスを x_s〔Ω〕，端子電圧を $\dot{V}$〔V〕，逆起電力を $\dot{E}_0$〔V〕，力率を $\cos\varphi$，負荷角を δ とすれば，出力 P_m〔W〕は $P_m = 3E_0I\cos(\varphi - \delta)$，$V\sin\delta = x_sI\cos(\varphi - \delta)$ より，$I\cos(\varphi - \delta)$ を消去し，次式と

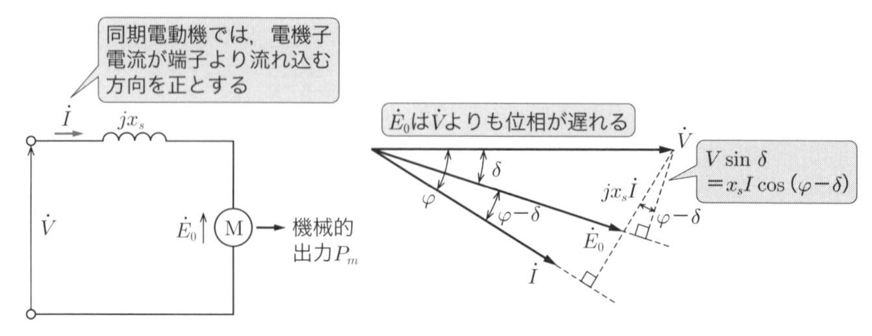

図1･22　同期電動機の等価回路とベクトル図（遅れ力率のケース）

なる．

$$P_m=\frac{3VE_0}{x_s}\sin\delta\ \text{〔W〕} \tag{1･17}$$

上式から，x_sを界磁電流に無関係に一定とし，負荷を一定とすれば，一定電圧のもとでは$E_0\sin\delta$は一定となる．図1･23(a)に示すように，力率1では電機子電流$\dot{I}$は最小になる．この状態から界磁電流I_fを増加させると，同図(b)のように，E_0が増加するので，δは減少し，電機子電流$\dot{I}$は進みとなってその大きさは増加する．逆に，界磁電流I_fを減少させると，同図(c)のように，電機子電流は遅れとなってその大きさは増加する．

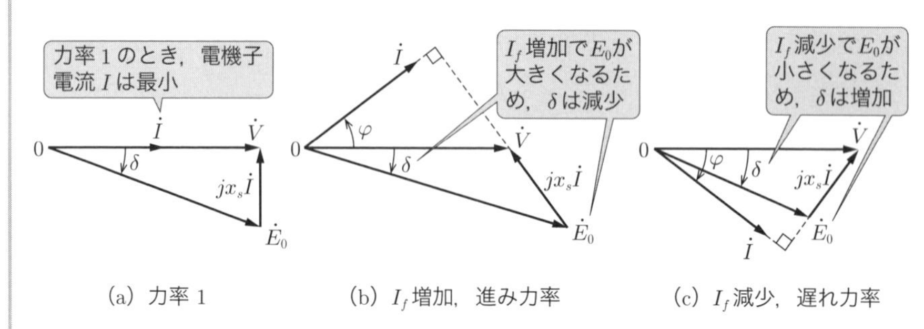

図1･23　界磁電流の違いによる同期電動機のベクトル図

そこで，横軸に界磁電流I_f，縦軸に電機子電流Iをとってこれらの関係を表すと，図1･24のとおりとなる．この曲線を**V曲線**という．V曲線の最低点は力率1に相当する点であり，これより右側は進み力率の範囲，左側は遅れ力率の範囲である．また，負荷が大きいほど，V曲線は上の方へ移動し，やや右にずれる．

同期電動機を運転し，これに強い励磁を与えれば進み電流が流れ，励磁を弱めれば

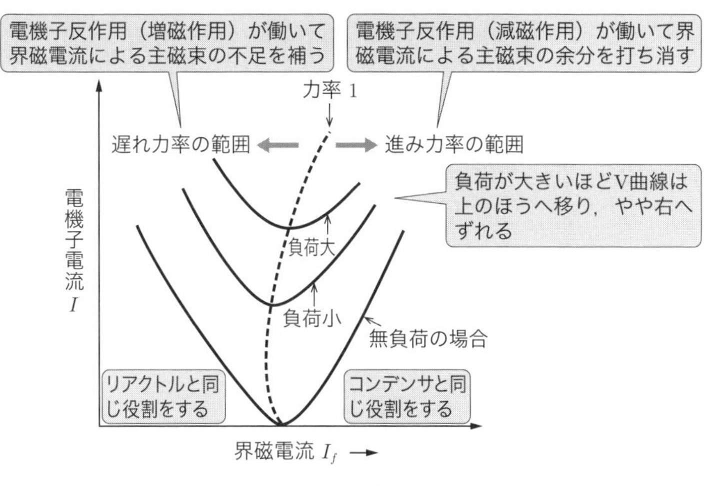

図1·24　同期電動機のV曲線

遅れ電流が流れる．そこで，変電所などに無負荷運転の同期電動機を置いて励磁を変化することによって力率を調整したり無効電力を制御したりすることができる．これを**同期調相機**という．無効電力の連続制御により，同期調相機の電圧調整・維持能力は高い．

(2) 同期電動機のトルク

同期速度を ω_s〔rad/s〕とすると，トルク T〔N·m〕は次式となる．

$$\boldsymbol{T=\frac{P_m}{\omega_s}=\frac{3VE_0}{\omega_s x_s}\sin\delta}\ \text{〔N·m〕} \qquad (1\cdot18)$$

同期電動機は負荷の大小にかかわらず同期速度で回転するから，ω_s は一定であり，トルク T は出力 P_m に比例する．この P_m を**同期ワット**という．

同期電動機のトルクは，電動機の運転状態によって，図1·25のように，始動トルク，引入れトルク，脱出トルクに分けられる．**始動トルク**は，始動巻線（制動巻線）によるトルクで，かご形誘導電動機と同じ原理で発生する．

引入れトルクは，界磁巻線に直流励磁をしたときに負荷の慣性に打ち勝って同期に入りうる最大負荷トルクである．

回転子が円筒形で2極の三相同期電動機の場合，トルクは δ が $\boldsymbol{\pi/2}$〔rad〕のときに最大値になる．さらに δ が大きくなると，トルクは減少して電動機は停止する．同期電動機が停止しない最大トルクを**脱出トルク**という．

また，同期電動機の負荷が急変すると，δ が変化し，新たな δ' に落ち着こうとする

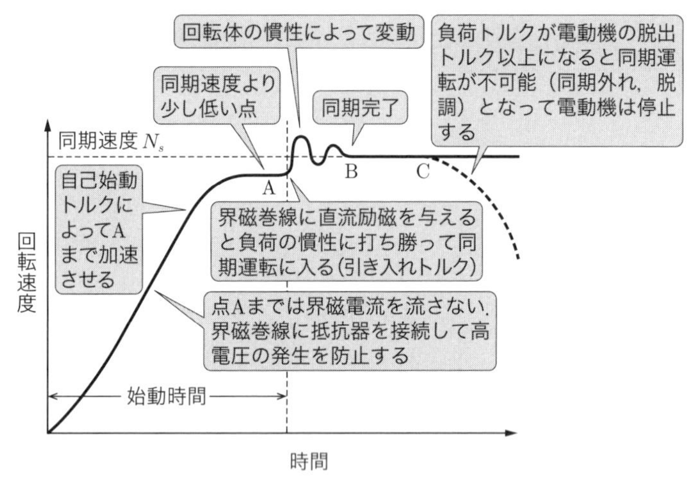

図1･25　同期電動機のトルク

が，回転子の慣性のために，δ' を中心として周期的に変動する．これを**乱調**といい，電源の電圧や周波数が変動した場合にも生じる．乱調が大きいと大きな同期化電流が流れ，極端な場合には**同期外れ**（**脱調**ともいう）となる場合もある．乱調を抑制するには，始動巻線も兼ねる制動巻線を設けたり，はずみ車を取り付けたりする．

問題 13　同期電動機の始動法　（H23−A1）

次の文章は，一定周波数の交流電源によって運転される大形同期電動機の始動に関する記述である．

同期電動機は，回転子が同期速度で回転しているときにだけトルクを発生するので，始動トルクをもたない．そのため同期電動機の始動には，自己始動法，始動電動機始動法，［ (1) ］始動法，［ (2) ］始動法などが用いられる．

大形同期電動機では自己始動法によって始動すると，始動電流が大きいため電力系統を動揺させる．このため，次のような方式が採用される．

無負荷で始動することが許される場合には，始動電動機始動法が採用できる．この始動法は，小形の始動電動機によって主機である大形同期電動機を同期速度まで加速してから交流電源に接続して同期化させる方式である．始動電動機として［ (3) ］を用いるとき，その極数は主機よりも［ (4) ］ものが使われる．

[(1)]始動法は，始動用電源として可変周波数の電源を使用し，周波数が定格周波数の[(5)]〔%〕くらいのときに同期化してしまい，同期状態を保ったまま周波数を定格周波数まで上げてから主電源に切り換える方式である．[(1)]では回転部分の運動エネルギーが小さいので，容易に同期化できる．

[(2)]始動法は，可変周波数の始動用電源と同期電動機を静止状態で電気的に接続しておき，同期電動機の界磁巻線に直流電流を流し，始動用電源の周波数を徐々に上げて最初から同期電動機としてのトルクによって始動する方式である．

解答群

(イ)　60	(ロ)　中間周波	(ハ)　同　期
(ニ)　直流機	(ホ)　1極対少ない	(ヘ)　2極対多い
(ト)　リアクトル	(チ)　30	(リ)　高周波
(ヌ)　Y-△	(ル)　誘導機	(ヲ)　1極対多い
(ワ)　交流整流子機	(カ)　50	(ヨ)　低周波

―攻略ポイント―

大型電動機の始動法は，電験ではよく出題される重要テーマであるため，十分に学習する．始動電動機法，同期始動法，低周波始動法をおさえておく．この他に，小容量の同期電動機では，制動巻線により誘導電動機として始動する自己始動法がある．

解説　(1)～(5)　大容量機では，解図1のように始動のための専用の電動機を用いる**始動電動機法**，解図2のような**同期始動法**や**低周波始動法**などが用いられる．

始動電動機法は，同期電動機と機械的に直結させた始動用電動機を用いて，同期電動機を同期速度付近まで加速させ，その後，同期電動機の回転子を直流励磁する方法である．始動用電動機には直流電動機や誘導電動機が用いられる．始動電動機として**誘導電動機**を用いる場合，主同期電動機よりも**1極対（2極）少ない**ものが使われる．

同期始動法は，同期電動機と同期発電機を電気的に接続し，同期発電機の回転子を加速させると，回転磁界の回転速度が上昇するとともに回転子も加速し，同

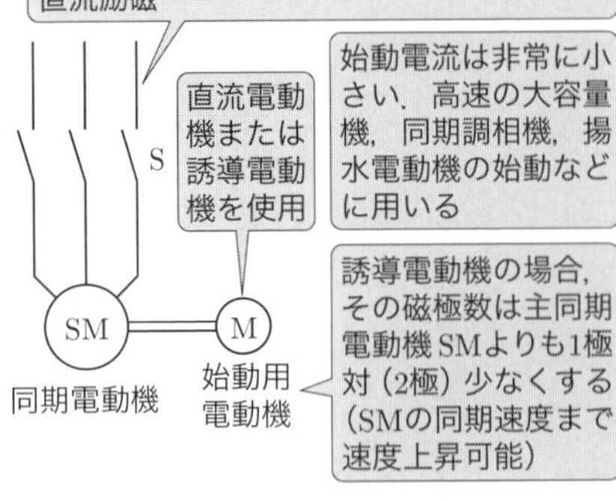

解図１　始動電動機法

解図２　同期始動法と低周波始動法

期電動機の回転速度が同期速度付近となったら，同期電動機に主電源（定格周波数）を印加して定格運転に移行する方法である．

低周波始動法は，同期電動機の同期引入れが周波数の低いほど容易であるため，可変周波数電源で始動できる場合には，低周波（定格周波数の 25～**30 %**）で同期化して同期状態のまま周波数を上昇させて定格周波数に達したとき，主電源と切り換える方式である．これにより始動用電源は小容量とすることができる．

解答　**(1)（ヨ）　(2)（ハ）　(3)（ル）　(4)（ホ）　(5)（チ）**

問題 14　永久磁石式同期電動機の駆動法　(H26-A3)

次の文章は，永久磁石式同期電動機の駆動法に関する記述である．

同期電動機の基本的な構成を図に示す．同期電動機を高効率に，かつ，高速応答に可変速駆動するには，(1) に応じて固定子電流を制御する方法が用いられる．これは誘導電動機のベクトル制御と原理的に同じである．このような駆動システムにおいて，同期電動機に永久磁石式同期電動機を用いた場合を (2) と呼ぶことがある．

永久磁石式同期電動機でも直軸リアクタンス X_{d} 及び横軸リアクタンス X_{q} を定義することができる．永久磁石式同期電動機の構造にはいくつかの種類があり，永久磁石を回転子の表面に貼り付けたSPM（Surface Permanent Magnet）構造の永久磁石式同期電動機は，永久磁石を回転子内部においたIPM（Interior Permanent Magnet）構造と比べると，固定子電流による界磁磁束への影響を［(3)］の特徴があり，従来からサーボモータを中心に最も多く使用されている．

インバータを組み合わせたSPM構造の永久磁石式同期電動機駆動システムは，回転子の位置を検出して電流を流し，トルクを発生する．ここで，インバータ及び固定子巻線は三相で，図のような2極機モデルにおいて，U-U′の巻線による起磁力の方向に対して回転子の位置をθ_rとすると，固定子トルクの反力である回転子発生トルクTは次式となる．

$$T=-K\left[i_U\Phi_a\sin\theta_r+i_V\Phi_a\sin\left(\theta_r-\frac{2\pi}{3}\right)+i_W\Phi_a\sin\left(\theta_r-\frac{4\pi}{3}\right)\right]$$

ただし，Kは比例定数，Φ_aは電機子に鎖交する磁束である．各相に正弦波電流

$$i_U=-I_a\sin\theta_r,\quad i_V=-I_a\sin\left(\theta_r-\frac{2\pi}{3}\right),\quad i_W=-I_a\sin\left(\theta_r-\frac{4\pi}{3}\right)$$

を流すと回転子発生トルクは次式となる．

$T=$［(4)］

同期電動機において，三相固定子電流による起磁力を合成した回転磁界と，回転する界磁極との間の角は，負荷状態によって変化する．このSPM構造の永久磁石式同期電動機駆動システムでは，上記のように絶えず磁極に向かい合う固定子巻線に電流I_aを流すように制御しているので，この合成した回転磁界と回転する界磁極との間の角が常に［(5)］され，同じトルクを発生するのにほぼ最小電流で運転できる．

解答群

(イ)　180°に維持

(ロ)　強く受ける$X_d<X_q$の突極機

(ハ)　回転子の速度　　(ニ)　$\frac{3}{2}KI_a\Phi_a$

(ホ)　ブラシレスDCモータ

(ヘ)　スイッチトリラクタンスモータ

(ト)　$\frac{1}{2}KI_a\Phi_a$

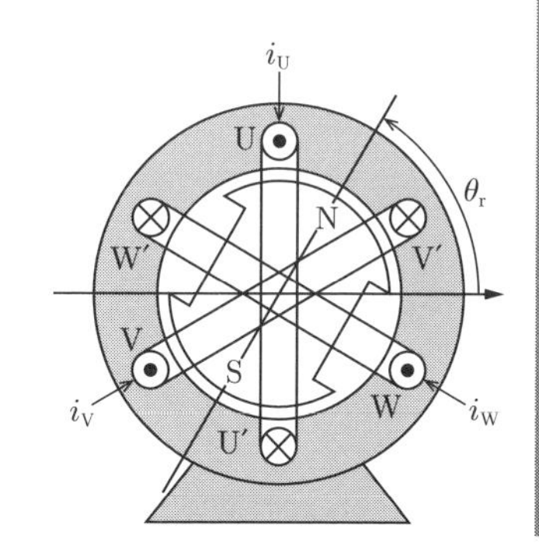

（チ）　強く受ける $X_d > X_q$ の突極機
（リ）　DC モータ　（ヌ）　界磁の大きさ　（ル）　0° に維持
（ヲ）　ほぼ無視できる非突極機　（ワ）　直角に維持
（カ）　$\frac{1}{2} K I_a \Phi_a \cos 2\theta_r$　（ヨ）　界磁極の位置

― 攻略ポイント ―

同期電動機は，元来，定速電動機として使用されてきたが，パワーエレクトロニクスの進展により可変電圧・可変周波数の電源が実用上簡単に利用できるようになって，可変速電動機としても使用されるようになっている．加えて，近年，希土類系磁石といった永久磁石材料の進歩によって高性能の永久磁石式同期電動機（PM モータ）が経済的に利用可能となり，サーボモータの分野などで実用化が進展している．永久磁石式同期電動機は平成 18 年にも出題されているため，十分に学習する．

解説　(1) 同期電動機を効率的に，そして高速応答で可変速駆動するには，**界磁極の位置**に応じて固定子電流を制御する方法が用いられる．解図１に示すように，永久磁石式同期電動機，それに電力を供給するための電圧形 PWM インバータ，電動機の印加電圧または電流の位相を決定するための磁極位置検出器と，電流制御器で構成される．これに速度制御を行うためには，そのための制御器と検出器が付加され，さらに位置制御を行うためには，そのための制御器と検出器が付加される．

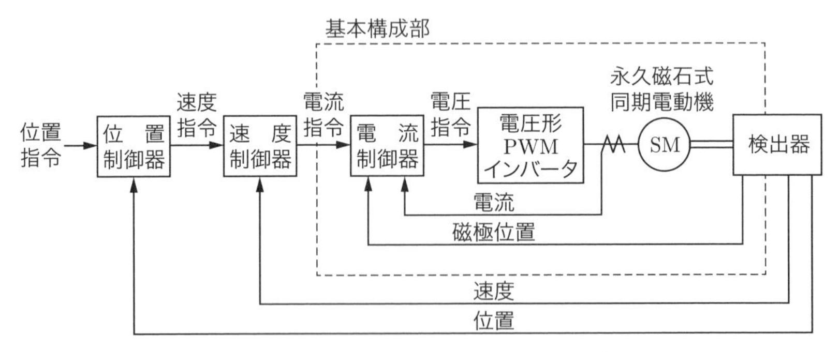

解図１　永久磁石式同期電動機の基本的な制御ブロック図

(2) 永久磁石式同期電動機の制御において，回転する界磁の位置を検出してそれに合わせて駆動用インバータの制御を行う方式と，界磁位置に関係なく開ループでインバータの出力周波数を制御する方式とがある．前者は，直流電動機と類似の動作および特性が得られるため，**ブラシレス DC モータ**と呼ばれることもある．後者は，誘導機の V/f 制御と同様の制御となるが，同期機の場合には脱調が発生するという課題がある．

(3) 永久磁石式同期電動機は，界磁に永久磁石を用いたものである．界磁鉄心の表面に永久磁石を取り付けた構造が SPM 構造（解図 2），永久磁石を界磁鉄心の内部に埋め込んだ構造が IPM 構造（解図 3）である．SPM 構造では，固定子巻線と回転磁極との間の磁気抵抗は，界磁極の位置によらずほぼ一様とみなせる．$(X_d = X_q)$ SPM 構造の永久磁石式同期電動機は，IPM 構造と比べると，固定子電流による界磁磁束への影響を**ほぼ無視できる非突極機**としての特徴がある．一方，IPM 構造の永久磁石式同期電動機は突極機で，d 軸のインダクタンスよりも q 軸のインダクタンスの方が大きくなる逆突極性を示し，リラクタンストルクが発生する特徴がある．

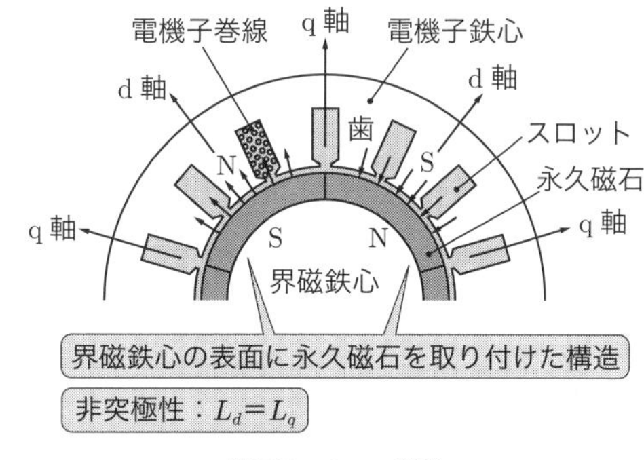

解図2　SPM 構造

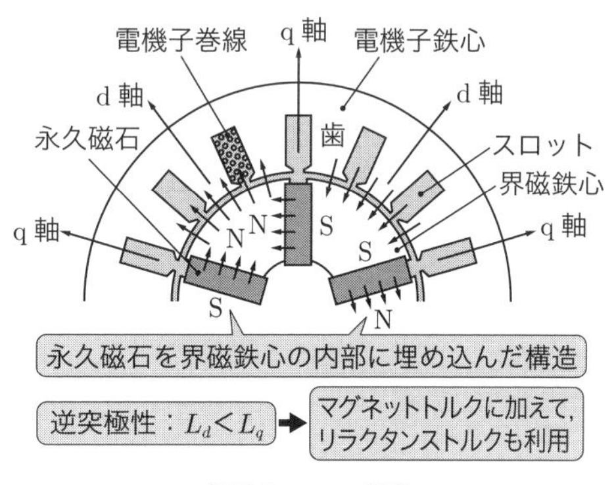

解図3　IPM 構造

(4) 回転子発生トルクは，設問中の式に各電流 i_U，i_V，i_W の式を代入すれば

$$T = -K\left[-I_a \sin\theta_r \Phi_a \sin\theta_r - I_a \sin\left(\theta_r - \frac{2\pi}{3}\right)\Phi_a \sin\left(\theta_r - \frac{2\pi}{3}\right)\right.$$

$$\left. - I_a \sin\left(\theta_r - \frac{4\pi}{3}\right)\Phi_a \sin\left(\theta_r - \frac{4\pi}{3}\right)\right]$$

$$= KI_a\Phi_a\left[\sin^2\theta_r + \sin^2\left(\theta_r - \frac{2\pi}{3}\right) + \sin^2\left(\theta_r - \frac{4\pi}{3}\right)\right]$$

$$= KI_a\Phi_a\left[\frac{1-\cos 2\theta_r}{2} + \frac{1-\cos\left(2\theta_r - \frac{4\pi}{3}\right)}{2} + \frac{1-\cos\left(2\theta_r - \frac{8\pi}{3}\right)}{2}\right]$$

$$= KI_a\Phi_a\left[\frac{3}{2} - \frac{1}{2}\cdot\left\{\cos 2\theta_r + \cos\left(2\theta_r - \frac{4\pi}{3}\right) + \cos\left(2\theta_r - \frac{2\pi}{3}\right)\right\}\right] = \boldsymbol{\frac{3}{2}KI_a\Phi_a}$$

(5) SPM構造の永久磁石式同期電動機駆動システムでは，絶えず磁極に向かい合う固定子巻線に電流 I_a，他の巻線には $2\pi/3$ ずつ位相のずれた三相電流を流すように制御しているので，この合成した回転磁界と回転する界磁極の角度は常に**直角に維持**され，同じトルクを発生するのにほぼ最小の固定子電流で運転できる．

問題15　リラクタンスモータ　(H20-A2)

次の文章は，リラクタンスモータに関する記述である．

リラクタンスモータは，計算機設計ツールの普及やパワーエレクトロニクス技術の発展などによって，近年実用化が進んでいる．

永久磁石を用いないリラクタンスモータは，構造的にシンクロナスリラクタンスモータ（SynRM）とスイッチトリラクタンスモータ（SRM）に分けられる．ともに突極性を有し，回転子位置に応じて変化するリラクタンス（磁気抵抗）に基づくトルクによって回転する．

シンクロナスリラクタンスモータの固定子構造は，従来の交流機と同様に固定子のスロットに分布巻コイルが配置され，三相交流の給電によってギャップに正弦波分布した回転磁界を発生する．［(1)］で作られた回転子は，発生した回転磁界に［(2)］その磁気抵抗が最小になるように回転する．負荷がかかると回転子は回転磁界より負荷角 δ だけ遅れ，この角度は負荷の大きさに依存する．回転子構造は突極構造を実現するため，種々の形状が提案されている．磁気抵抗の小さい軸を d 軸，大きい軸を q 軸とし，対応するインダクタンスをそれぞれ d 軸インダクタンス L_d，q 軸インダクタンス L_q とすれば，両者の比 $\frac{L_d}{L_q}$ を［(3)］と呼ぶ．トルク対電流の比，力率及び効率の向上のためには，［(3)］の［(4)］ことが望まれる．

一方，スイッチトリラクタンスモータの基本構造は，固定子，回転子とも突極構造をなし，固定子には　(5)　コイルが配置される．固定子，回転子の突極数については種々の組み合わせがある．その動作は，固定子突極に対して回転子突極がその磁気抵抗を最小にするように，非対向状態から対向状態にトルクを発生させる．その対向直前で次の相に励磁を切り換え，回転を維持する．

解答群

(イ)　短絡比	(ロ)　抵抗体	(ハ)　非同期で	(ニ)　非磁性体
(ホ)　小さい	(ヘ)　突極比	(ト)　集中巻	(チ)　同期して
(リ)　強磁性体	(ヌ)　分圧比	(ル)　環状巻	(ヲ)　等しい
(ワ)　分布巻	(カ)　大きい	(ヨ)　無関係に	

― 攻略ポイント ―

リラクタンスモータは，突極方向とその横方向の磁気抵抗（リラクタンス）の差によって発生するトルクを利用し，同期速度で回転するモータである．永久磁石が不要で安価であるという特徴がある．

解 説　(1) リラクタンスモータは，シンクロナスリラクタンスモータとスイッチトリラクタンスモータに分けられる．解図1はシンクロナスリラクタンスモータの原理図である．シンクロナスリラクタンスモータは，固定子巻線によって発生する回転磁界に突極性を持つ回転子が吸引されることにより回転する．2極の誘導電動機の固定子と同じように，固定子巻線 aa′，bb′，cc′ を配置し，三相交流電流を流すことで発生する回転磁界が時計回りに回転する．回転子は二つの突極を有する形状である．**強磁性体**で作られた回転子は，発生した磁界に**同期して**その磁気抵抗が最小になるように回転する．固定子の回転磁界による磁束を磁気抵抗の小さな回転子の突極部分（d 軸方向）に集中させ，固定子側から回転子を磁化する．これにより回転子に磁極が形成され，固定子の回転磁界に吸引されてトルクを発生し，回転子が回転する．モータの負荷が大きくなると，回転

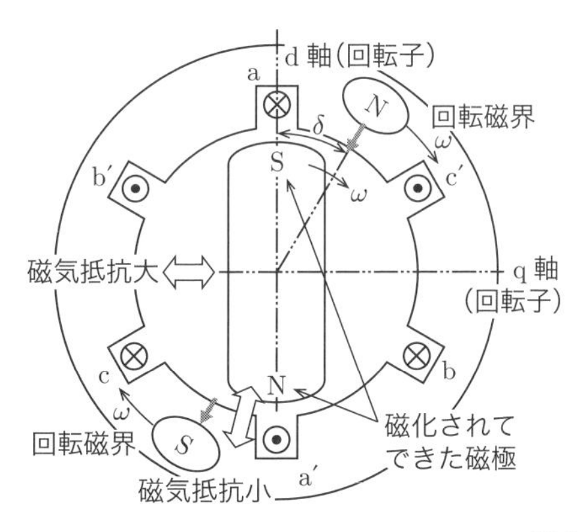

解図1　シンクロナスリラクタンスモータの構造

子の突極部が遅れて回転するが，この回転磁界の磁極に対し，回転子の突極部が遅れる角度を負荷角δという．リラクタンスモータにて発生するリラクタンストルクは，$\sin 2\delta$に比例する．したがって，負荷角$\delta = 45°$で最大トルクが得られるが，負荷角がそれ以上になると脱調する．

シンクロナスリラクタンスモータの等価回路は解図2のように表すことができ，発生トルクTは同期電動機の基本方程式から導出すると，次式のように表すことができる．(p'：極対数)

$$T = p'(L_{1d} - L_{1q})i_{1d}i_{1q} \quad \cdots\cdots ①$$

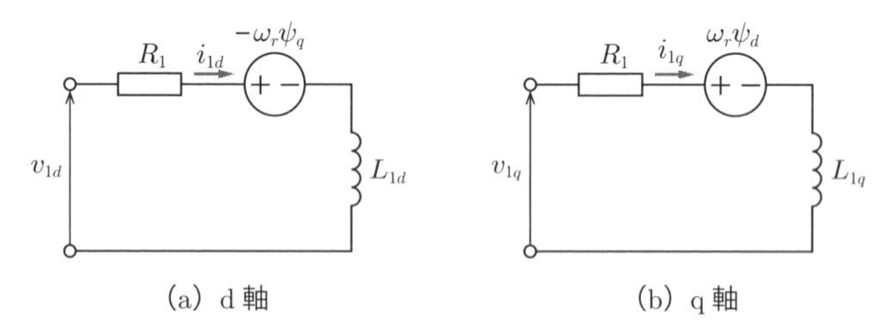

解図2　リラクタンスモータの等価回路

d軸のインダクタンスL_{1d}とq軸のインダクタンスL_{1q}の差が大きいほど大きなトルクTが発生するし，力率などの特性も向上する．d軸とq軸のインダクタンスの比（L_d/L_q）を**突極比**といい，突極比の**大きい**ことが望ましい．d軸インダクタンスとq軸インダクタンスの差は回転子構造によるので，様々な工夫が行われており，解図3のようにシンクロナスリラクタンスモータの各種の回転子構造がある．同図(a)の簡単な形状では突極比が2.5程度で大きくないが，同図(b)～(c)では突極比を大きくしている．

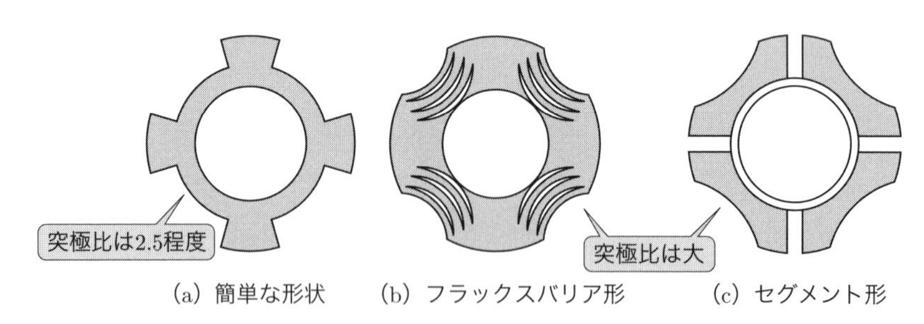

解図3　シンクロナスリラクタンスモータの回転子構造

一方，スイッチトリラクタンスモータの構造は解図4に示す．それぞれの固定子極に**集中巻**の励磁巻線が施されている．一方，固定子と異なった極数をもつ突極の回転子を置く．固定子巻線の一つに直流励磁電流を流せば，その固定子磁極の近くにある回転子極は吸引されてその固定子磁極に相対する位置に来る．次に，現在の励磁を止め，隣の固定子磁極を励磁すると，隣の固定子極がそれに吸引されて隣の固定子磁極と相対する位置に回転していく．その際の回転角度は固定子の極ピッチと回転子の極ピッチとの角度差である．このように，次々と固定子の励磁巻線を励磁していくことにより，連続的な回転を得る．

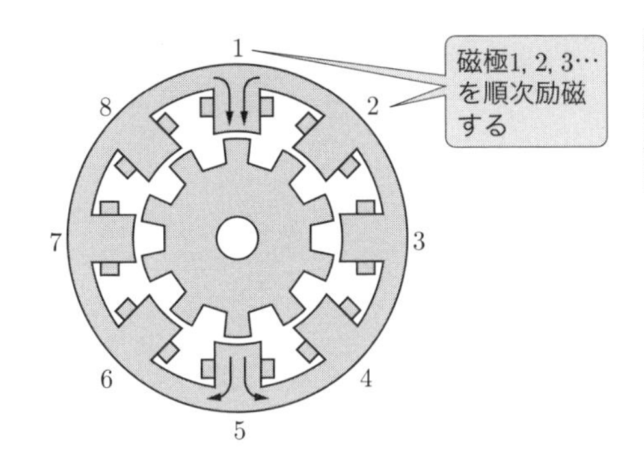

解図4 スイッチトリラクタンスモータ

解答 (1)（リ） (2)（チ） (3)（ヘ） (4)（カ） (5)（ト）

第 2 章

誘導機と直流機

[学習のポイント]

◯誘導機に関しては，誘導機の等価回路，トルクとすべり，最大トルクを与える条件，かご形誘導電動機の始動法，かご形誘導電動機始動時のクローリング現象，かご形誘導電動機の電気的制動法，二重給電誘導機の構成や制御，誘導機の二次励磁制御などが出題されている．

◯二重給電誘導機の適用として，風力発電システムや可変速揚水発電システムがあるため，風力発電がカーボンニュートラルに向けて注目を浴びる中，この分野の重要性も増していると考えてよい．詳細解説の中で，風力発電用発電機についても取り上げている．

◯誘導機の分野は，同期機，変圧器・機器，パワーエレクトロニクスと並んで，一次試験においてほぼ毎年 1 題ずつ出題されている重要分野であるうえに，二次試験攻略の観点からも，しっかりと学んでいただきたい．

◯基本に立ち返った出題が多いため，典型的な問題を採用するとともに，詳細解説において誘導機の等価回路，トルクと特性，速度制御などを取り上げて基礎的な内容も含めて解説している．

◯これに対して，直流機に関する出題は少ない．直流機に関しては，静止レオナード法について理解を深めておく．

1　誘導電動機

問題１　三相誘導電動機の起電力・インピーダンス・電流　(R2-B5)

次の文章は，三相誘導電動機に関する記述である．

三相誘導電動機の固定子巻線に周波数 f_1 の平衡三相電流を流すと，回転磁界を生じる．この回転磁界により固定子巻線に誘導起電力を発生する．その１相当たりの誘導起電力の実効値 E_1 を，１相当たりの直列有効巻数を $k_{w1}N_1$ とし，ギャップ磁束 Φ で表すと，

$E_1 =$ (1)

となる．無負荷の場合，この誘導起電力は固定子巻線の三相電流に対し，位相が (2) ．

回転磁界は仮想的な磁極が同期角速度 ω_1 $(=2\pi f_1)$ で回転しているものと考えることができる．今，回転磁界は空間的に正弦波分布をしているとし，回転子が回転磁界と同じ方向に角速度 ω_2 で回転しているとすれば，回転角速度の関係が (3) では，回転磁界との相対速度により，回転子導体には起電力が誘導される．回転子が静止しているときは回転子巻線の１相当たりの直列有効巻数を $k_{w2}N_2$ とすれば，１相当たりの誘導起電力の実効値 E_2 は次のように表すことができる．

$E_2 =$ (4)

回転子が滑り s で回転しているとき，二次導体と回転磁界との相対速度は $s\omega_1$ となり，誘導起電力の大きさと周波数はこれに比例するので，二次誘導起電力の実効値は sE_2，その周波数 f_2 は (5) となる．

かご形回転子の二次導体は端絡環で短絡されているため，各導体には二次誘導起電力により二次電流が流れる．二次回路には抵抗のほか，漏れリアクタンスがある．今，二次巻線１相の抵抗を r_2，回転子が静止しているときの漏れリアクタンスを x_2 とすると，滑り s のときの二次１相のインピーダンス $\dot{Z}_2$ は，次のようになる．

$\dot{Z}_2 =$ (6)

したがって，電動機が滑り s で運転しているときの二次電流の大きさ I_2 は，

$I_2 =$ (7)

となる．

解答群

(イ) $\dfrac{r_2}{s}+jsx_2$	(ロ) $4.44sf_2k_{w2}N_2\Phi$	(ハ) 約 90° 進んでいる
(ニ) $\omega_2 \neq \omega_1$	(ホ) sf_2	(ヘ) $4.44sf_1k_{w2}N_2\Phi$
(ト) $4.44f_1k_{w2}N_2\Phi$	(チ) 約 90° 遅れている	
(リ) $\dfrac{E_2}{\sqrt{\dfrac{{r_2}^2}{s}+{x_2}^2}}$	(ヌ) $\omega_2=\omega_1$	(ル) r_2+sx_2
(ヲ) r_2+jsx_2	(ワ) $\dfrac{sE_2}{\sqrt{{r_2}^2+(sx_2)^2}}$	(カ) 同一である
(ヨ) $s\omega_1$	(タ) $\dfrac{E_1}{\sqrt{\dfrac{{r_2}^2}{s}+{x_2}^2}}$	(レ) sf_1
(ソ) $\sqrt{3}f_1k_{w1}N_1\Phi$	(ツ) $4.44sf_1k_{w1}N_1\Phi$	(ネ) $4.44f_1k_{w1}N_1\Phi$

―攻略ポイント―

誘導電動機の回転速度と滑り，誘導起電力といった誘導電動機の原理に関する基礎的な出題である．まずは，回転磁束を正弦波で表現し，ファラデーの法則に立ち返って誘導起電力を計算する．その後，誘導電動機の一相分の等価回路を求めよう．

解説　(1)(2) 三相誘導電動機の固定子巻線に周波数 f_1 の平衡三相電流を流すと，回転磁界を生じる．ギャップ磁束の最大値を Φ とし，回転磁界 Φ_0 を次式で表す．

$$\Phi_0=\Phi\sin 2\pi f_1 t \quad \cdots\cdots ①$$

この回転磁界により固定子巻線に誘導起電力が発生する．その一相当たりの誘導起電力の瞬時値 e_1 は，一相当たりの直列有効巻数が $k_{w1}N_1$ とすれば，ファラデーの法則より

$$e_1=-k_{w1}N_1\frac{d\Phi_0}{dt}=-2\pi f_1k_{w1}N_1\Phi\cos 2\pi f_1 t$$

$$=2\pi f_1k_{w1}N_1\Phi\sin\left(2\pi f_1 t-\frac{\pi}{2}\right) \quad \cdots\cdots ②$$

式②より，誘導起電力の大きさを実効値で表せば

$$E_1 = 2\pi f_1 k_{w1} N_1 \Phi/\sqrt{2} \fallingdotseq \boldsymbol{4.44 f_1 k_{w1} N_1 \Phi} \cdots\cdots ③$$

となる．回転磁界の式①に比べて，式②は，位相が**約 90° 遅れている**.

(3)（4）回転磁界は仮想的な磁極が同期角速度 ω_1（$= 2\pi f_1$）で回転していると考えることができる．回転磁界は空間的に正弦波分布をしているとし，回転子が回転磁界と同じ方向に角速度 ω_2 で回転しているとすれば，回転角速度の関係が $\boldsymbol{\omega_2 \neq \omega_1}$ では，回転磁界との相対速度により，回転子導体には起電力が誘導される．回転子が静止しているときは，回転子巻線の一相当たりの直列有効巻数を $k_{w2}N_2$ とすれば，一相当たりの誘導起電力の瞬時値 e_2 は

$$e_2 = -k_{w2} N_2 \frac{d\Phi_0}{dt} = -k_{w2} N_2 \cdot 2\pi f_1 \Phi \cos 2\pi f_1 t \cdots\cdots ④$$

となる．したがって，誘導起電力の実効値 E_2 は

$$E_2 = 2\pi f_1 k_{w2} N_2 \Phi/\sqrt{2} \fallingdotseq \boldsymbol{4.44 f_1 k_{w2} N_2 \Phi} \cdots\cdots ⑤$$

(5) 回転子が滑り s で回転しているとき，二次導体と回転磁界との相対速度は $s\omega_1$ となり，誘導起電力の大きさと周波数はこれに比例するので，二次誘導起電力の実効値は sE_2，その周波数 f_2 は $\boldsymbol{sf_1}$ となる．

(6)（7）かご形回転子の二次導体は端絡環で短絡されているため，各導体には二次誘導起電力により二次電流が流れる．解図の等価回路を用いて，二次回路を二次巻線一相の抵抗を r_2，回転子が静止しているときの漏れリアクタンスを x_2 とすれば，滑り s のときの二次一相のインピーダンス $\dot{Z}_2$ は

$$\dot{Z}_2 = \boldsymbol{r_2 + jsx_2} \cdots\cdots ⑥$$

となる．したがって，電動機が滑り s で運転しているときに二次電流の大きさ I_2 は

$$I_2 = \frac{\boldsymbol{sE_2}}{\sqrt{\boldsymbol{r_2}^2 + (\boldsymbol{sx_2})^2}}$$

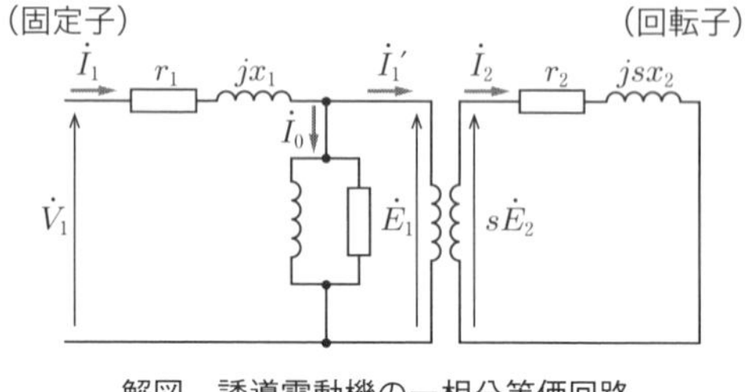

解図　誘導電動機の一相分等価回路

解答　(1)（ネ）　(2)（チ）　(3)（ニ）　(4)（ト）　(5)（レ）　(6)（ヲ）　(7)（ワ）

問題２　三相誘導電動機の等価回路　（R4-A2）

次の文章は，誘導電動機の等価回路に関する記述である．

三相変圧器や三相誘導電動機の一次換算等価回路を作成する場合，二次側の諸量を一次側に換算する必要がある．変圧器では，一次・二次巻線間の［(1)］が換算係数として使用されるが，誘導電動機では，［(1)］に加えて，巻線係数及び相数を考慮する必要がある．

m_1 相の対称交流を電源とする多相誘導電動機の一次及び二次巻線一相の巻数を w_1 及び w_2，巻線係数を k_{w1} 及び k_{w2}，相数を m_1 及び m_2，一次及び二次1相の抵抗及び漏れリアクタンスをそれぞれ r_1，r_2，x_1，x_2 とする．なお，二次リアクタンス x_2 は，回転子静止時の値とする．回転子を静止させた状態で一次巻線に三相電源を印加すると励磁電流が流れ回転磁界が生じて，一次誘導起電力 $\dot{E}_1$，二次誘導起電力 $\dot{E}_2$ が誘導される．この誘導起電力の比は $\dot{E}_2 = \dfrac{\dot{E}_1}{u_e}$，$u_e = \dfrac{k_{w1}w_1}{k_{w2}w_2}$ で示される．$\dot{E}_2$ は二次回路に印加され，二次巻線の電流 $\dot{I}_2$ は［(2)］となる．この $\dot{I}_2$ による起磁力を打ち消すために一次側に $I_1' = u_i I_2$ が流れる．$u_i =$［(3)］であらわされ，この I_1' が二次電流 $\dot{I}_2$ の一次側への換算値となる．r_2 及び x_2 を一次側へ換算するには，換算係数［(4)］をかければよい．

三相巻線形電動機では，$m_1 = 3$，$m_2 = 3$ である．三相かご形誘導電動機では，二次側回転子の全導体数を K，極対数を p' とすれば，電気角 2π 当たりの導体数は K/p' であり，相数 m_2 に等しい．よって二次一相分の導体数は1，巻数は $w_2 =$［(5)］，巻線係数は $k_{w2} = 1$ となる．

解答群

(イ) $\dfrac{1}{2}$　(ロ) $\dfrac{m_1(k_{w1}w_1)^2}{m_2(k_{w2}w_2)^2}$　(ハ) $\dfrac{m_2(k_{w2}w_2)^2}{m_1(k_{w1}w_1)^2}$

(ニ) $\dfrac{(k_{w1}w_1)^2}{(k_{w2}w_2)^2}$　(ホ) $\dfrac{k_{w1}w_1}{k_{w2}w_2}$　(ヘ) $\dfrac{m_1k_{w1}w_1}{m_2k_{w2}w_2}$

(ト) $\dfrac{\dot{E}_2}{r_1 + jx_1}$　(チ) $\dfrac{\dot{E}_2}{r_1 + r_2 + j(x_1 + x_2)}$　(リ) $\dfrac{m_2k_{w2}w_2}{m_1k_{w1}w_1}$

(ヌ) $\dfrac{\dot{E}_2}{r_2 + jx_2}$　(ル) インピーダンス比　(ヲ) 1

(ワ) 短絡比　(カ) 2　(ヨ) 巻数比

— 攻略ポイント —

問題 1 において三相誘導電動機の起電力，一相分等価回路まで学習・確認したので，本問では，三相誘導電動機の一次換算等価回路について復習しよう．いずれも，電験 2 種，3 種で学んだ事項の確認である．

解説　(1) 一次巻線，二次巻線の巻数 w_1，w_2 の三相変圧器の場合，一次巻線に周波数 f の三相交流電源を印加すると，励磁電流が流れ，鉄心に磁束 Φ が生じ，一次巻線，二次巻線に誘導起電力（相電圧の実効値）$E_1 = 4.44fw_1\Phi$，$E_2 = 4.44fw_2\Phi$ が誘導される．この誘導起電力の比は $E_1/E_2 = w_1/w_2 = u$（**巻数比**）で表される．

E_2 は二次回路に印加され，二次巻線に電流 I_2 が流れ，この I_2 による起磁力を打ち消すために一次側に電流 $I_1' = I_2/u$ が流れる．したがって，二次インピーダンス Z_2 を一次側に換算すると，$Z_2' = E_1/I_1' = uE_2/(I_2/u) = u^2 \cdot E_2/I_2 = u^2Z_2$ となるから，巻数比の 2 乗を掛ければよい．

(2)～(4) 多相誘導電動機において，回転子を静止させた状態で一次巻線に多相電源を印加すると，励磁電流 $\dot{I}_0$ が流れて回転磁界（磁束 Φ）が生じ，一次巻線に誘導起電力 $\dot{E}_1$（$E_1 = 4.44fk_{w1}w_1\Phi$）が誘導される．回転磁界は一次巻線を切るのと同じ速度で二次巻線を切るので，二次巻線にも誘導起電力 $\dot{E}_2$（$E_2 = 4.44fk_{w2}w_2\Phi$）が誘導される．この誘導起電力の比は $E_1/E_2 = k_{w1}w_1/(k_{w2}w_2) = u_e$ である．$\dot{E}_2$ は二次回路に印加され，二次巻線に流れる電流 $\dot{I}_2$ は $\dot{I}_2 = \boldsymbol{\dot{E}_2/(r_2 + jx_2)}$ である．

この $\dot{I}_2$ による起磁力を打ち消すために，一次側に一次負荷電流 $\dot{I}_1'$（一次電流 $\dot{I}_1 = \dot{I}_0 + \dot{I}_1'$）が流れる．一次側と二次側の起磁力が等しいので，一次巻線の相数を m_1，二次巻線の相数を m_2 として，次式が成り立つ．

$$I_1' = \frac{\boldsymbol{m_2k_{w2}w_2}}{\boldsymbol{m_1k_{w1}w_1}} I_2 = u_iI_2 \qquad \therefore \quad u_i = \frac{\boldsymbol{m_2k_{w2}w_2}}{\boldsymbol{m_1k_{w1}w_1}}$$

二次側インピーダンス Z_2 を一次側に換算するには，$Z_2' = E_1/I_1' = u_eE_2/(u_iI_2) = u_eZ_2/u_i$ となるから，換算係数 u_e/u_i として次式を掛ければよい．

$$\frac{u_e}{u_i} = \frac{\dfrac{k_{w1}w_1}{k_{w2}w_2}}{\dfrac{m_2k_{w2}w_2}{m_1k_{w1}w_1}} = \frac{\boldsymbol{m_1(k_{w1}w_1)^2}}{\boldsymbol{m_2(k_{w2}w_2)^2}}$$

(5) かご形誘導電動機では，複数の回転子導体を両端の端絡環で短絡するので，各導体には二次の誘導起電力によってそれぞれ二次電流が流れることになり，導体1本で一相分となる．このため，電気角 2π 当たりの導体数 K/p'（極対数 $p' = p/2$；p は極数）が相数 m_2 に等しくなる．また，巻数は通常1巻のコイルで往復導体2本であるから，導体1本で一相分なら $w_2 = \mathbf{1/2}$，巻線係数は導体1本で集中巻と考え，$k_{w2} = 1$ となる．他方，三相誘導電動機の巻線形では，一次と二次の相数を通常同じにするので，$m_1 = 3$，$m_2 = 3$ とする．

解答　(1)（ヨ）　(2)（ヌ）　(3)（リ）　(4)（ロ）　(5)（イ）

詳細解説1　誘導電動機の等価回路

(1) 誘導電動機の回路

滑り s で回転中の誘導電動機の回路図を図2･1に示す．

ただし，三相交流電源の相電圧を $\dot{V}_1$〔V〕，一次誘導起電力を $\dot{E}_1$〔V〕，停止時の二次誘導起電力を $\dot{E}_2$〔V〕，回転時の二次誘導起電力を $\dot{E}_{2s}$〔V〕，一次電流を $\dot{I}_1$〔A〕，一次負荷電流を $\dot{I}_1'$〔A〕，励磁電流を $\dot{I}_0$〔A〕，二次電流を $\dot{I}_2$〔A〕，一次巻線抵抗を r_1〔Ω〕，二次巻線抵抗を r_2〔Ω〕，一次漏れリアクタンスを x_1〔Ω〕，停止時の二次漏れリアクタンスを x_2〔Ω〕，回転時の二次漏れリアクタンスを x_{2s}〔Ω〕，励磁サセプタンスを b_0〔S〕，励磁コンダクタンスを g_0〔S〕とする．

問題1の解説より，$E_{2s} = \mathrm{s}E_2$，$f_{2s} = sf_1$〔Hz〕であるが，リアクタンスは周波数に比例するので二次漏れリアクタンスは $x_{2s} = \mathrm{s}x_2$ となる．よって，二次巻線一相のインピーダンス $\dot{Z}_{2s}$（二次インピーダンス）は次式で表される．

$$\dot{Z}_{2s} = r_2 + jsx_2 \text{〔Ω〕} \tag{2・1}$$

電動機回転時の二次電流のフェーザ $\dot{I}_2$ は，次式で表される．

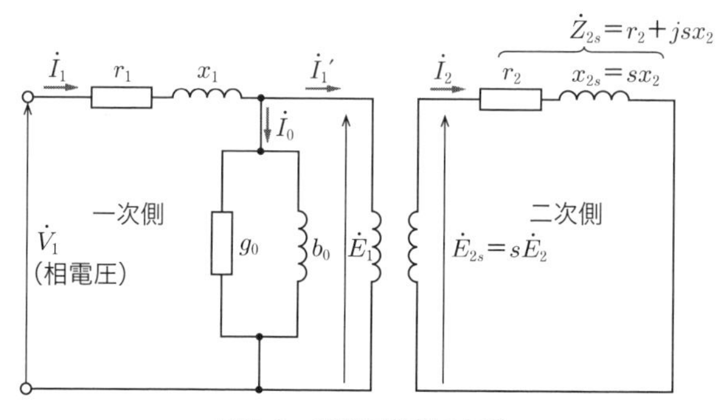

図2･1　誘導電動機の回路

$$\dot{I}_2 = \frac{\dot{E}_{2s}}{\dot{Z}_{2s}} = \frac{s\dot{E}_2}{r_2 + jsx_2} = \frac{\dot{E}_2}{\dfrac{r_2}{s} + jx_2} \text{〔A〕} \tag{2・2}$$

(2) 二次側の等価回路

式(2・2)より，図 2・2 に示すように，誘導電動機の回転子が滑り s で回転しているときの二次電流 $\dot{I}_2$ は（図 2・2(a)），回転子停止時の二次側回路から二次抵抗 r_2 を r_2/s に置き換えた場合の二次電流に等しい（図 2・2(b)）．そして，r_2/s は次式のように変形できる．

$$\frac{r_2}{s} = r_2 + \frac{1-s}{s} r_2 \tag{2・3}$$

$R = \dfrac{1-s}{s} r_2$ とおくと，回転子が滑り s で回転していることは，回転子停止時の二次側回路から二次抵抗 r_2 とは別に $R = \dfrac{1-s}{s} r_2$ の抵抗を加えることと等価である（図 2・2（c））．この R は**等価負荷抵抗**と呼ばれ，その消費電力は誘導電動機の**機械的出力**に相当する．

図 2・3(c)までの変換を反映した誘導電動機の回路を図 2・3 に示す．

(3) 一次換算等価回路

①二次電圧の一次換算

問題 1 の解説の式③と式⑤より，一次巻線の巻線係数を k_1，一次一相の直列巻数を w_1，二次巻線の巻線係数を k_2，二次一相の直列巻数を w_2 とすれば，回転子静止時の巻線比 α は

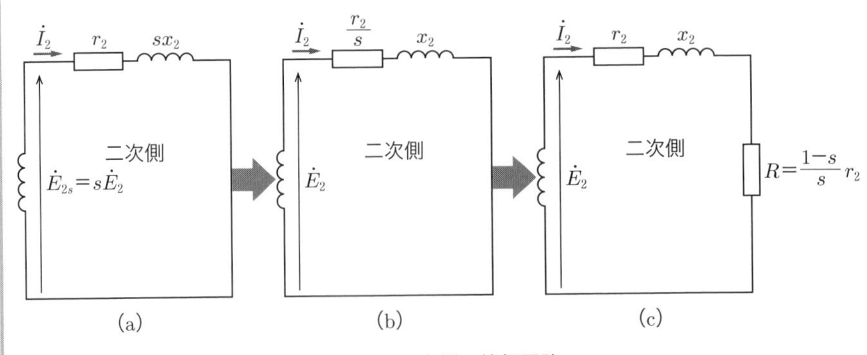

図2・2　二次側の等価回路

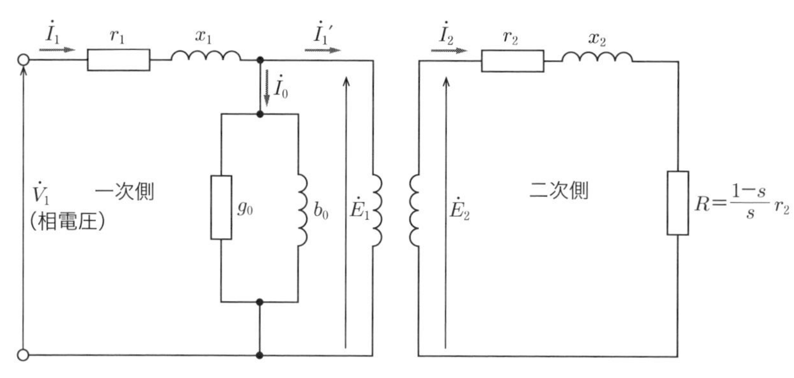

図2･3　二次側変換後の誘導電動機の回路

$$\boldsymbol{\alpha = \frac{E_1}{E_2} = \frac{k_1 w_1}{k_2 w_2}} \qquad (2\cdot4)$$

となる．二次側の電圧 E_2 を一次側に換算した電圧を E_2' とすると，式(2･4)より

$$E_2' = E_1 = \boldsymbol{\alpha E_2}\ \text{〔V〕} \qquad (2\cdot5)$$

②二次電流の一次換算

一次負荷電流 I_1' は，二次電流 I_2 により生じる起磁力を打ち消すように流れる．一次巻線の相数を m_1，二次巻線の相数を m_2 とすると，次式の関係が成り立つ．

$$I_1' m_1 k_1 w_1 = I_2 m_2 k_2 w_2$$

$$\therefore \quad I_1' = \frac{m_2}{m_1} \cdot \frac{k_2 w_2}{k_1 w_1} I_2 = \boldsymbol{\frac{1}{\alpha\beta} I_2} \qquad (2\cdot6)$$

ただし，$\beta = m_1/m_2$ は相数比であり，巻線形では $\beta = 1$，かご形では $\beta<1$ である．

二次電流 I_2 を一次側に換算した電流を I_2' とすると，式(2･6)より

$$I_2' = I_1' = \frac{1}{\alpha\beta} I_2 \qquad (2\cdot7)$$

③二次インピーダンスの一次換算

二次巻線のインピーダンス $Z_2 = E_2/I_2$ を一次側に換算した二次巻線のインピーダンス Z_2' は，式(2･5)，式(2･7)より，次式で表される．

$$Z_2' = \frac{E_2'}{I_2'} = \alpha^2\beta \frac{E_2}{I_2} = \alpha^2\beta Z_2\ \text{〔Ω〕（巻線形では}\ \alpha^2 Z_2\text{）} \qquad (2\cdot8)$$

したがって，二次巻線抵抗 r_2〔Ω〕を一次換算したものを r_2'，二次漏れリアクタンス x_2〔Ω〕を一次側に換算したものを x_2' とすると，r_2' と x_2' は次式で表される．

$$\boldsymbol{r_2' = \alpha^2\beta r_2, \quad x_2' = \alpha^2\beta x_2} \qquad (2\cdot9)$$

④ **T 形等価回路**

図 2･3 の二次側諸量を一次側に換算すると，図 2･4 に示す回路に置き換えることができる．この回路を **T 形等価回路**という．

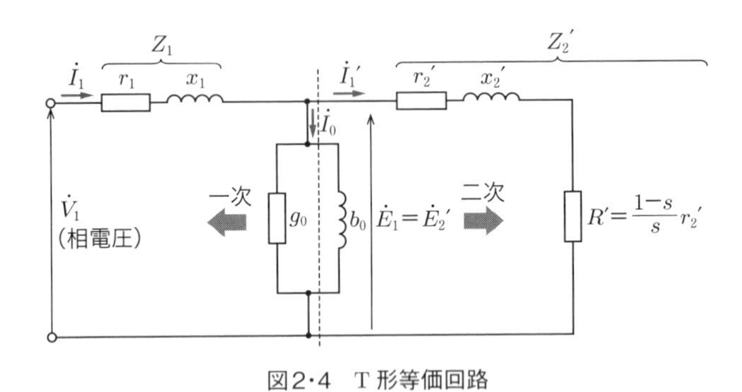

図2･4　T 形等価回路

⑤ **L 形等価回路**

図 2･4 の回路において $\dot{Z}_1\dot{I}_0$ による電圧降下を無視し，励磁回路を電源側に移すと図 2･5 に示す回路となる．この回路を **L 形等価回路**または**簡易等価回路**と呼び，各種計算に使われる．

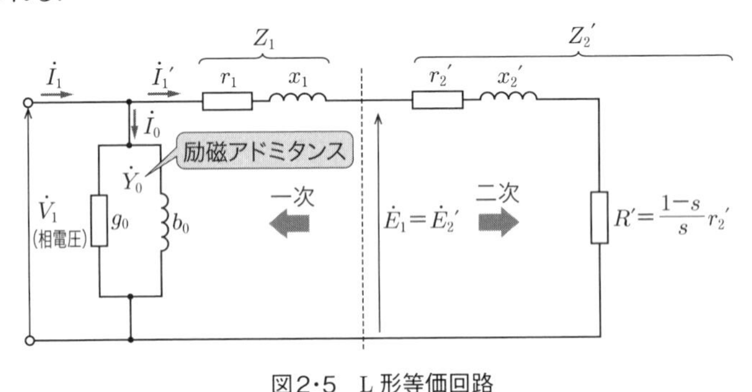

図2･5　L 形等価回路

問題 3　三相誘導電動機の諸量　(H27-A1)

次の文章は，誘導機に関する記述である．

三相電源に接続した誘導機の固定子巻線は，電源周波数と　(1)　とで決まる同期速度 N_0 の回転磁界を発生させる．回転子の回転速度 N が回転磁界に対して相対速度をもてば，これに応じた誘導電流が回転子巻線に流れ，トルクを発生させる．この相対速度の関係を滑り $s=\dfrac{N_0-N}{N_0}$ で表す．

図は，誘導機の1相分の簡易等価回路である．これから一次相電圧 $\dot{V}_1$（大きさ V_1）を基準ベクトルとし，励磁電流を考慮して入力複素電力 $\dot{W}_1$ を求めると，

$$\dot{W}_1=P_1+jQ_1=3\overline{\dot{V}_1}\dot{I}_1=3V_1^2[\boxed{\quad(2)\quad}]$$

となる．ここで，$R=r_1+\dfrac{r_2'}{s}$，$X=x_1+x_2'$ とする．電動機が無負荷（軸出力が零）であれば，機械損 P_{m}（風損や摩擦損など）と釣り合うトルクを発生すればよいので，$\boxed{\quad(3)\quad}=0$ を満たす正の小さい滑りとなり，回転子は同期速度より少し遅い速度で回転する．

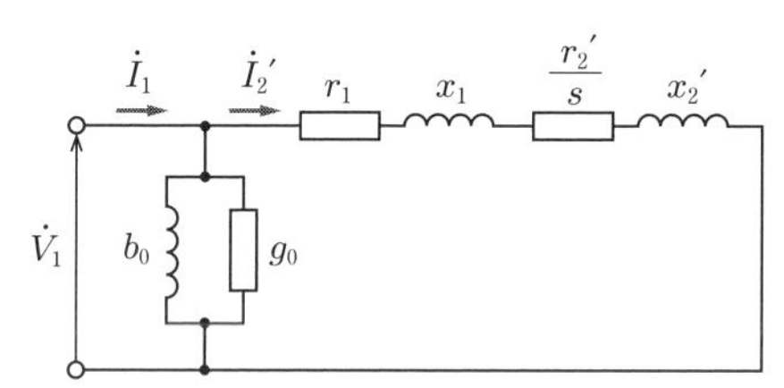

r_1，x_1：一次1相当たりの抵抗及びリアクタンス
r_2'，x_2'：一次換算二次1相当たりの抵抗及びリアクタンス
g_0，b_0：1相当たりの励磁コンダクタンス及び励磁サセプタンス
$\dot{I}_1$，$\dot{I}_2'$：一次電流及び一次換算二次電流
$\dot{V}_1$：一次相電圧
s：滑り

この回転子を他の原動機によって駆動して機械損を補償し，さらに同期速度以上の速度で回転磁界の方向に回転させると，発電機運転となり，原動機からの機械的入力に抗して回転子のトルクは回転磁界と逆の方向に働く．すなわち，機械的入力から機械損を引き，さらに励磁損と銅損との和 $\boxed{\quad(4)\quad}$ を除いたものが電気出力となる．この出力を大きくすると，滑りは $\boxed{\quad(5)\quad}$，遅れ無効電力の誘導機での消費が増える．この無効電力は三相電源から供給しなければならないので，同期機のように単独での発電機運転はできない．

解答群

（イ）$\left(R+\dfrac{1}{g_0}\right)-j\left(X+\dfrac{1}{b_0}\right)$　　　（ロ）$3V_1^2\left(\dfrac{R}{R^2+X^2}\right)+P_{\mathrm{m}}$

（ハ）　$3V_1^2\left(\dfrac{\dfrac{1-s}{s}r_2'}{R^2+X^2}+g_0\right)$　　（ニ）　$3V_1^2\left(\dfrac{R}{R^2+X^2}+g_0\right)$

（ホ）　極　数　　（ヘ）　導体数　　（ト）　$3V_1^2\left(\dfrac{\dfrac{r_2'}{s}}{R^2+X^2}\right)-P_{\rm m}$

（チ）　$\left(\dfrac{R}{R^2+X^2}+g_0\right)-j\left(\dfrac{X}{R^2+X^2}+b_0\right)$　　（リ）　変わらず

（ヌ）　$\left(\dfrac{1}{R}+g_0\right)-j\left(\dfrac{1}{X}+b_0\right)$　　（ル）　$3V_1^2\left(\dfrac{r_1+r_2'}{R^2+X^2}+g_0\right)$

（ヲ）　負で絶対値が大きくなり　　（ワ）　巻　数

（カ）　$3V_1^2\left(\dfrac{\dfrac{1-s}{s}r_2'}{R^2+X^2}\right)-P_{\rm m}$　　（ヨ）　正に大きくなり

—攻略ポイント—

問題１では三相誘導電動機の起電力と一相分等価回路，問題２では三相誘導電動機の等価回路を復習したので，本問は一次電流，複素電力，電動機出力，励磁損や銅損などを復習する．複素数を用いた複素電力の計算や発電機運転との関連が一種らしい出題である．

解説　(1)　同期速度 N_0 は，電源周波数 f と**極数** p により $N_0=120f/p$〔min^{-1}〕で決まる．

(2)　題意より，$R=r_1+(r_2'/s)$，$X=x_1+x_2'$ なので

二次電流　$$\dot{I}_2'=\frac{\dot{V}_1}{r_1+jx_1+\dfrac{r_2'}{s}+jx_2'}=\frac{\dot{V}_1}{R+jX}$$

一次電流　$$\dot{I}_1=\dot{V}_1(g_0-jb_0)+\dot{I}_2'=V_1\left\{(g_0-jb_0)+\frac{1}{R+jX}\right\}$$

したがって，入力複素電力 $\dot{W}_1$ は，進み無効電力を正として

$$\dot{W}_1=P_1+jQ_1=3\bar{\dot{V}}_1\dot{I}_1=3V_1^2\left\{(g_0-jb_0)+\frac{1}{R+jX}\right\}$$

$$= 3V_1^2\left[\left\{\frac{\boldsymbol{R}}{\boldsymbol{R^2+X^2}}+\boldsymbol{g_0}\right\}-\boldsymbol{j}\left\{\frac{\boldsymbol{X}}{\boldsymbol{R^2+X^2}}+\boldsymbol{b_0}\right\}\right]$$

(3) 電動機出力 P は

$$P = 3I_2'^2\frac{1-s}{s}r_2' = 3\left|\frac{\dot{V}_1}{R+\mathrm{j}X}\right|^2\frac{1-s}{s}r_2' = 3V_1^2\left(\frac{\dfrac{1-s}{s}r_2'}{R^2+X^2}\right)$$

である．無負荷のときには，電動機出力 $P=$ 機械損 P_{m} となるから

$$\boldsymbol{3V_1^2\left(\frac{\dfrac{1-s}{s}r_2'}{R^2+X^2}\right)-P_{\mathrm{m}}} = 0$$

(4) 問題で与えられた等価回路で，二次抵抗 r_2'/s は，二次銅損に相当する抵抗 r_2' と機械的出力に相当する $(1-s)r_2'/s$ に分離することができるので

励磁損　$P_{\mathrm{ILoss}} = 3V_1^2g_0$，銅損　$P_{\mathrm{CLoss}} = 3I_2'^2(r_1+r_2') = \dfrac{3V_1^2}{R^2+X^2}(r_1+r_2')$

$$\therefore \quad P_{\mathrm{ILoss}}+P_{\mathrm{CLoss}} = 3V_1^2g_0+\frac{3V_1^2}{R^2+X^2}(r_1+r_2') = \boldsymbol{3V_1^2\left(\frac{r_1+r_2'}{R^2+X^2}+g_0\right)}$$

(5) 誘導機の回転子を他の原動機によって駆動して機械損を補償し，さらに同期速度以上の速度で回転磁界の方向に回転させると，発電機運転になり，滑り s は $s=(N_0-N)/N_0<0$ と負になる．出力を大きくするため，回転速度 N を大きくすると，滑り s は**負で絶対値が大きくなる**.

(1)（ホ）(2)（チ）(3)（カ）(4)（ル）(5)（ヲ）

詳細解説 2　三相誘導電動機の諸量

詳細解説 1 の等価回路（図 2•5 の L 形等価回路）を前提に，三相誘導電動機の諸量をまとめておく.

(1) 電流

①無負荷電流

励磁アドミタンスを $\dot{Y}_0 = g_0 - jb_0$〔S〕とすると，無負荷電流 $\dot{I}_0$ は次式で表される.

$$\boldsymbol{\dot{I}_0 = (g_0-jb_0)\dot{V}_1 = \dot{Y}_0\dot{V}_1}\ \text{〔A〕} \qquad (2\cdot10)$$

$$\boldsymbol{I_0 = \sqrt{g_0^2+b_0^2}\,V_1 = Y_0V_1}\ \text{〔A〕} \qquad (2\cdot11)$$

②一次負荷電流

一次負荷電流（= 一次側に換算した二次電流）のフェーザ $\dot{I}_1'$，実効値 I_1'，力率

$\cos\theta'_1$ は以下の式で表される．

$$\dot{I}_1' = \frac{\dot{V}_1}{r_1 + r_2' + R' + j(x_1 + x_2')} = \frac{\dot{V}_1}{r_1 + \frac{r_2'}{s} + j(x_1 + x_2')} \text{〔A〕} \quad (2\text{・}12)$$

$$I_1' = \frac{V_1}{\sqrt{(r_1 + r_2' + R')^2 + (x_1 + x_2')^2}} = \frac{V_1}{\sqrt{\left(r_1 + \frac{r_2'}{s}\right)^2 + (x_1 + x_2')^2}} \text{〔A〕} \quad (2\text{・}13)$$

$$\cos\theta'_1 = \frac{r_1 + r_2' + R'}{\sqrt{(r_1 + r_2' + R')^2 + (x_1 + x_2')^2}} = \frac{r_1 + \frac{r_2'}{s}}{\sqrt{\left(r_1 + \frac{r_2'}{s}\right)^2 + (x_1 + x_2')^2}} \quad (2\text{・}14)$$

③一次電流

$$\dot{I}_1 = \dot{I}_0 + \dot{I}_1' \quad (2\text{・}15)$$

④ベクトル図

図2・5に基づく $\dot{I}_0$，$\dot{I}_1'$，$\dot{I}_1$，$\dot{V}_1$，E_2' のベクトル図を図2・6に示す．

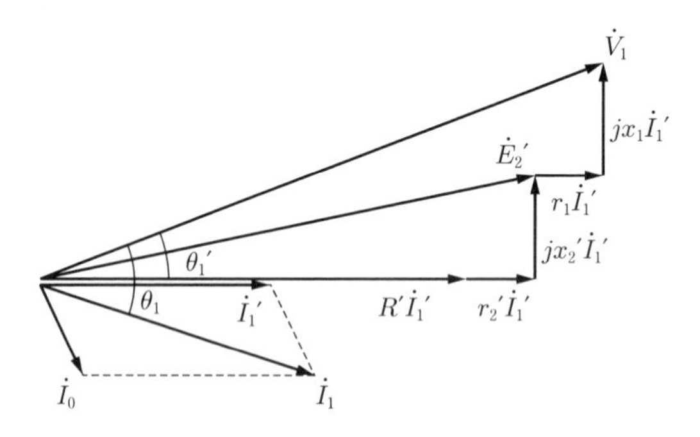

図2・6　誘導電動機のベクトル図

（2）入力・出力

①鉄損

$$P_i = 3g_0V_1^2 \text{〔W〕} \quad (2\text{・}16)$$

②一次銅損

$$P_{c1} = 3r_1I_1'^2 \text{〔W〕} \quad (2\text{・}17)$$

③一次入力

$$P_1 = P_i + P_{c1} + P_{c2} + P_o = 3V_1I_1\cos\theta_1 \text{〔W〕} \quad (2\text{・}18)$$

④二次銅損

$$P_{c2}=3r_2'I_1'^2=sP_2 \text{〔W〕} \tag{2・19}$$

⑤二次入力

$$P_2=P_{c2}+P_o=3\frac{r_2'}{s}I_1'^2=\frac{3\dfrac{r_2'}{s}V_1^2}{\left(r_1+\dfrac{r_2'}{s}\right)^2+(x_1+x_2')^2} \text{〔W〕} \tag{2・20}$$

⑥機械的出力

二次入力 P_2 から二次銅損 P_{c2} を引くと機械的出力 P_o となり，次式で表される．

$$P_o=P_2-P_{c2}=3R'I_1'^2=3\frac{1-s}{s}r_2'I_1'^2=(1-s)P_2 \text{〔W〕} \tag{2・21}$$

式(2・13)より V_1 を用いると式(2・21)は次式で表せる．

$$P_o=\frac{3\dfrac{1-s}{s}r_2'V_1^2}{\left(r_1+\dfrac{r_2'}{s}\right)^2+(x_1+x_2')^2} \text{〔W〕} \tag{2・22}$$

式(2・19)，式(2・20)，式(2・21)より，次式が成り立つ．

$$P_2:P_{c2}:P_o=1:s:(1-s) \tag{2・23}$$

なお，機械的出力 P_o〔W〕から機械損 P_m〔W〕を引くと軸出力（動力として利用できる出力）となる．図2・7に入力と出力の関係を示す．

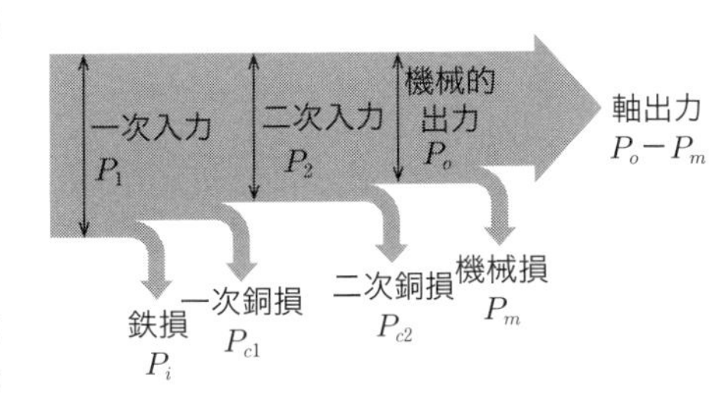

図2・7　誘導電動機の入力と出力

⑦二次効率

二次入力に対する機械的出力を二次効率という．式(2・21)より二次効率 η_2 は次式で表される．

$$\eta_2=\frac{P_o}{P_2}=1-s \tag{2・24}$$

⑧効率

$$\eta=\frac{P_o}{P_1} \tag{2・25}$$

軸出力の効率は機械損 P_m を考慮し，$\eta'=\dfrac{P_o-P_m}{P_1}$ となる．

問題４　三相誘導電動機の最大トルク　（H28-A1）

次の文章は，三相誘導電動機の最大トルクに関する記述である．

一定電圧 V_1（線間電圧），一定周波数の電源に接続した三相誘導電動機の星形結線１相分のＬ形等価回路において，一次抵抗 r_1，二次抵抗の一次側換算値 r_2'，一次漏れリアクタンス x_1，二次漏れリアクタンスの一次側換算値 x_2' とすると，任意の滑り s における一次換算の二次電流 I_2 は，

$$I_2 = \boxed{\quad(1)\quad} \cdots\cdots ①$$

となる．二次入力 P_2 は，

$$P_2 = 3\frac{r_2'}{s}I_2^2 \cdots\cdots ②$$

で表される．同期角速度を ω_s とすれば，任意の滑り s における発生トルク T は，①式及び②式を用いて，

$$T = \boxed{\quad(2)\quad} \cdots\cdots ③$$

で表される．③式において，滑りに対するトルク特性でピークとなる最大トルク T_m を停動トルクといい，T_m を発生するときの滑り s_m を求めると，

$$s_m = \boxed{\quad(3)\quad} \cdots\cdots ④$$

となる．このときの T_m は，④式を③式に代入して，

$$T_m = \boxed{\quad(4)\quad} \cdots\cdots ⑤$$

である．

③式において，r_2'/s が一定である限り T は一定となる．これを利用して，上記のＬ形等価回路定数をもつ巻線形誘導電動機の二次側に抵抗器を挿入し，その抵抗１相分の一次側換算値を R とすれば，$r_2'+R$ を変化させることにより同一トルクを発生する s を変えることができる．例えば，巻線形誘導電動機で始動時にトルクを最大とするための $r_2'+R$ は，

$$r_2'+R = \boxed{\quad(5)\quad}$$

で与えられる．

解答群

（イ）　$2\sqrt{r_1^2+(x_1+x_2')^2}$

（ロ）　$\dfrac{V_1}{\sqrt{\left(r_1+\dfrac{r_2'}{s}\right)^2+(x_1+x_2')^2}}$

（ハ）　$\dfrac{3V_1^2}{2\omega_s[r_1+\sqrt{r_1^2+(x_1+x_2')^2}]}$

（ニ）　$\dfrac{r_2'}{\sqrt{r_1^2+(x_1+x_2')^2}}$

(ホ) $\dfrac{V_1/\sqrt{3}}{\sqrt{(r_1+sr_2')^2+(x_1+x_2')^2}}$　(ヘ) $\sqrt{r_1^2+(x_1+x_2')^2}$

(ト) $\dfrac{3V_1^2}{\omega_s[r_1+\sqrt{r_1^2+(x_1+x_2')^2}]}$　(チ) $\dfrac{1}{2}\sqrt{r_1^2+(x_1+x_2')^2}$

(リ) $\dfrac{V_1/\sqrt{3}}{\sqrt{\left(r_1+\dfrac{r_2'}{s}\right)^2+(x_1+x_2')^2}}$　(ヌ) $\dfrac{r_2'V_1^2}{\omega_s s\left[\left(r_1+\dfrac{r_2'}{s}\right)^2+(x_1+x_2')^2\right]}$

(ル) $\dfrac{r_2'}{s\sqrt{r_1^2+(x_1+x_2')^2}}$　(ヲ) $\dfrac{V_1^2}{2\omega_s[r_1+\sqrt{r_1^2+(x_1+x_2')^2}]}$

(ワ) $\dfrac{sr_2'}{\sqrt{r_1^2+(x_1+x_2')^2}}$　(カ) $\dfrac{r_2'V_1^2}{\omega_s s[(r_1+sr_2')^2+(x_1+x_2')^2]}$

(ヨ) $\dfrac{3r_2'V_1^2}{\omega_s s\left[\left(r_1+\dfrac{r_2'}{s}\right)^2+(x_1+x_2')^2\right]}$

―攻略ポイント―

本問はトルク，停動トルク，始動時に停動トルクを発生させる条件を扱っている．本問も基礎的な出題なので，しっかりと復習しよう．

解説　(1) 三相誘導電動機の一相分等価回路を解図に示す．これより，一次換算の二次電流 I_2 は

$$\boldsymbol{I_2=\frac{V_1/\sqrt{3}}{\sqrt{\left(r_1+\dfrac{r_2'}{s}\right)^2+(x_1+x_2')^2}}}\quad\cdots①$$

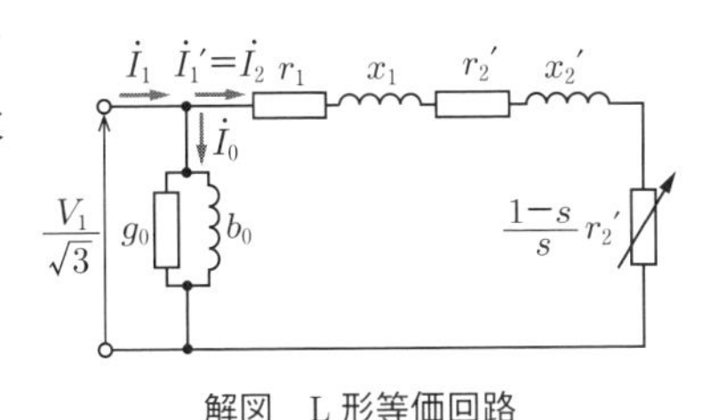

解図　L形等価回路

(2) 任意の滑り s における発生トルク T は

$$T=\frac{P_2}{\omega_s}=\frac{3\dfrac{r_2'}{s}I_2^2}{\omega_s}=\boldsymbol{\frac{r_2'V_1^2}{\omega_s s\left\{\left(r_1+\dfrac{r_2'}{s}\right)^2+(x_1+x_2')^2\right\}}}\quad\cdots\cdots②$$

(3) 停動トルク T_m を発生するときの滑り s_m に関しては，式②の分子は一定なので，分母が最小のときにトルク T は最大になる．式②の分母（ω_s 以外）を整理すれば

$$f(s)=s\left\{\left(r_1+\frac{r_2'}{s}\right)^2+(x_1+x_2')^2\right\}$$

$$=s\{r_1{}^2+(x_1+x_2')^2\}+\frac{r_2'^2}{s}+2r_1r_2' \cdots\cdots③$$

式③の第3項は一定なので，第1項と第2項に着目して最小の定理を活用する．第1項と第2項はいずれも正で，積の $s\{r_1{}^2+(x_1+x_2')^2\}\times\frac{r_2'^2}{s}=\{r_1{}^2+(x_1+x_2')^2\}r_2'^2$ ＝一定であるから，$s\{r_1{}^2+(x_1+x_2')^2\}=r_2'^2/s$ のとき，分母は最小となる．

$$s^2\{r_1{}^2+(x_1+x_2')^2\}=r_2'^2 \qquad \therefore \quad s_{\mathrm{m}}=\boldsymbol{\frac{r_2'}{\sqrt{r_1{}^2+(x_1+x_2')^2}}} \cdots\cdots④$$

(4) 問題中の式③の分母の式③において $s_{\mathrm{m}}\{r_1{}^2+(x_1+x_2')^2\}=r_2'^2/s_{\mathrm{m}}$ であることを考慮すれば，分母は $f(s)=2r_2'^2/s_{\mathrm{m}}+2r_1r_2'$ であるから，停動トルク T_{m} は

$$T_{\mathrm{m}}=\frac{r_2'V_1{}^2}{\omega_{\mathrm{s}}\times 2\left(\frac{r_2'^2}{s_{\mathrm{m}}}+r_1r_2'\right)}=\frac{r_2'V_1{}^2}{2\omega_{\mathrm{s}}\{r_2'\sqrt{r_1{}^2+(x_1+x_2')^2}+r_1r_2'\}}$$

$$=\boldsymbol{\frac{V_1{}^2}{2\omega_{\mathrm{s}}\{r_1+\sqrt{r_1{}^2+(x_1+x_2')^2}\}}}$$

(5) 巻線形誘導電動機の二次回路に外部抵抗を接続して始動トルクを大きくすることができる．題意のように r_2'/s が一定であれば，比例推移よりトルク T は一定となる．したがって，始動時（$s=1$）に停動トルク T_{m} を発生させる条件は

$$\frac{r_2'}{s_{\mathrm{m}}}=\frac{r_2'+R}{1}$$

$$\therefore \quad r_2'+R=\frac{r_2'}{s_{\mathrm{m}}}=\frac{r_2'}{\frac{r_2'}{\sqrt{r_1{}^2+(x_1+x_2')^2}}}=\boldsymbol{\sqrt{r_1{}^2+(x_1+x_2')^2}}$$

解答　(1)（リ）　(2)（ヌ）　(3)（ニ）　(4)（ヲ）　(5)（ヘ）

詳細解説3　誘導電動機のトルクと特性

詳細解説1，2の続きとして，誘導電動機のトルクと特性について，解説する．

(1) トルク

回転子の角速度を ω〔rad/s〕，回転速度 N〔min^{-1}〕とすると誘導電動機のトルク T は次式で表される．

$$\boldsymbol{T}=\frac{\boldsymbol{P_o}}{\boldsymbol{\omega}}=\frac{\mathbf{60}}{\mathbf{2\pi N}}\boldsymbol{P_o}\ \text{〔N・m〕} \tag{2・26}$$

式(2・21)より，式(2・26)は次式で表される．(N_s：同期速度〔min^{-1}〕)

$$T=\frac{60}{2\pi N_s(1-s)}P_2(1-s)=\frac{\mathbf{60}}{\mathbf{2\pi N_s}}\boldsymbol{P_2}=\frac{\boldsymbol{P_2}}{\boldsymbol{\omega_s}}\ \text{〔N・m〕} \tag{2・27}$$

ただし，同期角速度 $\omega_s=\dfrac{2\pi N_s}{60}=\dfrac{4\pi f}{p}$〔rad/s〕$\left(\text{ここで，}p\text{ は極数で }N_s=\dfrac{120f}{p}\right)$

とする．(2・28)

式(2・27)より，誘導電動機のトルク T は二次入力 P_2 に比例することが分かる．P_2 は**同期ワット**とも呼ばれる．

式(2・20)，式(2・28)より，式(2・27)は次式に変換できる．

$$\boldsymbol{T}=\frac{\mathbf{1}}{\boldsymbol{\omega_s}}\cdot\frac{3\dfrac{\boldsymbol{r_2'}}{\boldsymbol{s}}\boldsymbol{V_1}^2}{\left(\boldsymbol{r_1}+\dfrac{\boldsymbol{r_2'}}{\boldsymbol{s}}\right)^2+(\boldsymbol{x_1}+\boldsymbol{x_2'})^2}=\frac{\boldsymbol{p}}{\mathbf{4\pi}\boldsymbol{f}}\cdot\frac{3\dfrac{\boldsymbol{r_2'}}{\boldsymbol{s}}\boldsymbol{V_1}^2}{\left(\boldsymbol{r_1}+\dfrac{\boldsymbol{r_2'}}{\boldsymbol{s}}\right)^2+(\boldsymbol{x_1}+\boldsymbol{x_2'})^2}\ \text{〔N・m〕} \tag{2・29}$$

式(2・29)より，$\dfrac{r_2'}{s}$ が一定の場合，**トルクは電源電圧 V_1 の 2 乗に比例**することが分かる．

(2) 誘導電動機の特性

①滑りによる一次負荷電流，機械的出力，トルクの変化

滑りによる一次負荷電流，機械的出力，トルクの変化を図 2・8 に示す．このうち，滑りに対するトルクの変化を**トルク-速度特性**という．

②始動電流

始動時の電流 I'_{1s} は，式(2・13)に $s=1$ を代入することで求められる．

$$I'_{1s}=\frac{V_1}{\sqrt{(r_1+r_2')^2+(x_1+x_2')^2}}\ \text{〔A〕} \tag{2・30}$$

③始動トルク

始動時のトルクは，式(2・29)に $s=1$ を代入することで求められる．

$$T_s=\frac{p}{4\pi f}\cdot\frac{3r_2'V_1^2}{(r_1+r_2')^2+(x_1+x_2')^2} \tag{2・31}$$

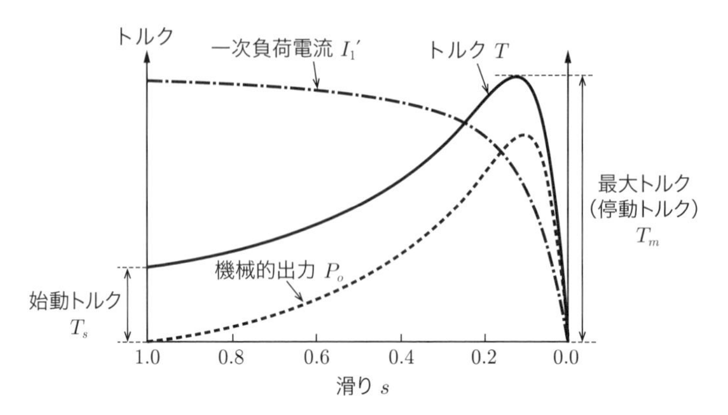

図2･8　一次負荷電流・機械的出力・トルクの特性

④最大トルク（停動トルク）

式(2･29)より，トルク T は滑り s の関数であり，$\dfrac{dT}{ds}=0$ として得られる滑り s_t から，最大トルク T_m を求められる．

式(2･29)を変形すると，トルク T は次式で表される．

$$T=\frac{3V_1^2}{\omega_s}\cdot\frac{1}{2r_1+\dfrac{r_2'}{s}+\dfrac{s}{r_2'}\{r_1^2+(x_1+x_2')^2\}} \qquad (2\cdot32)$$

式(2･32)の $2r_1+\dfrac{r_2'}{s}+\dfrac{s}{r_2'}\{r_1^2+(x_1+x_2')^2\}$ を $f(s)$ とおき，その極小を求めると

$$f'(s)=-\frac{r_2'}{s^2}+\frac{1}{r_2'}\{r_1^2+(x_1+x_2')^2\}=0 \qquad (2\cdot33)$$

このときの滑りを s_t とすると

$$\therefore \boldsymbol{s_t}=\frac{\boldsymbol{r_2'}}{\sqrt{\boldsymbol{r_1}^2+(\boldsymbol{x_1}+\boldsymbol{x_2'})^2}} \qquad (2\cdot34)$$

（なお，問題４の解説のように最小の定理を用いてもよい）

この s_t を式(2･32)に代入すると，最大トルク T_m を次式の通り求められる．

$$\boldsymbol{T_m}=\frac{\mathbf{1}}{\boldsymbol{\omega_s}}\cdot\frac{\mathbf{3}\boldsymbol{V_1}^2}{\mathbf{2}(\boldsymbol{r_1}+\sqrt{\boldsymbol{r_1}^2+(\boldsymbol{x_1}+\boldsymbol{x_2'})^2})}\,[\mathrm{N\cdot m}] \qquad (2\cdot35)$$

この最大トルク T_m は滑り s および r_2' に関係なく一定である．負荷トルクがこの値以上になると，電動機は停止することから，T_m は**停動トルク**とも呼ばれる．停動トルクは定格負荷状態におけるトルクの２倍程度である．

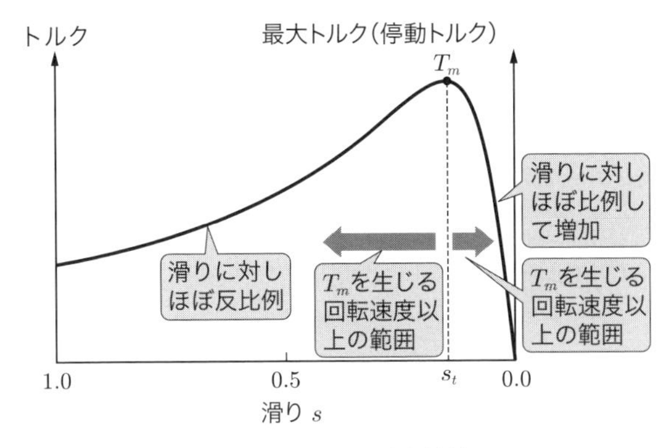

図2・9　トルク-速度特性

⑤滑りとトルクの関係

誘導電動機のトルク-速度特性を図 2・9 に示す．

最大トルク T_m を生じる回転速度以下（滑りが s_t 以上）の範囲では，式(2・29)において，$r_1+r_2'/s \ll x_1+x_2'$ となる．よって，r_1+r_2'/s を無視すると，トルク T は次式で近似でき，滑り s に対してほぼ反比例することが分かる．

$$T \cong \frac{1}{\omega_s}\cdot\frac{3r_2'V_1^2}{(x_1+x_2')^2}\cdot\frac{1}{s}\propto\frac{1}{s}\ [\mathrm{N\cdot m}] \qquad (2\cdot36)$$

次に，T_m を生じる回転速度以上（滑りが s_t 以下）の範囲では，式(2・29)において，$r_1 \ll \dfrac{r_2'}{s}$，$x_1+x_2' \ll \dfrac{r_2'}{s}$ となる．よって，r_1 と x_1+x_2' を無視すると，トルク T は次式で近似でき，滑り s にほぼ比例して増加することが分かる．

$$T \cong \frac{1}{\omega_s}\cdot\frac{3\dfrac{r_2'}{s}V_1^2}{\left(\dfrac{r_2'}{s}\right)^2}=\frac{1}{\omega_s}\cdot\frac{3V_1^2}{r_2'}\cdot s\propto s\ [\mathrm{N\cdot m}] \qquad (2\cdot37)$$

⑥負荷変動時の滑りとトルクの変化

図 2・10 に示すように，誘導電動機の運転中に負荷を増大させると回転速度は低下する．つまり，滑りは増加することになり二次巻線に発生する起電力が大きくなる．その結果，二次電流が増加し，負荷トルクと平衡するだけの大きさのトルクを発生する．

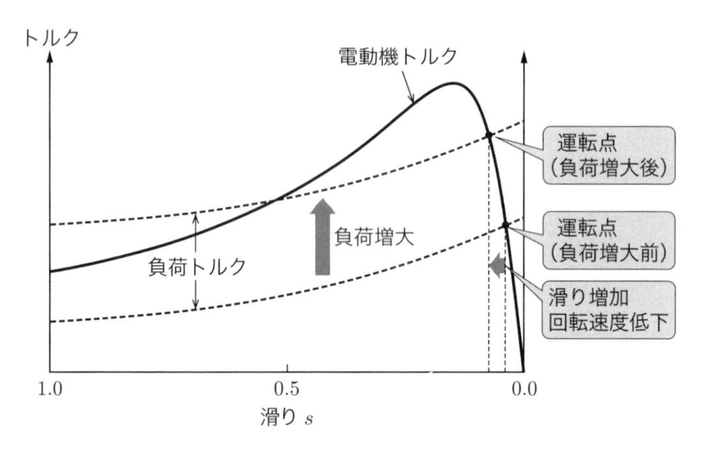

図2･10　負荷変動時の滑りとトルクの変化

(3) 比例推移

三相誘導電動機の一次端子から見たインピーダンスは，図2･5のL形等価回路より，$\sqrt{\left(r_1+\frac{r_2'}{s}\right)^2+(x_1+x_2')^2}$〔Ω〕であり，$\frac{r_2'}{s}$の関数になる．したがって，トルク，一次電流，力率なども$\frac{r_2'}{s}$の関数となる．そのため，r_2'とsをともにm倍した場合，$\frac{mr_2'}{ms}=\frac{r_2'}{s}$は一定であるから，$r_2'$と$s$を変える前と後で，トルク，一次電流，力率は変化しない．このような特性を**比例推移**という．

①トルクの比例推移

式(2･29)を見ると，トルクTはr_2'/sの関数であるため，図2･11に示すように，

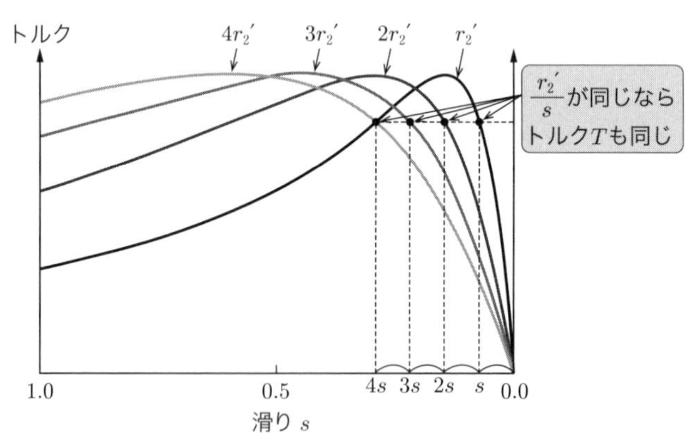

図2･11　トルクの比例推移

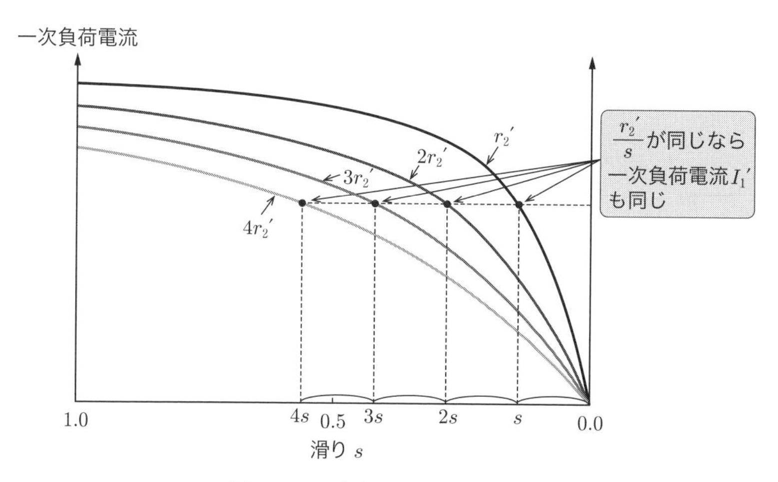

図2・12　一次負荷電流の比例推移

r_2' を m 倍に変更したとき，変更前と同じトルクが変更前の滑りを m 倍した点に生じる．

なお，最大トルクは r_2' に関わらず一定であり，これを生じる滑り s_t は r_2' が大きいほど大きくなる．

②電流の比例推移

式(2・13)を見ると，一次負荷電流の実効値 I_1' は r_2'/s の関数であるため，図 2・12 に示す通り，r_2' を m 倍に変更したとき，変更前と同じ一次負荷電流が変更前の滑りを m 倍した点に生じる．

また，式(2・14)を見ると，一次負荷電流の力率 $\cos\theta_1'$ についても r_2'/s の関数であるため，r_2' を m 倍に変更したとき，変更前と同じ力率が変更前の滑りを m 倍した点に生じる．

問題 5　三相かご形誘導電動機の始動法　(R3-A4)

次の文章は，三相かご形誘導電動機の始動法に関する記述である．

三相かご形誘導電動機の全電圧始動では，大きな始動電流が流れ，始動時間が長い場合には巻線を焼損するおそれや，電源系統に電圧変動を招くなどの問題があり，これらを避けるために以下のような始動方法が採用されている．

Y-△（スターデルタ）始動は，誘導電動機の [(1)] の接続をY（スター）形として始動し，同期速度近くまで加速した後に△（デルタ）形に切り替える始動方法である．この方法での始動電流はデルタ結線のままで全電圧始動する場合の (2) に抑えられ，トルクもまた (2) に減少する．巻線接続を切り替えるために，外部に切替器を備えている．

始動補償器始動は，始動補償器と呼ばれる (3) の二次電圧で定格電圧以下の電圧を加えて電流を抑え始動する方法である．電動機の回転が同期速度に近づいたところで補償器を回路から切り離し全電圧に切り替える．始動補償器の一次電圧と二次電圧の比を $a:1$ とすれば，電動機の電圧は全電圧始動の $1/a$ となり，このときの始動補償器の一次電流は全電圧始動の約 (4) 倍となる．

その他の始動法として誘導電動機の一次側に直列に抵抗器又は (5) を挿入して印加電圧を下げて始動電流を制限し，加速後に全電圧運転とする方法がある．始動補償器を用いる場合に比べて始動トルクが減少する欠点があるが，装置が簡易で安価であるので，始動トルクを小さくして始動時の衝撃を避ける目的で用いられることがある．

解答群

(イ) リアクトル	(ロ) $\dfrac{1}{\sqrt{3}}$	(ハ) スコット変圧器
(ニ) 単巻変圧器	(ホ) $\dfrac{1}{3}$	(ヘ) 変流器
(ト) 制動巻線	(チ) 固定子巻線	(リ) $\dfrac{1}{\sqrt{3}a}$
(ヌ) $\dfrac{1}{9}$	(ル) $\dfrac{1}{a}$	(ヲ) くま取りコイル
(ワ) $\dfrac{1}{a^2}$	(カ) 補償巻線	(ヨ) 始動用コンデンサ

―攻略ポイント―

三相かご形誘導電動機の始動に関する基礎的な出題である．全電圧始動法，Y-△始動法，始動補償器法，リアクトル始動の特徴をよく理解しておく．

解説　(1)～(5) 三相誘導電動機の始動においては，十分な始動トルクを確保し，始動電流を抑制し，かつ定常運転時の特性を損なわないように適切な方法を選定することが必要である．

三相かご形誘導電動機には，定格電圧を直に加える始動法（全電圧始動法）と一次回路を調整して始動する方法がある．後者にはY-△始動法，始動補償器法，リアクトル始動法などがある．

全電圧始動法は，定格電圧を直に加える方法で，直入れ始動法とも呼ばれる．かご形誘導電動機において，定格電流の5～7倍程度となる始動電流に対して電源容量が十分大きく，その影響を受けないだけの余裕があるときに適用可能である．一般的に，5 kW 以下の小容量な普通かご形誘導電動機で用いる．また，始動電流をある程度抑制可能な特殊かご形誘導電動機では10 kW 程度までであればこの方法を用いることがある．

Y-△始動法は，誘導電動機の一次側の**固定子巻線**を始動時はY結線，通常運転時は△結線にコイルの接続を切り替えてコイルに加わる電圧を下げることにより始動電流を抑制する方法である．定格出力が5～15 kW 程度のかご形誘導電動機に用いられる．Y結線時に，相電圧は線間電圧の $1/\sqrt{3}$ となるので，線電流も $1/\sqrt{3}$ となる．△結線時の線電流は相電流の $\sqrt{3}$ 倍となるから，両者の比をとれば，Y結線時は△結線時に比べて，始動電流を **1/3** に抑えることができる．そして，始動トルクは，一次巻線の相電圧の2乗に比例するので，△結線に比べて固定子巻線に加わる電圧が定格電圧の $1/\sqrt{3}$ 倍になるため，△結線における始動時トルクの **1/3** 倍となる．

始動補償器法では，電源と電動機の間に，**始動補償器**と呼ばれる**単巻変圧器**を入れて，使用する変圧器のタップを切り換えることによって低電圧で始動する．回転速度が上がり最終的な運転速度に達すると始動補償器を回路から切り離し，全電圧を加える方法である．定格出力が15 kW 程度より大きなかご形誘導電動機に用いられる．タップにより巻線電圧を $1/a$ にした場合，始動電流と始動トルクは $\boldsymbol{1/a^2}$ 倍となる．始動補償器を回路から切り離す際に突入電流が生じるので，単巻変圧器の中性点を先に開いてリアクトルとして活用することで突入電流を防ぐ方法を**コンドルファ始動**という．

リアクトル始動においては，**リアクトル**を一次側に直列に接続することで始動電流を抑制し，始動後に取り除く方法である．始動電流を $1/a$ にした場合，始動トルクは $1/a^2$ 倍となる．

解答　(1)（チ）　(2)（ホ）　(3)（ニ）　(4)（ワ）　(5)（イ）

詳細解説 4　巻線形誘導電動機の始動法

巻線形誘導電動機の始動においては，始動抵抗器を用いて始動時に二次抵抗を大きくすることにより始動電流を抑制しながら始動トルクを増大させる**二次抵抗制御法（二次抵抗法）**を用いる．この方法では，図 2･13 に示すように，誘導電動機のトルクの**比例推移**を利用して，トルクが最大値となる滑りを 1 付近になるようにする．具体的には，二次側にスリップリングを介して抵抗値を変えられる外部抵抗を接続し，始動時にはこの値を大きくしてトルクを大きくし，定常運転時にはスリップリングを短絡する．このための二次挿入抵抗には，金属抵抗器あるいは液体抵抗器が用いられる．

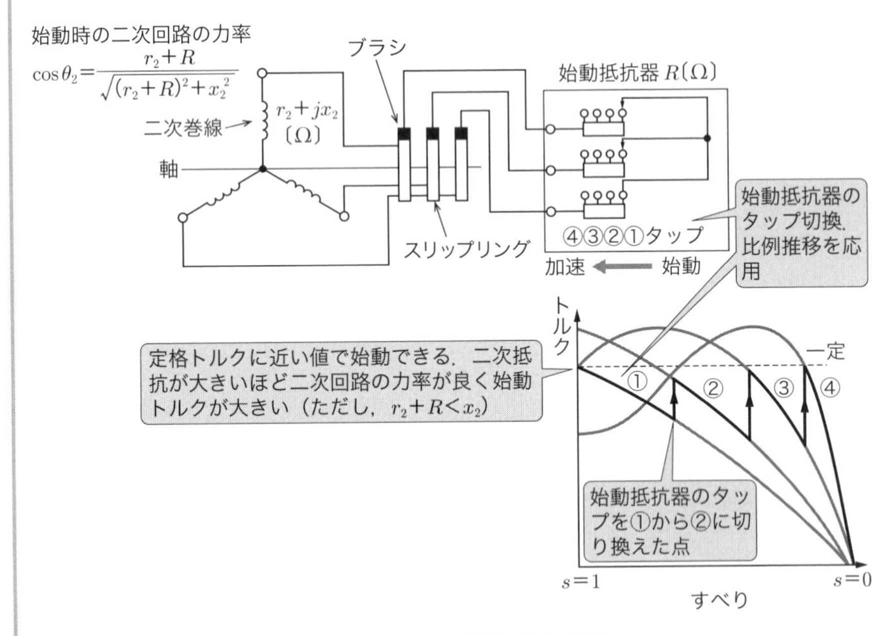

図2･13　巻線形誘導電動機の始動

問題 6　かご形誘導電動機の始動時異常現象　（H22-A1）

次の文章は，かご形誘導電動機の始動時異常現象に関する記述である．

誘導機のギャップの磁束密度分布は，基本波のほかに多くの高調波成分が含まれる．これらの高調波成分の作用によって下記のような始動時の電磁異常現象を発生することがある．

かご形回転子に固定子高調波回転磁界に起因する電流が流れ，その作用で誘導機性のトルクを生じる．このトルクを高調波 (1) という．このようなトルクが存在すると，これらが基本波によって発生するトルクと合成され，滑りの大きい付近でトルクの谷を生じることがあり，そのトルクの谷が負荷の要求するトルクよりも (2) なると，始動時にはこの付近の速度までしか加速できなくなる．このような現象を (3) といい，この状態が持続すると，電動機には始動電流に近い大きな電流が流れ続けるので焼損に至る．

ある高調波の固定子回転磁界と同じ速度をもつ回転子高調波回転磁界が存在すると，その回転速度に相当する滑りにおいて同期機性のトルクが発生する．これを高調波 (4) という．回転子高調波磁界の速度が固定子高調波磁界の速度から少しでも外れると，このトルクは失われる．このトルクが大きい場合はその滑りにおいて前述と同じような現象を生じる．

いずれの場合でも (5) の採用はこの現象に対する有効な軽減策の一つである．

解答群

(イ) 脱出トルク	(ロ) 磁極ピッチ	(ハ) 斜めスロット
(ニ) ステッピング	(ホ) 引入トルク	(ヘ) 高　く
(ト) クローリング	(チ) 小さく	(リ) 大きく
(ヌ) 制動トルク	(ル) サンプリング	(ヲ) 巻線ピッチ
(ワ) 始動トルク	(カ) 同期トルク	(ヨ) 非同期トルク

―攻略ポイント―

かご形誘導電動機の始動時の異常現象として，クローリングがある．これは，誘導電動機の磁束分布に第5調波などを含むと，逆回転方向のトルクを発生して速度が上昇できなくなる現象である．巻線形誘導電動機の始動時の異常現象としては，ゲルゲス現象（二次側の一相が開放されると，トルク特性が大幅に変化し，同期速度の1/2くらいまでしか加速できなくなる現象）がある．

解説 (1)～(5) 誘導機のギャップの磁束密度分布は，基本波のほかに多くの高調波成分が含まれる．これは，スロットに収められた巻線に流れる電流によりギャップ磁束を発生させるので発生磁束が階段状になること，スロット部と歯の部分との磁気抵抗の違いがあることなどによる．この高調波が電動機のトルク特性に及ぼす影響としては，誘導機性のトルクである**高調波非同期トルク**と，同期

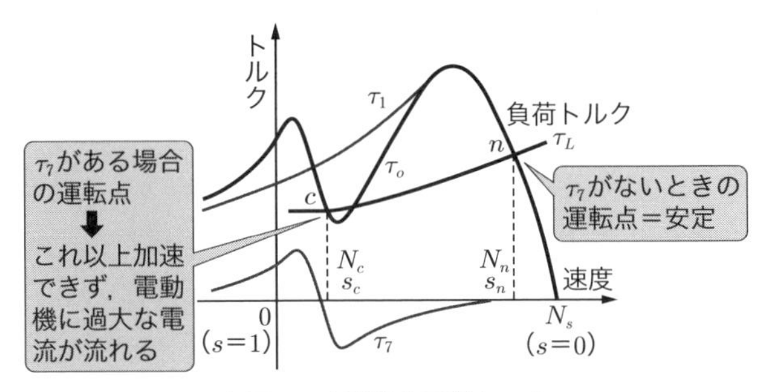

解図1　高調波非同期トルク

機性のトルクである**高調波同期トルク**がある．

まず，高調波非同期トルクに関して，ギャップ部分の磁束には，第5次，第11次，第7次，第13次の高調波が含まれる．第5次，第11次（$6n-1$次）の高調波電流の相回転は基本波に対して逆になるので，発生する高調波回転磁界の回転方向も逆になる．一方，第7次，第13次（$6n+1$次）の高調波電流の相回転は基本波と同じ方向になるので，発生する高調波回転磁界の回転方向も同じになる．

解図1は，基本波トルクτ_1と第7次高調波トルクτ_7を合成した正方向回転の発生トルクを示す．回転数の小さい領域，すなわち滑りの大きい領域でトルクの谷が現れる．まず，第7次高調波トルクτ_7がない場合，電動機は，基本波トルクτ_1と負荷トルクτ_Lが交わるn点で安定状態となり，運転を継続する．しかし，第7次高調波トルクτ_7を考慮する場合，電動機の始動時に，τ_0と負荷トルクτ_Lがトルクの谷の部分で交わり，このトルクの谷が負荷の要求するトルクよりも**小さく**なると，c点で安定状態になってそれ以上加速しない現象が発生する．これが**クローリング**である．この状態が持続すると，電動機には始動電流に近い大きな電流が流れ続けるので，電動機が焼損するおそれがある．

一方，**高調波同期トルク**は，ある高調波の固定子回転磁界と同じ速度をもつ回転子高調波回転磁界が存在すると，その回転速度に相当する滑りにおいて発生する同期機性のトルクである．解図2はその概要であるが，この場合でも，滑りs_cにおいてクローリングが発生する．

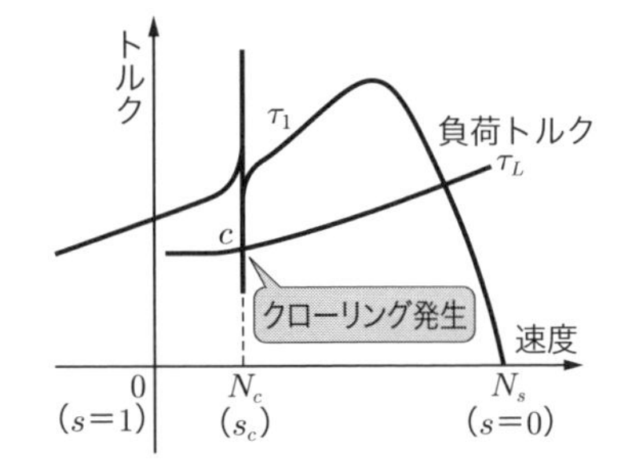

解図2　高調波同期トルク

こうした高調波非同期トルクや高調波同期トルクを小さく抑えるには，回転子のスロットを固定子のスロットピッチ分だけ斜めにする**斜めスロット**の採用が効果的である．通常スロットは回転軸に平行であるが，これは，スロットを斜めにすることにより，回転子両端で発生する高調波の次数を異なるようにすることができるためである．

解答 **(1)（ヨ） (2)（チ） (3)（ト） (4)（カ） (5)（ハ）**

問題7 かご形誘導電動機の電気的制動法 （H29-B5）

次の文章は，かご形三相誘導電動機の電気的制動法に関する記述である．

かご形三相誘導電動機の逆相制動は，運転中に一次巻線の三端子のうち二端子の接続を電源に対して入れ替えて，[(1)]の方向を逆にして制動する方法である．この場合，滑り s の動作領域は[(2)]である．この方法はプラッギングともいい，低速時にも大きな制動トルクが発生し，急速に停止ができる．逆相制動時，正方向に同期速度付近で運転している状態から停止に至るまでの間に回転子に生じるエネルギー損失は，負荷トルク及び機械損を無視し回転子と負荷の合成慣性モーメントだけを考えた場合，始動の過程で回転子に生じるエネルギー損失の約[(3)]倍となる．すなわち，始動時の約[(3)]倍の熱量を発生するので，回転子の温度上昇が大きい．

回生制動は，電車などの運動体を駆動している場合，電源周波数を下げて電動機を発電状態にし，その発生電力を電源に送り返しながら制動する方法である．この場合，滑り s の動作領域は[(4)]である．回転子の回転速度が[(5)]以上の場合，二次入力が負となり，電力は二次側から一次側に与えられ，電動機は発電機として動作する．この場合，回転子及び負荷の[(6)]を吸収して交流電源に電力を送り返すので，損失の少ない制動が行われる．

解答群

（イ） $\sqrt{3}$	（ロ） 固定磁界	（ハ） 同期速度
（ニ） $s<0$	（ホ） $0<s<1$	（ヘ） $s>1$
（ト） 運動エネルギー	（チ） 2	（リ） 速度変動率
（ヌ） 無拘束速度	（ル） 3	（ヲ） 無効電力
（ワ） 平等磁界	（カ） 回転磁界	（ヨ） 電磁エネルギー

―攻略ポイント―

誘導電動機の電気的制動法のうち，回生制動と逆相制動を取り上げている．本問も基礎的な出題であるものの，逆相制動時のエネルギー損失に関しては回転子の運動方程式を積分して計算できるかがポイントである．

解説　誘導電動機の制動には，機械的制動と電気的制動がある．

機械的制動は，手動や圧縮空気などで制動片を制動輪に押し付け，摩擦により回転子の運動エネルギーを熱エネルギーに変えて制動する．

電気的制動には，**発電制動**，**回生制動**，**逆転制動（プラッギング）**，**単相制動**がある．

(1)　(2)　**逆相制動（プラッギング）**

滑り $\boldsymbol{s>1}$ の領域では，回転子の回転速度 $N<0$，つまり回転磁界と反対方向に回転する．発生トルクは正（回転磁界方向）であるが回転子の回転方向と反対であるため，制動トルクとなる．この誘導機の運転状態を誘導ブレーキ（誘導制動機）という．機械的出力は負であるから，動力は外部から供給され，この動力及び一次側から供給される入力は主として二次抵抗で熱として消費される．

実際には，運転中の三相誘導電動機を急停止する場合，一次側の３端子のうち，任意の２端子の接続を電源に対して入れ替える．すると，**回転磁界**の方向が逆転

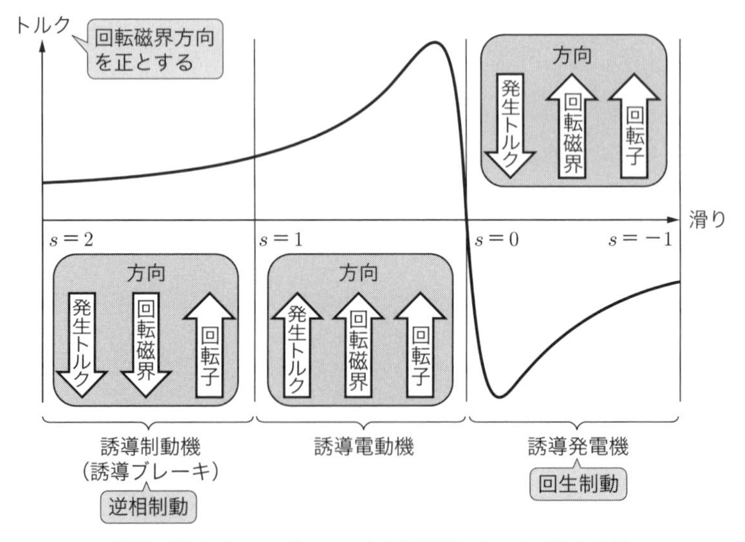

解図　滑り（−1～2）における誘導機のトルク-速度特性

して，誘導ブレーキとして動作し，強力な制動トルクを発生する．その際，電動機の滑りはsから$2-s$となる．この制動方法を**逆相制動（プラッギング）**という．

逆相制動では，低速度になるほど制動トルクは大きくなり，急速に停止ができるが，切り換えてから停止するまで，大きな電流が流入し，場合によっては電動機が過熱するおそれがある．また，電流が大きい割に制動トルクが小さいので，三相巻線形誘導電動機では二次回路に抵抗を挿入し，比例推移を利用して負荷に適したトルクとし，同時に電流を制限する．さらに，逆相制動により減速し停止するとき，そのままでは逆回転してしまうので電源から開放する必要がある．逆相制動は重量物の低速度巻下ろしなどに利用される．

(3) 電動機発生トルクをT，回転子と負荷の合成慣性モーメントをJ，回転子の回転角速度をωとしたときの運動方程式は$J\dfrac{\mathrm{d}\omega}{\mathrm{d}t}=T$となる．そして，同期角速度を$\omega_{\mathrm{s}}$，二次入力を$P_2$，二次抵抗を$r_2$，二次電流を$I_2$とすれば，式(2･27)，式(2･20)より，次式が成り立つ．

$$J\frac{\mathrm{d}\omega}{\mathrm{d}t}=T=\frac{P_2}{\omega_{\mathrm{s}}}=\frac{1}{\omega_{\mathrm{s}}}\times 3\frac{r_2}{s}I_2{}^2 \qquad \therefore\ 3r_2I_2{}^2\mathrm{d}t=Js\omega_{\mathrm{s}}\mathrm{d}\omega \cdots\cdots ①$$

さらに，$\omega=\omega_{\mathrm{s}}(1-s)$より，$\mathrm{d}\omega=-\omega_{\mathrm{s}}\mathrm{d}s$なので，式①に代入して

$$3r_2I_2{}^2\mathrm{d}t=-Js\omega_{\mathrm{s}}{}^2\mathrm{d}s \cdots\cdots ②$$

時刻t_1，滑りs_1から時刻t_2，滑りs_2に至る過程での回転子のエネルギー損失Eは

$$E=\int_{t_1}^{t_2}3I_2{}^2r_2\mathrm{d}t=-\int_{s_1}^{s_2}Js\omega_{\mathrm{s}}{}^2\mathrm{d}s=J\omega_{\mathrm{s}}{}^2\int_{s_2}^{s_1}s\mathrm{d}s=\frac{J\omega_{\mathrm{s}}{}^2}{2}\left[s^2\right]_{s_2}^{s_1}$$

$$=\frac{J\omega_{\mathrm{s}}{}^2}{2}(s_1{}^2-s_2{}^2)\text{〔J〕} \cdots\cdots ③$$

である．そこで，起動（$s_1=1$）から同期速度付近で運転（$s_2\fallingdotseq 0$）するまでの二次回路のエネルギー損失E_1は

$$E_1=\frac{J\omega_{\mathrm{s}}{}^2}{2}(1^2-0^2)=\frac{J\omega_{\mathrm{s}}{}^2}{2}\text{〔J〕} \cdots\cdots ④$$

である．一方，逆相制動開始（$s_1\fallingdotseq 2$）から停止（$s_2=1$）するまでの二次回路のエネルギー損失E_2は

$$E_2=\frac{J\omega_{\mathrm{s}}{}^2}{2}(2^2-1^2)=\frac{3J\omega_{\mathrm{s}}{}^2}{2}\text{〔J〕} \cdots\cdots ⑤$$

したがって，式④と式⑤から，

$$\frac{E_2}{E_1} = \frac{3J{\omega_s}^2/2}{J{\omega_s}^2/2} = \mathbf{3}$$

(4)～(6) **回生制動**

電動機の滑り **s<0** の領域では，回転子は回転磁界と同方向に**同期速度以上**で回転する．これは外部から，回転磁界方向に機械的入力が加わることによる．二次入力が負となるので，解図に示すように，発生するトルクは回転方向と反対方向（機械的入力とも逆方向）の制動トルクとなる．同期速度を超えた点で，トルクは負になり，発電機として動作する．回転体の**運動エネルギー**を吸収して電源に電力として返還されるので，効率よく制動できる．これが回生制動である．

回生制動では，誘導機のトルク−速度曲線と負荷トルクとの交点で決まる回転速度で回転し，過速度になるのを防止する．負荷トルクが発電機としての最大トルクの点を超えると逸走する．三相巻線形誘導機の二次側に抵抗を挿入すると，発電機動作の場合にも比例推移が成り立ち，同一負荷トルクで回転速度は上がる．回生制動は，電車の下り坂やエレベータなどで用いられる．

詳細解説５　発電制動と単相制動

(1) 発電制動

誘導電動機の一次巻線を交流電源から切り離し，図2･14に示すように，3相のうちの2端子と他の1端子との間に直流励磁を与えると，固定磁界を生じて，回転電機子形の交流発電機となる．回転子の二次巻線中には短絡電流が流れるため，回転と反対方向に制動トルクが生じる．

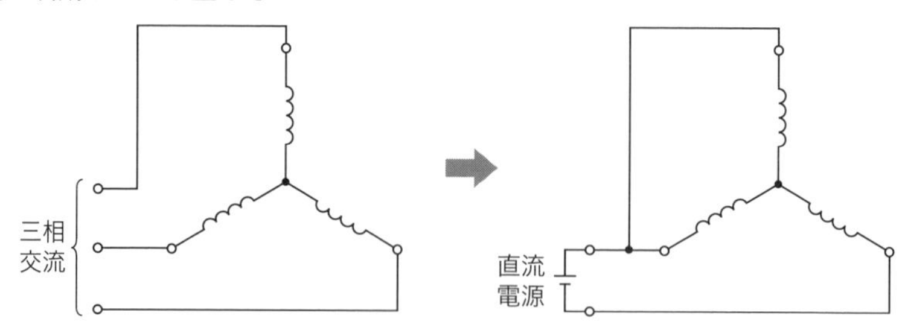

図2･14　発電制動

(2) 単相制動

単相制動は，巻線形誘導電動機で用いられる制動法である．図2･15に示すように，一次側 3 相のうちの 2 端子と他の 1 端子との間に単相交流を加えると，単相誘導電動機として動作し，同じ大きさで逆向き（正相と逆相）に回転する交番磁界が生じる．二次側の抵抗を増大させると正相分トルクを減らし，逆相分トルクを増やすができる．逆相分トルクが正相分トルクより大きくなれば，その差が制動トルクとなる．

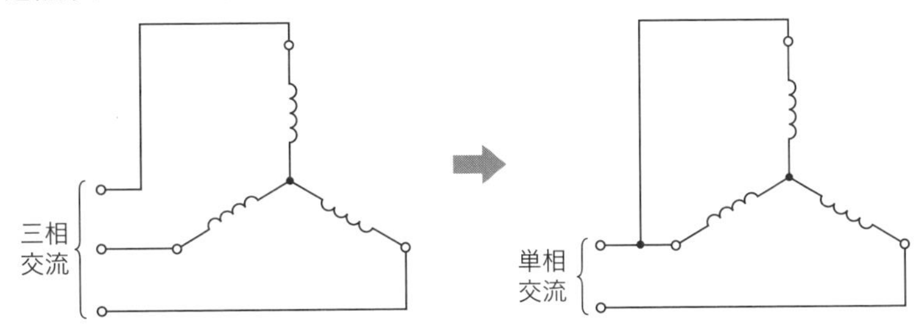

図2･15　単相制動

問題 8　二重給電誘導機の構成・制御・用途　(H21-A1)

次の文章は，二重給電誘導機（Doubly-fed Induction Machine）に関する記述である．

図示されるように，二重給電誘導機は一次巻線が商用周波数の電源に接続され，二次巻線にはスリップリングを介して電力変換装置によって交流二次電流が供給される．電力変換装置は専用の変圧器を介して二重給電誘導機の一次側と同じ電源に接続される．回転速度の変化に応じて電力変換装置が常に［(1)］周波数をもつ交流二次電流を供給することで，二重給電誘導機は電源側との同期運転を行うことができる．

電力変換装置により二次電流の［(2)］を制御することによって，電力変換装置と二次巻線との間で双方向に交流電力を制御することが可能である．静止セルビウス方式と比較して［(3)］での運転が可能なため，この方式は［(4)］と呼ばれる．

電力変換装置としてはサイクロコンバータが一般的であるが，交流間接変換装置も適用される．電力分野への代表的な適用例として，可変速揚水発電システムやエネルギー変換効率向上を意図した可変速［(5)］などがある．

（注）　ここで取り上げた「二重給電誘導機」は，ほかにも「二重給電同期機」(JEC-2130)，「二次周波数制御巻線形誘導機」などとも表記される．

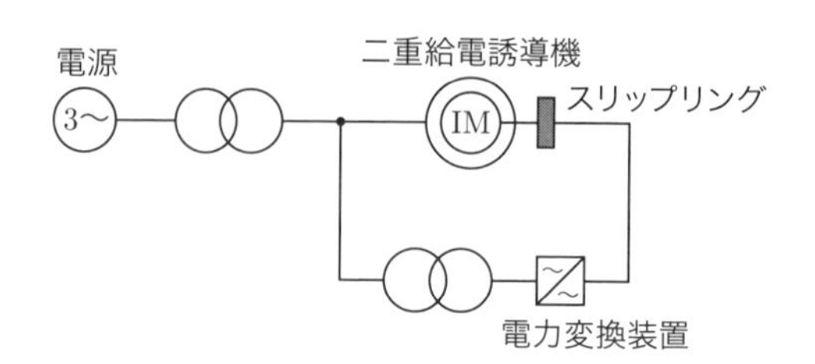

解答群

(イ)	超同期クレーマ方式	(ロ)	燃料電池発電システム
(ハ)	同期速度以上	(ニ)	太陽光発電システム
(ホ)	大きさと周波数	(ヘ)	商　用
(ト)	無励磁状態	(チ)	滑　り
(リ)	二次抵抗制御	(ヌ)	風力発電システム
(ル)	静止クレーマ方式	(ヲ)	高調波成分
(ワ)	2　倍	(カ)	超同期セルビウス方式
(ヨ)	過渡直流分		

―攻略ポイント―

二重給電誘導機は，巻線形誘導機の一次巻線を商用周波数の電源に接続し，二次巻線にはスリップリングを介して電力変換装置によって交流二次電流を供給するものである．二重給電誘導機の適用例として，可変速揚水発電システム，風力発電システムがある．詳細解説 6 に誘導電動機の速度制御を詳述する．

解説　(1)～(5) 巻線形誘導電動機において，抵抗制御法の欠点であった二次側外部抵抗の損失による低効率を補うため，外部抵抗による電圧降下に等しい起電力を，外部から与えることで滑りを変化させる方法を二次励磁制御という．二次励磁制御には，二次抵抗制御では抵抗損となっていたエネルギーを誘導機の動力として返還する静止クレーマ方式と電源に電力として返還する静止セルビウス方式がある．これらの方式では，電力の流れは常に二次巻線から電力変換装置に向かう一方向であり，同期速度 N_s 以下の滑り $s>0$ の領域で速度制御する．二次回路の周波数 f_2 は，一次巻線を接続する商用周波数を f とすると，$f_2 = sf$ であり，f_2 を**滑り周波数**という．

静止セルビウス方式において，電力変換装置にサイクロコンバータを使い，二次電流の**大きさと周波数**を制御することによって電力変換装置から二次巻線へも電力が流れる双方向に交流電力制御を行えば，負の滑りまで運転領域を拡大することができる．この方式は，**同期速度以上**で運転することができるので，**超同期セルビウス方式**と呼ばれる．風車のように変速度原動機により誘導発電機を駆動する場合，そのままで同期速度以下では電動機運転となり，電気出力を取り出すことはできないが，二次励磁を加え，回転速度にかかわらず二次電流が連系系統に流出する向きとなるように制御することにより，誘導発電機として運転を継続することができる．

二重給電誘導機の適用例としては，可変速揚水発電システムや可変速**風力発電システム**などがある．

 **(1)（チ）　(2)（ホ）　(3)（ハ）　(4)（カ）　(5)（ヌ）**

詳細解説 6　誘導電動機の速度制御

誘導機の回転速度Nは，$N=\dfrac{120f}{p}(1-s)$〔min^{-1}〕で表されるので，周波数f，極数p，滑りsのいずれかを調整すれば誘導機の回転速度を制御できる．

(1) 二次抵抗制御

巻線形誘導電動機において，二次抵抗制御は始動だけでなく，速度制御においても用いられる．二次側にスリップリングを介して接続した外部抵抗の抵抗値を加減すると，トルクの比例推移により速度-トルク曲線が変わり，同一トルクとなる滑りが変化することにより速度制御ができる．この方法は，外部抵抗を流れる電流による損失が大きく効率が悪いという欠点はあるが，操作が簡単で円滑な速度制御が可能であることから，ポンプや巻上機などに広く用いられる．

(2) 二次励磁制御

巻線形誘導電動機において，抵抗制御法の欠点であった二次側外部抵抗の損失による低効率を補うため，外部抵抗による電圧降下に等しい起電力を，外部から与えることで滑りを変化させる方法を**二次励磁制御**という．二次励磁制御には，二次抵抗制御では抵抗損となっていたエネルギーを誘導機の動力として返還する**静止クレーマ方式**と電源に電力として返還する**静止セルビウス方式**がある．

①静止クレーマ方式

静止クレーマ方式では，図2·16に示すように，巻線形誘導電動機と直流電動機を同じ軸で直結する．誘導機の一次側から二次側に供給された二次入力をP_2，滑りをsとすると，誘導電動機の機械的出力は$(1-s)P_2$となる．二次抵抗制御での抵抗損に対

応する電力 sP_2 を，スリップリングを介して整流器で直流に変換し，直流電動機に入力することで動力として負荷軸に返還する．負荷軸への出力は誘導電動機の出力 $(1-s)P_2$ と直流電動機による出力 sP_2 の和である P_2 となる．直流電動機の界磁を調整し二次励磁電圧を変えることで速度を制御する．誘導機の回転速度が変わっても負荷への出力は P_2 のまま変わらない定出力の速度制御である．

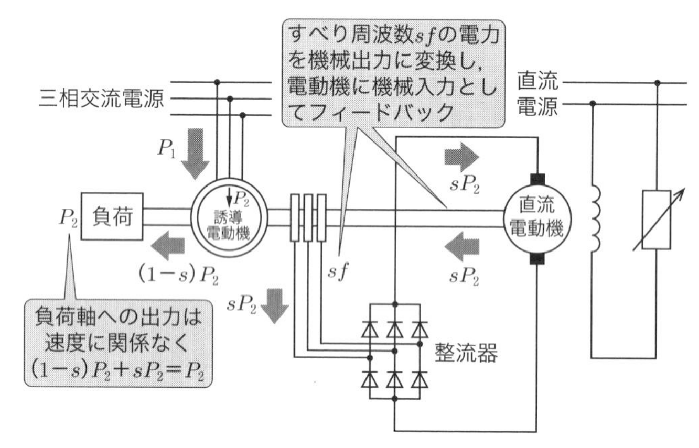

図2･16　静止クレーマ方式

②静止セルビウス方式

静止セルビウス方式では，図 2･17 に示すように，二次抵抗制御での抵抗損に対応する電力 sP_2 を，スリップリングを介して整流器で直流に変換した後，インバータで電源周波数の交流に変換し変圧器を介して，電源に電力として返還する．負荷軸への出力は，誘導電動機の機械的出力である $(1-s)P_2$ となる．インバータの位相制御をすることで速度を変える．セルビウス方式は，高効率の運転が可能で，定トルクという

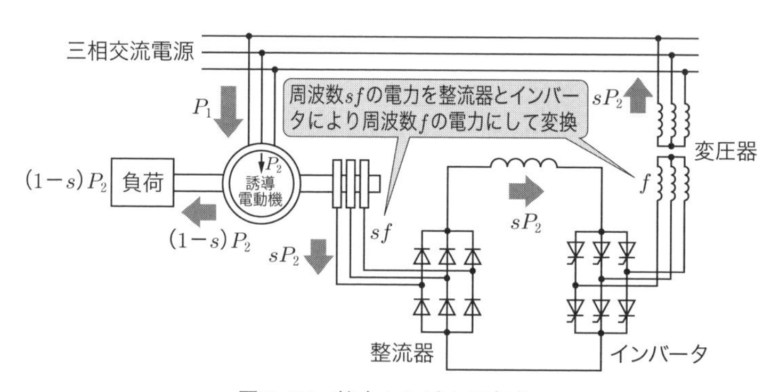

図2･17　静止セルビウス方式

特徴がある．整流器とインバータを用いず，サイクロコンバータで双方向に電力を制御して同期速度以上の運転を可能とする方式を**超同期セルビウス方式**という．

（3）極数切換制御

かご形誘導機では，運転中に固定子巻線の接続を変更して**極数**を切り換える制御法がある．この方法は，効率は良いが，極数切換は普通 2〜3 段であって速度の変化が段階的となるため，連続した可変速を必要とする用途には不向きである．また，巻線形では固定子巻線だけでなく回転子巻線の極数も切り換える必要があり複雑であるため用いられない．

（4）一次電圧制御

誘導電動機のトルク–速度特性は，式(2･29)より，電圧のほぼ 2 乗に比例して変化する．その性質を利用して，滑りを変化させる方式を**一次電圧制御**という．図2･18のように，一次電圧を下げると最大トルクが急激に減少するため，速度制御の範囲が狭い．また，速度を低くするために一次電圧を下げると，滑りが大きくなり，式(2･19)より，二次回路の損失（二次銅損）が増大し，効率が悪化する．そのため，電動機の効率を重視する用途には不向きであり，適用は小容量機に限られる．

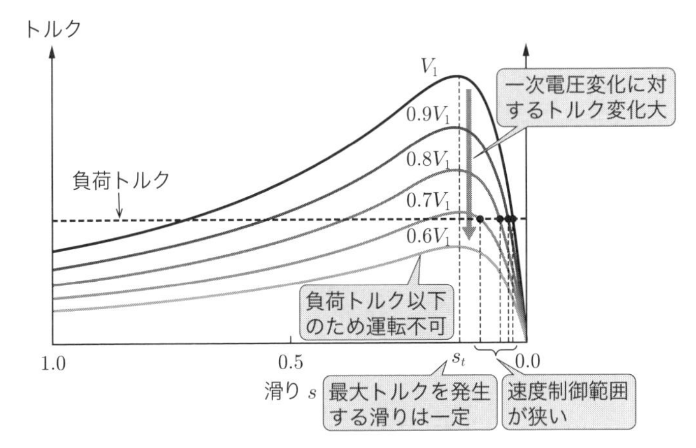

図2･18　一次電圧制御

（5）一次周波数制御

一次周波数制御は，周波数に比例して誘導電動機の同期速度が変化することを利用し，周波数を連続的に制御する速度制御の方法である．

特に，かご形誘導電動機において，直流電力を交流電力に変換し可変の電圧と周波数を得る **VVVF**（Variable Voltage Variable Frequency）インバータを用いた制御が広く利用されている．

①周波数のみを制御した場合

一次周波数 f_1 のみを下げた場合，同期速度が下がることで速度は低下するが，励磁電流が大きくなり過ぎるという問題が生じる．

図2•4のT形等価回路において，励磁回路を流れる励磁電流 I_0 は次式で表される．

$$I_0 = \sqrt{g_0{}^2 + b_0{}^2}E_1 \text{〔A〕} \tag{2•38}$$

励磁サセプタンス b_0〔S〕は周波数に反比例するため，一次周波数を下げると b_0 が増大する．このとき，$g_0 \ll b_0$ となるので，g_0 を無視すると

$$I_0 \cong b_0 E_1 \propto \frac{E_1}{f_1} \tag{2•39}$$

そのため，一次誘導起電力 E_1 を一定のまま一次周波数を下げると，励磁電流 I_0 は周波数にほぼ反比例して増大し，過大な電流が巻線を流れるおそれがある．

また，一次誘導起電力 $E_1 = 4.44k_1w_1f_1\Phi$〔V〕なので，磁束 Φ は次式で表される．

$$\Phi = \frac{E_1}{4.44k_1w_1f_1} \text{〔Wb〕} \propto \frac{E_1}{f_1} \tag{2•40}$$

E_1 を変えずに一次周波数 f_1 のみを下げた場合，式(2•40)より磁束が大きくなる．磁束が増えて磁気飽和を起こすと，過大な励磁電流が流れ，誘導電動機の巻線を焼損させるおそれがある．

② V/f 一定制御

一次周波数のみを下げると過大な励磁電流が流れる問題が生じるが，式(2•40)より $\Phi \propto E_1/f_1$ のため，E_1/f_1 を一定に制御すれば磁束 Φ を一定に保ち磁気飽和を防げる．一次誘導起電力 E_1 を制御するよりも，一次電圧 V_1 の方が制御しやすいため，一次インピーダンス $r_1 + jx_1$〔Ω〕による電圧降下を無視し，周波数 f_1 にほぼ比例して一次電圧 V_1 も変化させる **V/f 一定制御**が行われる．図2•19に V/f 一定制御の速度-トルク

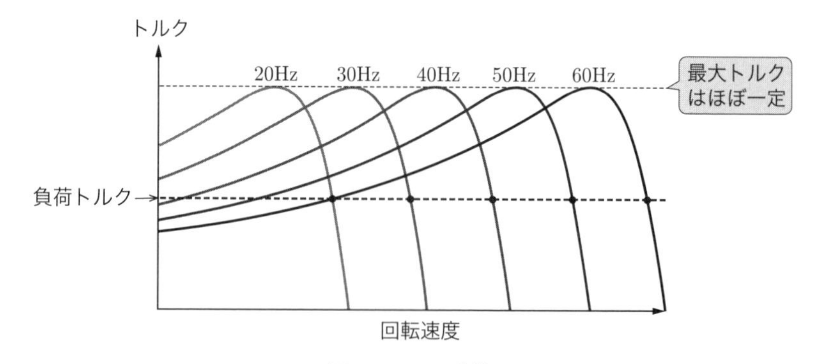

図2•19　V/f 制御

特性を示す．同図から，V/f 一定制御では速度を変化させても同一負荷トルクに対する滑りに大きな差はなく，滑り周波数がほぼ一定になる．巻線形誘導電動機の二次抵抗制御に比べ，速度の変化の割合に対して滑りの変化の割合が小さいので，広い速度範囲にわたって二次損失の増加を抑制した制御ができる．

実際の誘導電動機に V/f 制御を適用する場合，低速領域ではトルクの低下が生じる．これは，一次巻線抵抗 r_1 による電圧降下の影響が相対的に大きくなり，E_1/f_1 が低下するためである．この電圧降下の分，**トルクブースト**（一次電圧を高める補償制御）が必要になる場合もある．

また，高速領域では，インバータの出力電圧が飽和し，V/f 制御の比率を一定に制御できない場合がある．このような場合，一次電圧を一定にして回転子の回転速度を増加させる制御方法がある．一次電圧を一定としたとき，滑り周波数が一定であれば，誘導電動機のトルクは回転子の回転速度に対しておおよそ 2 乗に反比例する関係となる．

V/f 一定制御よりも精密な回転機の制御が求められる時には，ベクトル制御による高精度制御が行われる．ベクトル制御では，一次電流に含まれるトルク成分電流と磁束成分電流を個別に制御できるので，他励直流電動機と同等の良好なトルク特性となる．

問題 9　可変速揚水発電システム　(H23–A2)

次の文章は，揚水発電所用可変速発電電動機に関する記述である．

揚水発電所は，夜間の余剰電力で揚水し，昼間の電力消費ピーク時に発電することで昼夜間の負荷の平準化に寄与している．負荷追従運転を行わない発電所の比率が増大し，電力消費の少ない夜間において発電電力が負荷に追従できない場合には，[(1)] を維持するために負荷調整する必要がある．この負荷調整方法として，揚水運転時に入力を調整できる可変速揚水発電システムが導入されている．この可変速駆動方式としては，大容量化が可能であること及び同期機としての機能をもっていることなどの要求から，発電電動機の回転子を交流励磁する [(2)] が主流になっている．

可変速発電電動機の固定子は従来の発電電動機と同一の構造をもつが，回転子は磁極の代わりに [(3)] をもち，スリップリングを介して三相交流電流によって励磁される．回転速度が変化しても励磁周波数を固定子周波数と回転速度との [(4)] の周波数に制御することで，回転子で発生する磁束を常に系統の周波数に同期させることができるため，同期機としての特性をもった運転を行うことが可能となる．

三相交流電流を回転子に供給する励磁装置には，サイリスタを使用したサイクロコンバータ又はゲートターンオフサイリスタ（GTO）などを用いたインバータが用いられている．

可変速揚水発電システムは，揚水運転時の入力調整機能のほかに，回転子の［ (5) ］によって蓄えられる回転エネルギーも有効電力として入出力が可能である．

解答群

（イ）三相分布巻線	（ロ）静電容量	（ハ）一次周波数制御方式
（ニ）和	（ホ）直流巻線	（ヘ）二次励磁方式
（ト）系統電圧	（チ）積	（リ）系統負荷
（ヌ）インピーダンス	（ル）はずみ車効果	（ヲ）差
（ワ）系統周波数	（カ）界磁巻線	（ヨ）直流励磁方式

ー攻略ポイントー

可変速揚水発電システムは，機械科目，電力科目の両方で出題される重要テーマである．本問は基礎的な出題であるものの，原理とメリットをよく理解しておく．

解説　(1)～(5)　電力系統では，**系統周波数**を一定に維持するために，需給バランスをとる必要がある．従来の揚水式発電所は，ピーク運用の供給力として使

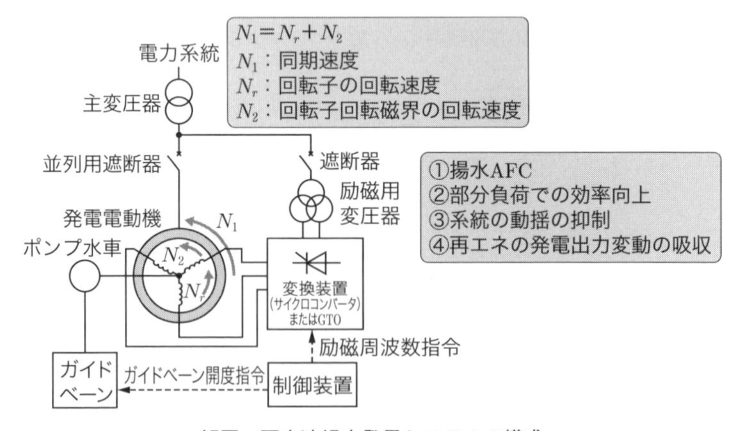

解図　可変速揚水発電システムの構成

われてきているものの，一定の回転速度で運転されているため，揚水運転時の入力（電力）を調整できなかった．しかし，可変速揚水発電システムは揚水機器の回転速度を変えられるようにしており，発電電動機の回転子を交流励磁する**二次励磁方式**が主流になっている．

［可変速揚水発電システムの概要と原理］

①可変速発電電動機の固定子は従来の発電電動機と同一の構造をもつが，回転子は磁極の代わりに**三相分布巻線**をもち，スリップリングを介して三相交流電流によって励磁される．

②この回転子にサイクロコンバータという周波数変換装置から低周波を作り，これを励磁電流として発電電動機の回転子に供給すると，回転子に回転磁界が発生する．回転子が回転する速度 N_r に回転磁界の回転速度 N_2 が加算されて，静止側である固定子の回転磁界 N_1 と同期を保ち，$N_1 = N_r + N_2$ の関係になる．すなわち，回転子の速度が変化した分だけ，回転子に発生する回転磁界が同期速度との**差**分を補い，発電機の固定子から出力される電力は一定の周波数を保つことが可能となる．

③回転速度の変化幅は±5〜8％程度で，揚水運転時の入力を60〜100％程度に調整できる．

［可変速揚水発電システムのメリット］

①夜間や軽負荷等の揚水運転時の入力調整を高効率で行うことができ，揚水AFC（自動周波数制御）が可能になることから，従来周波数調整用に運転していた火力機を停止できて，電力系統の経済運用や二酸化炭素の排出削減に寄与する．

②可変速揚水発電システムは，回転子の**はずみ車効果**によって蓄えられる回転エネルギーも有効電力として入出力が可能である．

③ピーク負荷時の発電運転では，水車を最適な回転速度で運転することにより，部分負荷での効率を向上させることができる．

④発電および揚水運転時に，ポンプ水車側電力に関係なく電気側入出力の調整が可能であるため，電力系統の過渡的な動揺に対してそれを抑制するよう，安定化に寄与することができる．

⑤風力や太陽光発電など再生可能エネルギーの発電出力変動を吸収し，電力系統の安定化に寄与する．この結果，再生可能エネルギー導入の促進にもつながる．

(1)（ワ）　(2)（ヘ）　(3)（イ）　(4)（ヲ）　(5)（ル）

2　誘導発電機

問題 10　誘導発電機　(H19-A1)

次の文章は，誘導発電機に関する記述である．

三相誘導電動機の固定子を電源に接続して，固定子が作る回転磁界の回転方向と同一方向に，他の原動機を用いて［(1)］で回転させると，滑りは負の値となる．このとき，回転子巻線は電動機の場合と逆方向に回転磁束を切り，二次巻線の誘導起電力及び二次電流の方向は，電動機の場合と逆になる．したがって，二次電流と回転磁束とによる［(2)］の方向は，回転子の回転方向と逆になる．固定子電流の方向も電動機の場合と逆になるから，原動機から回転子への機械的入力は，電気的出力となって固定子から電源に送り出されることになる．すなわち，誘導発電機としての動作となる．

このタイプの誘導発電機は以下のような特徴がある．回転磁束を作るための［(3)］は，誘導発電機が接続されている電源から供給を受けなければならない．周波数は，［(4)］の周波数で定まる．誘導発電機の出力を増加するには，原動機の回転速度を増さなければならない．同期発電機と異なり，始動が簡単で，［(5)］の必要がない．線路に三相短絡を生じた場合，励磁が失われるので，短絡電流は同期機に比べて小さく，持続時間も短い．

解答群

(イ)　平滑化　(ロ)　トルク　(ハ)　同期速度以下の速度
(ニ)　有効電力　(ホ)　同期速度　(ヘ)　励磁電流
(ト)　無効電力　(チ)　乱　調　(リ)　電　源
(ヌ)　二次電流　(ル)　電機子電流　(ヲ)　同期速度を超える速度
(ワ)　回転子　(カ)　二次入力　(ヨ)　同期化

―攻略ポイント―

問題７の解説の解図の滑り（−1〜2）における誘導機のトルク-速度特性を理解していれば対応できる問題である．

解説　(1)(2) 問題７の解説の解図に示すように，三相誘導電動機の固定子を電源に接続して，固定子が作る回転磁界の回転方向と同一方向に，他の原動機を用いて**同期速度を超える速度**で回転させると，滑りは負の値となる．このとき，回転子巻線は電動機の場合と逆方向に回転磁束を切り，二次巻線の誘導起電力および二次電流の方向は，電動機の場合と逆になる．したがって，二次電流と回転磁束とによる**トルク**の方向は，回転子の回転方向と逆になる．固定子電流の方向も電動機の場合と逆になるから，原動機から回転子への機械的入力は，電気的出力となって固定子から電源に送り出される．すなわち，誘導発電機としての動作となる．問題7の解図に示すように，横軸の滑り s が負の領域（$s = 0 \sim -1$）が誘導発電機の領域である．

(3)～(5)　回転界磁形の同期発電機の場合，回転子巻線に励磁を与え，これによる磁界と回転子の回転運動により電機子巻線に誘導電圧を発生させる．しかし，誘導発電機では，回転磁束を作るための**励磁電流**は，誘導発電機が接続されている電源から供給を受けなければならない．したがって，同期発電機では単独運転が可能であるが，誘導発電機は単独運転ができない．

一方，同期発電機では原動機出力を調整して有効電力を変化させ，励磁電流を調整することで誘導起電力を制御し，無効電力を調整できる．これに対し，誘導発電機では，励磁電流の調整ができず，原動機の回転速度でのみ出力の調整が可能である．すなわち，周波数は**電源**の周波数で定まる．

他方，同期発電機を系統に並列する場合，回転速度すなわち周波数が系統周波数に等しく，電圧位相が系統の電圧位相と揃っている，すなわち同期化させる必要がある．これに対し，誘導発電機を系統に並列させるときには，原動機で同期速度近くまで加速して単に並列するだけでよく，**同期化**の必要がない．しかし，誘導発電機を並列するとき，励磁電流が流れて回転磁界を瞬時に発生させるが，この磁界の時間的な変化割合に対して二次回路に誘導電圧が生じるため，二次電流が流れ，その結果，一次側に大きな突入電流が流れる．

解答　**(1)（ヲ）　(2)（ロ）　(3)（ヘ）　(4)（リ）　(5)（ヨ）**

問題 11　誘導機の二次励磁制御方式　(R5–B5)

次の文章は，誘導機の二次励磁方式に関する記述である．

風力発電には，誘導発電機が用いられることがある．かご形の誘導発電機を用いた方式はブラシが必要なく，構造が単純であるが，風車の回転速度を

商用系統の周波数 f_1 に対応した速度にする必要がある．一方，巻線形誘導発電機を用いれば，二次抵抗を外部から制御することにより滑り s を調節して同期速度の 100～110 %程度の範囲で回転速度が可変可能である．しかし，これらの方式では，いずれも系統への併入時の突入電流を制限する［(1)］が一般に用いられる．

巻線形誘導機の二次側をインバータにより［(2)］の交流で励磁すれば，更に広い範囲での回転速度の範囲で発電が可能である．これを二次励磁方式という．

今，誘導機において，一次側から二次側に電磁誘導によって供給される電力（同期ワット）を P_2 とする．このときの二次銅損は一般に［(3)］で表される．しかし，二次励磁方式を用いる場合，［(3)］として表される電力の大半がインバータから供給される．

二次励磁方式の発電機として動作している場合を損失を無視して考える．回転子角速度 ω_2 が電源角周波数 ω_1 より大きい場合，インバータは滑りによる電力分を吸収することになり，滑りは［(4)］となる．このとき，双方向電力変換可能なインバータであれば電力を電源に返還することになり，誘導機は電源に周波数 f_1 の同期ワット P_2 の電力を供給することになる．一方，滑りが［(5)］であっても，風車による機械的な動力［(6)］とインバータの電力の和が電源に供給される．

解答群

(イ) $s<0$	(ロ) $1-s$	(ハ) $s>1$
(ニ) 高周波	(ホ) $s>0$	(ヘ) 矩形波
(ト) $s=1$	(チ) ソフトスタート装置	(リ) $\dfrac{(1-s)^2}{s}P_2$
(ヌ) 滑り周波数	(ル) $\dfrac{(1-s)}{s}P_2$	(ヲ) $\dfrac{P_2}{\omega}$
(ワ) 継電器	(カ) P_2	(ヨ) $s=0$
(タ) sP_2	(レ) 進相コンデンサ	(ソ) $(1-s)P_2$

―攻略ポイント―

風力発電用発電機には，誘導発電機直結方式，誘導発電機の二次抵抗制御方式，誘導発電機の二次励磁制御方式（二重給電誘導発電機方式），同期発電機による直流リンク方式がある．このうち，二次励磁制御方式に関する出題である．

解 説　(1) 風力発電に誘導発電機を用いて交流リンク方式で連系する場合，①かご形誘導発電機方式，②巻線形誘導発電機の二次抵抗制御方式，③巻線形誘導機の二次励磁制御方式の3つが用いられる．このうち，①，②の方式では，誘導発電機を電力系統に並列するとき，大きな突入電流が流れて電圧変動が問題になることがあるので，これを制限するため，**ソフトスタート装置**が一般に用いられる．ソフトスタート装置は，解図1のように，誘導発電機と電力系統の間に逆並列接続のサイリスタで構成する双方向スイッチを挿入し，位相制御により電力を制御する方式や交流チョッパ方式などが使用されている．

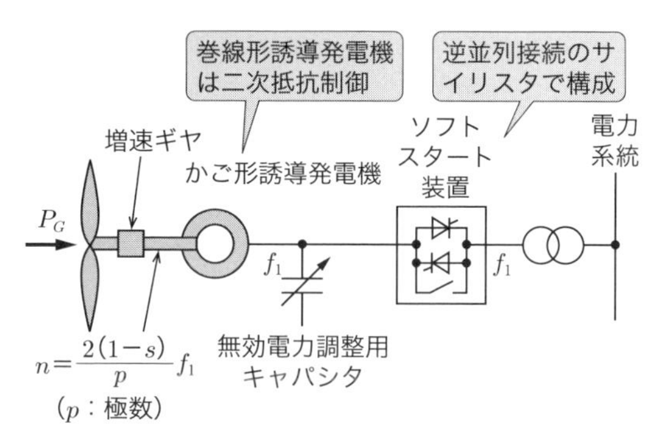

解図1　ソフトスタート装置

(2) 二次励磁方式は，巻線形誘導機の二次側をインバータにより所望の回転速度に対応した**滑り周波数**の交流電圧で励磁するものである．(解図2を参照)．

(3) 詳細解説6における「誘導電動機の速度制御」の「二次励磁制御」に示すように，誘導機で一次側から二次側に電磁誘導によって供給される電力（二次入力または同期ワット）を P_2，滑りを s とすれば，二次銅損は式(2·19)より $\boldsymbol{sP_2}$ で表

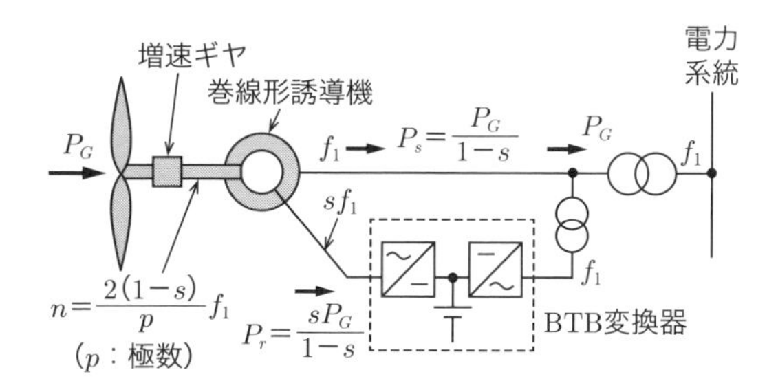

解図2　巻線形誘導発電機の二次励磁制御

される．①かご形誘導発電機方式，②巻線形誘導発電機の二次抵抗制御方式を用いる場合，二次銅損 sP_2 は二次回路の抵抗で消費される銅損である．一方，③巻線形誘導機の二次励磁制御方式の場合には，インバータにより，二次巻線に滑り周波数に等しい周波数で，位相は二次電流と同相または逆位相の二次励磁電源を印加するので，等価回路上は二次回路に等価抵抗を挿入することで表現される．
二次入力（同期ワット）P_2 は式(2･27)よりトルクに比例するので，一定トルクで回転速度を制御するためには滑り s を調整して sP_2 を変化させる．二次励磁制御方式の場合，sP_2 は二次巻線抵抗の銅損と二次励磁の等価抵抗の銅損の和である．等価抵抗は，二次励磁電圧の極性によって正負も変わり，正の場合には二次銅損として消費，すなわちインバータに電力を供給し，負の場合には負の二次銅損を消費，すなわちインバータから電力を供給する．二次巻線抵抗の銅損は小さいので，$\boldsymbol{sP_2}$ の大半がインバータから供給される．
(4)～(6) 解図２を用いて，二次励磁方式を説明する．発電機動作のときの風車からの機械的入力を P_G，固定子側の一次巻線から電源に供給する出力を P_s，二次巻線からインバータに供給される電力を P_r とすれば，$P_r = sP_s$ である．

これを誘導電動機動作として考えると，誘導電動機の機械出力 P_o が式(2･21)より $P_o = (1-s)P_2 = -P_G$，二次入力 $P_2 = -P_s$，二次銅損 $sP_2 = -P_r$ の関係から

$$P_G = (1-s)P_s \qquad \therefore \quad P_s = \frac{P_G}{1-s} \quad \cdots\cdots ①$$

となる．また，誘導機回路の損失は無視するので，$P_G = P_s + P_r$ で，これに式①を代入し

$$P_G = \frac{P_G}{1-s} + P_r \qquad \therefore \quad P_r = P_G - \frac{P_G}{1-s} = -\frac{s}{1-s}P_G \quad \cdots\cdots ②$$

となる．

発電機として動作している場合，回転子角速度 ω_2 が電源角周波数 ω_1 より大きいので，滑り s は $s = \dfrac{\omega_1 - \omega_2}{\omega_1} < 0$ から，$\boldsymbol{s<0}$ となる．

式①において，$s<0$ であれば，$1-s>1$ なので，$P_s = P_G/(1-s) < P_G$ となるから，式②より，$P_r = P_G - P_s > 0$ となる．

解図２のように，２つのインバータからなる BTB 変換器やサイクロコンバータにより，$P_r>0$ を電源（電力系統）側に返還できる．誘導機一次巻線からは電力系統の周波数 f_1，大きさが同期ワット P_2 に等しい $-P_2 = P_s = P_G/(1-s)$ の電力が電源に供給されるので，返還電力と合わせると，電源には風車からの電力 P_G

を供給することができる．

一方，滑りが $s>0$ であっても，風車による機械的な動力 $(1-s)P_2$ とインバータの電力 sP_2 の和 P_2 が電源に供給される．

解答 (1)(チ) (2)(ヌ) (3)(タ) (4)(イ) (5)(ホ) (6)(ソ)

詳細解説 7　風力発電用発電機

風力発電用発電機の単機容量は数百kWから数MW級であり，その発電機方式は図2•20に示すように四つに分類できる．

ロータの回転数は毎分数十回転程度であり，交流発電機の回転数は一般的に毎分1 500または1 800回転であるから，両者の回転数を整合させるため，増速歯車（ギヤ）を用いて回転数の増速を行う．

(1) 誘導発電機直結方式

増速ギヤを介して風車で**かご形誘導発電機**を駆動する方式である．構造が簡単で堅牢という長所がある．しかし，弱い系統に連系すると，起動時の突入電流，風力の出力変動に伴う電圧変動により電力系統に影響を与えるため，一般的に，逆並列のサイリスタ等による**ソフトスタート回路**を設ける．

(2) 誘導発電機の二次抵抗制御方式

巻線形誘導発電機を用い，その二次抵抗の抵抗値を制御することにより，回転子の回転数を可変とする方式である．誘導発電機回転子は，増速ギヤを介して風車につながっているため，誘導発電機回転子の回転数を変化させれば風車の回転数も変化する．風車の回転数を制御することにより，風力発電の出力変動を抑制することができる．

(3) 誘導発電機の二次励磁制御方式（二重給電誘導発電機方式）

巻線形誘導発電機を用い，その二次巻線を可変周波数制御の三相交流電源で励磁する**超同期セルビウス方式により，回転子の回転数を可変**とする方式である．この方式は，風車の回転数を可能な範囲で風速に見合った値に制御できるため，風速によらず，高い出力係数を期待できる．また，発電機での力率調整が可能である．起動時の突入電流も小さい．すなわち，**変速運転可能な誘導発電機でありながら同期発電機の長所も併せもつ発電機方式**である．

(4) 同期発電機による直流リンク方式

多極同期発電機を使用し，コンバータにより直流に変換した後，インバータを用いて交流に変換して電力系統に連系する．このコンバータとインバータの組合せを**BTB (Back To Back) 変換装置**という．発電機の周波数は系統の周波数と無関係に設

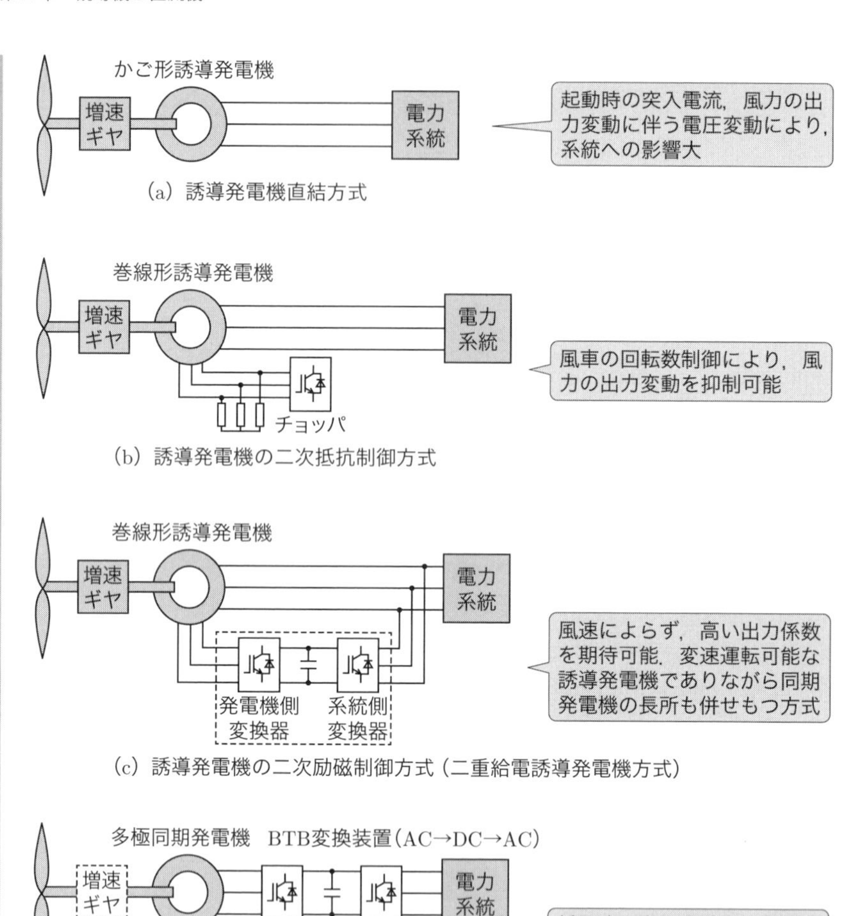

図2·20　風力発電における発電機の方式

定できるため，風車の回転数を変化させることができる．この直流リンク方式は，誘導発電機の二次励磁制御方式（二重給電誘導発電機）とともに，風車の回転数を変化させることができるので**可変速機**と呼ばれる．直流リンク方式の方が二重給電誘導発電機よりも回転数の可変範囲が大きいものの，コストがやや高い．直流リンク方式は，可変速運転によりロータの回転速度を風の強さに応じて最適に設定できるため，高効率な発電ができる．また，騒音源となる増速機がないため，騒音を小さくすることができる．

3　直流機

問題 12　サイリスタを用いた直流電動機駆動　（H24-A1）

次の文章は，サイリスタ変換器を用いた直流電動機駆動に関する記述である．

図のようにサイリスタ変換器の直流側に直流機の電機子巻線を接続した直流機駆動システムを （1） と呼ぶ．直流他励電動機を用いる場合，サイリスタ変換器の制御遅れ角 α を操作すると，直流機の （2） を制御できる．電機子電流が連続であれば，軽負荷時の （2） は，ほぼ $\cos\alpha$ に比例する．また，サイリスタがオンしているときの順方向電圧と交流及び直流リアクトルの抵抗が無視できる場合には，α を一定としたまま負荷トルクを増加すると，電機子巻線抵抗及び （3） の影響によって，負荷トルクにほぼ比例して回転速度は低下する．

図の回路構成の場合，α を操作するだけでは，制動トルクを発生することはできない．回生制動を行うためには， （4） などが必要になる． （4） を行って，直流機を回生制動する場合，サイリスタ変換器の α は （5） となる．

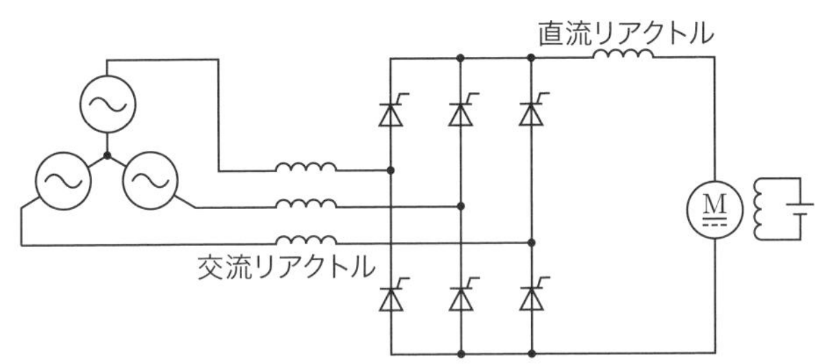

解答群

（イ）　静止レオナード　　（ロ）　トルク　　（ハ）　電機子巻線の極数切換え
（ニ）　電機子巻線の自己インダクタンス　　（ホ）　界磁電流の方向反転
（ヘ）　0°　　（ト）　電機子電流
（チ）　回転速度　　（リ）　交流リアクトル
（ヌ）　直流リアクトル　　（ル）　サイリスタセルビウス

（ヲ）　90° 未満　　　（ワ）　交流電源の相順切換え
（カ）　サイクロコンバータ　　　（ヨ）　90° 以上

―攻略ポイント―

直流機の分野では静止レオナード法が最も重要である．本問を通じて，速度制御や回生制動について理解を深める．

解説　(1) 直流電動機の回転速度 N は，K_{V} を定数として

$$N=\frac{V-r_aI_a}{K_{\mathrm{V}}\phi}\quad\cdots\cdots①$$

で表される．速度制御方法としては，(a) 電機子巻線抵抗 r_a を変えるために電機子回路に直列抵抗を挿入する，(b) 電機子端子電圧 V を変える，(c) 励磁磁束 ϕ を変える，などの方法がある．このうち，電機子端子電圧を制御する方法がワードレオナード法であり，速応性と損失が少ない点で優れている．このワードレオナード法は，直流発電機を用意し，その発生電圧で直流電動機への供給電圧を変えて速度制御を行う．そして，直流発電機の代わりに，サイリスタなどの半導体制御素子を用いて静止化したものが**静止レオナード法**である．静止レオナード法では，解図１に示すように，サイリスタによる三相全波整流回路の位相制御によって直流電動機の電機子電圧を変え，その速度制御を行う．

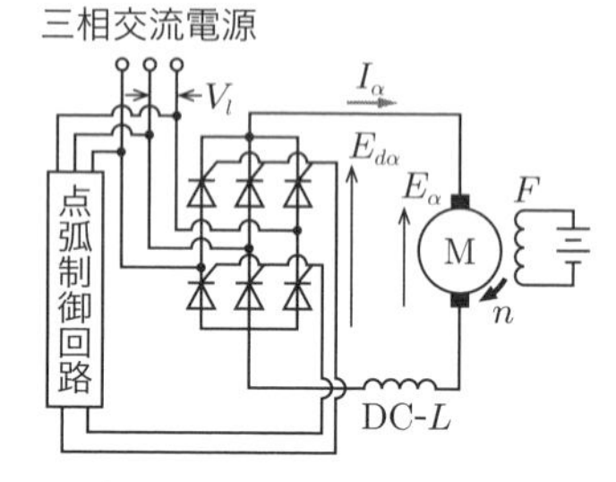

解図１　静止レオナード法（一方向駆動方式）

(2) 静止レオナード法では，サイリスタの制御遅れ角 α を操作すると，直流機の**回転速度**を制御できる．他励直流電動機の速度制御を行う場合，電動機に供給する電源以外の電源を用いて励磁磁束 ϕ を一定にすることができるので，式①に示すように，軽負荷時で r_aI_a を無視できる場合には，$N=(V-r_aI_a)/(K_{\mathrm{V}}\phi)\fallingdotseq V/(K_{\mathrm{V}}\phi)$ となるため，端子電圧 V で速度が決まる．そして，サイリスタ整流回路の直流平均電圧 E_d（$\alpha=0$ のとき E_{d0}）は，式②に示すように，$\cos\alpha$ に比例する．これは，解図２の三相全波整流回路および波形から，積分して求めればよい．（直流平均電圧は半波整流回路の２倍である．）

$$E_{d\alpha}=2\times\frac{1}{2\pi/3}\int_{-(\pi/3-\alpha)}^{(\pi/3+\alpha)}\sqrt{2}E\cos\theta d\theta$$

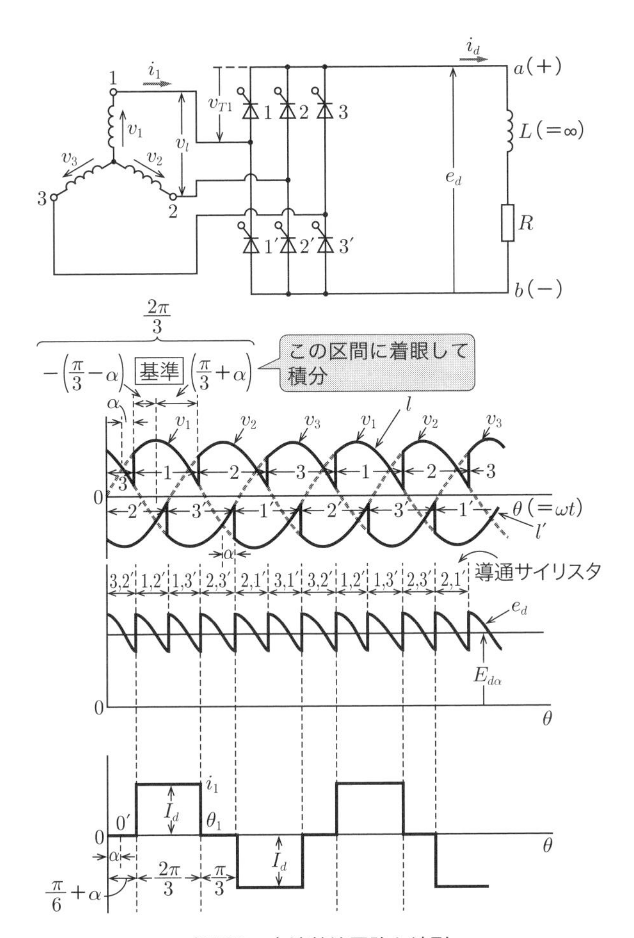

解図2　全波整流回路と波形

$$= \frac{3\sqrt{2}E}{\pi}\left[\sin\theta\right]_{-(\pi/3-\alpha)}^{(\pi/3+\alpha)} = \frac{3\sqrt{6}}{\pi}E\cos\alpha$$

$$\fallingdotseq 2.34E\cos\alpha = 1.35V_l\cos\alpha \cdots\cdots ②$$

（但し V_l は $V_l = \sqrt{3}E$ で線間電圧）

(3) 次に，解図3のように，制御角 α を一定にしたままで負荷トルク T_L を増加させると，電機子電流 I_a が比例して増加するので，それに伴い電機子巻線抵抗による電圧降下 r_aI_a や**交流リアクトル**によるインピーダンス降下により電動機の端子電圧 V は低下する．このため，回転速度 N も低下する．

(4) (5) 直流電動機の回生制動を行うためには，問題図のような整流回路をもう

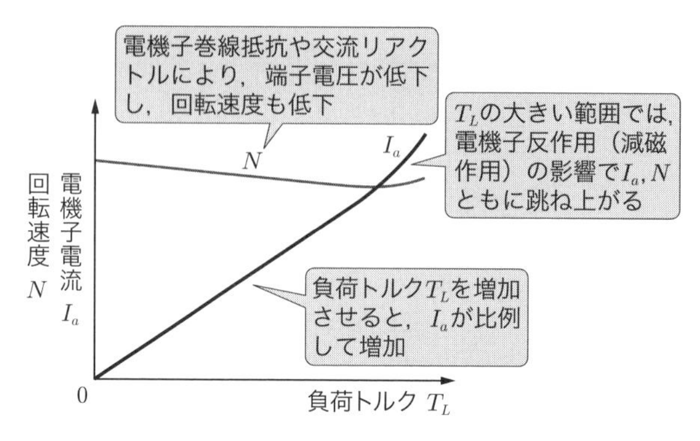

解図3　負荷トルクと回転速度の関係

一組用意し，電機子電流を正負双方に流せるように，2組の整流回路を逆並列に接続する必要がある．整流回路が1組の場合，電機子電流の方向が解図1の矢印の方向しか流せないので，回生制動はできない．そこで，**界磁電流の方向を反転**させて直流電動機の内部誘導起電力を逆転（$-E_0$）させ，サイリスタの制御角を**90°以上**にしてサイリスタ変換器の直流電圧を負（$-E_d$）にし，さらに大きさを$|-E_d|<|-E_0|$とすることで，回生制動が可能となる．ただし，界磁電流の切換は，電機子電流を零にして行う必要がある．

回生制動や逆転を行う静止レオナード法（可逆レオナード方式）は，詳細解説8で説明する．

解答　**(1)（イ）　(2)（チ）　(3)（リ）　(4)（ホ）　(5)（ヨ）**

詳細解説 8　静止レオナード法

静止レオナード方式に関して，図2･21は十字結線方式，図2･22は逆並列結線方式である．

図2･21において，コンバータⅠ，Ⅱを同時にゲート制御する．このときのコンバータⅠの制御角をα_1，コンバータⅡの制御角をα_2とし，$\alpha_2=\pi-\alpha_1$になるよう制御する．$\alpha_1<\pi/2$の領域では，コンバータⅠが順変換器として動作し，$\alpha_2>\pi/2$となるから，コンバータⅡは逆変換器として動作する．そして，このときの両変換器の出力平均直流電圧$E_{d\alpha1}$, $E_{d\alpha2}$は，問題12の式②より，$E_{d\alpha1}=1.35V_l\cos\alpha_1$, $E_{d\alpha2}=1.35V_l\cos\alpha_2=1.35V_l\cos(\pi-\alpha_1)=-1.35V_l\cos\alpha_1$となって，両直流出力は極性，平均値ともに一致する．

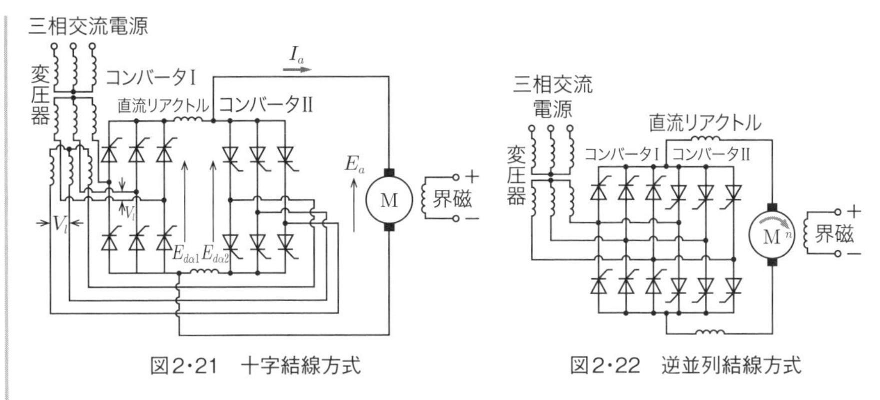

図2・21　十字結線方式

図2・22　逆並列結線方式

そこで，電動機逆起電力 E_a が $E_a < E_{d\alpha1} = |E_{d\alpha2}|$ で，電機子電流 I_a が矢印の方向に流れているときには，コンバータⅠが順変換器として電動機を駆動し，電力は三相交流電源からコンバータⅠを経て電動機に与えられる．このとき，コンバータⅡには電流が流れず，無負荷状態である．次に，減速時に，$E_a > E_{d\alpha1} = |E_{d\alpha2}|$ となれば，電機子電流 I_a の向きは逆向きになり，コンバータⅠは電流阻止の状態に入る一方で，コンバータⅡに電流 I_a が流入してコンバータⅡは逆変換器として働く．すなわち，電力の流れは，電動機（この場合は発電機として動作）からコンバータⅡを経て三相交流電源に返還されている．つまり，回生制動がかかって，電動機は減速する．ちなみに，電動機を逆転させる場合には，以上とは逆に，コンバータⅡを順変換器，コンバータⅠを逆変換器として働かせる．なお，二つの変換器の間には，これらの出力直流電圧の瞬時値の差に基づく循環高調波電流が流れるのを防止するため，直流リアクトルが挿入されている．

他方，この十字結線方式を簡単にしたのが，図2・22の逆並列結線方式である．逆並列結線方式は，コンバータⅠ・Ⅱを同時にゲート制御するのではなく，いずれかの一方のみにゲート信号を加える方式である．このため，両変換器間には循環電流が流れないから，両変換器間の直流リアクトルは不要で，電機子側に電流平滑用の小形の直流リアクトルを挿入すればよい．可逆レオナード方式としては，十字結線方式よりも逆並列結線方式の方がよく使われる．

第3章

変圧器と機器

[学習のポイント]

○機械科目において，変圧器・機器分野は，ほぼ毎年 1 問ずつ出題されている重要なテーマである．その中で，2/3 程度が変圧器，1/3 程度が遮断器・避雷器・高調波フィルタ・変流器などが出題されている．
○変圧器に関しては，変圧器の励磁特性や励磁突入電流，タップ切換変圧器，変圧器の冷却や呼吸作用，変圧器の損失（漂遊負荷損），変圧器の平行運転条件と最大供給可能負荷，単巻変圧器の自己容量と線路容量，スコット結線などが出題されている．
○変圧器の等価回路，鉄損や銅損，電圧変動，V 結線に関する計算は二次試験で出題されているため，一次試験では基本的には出題されていない．
○本書の詳細解説では，過去問題に関連して，変圧器の鉄心構造，励磁突入電流による各種現象への対策，避雷器などを取り上げて，詳細に解説している．

1　変圧器

問題１　変圧器の冷却　(R5-A2)

次の文章は，変圧器の冷却に関する記述である．

変圧器に入力する電力の一部は，変圧器の内部で損失となり熱に変わる．この熱による温度上昇は絶縁物の劣化等につながるため，温度上昇を抑制する観点から冷却は必要である．

変圧器の冷却方式には容量や使用環境によって種々の方式がある．巻線及び鉄心の冷却媒体により方式を大きく分けると，空気（大気）を使用する［(1)］式，絶縁油を使用する油入式，及び，不燃性，非爆発性を必要とする場所に設置するための不活性ガスを使用するガス冷却式がある．

油入変圧器では，変圧器本体を絶縁油に浸し，巻線の［(2)］を高めるとともに，冷却によって本体の温度上昇を抑制する．絶縁油に必要な条件は，化学的に安定であること，［(3)］点が高いこと，流動性に富み冷却効果が大きいことなどである．

大形の油入変圧器では，負荷変動や外気の温度変化に伴い油の温度が変動し，油が膨張・収縮を繰り返すため，外気が変圧器内部に出入りを繰り返す．これを変圧器の［(4)］作用という．［(4)］作用により油が劣化する主な原因は，空気中の水分の混入と，油と空気との接触により生じる酸化作用である．この劣化を防止するため，本体の外部にブリーザや［(5)］を設ける．

解答群

(イ)　凝固	(ロ)　引火	(ハ)　三重
(ニ)　乾	(ホ)　熱伝導率	(ヘ)　圧縮
(ト)　ブッシング	(チ)　気中	(リ)　排気
(ヌ)　コンサベータ	(ル)　抵抗温度係数	(ヲ)　伸縮
(ワ)　絶縁耐力	(カ)　ベンチレータ	(ヨ)　呼吸

―攻略ポイント―

本問は，変圧器の冷却と呼吸作用を扱っている．いずれも基礎的な内容である．これを機に，鉄心を含めた変圧器の構造全体を詳細解説に示すので，復習しておこう．

解説 (1) 変圧器は，用いる冷媒によって，絶縁油を使用する油入変圧器，空気を使用する**乾式**変圧器，不活性ガスを使用して不燃性・非爆発性を必要とする場所に設置するためのガス冷却式変圧器に分けられる．さらに，油入変圧器は，油の自然対流によって熱を外部に放散する油入式（自然循環式），油をポンプによってタンク内と放熱器との間で強制循環させる送油式（強制循環式）に分けられる．いずれの場合も，高温の油を冷却する方法によって，自冷式，風冷式，水冷式がある．

(2)(3) 油入変圧器の変圧器油は，変圧器本体を浸し，巻線の**絶縁耐力**を高めるとともに，冷却によって本体の温度上昇を防ぐために用いられる．また，化学的に安定で，**引火**点が高く，流動性に富み比熱が大きくて冷却効果が大きいなどの性質を備えることが必要となる．

(4)(5) 大型の油入変圧器では，解図のような構造をしている．大型の油入変圧器では，負荷変動に伴い油の温度が変動し，油が膨張・収縮を繰り返すため，外気が変圧器内部に出入りを繰り返す．これを変圧器の**呼吸作用**という．これにより，湿り空気がタンク内に混入すると絶縁油が吸湿し，絶縁破壊電圧の低下や絶縁紙の経年劣化を促進する．この防止のため，呼吸口にシリカゲル（吸湿材）を入れたブリーザや**コンサベータ**を設ける．コンサベータは変圧器上部に設けら

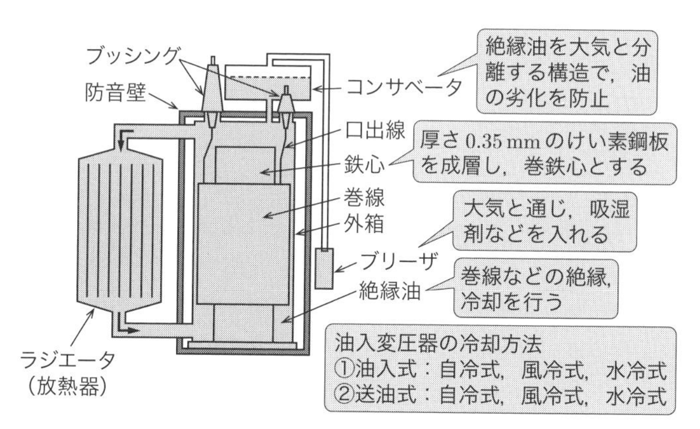

解図　油入変圧器の構造

れ，絶縁油と空気が接触する開放式とゴム膜で分離する密封式がある．

解答　(1)（ニ）　(2)（ワ）　(3)（ロ）　(4)（ヨ）　(5)（ヌ）

詳細解説 1　変圧器の鉄心構造（本問の解図を参照）

①変圧器の形状を大別すれば，鉄心と巻線の相対的な位置関係により，図3•1のように，**内鉄形**と**外鉄形**に分けることができる．内鉄形は一次巻線と二次巻線の絶縁距離を取りやすいのに対して，外鉄形は冷却効果が良く外側の鉄心で巻線が機械的に保護されるメリットがある．

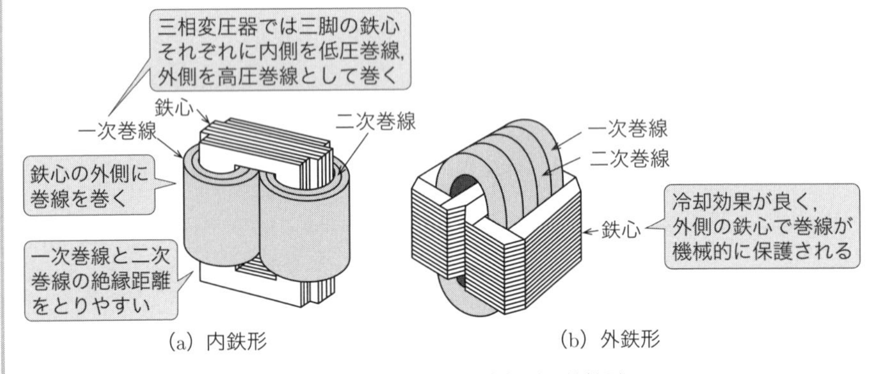

図3•1　変圧器における内鉄形と外鉄形

②変圧器の巻線には**軟銅線**が用いられる．巻線の方法としては，鉄心に絶縁を施し，その上に巻線を直接巻きつける方法，円筒巻線や板状巻線としてこれを鉄心にはめ込む方法などがある．

③変圧器の鉄心には，飽和磁束密度と比透磁率が大きい**電磁鋼板**が用いられる．電力用変圧器では，けい素を4％前後含有，厚さ0.35 mmの**けい素鋼板**を積み重ねた**積層鉄心**を用いる．鉄心材料には，方向性けい素鋼帯，アモルファス材料，カットコアがある．

a. 方向性けい素鋼帯：けい素鋼に適当な圧延加工と熱処理（焼きなまし）を行って多くの結晶粒の磁化しやすい方向を圧延方向に配向させたものである．方向性けい素鋼板では，圧延方向に磁束が通るようにすると，励磁電流が少なく，かつ鉄損も少ない．方向性けい素鋼帯を巻いて作った鉄心を**巻鉄心**と呼ぶ．

b. アモルファス材料：けい素鋼帯と比べて鉄損が1/3程度になるが，強度上の問題，飽和磁束密度の低さなどから大容量向きではなく，配電用の柱上変圧器に用いられる．

c．**カットコア**：変圧器の巻鉄心は，全体をレジンで固めた後に切断したカットコアが広く用いられる．これは，小形であるが，継目が少なく，圧延方向に磁束が通るため，鋼帯の透磁率が高い．したがって，励磁電流が小さく，鉄損が少ないという特徴がある．

問題 2　タップ切換変圧器　(R1-A2)

次の文章は，タップ切換変圧器に関する記述である．

電源電圧や負荷の変動による出力電圧（二次電圧）の変化を補償するために，巻線の途中から口出し線を出してタップを設け，これを切り換えることで巻数比を変更できるようにしたものをタップ切換変圧器という．タップ切換変圧器には無電圧タップ切換変圧器と負荷時タップ切換変圧器とがある．

無電圧タップ切換変圧器は，変圧器をいったん回路から切り離し，無励磁状態とした後，タップ切り換えを行う．負荷時タップ切換変圧器は，負荷をかけたまま負荷時タップ切換装置により無停電でタップ切り換えを行う．

負荷時タップ切換変圧器は直接式と間接式とに大別される．直接式は，外部回路に接続された巻線の［(1)］電流が負荷時タップ切換装置を通過するように結線された方式であり，間接式は，直列変圧器の励磁巻線を流れる電流が負荷時タップ切換装置を通過するように結線された方式である．

三相変圧器の高圧側が［(2)］の場合，タップを巻線の［(3)］に設けると，負荷時タップ切換装置の相間の絶縁を低減することができ，各相を一体化することができる．

負荷時タップ切換装置は無停電でタップを切り換えるため，タップ切り換えの途中では電圧の異なる二つのタップが一時的に橋絡され，その間に循環電流が流れる．この循環電流を制限するため，［(4)］インピーダンスを挿入する．

切換開閉器は，タップ切り換え時に［(1)］電流を投入，遮断する開閉器である．

油中開閉器の場合，タップ切り換えの正常動作の際に発生するアークにより絶縁油が［(5)］する．この影響を避けるため，最近では真空バルブ式開閉器が用いられることが多い．

解答群

(イ)　励磁	(ロ)　補償	(ハ)　スコット結線
(ニ)　相殺	(ホ)　限流	(ヘ)　噴出
(ト)　汚損	(チ)　燃焼	(リ)　始動
(ヌ)　デルタ結線	(ル)　中間点	(ヲ)　線路側
(ワ)　中性点側	(カ)　星形結線	(ヨ)　負荷

―攻略ポイント―

変圧器の負荷時タップ切換装置は，本問以外にも平成17年に出題されている．解説には平成17年の問題も解けるように，参考事項を含めて記載したので，十分に学習する．

解説　(1) 変電所において電力系統の電圧・無効電力を制御する方法には，変圧器のタップ切換，電力用コンデンサや分路リアクトルの開閉，静止型無効電力補償装置や同期調相機の活用がある．

負荷時タップ切換装置は，電力系統の電圧を適正に調整するために設置される．この装置には，負荷時電圧調整器（LRA）と，変圧器に負荷時タップ切換器を組み込んだ負荷時タップ切換変圧器（LRT）がある．近年では，LRTが主に用いられる．

負荷時タップ切換器は，解図1のように直接式と間接式がある．直接式は，同図(a)のように，外部回路に接続された巻線の**負荷**電流が負荷時タップ切換器に直接流れる結線である．一方，間接式は，同図(b)のように，直列変圧器の励磁

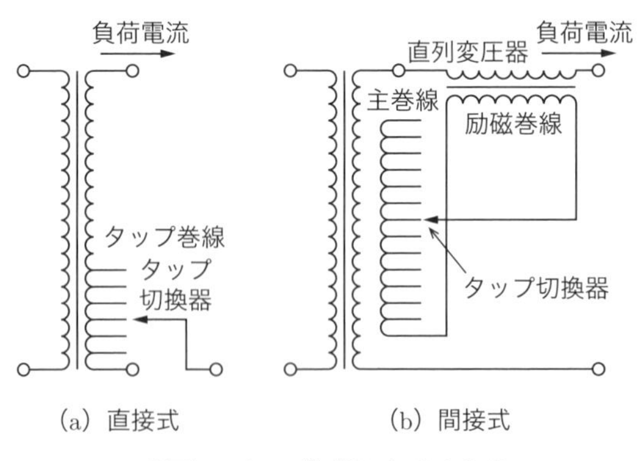

解図1　タップ切換における方式

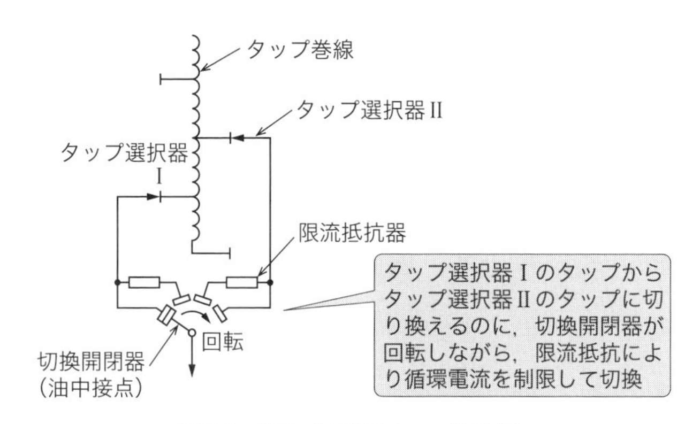

解図2　抵抗式負荷時タップ切換器

巻線に流れる電流が負荷時タップ切換器に流れる結線である．近年，直接式が採用される．

一方，タップ切換を高圧側で行うタイプと低圧側で行うタイプがあり，高圧側が**星形結線**の場合，タップを巻線の**中性点側**に設けると，負荷時タップ切換器の相間の絶縁を低減することができ，各相を一体化することができる．

負荷時タップ切換器は，タップ選択器，切換開閉器，**限流**インピーダンス（抵抗またはリアクトル）からなる．近年，限流インピーダンスとして抵抗を用いた抵抗式負荷時タップ切換器（解図2）が採用される．タップ選択器は，通電中のタップから次のタップに切り換えるのに無通電状態で切り換える．同図で，切換開閉器が時計回りに移動する過程つまりタップ切換の途中で，2個の異なるタップと限流抵抗により一時的に循環電流を適当な値に限流しながら流し，その後，元のタップ側を開放し，次のタップに切り換える．

切換開閉器の電流開閉素子は，油中接点と真空バルブが用いられる．油中変圧器では一般的に油中接点が用いられる．タップ切換のときにアークを発生し，切換開閉器室内の油を**汚損**するが，このために活線浄油機が設けられる．一方，ガス絶縁変圧器などでは，真空バルブによる切換開閉器が用いられる．

通常，負荷時タップ切換開閉装置の耐用切換回数としては，電気的には20万回，機械的には80万回と決められている．

（参考）極性切換方式と転移切換方式

平成17年の電験1種一次試験には，上記の解説の内容（活線浄油機を含む）に加えて，下記の極性切換方式が問われているので，解説しておく．

変圧器の負荷時タップ切換装置において，所要のタップ点数を得るのに，これと同数のタップコイルを設けずに，約半分のタップコイルを設けるだけでタップ選択器の機構によってこの要求を満足させる方法がある．タップ巻線全体の極性を反転させる**極性切換方式**と，タップ巻線が主巻線に接続される位置を切り換える**転位切換方式**がある．

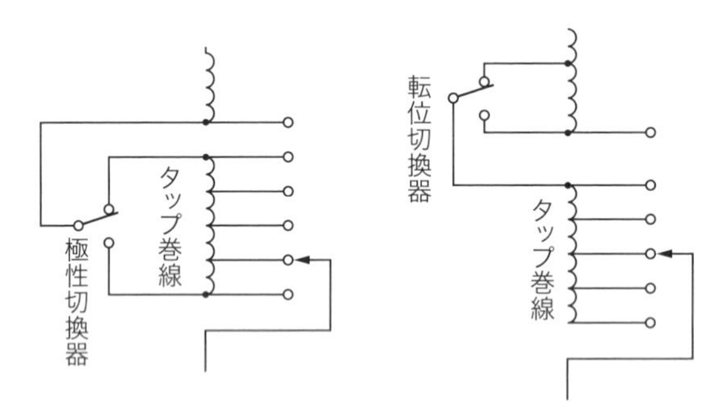

解図３　極性切換方式と転位切換方式

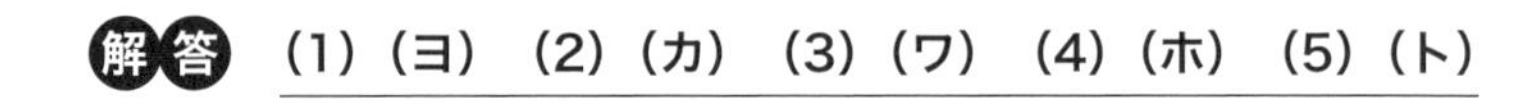

問題３　変圧器の電源投入時の現象　(R3-A2)

次の文章は，変圧器の電源投入時の現象に関する記述である．

無励磁状態の変圧器を電源に接続する場合，電源投入時の電圧位相や鉄心内の残留磁束の状態によっては [(1)] 現象を原因とする大きな電流が過渡的に流入する場合がある．この電流を励磁突入電流という．

変圧器に電源が投入されると，鉄心内の磁束は，投入前における鉄心内の残留磁束を初期値として，印加電圧の [(2)] 値に比例した波形になる．鉄心内の残留磁束が無い状態において，印加電圧０の瞬間に投入されると，半周期の間に鉄心内磁束は定常状態の磁束最大値の２倍近くまで増加し，鉄心の飽和磁束密度を超えると過渡的に大きな電流が流入する．また，電源投入時に鉄心内に残留磁束がある状態では，それが印加電圧による磁束の変化方向と [(3)] 方向に重畳する場合には，鉄心内の磁束が定常状態の磁束最大値の２倍を超え，励磁突入電流の波高値はさらに高くなる．

この励磁突入電流を抑制するため，投入前に残留磁束の消去や， [(4)] の制御などを行うことがある．

投入後，磁束は徐々に定常状態に戻っていき，それとともに励磁突入電流も減衰して通常の励磁電流に落ち着く．この継続時間は，回路のインダクタンスと抵抗などによって決まり，一般に変圧器容量が大きく (5) ．

解答群

(イ) 磁気誘導	(ロ) 反対	(ハ) 磁歪振動
(ニ) 積分	(ホ) 直角	(ヘ) なるほど短くなる
(ト) 鉄心振動	(チ) 投入位相	(リ) なるほど長くなる
(ヌ) 同一	(ル) 実効	(ヲ) なっても変わらない
(ワ) 電源周波数	(カ) 磁気飽和	(ヨ) 微分

―攻略ポイント―

変圧器の励磁突入電流は，機械科目，電力科目でよく出題されるテーマである．本解説や詳細解説に示した事項を十分に学習する．

解説　(1) 無励磁状態の変圧器を電源に接続する場合，電源投入時の電圧位相や鉄心内の残留磁束の状態によっては**磁気飽和**現象を原因とする大きな電流が過渡的に流入する場合がある．この電流を**励磁突入電流**という．

変圧器巻線の誘導起電力 E は，巻数を N，鉄心の磁束を ϕ とすると，ファラデーの法則より $E = N\dfrac{d\phi}{dt}$ となるから，Φ_r を残留磁束 $\Phi_r = N\phi_r = \displaystyle\int_{-\infty}^{0} Edt$ として

$$\Phi = N\phi = \int_{-\infty}^{t} Edt = \Phi_r + \int_{0}^{t} Edt \quad \cdots\cdots ①$$

となる．つまり，鉄心内の磁束 Φ は印加電圧の**積分**で表されるので，電圧 $e = E_m \sin \omega t$ を変圧器に印加すると，最初の1サイクルの間に磁束は定常状態の磁束最大値 Φ_m の2倍と残留磁束を加えた $2\Phi_m + \Phi_r$（印加電圧による磁束と**同一**方向に重畳）となって飽和磁束を超え，過渡的に大きな電流が流れる．これが励磁突入電流である．この励磁突入電流を解図に示す．そして，シフトした磁束は徐々に定常状態に戻っていき，それとと

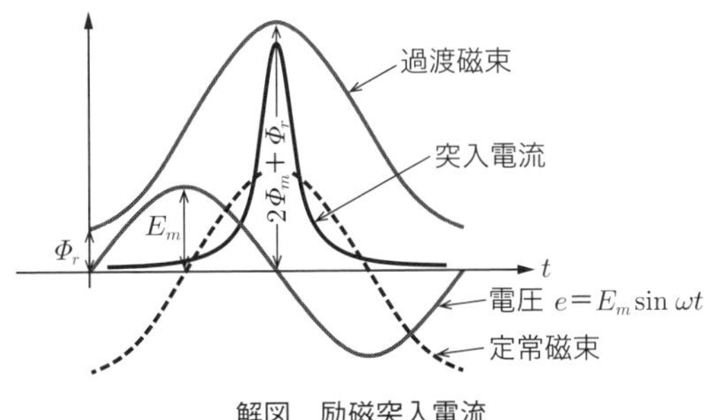

解図　励磁突入電流

もに励磁電流も落ち着く．また，この継続時間は回路のインダクタンスと抵抗によって決まり，**大容量器ほど長く**，数十秒以上に及ぶことがある．

励磁突入電流は，例えば変圧器容量が10 MVAクラスでは定格電流の6～8倍程度に達することもある．励磁突入電流の大きさや継続時間は，変圧器の鉄心の飽和特性，**投入位相**，連系する系統の短絡容量等によって変わる．

解答　(1)(カ)　(2)(ニ)　(3)(ヌ)　(4)(チ)　(5)(リ)

詳細解説2　励磁突入電流に伴う各種現象への対策

(1) 変圧器の保護リレー（比率差動リレー）の誤動作防止対策

変圧器の保護には，比率差動リレーを適用する．しかし，変圧器の励磁突入電流は加圧端子からの流入のみで流出がなく，定格電流を大幅に上回るので，誤動作する可能性がある．この対策として，励磁突入電流には第2調波が多く含まれていることを利用して，**第2調波ロック方式**（第2調波含有率が一定以上の場合には励磁突入電流とみなしてロックする方式）が採用される．また，**変圧器投入後一定時間リレーをロックする方式**がとられることもある．

(2) 励磁突入電流に伴う電圧変動抑制対策

励磁突入電流による電圧変動を抑制するため，**抵抗投入付き開閉器（遮断器）や遮断器の投入位相の制御**などを採用することがある．

①抵抗投入付き遮断器　変圧器に電圧を印加する寸前に，直列に抵抗を投入し，半サイクル程度経過後に主接点を閉路して短絡することにより励磁突入電流を抑制する．抵抗により励磁突入電流の第1波の電流を制限する．そして，直流分が抵抗を通して流れるため減衰が早く，第2波以降においても磁気飽和が起こりにくくなる．

②投入位相の制御　変圧器の励磁突入電流が残留磁束と印加電圧の位相によって影響を受けるため，変圧器を停止したときの残留磁束を測定または演算し，その残留磁束に対して励磁突入電流が発生しない（または発生が非常に小さくなる）印加電圧の位相をあらかじめ演算し，投入時間を考慮しタイミングを見計らって遮断器を投入する．この投入位相制御を行うことにより，励磁突入電流を抑制する．

問題4　三相結線変圧器の励磁電流　(H24-B5)

次の文章は，三相結線変圧器の励磁電流に関する記述である．

変圧器の励磁電流は，鉄心の磁気飽和及びヒステリシスのため，巻線に正弦波電圧を加えたとき，多くの奇数次高調波を含んだひずみ波となる．単相変圧器を単相回路で使用した場合は，このような励磁電流が流れて正弦波の誘導起電力が発生する．しかし，単相変圧器 3 台を中性点非接地のY-Y結線とした場合では必ずしも正弦波の誘導起電力が発生するわけではない．これを理論的に説明すると，次のようになる．

中性点が非接地のY-Y結線で，一次側の線間に正弦波電圧を加えた場合，二次側の線間電圧は正弦波電圧となる．しかし，中性点に向かう各相の励磁電流に含まれる (1) の倍数次の高調波は (2) から，中性点が非接地のため零でなければならない．このため各相変圧器二次側の誘導起電力は高調波を含むひずみ波となる．

各相の変圧器二次側の誘導起電力を

$$\left.\begin{aligned} e_{\mathrm{u}} &= \sum_{n=1}^{\infty}\sqrt{2}E_n\sin(n\omega t+\phi_n) \\ e_{\mathrm{v}} &= \sum_{n=1}^{\infty}\sqrt{2}E_n\sin\left[n\left(\omega t-\frac{2\pi}{3}\right)+\phi_n\right] \\ e_{\mathrm{w}} &= \sum_{n=1}^{\infty}\sqrt{2}E_n\sin\left[n\left(\omega t+\frac{2\pi}{3}\right)+\phi_n\right] \end{aligned}\right\} \cdots\cdots ①$$

とする．ただし，n は奇数，ω は基本波の角周波数，E_n 及び ϕ_n は n 次高調波電圧の実効値及び位相である．u，v 間の線間電圧 e_{uv} には高調波が存在しないから

$$e_{\mathrm{uv}} = e_{\mathrm{u}} - e_{\mathrm{v}} = \sqrt{6}E_1 \times \boxed{(3)} \cdots\cdots ②$$

となる．②式が成立するには①式から

$$\sum_{n=3}^{\infty}\sqrt{2}E_n\left\{\sin(n\omega t+\phi_n)-\sin\left[n\left(\omega t-\frac{2\pi}{3}\right)+\phi_n\right]\right\}=0 \cdots\cdots ③$$

が成り立つ必要がある．③式について次の a．b．c．の高調波成分に分けて考える．

a.　$n=\boxed{(4)}$（λは正の奇数）の高調波の場合

$$\sqrt{2}E_n[\sin(n\omega t+\phi_n)-\sin(n\omega t+\phi_n)]=0$$

となり，[　]内が零となるから，E_n は零である必要はない．

b.　$n=\boxed{(4)}+1$（λは正の偶数）の高調波の場合

$$\sqrt{2}E_n\left[\sin(n\omega t+\phi_n)-\sin\left(n\omega t-\frac{2\pi}{3}+\phi_n\right)\right]$$

となり，[　]内は零とならない．したがって，上式が零となるためには E_n

＝0 が必要である．

c.　$n=$ （4） $+2$（λ は正の奇数）の高調波の場合

この場合も b. と同様に $E_n=0$ となる必要がある．

このように，①式の誘導起電力には基本波のほかに a. の場合である多くの高調波，具体的には （5） 次の高調波が含まれる可能性があり，実際にこのような高調波が観測されている．このため，中性点非接地のＹ-Ｙ結線が使われるケースは少ない．

解答群

（イ）$\sin\left(\omega t+\phi_1-\dfrac{\pi}{3}\right)$　（ロ）3，9，15，…　（ハ）$\sin\left(\omega t+\phi_1-\dfrac{\pi}{6}\right)$

（ニ）5λ　（ホ）逆相となる　（ヘ）平衡している

（ト）3λ　（チ）7　（リ）同相となる

（ヌ）7λ　（ル）5，11，17，…　（ヲ）5

（ワ）$\sin\left(\omega t+\phi_1+\dfrac{\pi}{6}\right)$　（カ）3　（ヨ）7，13，19，…

―攻略ポイント―

三相結線変圧器に励磁突入電流を流すと，誘導起電力は高調波を含む．問題の誘導にしたがって，三角関数の公式を適用しながら，丁寧に式の変形を行う．

解説　（1）（2）中性点が非接地のＹ-Ｙ結線で，一次側の線間に正弦波電圧を加えた場合，二次側の線間電圧は正弦波電圧となる．しかし，中性点に向かう各相の励磁電流に含まれる **3** の倍数次の高調波は基本波の位相で $2\pi/3$〔rad〕位相が異なるので，3 の倍数次の高調波でみると**同相となる**．そして，中性点が非接地のため，それらの合計は零でなければならないから，各相変圧器の二次側の誘導起電力は高調波を含むひずみ波となる．

（3）$e_{uv}=e_u-e_v$ の式に，問題文中の式①の e_u 式と e_v 式を $n=1$ として代入すれば

$$e_{uv}=\sqrt{2}E_1\sin(\omega t+\phi_1)-\sqrt{2}E_1\sin\left(\omega t+\phi_1-\frac{2}{3}\pi\right)$$

$$=\sqrt{2}E_1\left\{\sin(\omega t+\phi_1)-\left[\sin(\omega t+\phi_1)\cos\left(-\frac{2\pi}{3}\right)+\sin\left(-\frac{2\pi}{3}\right)\cos(\omega t+\phi_1)\right]\right\}$$

$$= \sqrt{2}E_1\left[\frac{3}{2}\sin(\omega t+\phi_1)+\frac{\sqrt{3}}{2}\cos(\omega t+\phi_1)\right]$$

$$= \sqrt{2}E_1\left[\sqrt{\left(\frac{3}{2}\right)^2+\left(\frac{\sqrt{3}}{2}\right)^2}\sin(\omega t+\phi_1+\theta)\right] = \sqrt{2}E_1[\sqrt{3}\sin(\omega t+\phi_1+\theta)]$$

$$= \sqrt{6}E_1\times\boldsymbol{\sin\left(\omega t+\phi_1+\frac{\pi}{6}\right)}$$

$$\left(\text{但し，}\theta=\tan^{-1}\frac{\sqrt{3}/2}{3/2}=\tan^{-1}\frac{1}{\sqrt{3}}=\frac{\pi}{6}\,\text{〔rad〕}\right)$$

(4) 式①の各相の変圧器二次側の誘導起電力は，3 次高調波を含んだ式であるため，$n=3\lambda$ を基準に場合分けが生じる．

a.　$n=\boldsymbol{3\lambda}$（λは正の奇数）の高調波の場合：問題文中の式③に $n=3\lambda$ を代入して展開すると

$$\sqrt{2}E_n\left\{\sin(3\lambda\omega t+\phi_n)-\sin\left[3\lambda\left(\omega t-\frac{2\pi}{3}\right)+\phi_n\right]\right\}$$

$$= \sqrt{2}E_n\{\sin(3\lambda\omega t+\phi_n)-\sin[3\lambda\omega t-2\pi\lambda+\phi_n]\}$$

$$= \sqrt{2}E_n[\sin(n\omega t+\phi_n)-\sin(n\omega t+\phi_n)] = 0$$

$$(\because\quad \sin[3\lambda\omega t-2\pi\lambda+\phi_n]=\sin(3\lambda\omega t+\phi_n)=\sin(n\omega t+\phi_n))$$

上式の最後の式において，[　　]内が零となるから，E_n は零である必要はない．

b.　$n=3\lambda+1$（λは正の偶数）の高調波の場合：式③に $n=3\lambda+1$ を代入して展開すると

$$\sqrt{2}E_n\left\{[\sin(3\lambda+1)\omega t+\phi_n]-\sin\left[(3\lambda+1)\left(\omega t-\frac{2\pi}{3}\right)+\phi_n\right]\right\}$$

$$= \sqrt{2}E_n\left\{[\sin(3\lambda+1)\omega t+\phi_n]-\sin\left[(3\lambda+1)\omega t-\frac{2\pi(3\lambda+1)}{3}+\phi_n\right]\right\}$$

$$= \sqrt{2}E_n\left\{[\sin(3\lambda+1)\omega t+\phi_n]-\sin\left[(3\lambda+1)\omega t-\frac{2\pi}{3}+\phi_n\right]\right\}$$

$$= \sqrt{2}E_n\left\{[\sin(n\omega t+\phi_n)]-\sin\left[n\omega t-\frac{2\pi}{3}+\phi_n\right]\right\}\neq 0$$

したがって，上式が零となるためには，高調波電圧 E_n を零にする必要がある．

c.　$n=3\lambda+2$（λは正の奇数）の高調波の場合：式③に $n=3\lambda+2$ を代入して展開すると

$$\sqrt{2}E_n\left\{[\sin(3\lambda+2)\omega t+\phi_n]-\sin\left[(3\lambda+2)\left(\omega t-\frac{2\pi}{3}\right)+\phi_n\right]\right\}$$

$$=\sqrt{2}E_n\left\{[\sin(n\omega t+\phi_n)]-\sin\left[n\omega t-\frac{4\pi}{3}+\phi_n\right]\right\}\neq 0$$

したがって，上式が零となるためには，高調波電圧 E_n を零にする必要がある．

（5）以上を踏まえ，問題文中の式①の各相の誘導起電力には，a. の場合で多くの高調波である $n=3\lambda$（λ は正の奇数）に相当する **3，9，15…次**の高調波電圧 E_n が含まれる可能性がある．

 **(1)（カ）　(2)（リ）　(3)（ワ）　(4)（ト）　(5)（ロ）**

問題５　変圧器の移行電圧　（H19-A2）

次の文章は，変圧器の移行電圧に関する記述である．

変圧器の高圧巻線にサージ電圧を印加すると，高圧巻線と低圧巻線間の静電的及び電磁的結合によって，低圧巻線にも電圧が誘起される．これが移行電圧で，静電的移行電圧と電磁的移行電圧に大別され，条件によっては低圧巻線及びこれに接続している機器の絶縁を脅かすほどの大きさになることもある．

静電的移行電圧は，サージ電圧が急しゅんで時間の短いものであれば，　(1)　静電容量と低圧巻線の対地静電容量の比でほぼ決定され，両巻線の巻数比に　(2)　となる．高圧-低圧巻線間の静電容量を C_{HL}，低圧巻線の対地静電容量を C_{LE} とすると，低圧巻線側に現れる静電的移行電圧は，式　(3)　に比例した値となる．したがって，低圧巻線の端子と対地間にコンデンサを接続することで，低圧巻線への移行電圧を抑制することができる．また，この移行電圧は巻線間の接地遮へい，すなわち　(4)　を設けることでも抑制が可能である．

電磁的移行電圧は，サージが印加された巻線に準定常分電流により磁束を生じ，それが他の巻線と鎖交した各ターンに電圧を誘導することで発生する．静電的移行電圧と異なり，低圧巻線端子にコンデンサを接続しても，振動周波数が変わるだけで　(5)　はそれほど低減されない．

実際の運用では，静電的移行分と電磁的移行分が合成された電圧の波形で低圧側に移行し，さらに低圧巻線の固有振動による電圧分も加わって複雑な様相を示す.

解答群

(イ) 過渡回復電圧	(ロ) 巻線間	(ハ) 逆比例
(ニ) $\dfrac{C_{LE}-C_{HL}}{C_{HL}+C_{LE}}$	(ホ) 波高値	(ヘ) ギャップ
(ト) 電　源	(チ) 混触防止板	(リ) 比　例
(ヌ) $\dfrac{C_{HL}}{C_{HL}+C_{LE}}$	(ル) 時定数	(ヲ) 無関係
(ワ) 避雷器	(カ) 高圧巻線対地	(ヨ) $\dfrac{C_{LE}}{C_{HL}+C_{LE}}$

―攻略ポイント―

変圧器の一方の巻線に雷インパルス電圧が印加されると，巻線の電位振動により他の巻線にも電圧が誘起される．これを移行電圧という．移行電圧は，静電的誘導と電磁的誘導に区分して考える．

解説　(1)～(4) 静電的移行電圧は，解図のように，巻線間の静電容量を介して伝達され，**巻線間**静電容量と低圧巻線の対地静電容量の比でほぼ決まり，両巻線の巻数比には**無関係**である．高圧−低圧巻線間の静電容量を C_{HL}，低圧巻線の対地静電容量を C_{LE} とすると，低圧巻線側に現れる静電的移行電圧は，C_{HL} と C_{LE} の直列接続回路の C_{LE} 分担電圧になるから，$\boldsymbol{C_{HL}/(C_{HL}+C_{LE})}$ に比例した値となる．

静電的移行電圧を低減するには，上式から，低圧巻線の端子と対地間にコンデンサを接続し，低圧巻線の全対地静電容量 C_{LE} を高圧−低圧巻線間静電容量 C_{HL} に比べて十分に大きくすればよい．また，静電的移行電圧は，巻線間の接地遮へい，すなわち**混触防止板**を設けることでも抑制が可能である．

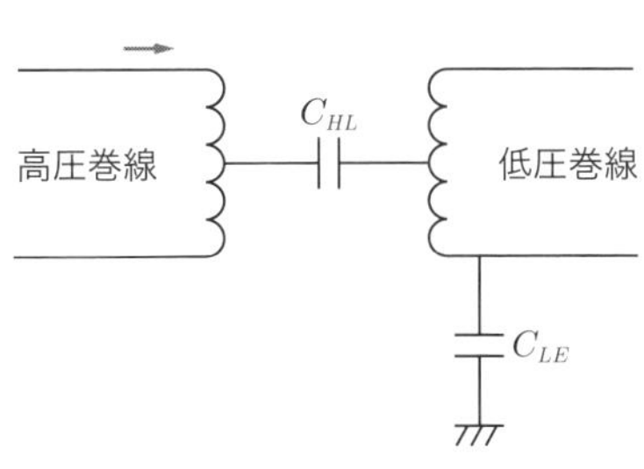

解図　静電的移行電圧

電磁的移行電圧は，サージが印加された巻線に準定常分電流により磁束を生じ，それが他の巻線と鎖交した各ターンに電圧を誘導することで発生する．したがって，その値は巻数比により定まる．この電磁的移行電圧は静電的移行電圧と異なり，低圧巻線端子にコンデンサを接続しても，振動周波数が変わるだけで**波高値**はそれほど低減されない．このため，低圧側への相間移行については，低圧回路につながる機器を含めた絶縁協調を図る必要がある．例えば，必要に応じて，低圧側の相間絶縁を強化したり，低圧側各相対地間に避雷器を挿入したりする．

解答　**(1)（ロ）　(2)（ヲ）　(3)（ヌ）　(4)（チ）　(5)（ホ）**

問題 6　大容量変圧器の漂遊負荷損　（H16-B5）

次の文章は，大容量変圧器の漂遊負荷損に関する記述である．

変圧器の負荷損は銅損と漂遊負荷損とから成る．

二巻線変圧器の場合，一次巻線あるいは二次巻線とのみ鎖交する漏れ磁束によって，巻線その他の金属部分に漂遊負荷損が発生する．一次・二次巻線が同心配置（内鉄形）のときは，漏れ磁束が通る方向は主として［(1)］であり，その大きさは両巻線の［(2)］の空間において最大となる．

漂遊負荷損は，大容量・［(3)］の変圧器ほど大きく，巻線抵抗損の 50 % に及ぶこともある．漂遊負荷損を低減するため，

① 導体では漏れ磁束と［(4)］方向の寸法を制限する．

② 変圧器タンクの内側に磁気遮へいを設ける．

③ 構造物の一部に非磁性金属を用いる．

などの対策がなされる．

大電流の巻線には，一般に絶縁被覆した多数の導体が並列に使用される．各導体には漏れ磁束により個別の誘導起電力が発生し，それらの差によって導体間に循環電流が流れ，損失の増大を招く．これを抑制するため，導体の［(5)］が行われる．

漏れ磁束が変圧器タンクの側板を通過すると渦電流損が発生する．これを抑制するため，けい素鋼板を積層した磁気遮へいを設けて漏れ磁束を［(6)］したり，あるいはアルミニウムや銅板などの［(7)］の遮へいを設けて漏れ磁束を反発させるなどの方法がとられる．

解答群

（イ）反　発　　　（ロ）直　角　　　（ハ）内　側

（ニ）円周方向　　（ホ）良導電性　　（ヘ）巻戻し

（ト）高インピーダンス　（チ）偏　位　　（リ）外　側

(ヌ) 平 行	(ル) 軸方向	(ヲ) 打 消
(ワ) 半径方向	(カ) 転 位	(ヨ) 高透磁性
(タ) 高抵抗	(レ) 吸 収	(ソ) 高誘電性
(ツ) 貫 層	(ネ) 中 間	(ナ) 低インピーダンス

—攻略ポイント—

変圧器の損失は，無負荷損と負荷損に大別できる．無負荷損は，鉄損，励磁電流による一次巻線の抵抗損，絶縁物中の誘電体損，漂遊無負荷損の和であり，負荷損は負荷電流による一次・二次巻線の抵抗損（銅損）と漏れ磁束による漂遊負荷損の和である．本問は，漂遊負荷損を扱っており，出題内容もやや専門的な内容も混じっている．

解説 (1)～(4) 内鉄形変圧器の巻線配置に関して，解図のように，鉄心脚の周りに内側には低圧巻線，外側に高圧巻線を配置する同心配置巻線とする場合，巻線に負荷電流が流れたときに生じる漏れ磁束は，**軸方向**を通り，その大きさは両巻線の**中間**の空間において最大となる．この漏れ磁束により，巻線およびタンクなど周辺の構造物にうず電流損が生じる．この損失を**漂遊負荷損**という．漂遊負荷損は，大容量・**高インピーダンス**の変圧器ほど大きく，巻線抵抗損の5～50％に及ぶ．うず電流損 W_e を求める簡便式は次式で与えられ，磁束に**直角**な導体幅の寸法（鉄板の厚さ）を制限することにより低減できる．

単位重量当たりのうず電流損

$$W_e = \frac{K_e(tfB_m)^2}{\rho} \quad \cdots\cdots ①$$

（K_e：鉄板の材質によって決まる定数，t：磁束に直角な導体幅，f：周波数，B_m：磁束密度，ρ：抵抗率）

(5) 大電流の巻線には，一般に絶縁被覆した多数の導体が並列に使用される．各導体には漏れ磁束により個別の誘導起電力が発生し，それらの差によって導体間に循環電流が流れ，損失の増大を招く．このため，巻線の途中で各導体の相互位置を入れ替え，誘導電圧の差を小さくして循環電流を

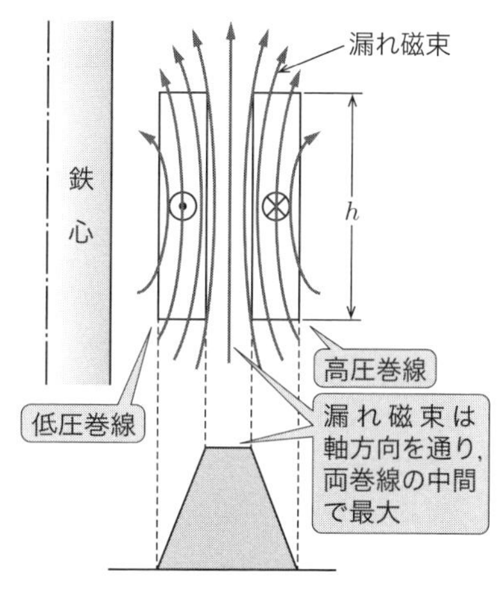

解図 同心配置巻線の漏れ磁束分布

抑制する．これを**転位**という．

(6) (7) 漏れ磁束の一部は，巻線や鉄心周辺のタンク側板，鉄心締金具類などを通り，うず電流損や金具間の循環電流損を発生する．これを抑制するため，タンクや構造物の一部を非磁性金属としたり，けい素鋼板を積層した磁気遮へいを設けて漏れ磁束を**吸収**させたり，アルミニウムや銅板などの**良導電性**の遮へいを設けて漏れ磁束を反発させたりする方法がとられる．

(1) (ル)　(2) (ネ)　(3) (ト)　(4) (ロ)
(5) (カ)　(6) (レ)　(7) (ホ)

問題 7　変圧器の平行運転条件と最大負荷　(H27–A3)

次の文章は，単相変圧器の並行運転に関する記述である．

負荷の増大に伴って変圧器を増設する場合，又は負荷変動に応じて変圧器の運転台数を変えて経済的な運転を図る場合に，変圧器の並行運転が行われる．単相変圧器の並行運転において，以下の配慮が必要である．

a.　各変圧器の [(1)] を等しく，一次及び二次の定格電圧をそれぞれ等しくすることが望ましい．等しくない場合は各変圧器間に [(2)] 電流が流れ，変圧器が過熱したり，負荷に十分な電力を供給できない．

b.　結線にあたっては [(3)] を合わせる．

c.　各変圧器がそれぞれの定格容量に比例して負荷電流を分担するためには，自己容量をベースとする百分率インピーダンス降下が近いものを用いる．百分率インピーダンス降下が大きく異なる場合は，定格容量に比例した負荷分担が不可能となる．

いま，一次定格電圧が 22 kV，及び二次定格電圧が 3.3 kV である 2 台の単相変圧器 A 及び B があり，定格容量及び百分率インピーダンス降下はそれぞれ変圧器 A が 20 MV·A，5.5 %，変圧器 B が 16 MV·A，5.2 % である．また，各変圧器の巻線抵抗の漏れリアクタンスに対する比は等しいものとする．これら 2 台の変圧器を並行運転して定格容量以内で供給できる最大負荷は [(4)] MV·A であり，定格容量に達する変圧器は，[(5)] である．

解答群

(イ)　極　性	(ロ)　短絡比	(ハ)　A	(ニ)　負　荷
(ホ)　B	(ヘ)　励　磁	(ト)　循　環	(チ)　34.9

(リ) A及びBの両方　(ヌ) 32.8　(ル) 定　格
(ヲ) 高電位　(ワ) 電　源　(カ) 巻数比　(ヨ) 36.0

一攻略ポイント一

変圧器の平行運転条件に関しては，電験では出題されやすい分野であるから，よく学習する．(4) や (5) は，基本的な百分率インピーダンスの計算を行えばよい．二次試験では，百分率インピーダンスや単位法は必須なので，よく学習しておく．

解説　(1)～(3) 変圧器を2台以上平行運転する場合，各変圧器がその容量に比例した電流を分担し，**循環**電流が実用上支障のない程度に小さくすることが必要である．このために，次の条件を満足しなければならない．

[変圧器の平行運転条件]

①一次，二次の定格電圧および**極性**が等しいこと
②**巻数比**（変圧比）が等しいこと
③各変圧器の自己容量ベースで%インピーダンス降下が等しいこと［漏れインピーダンス（オーム値）が変圧器定格容量に逆比例すること］
④抵抗とリアクタンスの比が等しいこと
⑤三相の場合は角変位と相回転が等しいこと

(4) (5) z〔p.u.〕$= P \cdot Z$〔Ω〕$/V^2$ を用いて，変圧器Aと変圧器Bの自己容量ベースの百分率インピーダンスを同じ基準容量ベースのインピーダンス（p.u. 値）に変換する．基準容量を20 MV·Aとすれば，変圧器Aのインピーダンスは，自己容量と基準容量が同じであるから，0.055 p.u. である．また，変圧器Bのインピーダンスは，z〔p.u.〕が容量Pに比例するから，$0.052 \times 20/16 = 0.065$ p.u. である．したがって，2台の変圧器を平行運転して定格容量以内で供給できる最大負荷をx〔MV·A〕とすれば，変圧器A，Bが分担する各負荷は，それぞれの定格容量以内になるから，次の2つの不等式を満たさなければならない．

変圧器A：$x \times \dfrac{0.065}{0.055+0.065} \leqq 20$　　変圧器B　$x \times \dfrac{0.055}{0.055+0.065} \leqq 16$

したがって，これらをそれぞれ解けば，変圧器Aに関しては$x \leqq 36.9$ MV·A，変圧器Bに関しては$x \leqq 34.9$ MV·Aとなる．すなわち，変圧器Bの方が条件は厳しいから，全体として，2台の変圧器を平行運転して供給できる最大負荷は**34.9 MV·A**であり，定格容量に達する変圧器は**B**である．

解答　(1)（カ）　(2)（ト）　(3)（イ）　(4)（チ）　(5)（ホ）

問題８　単相単巻変圧器　（H21-A2）

次の文章は，単相単巻変圧器に関する記述である．

単巻変圧器は，図に示すように一次及び二次巻線の共通な分路巻線と，共通でない直列巻線とから構成される．無負荷時の二次電圧 V_2 に対する一次電圧 V_1 の比を $\frac{V_1}{V_2}$（$V_1>V_2$）とすると，電圧比が (1) ほど分路巻線に流れる電流が小さくなり，同じ負荷容量の二巻線変圧器に比べてサイズが小さく，銅損が少なく，さらに (2) という利点がある．また，単巻変圧器の自己容量は図示した電圧と電流を用いて (3) として表せる．

ここに，容量 30 kV･A の単相二巻線変圧器がある．一次電圧及び二次電圧（負荷側）がそれぞれ 120 V 及び 480 V，また，短絡インピーダンスの値が 8 % であるとする．この単相二巻線変圧器の一次巻線を直列巻線に，二次巻線を分路巻線とした単相単巻変圧器を構成すると，原理的にはその単相単巻変圧器の負荷容量は (4) 〔kV･A〕となり，その容量ベースでの短絡インピーダンスの値は (5) 〔%〕となる．ただし，励磁電流は無視するものとする．

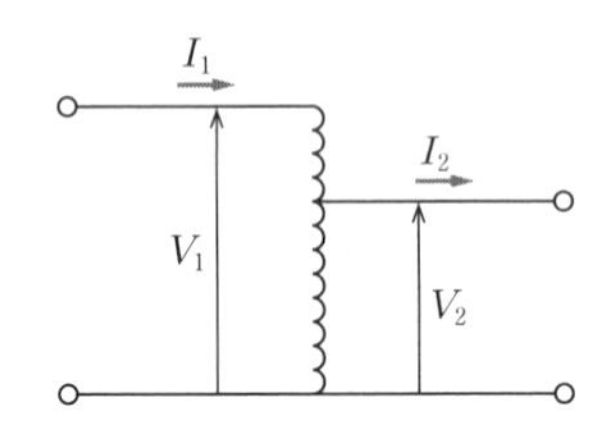

解答群

（イ）150　（ロ）4.8　（ハ）$(V_1-V_2)I_1$　（ニ）8
（ホ）1 に近い　（ヘ）30　（ト）励磁電流が大きい
（チ）$(I_1-I_2)V_1$　（リ）6　（ヌ）$\sqrt{3}$ に近い
（ル）電圧変動率が小さい　（ヲ）V_1I_1　（ワ）1.6
（カ）$\frac{1}{\sqrt{3}}$ に近い　（ヨ）絶縁性が良い

―攻略ポイント―

単相単巻変圧器の基本および単相二巻線変圧器から単相単巻変圧器を構成した場合の負荷容量や短絡インピーダンスを求める問題である．分路巻線や直列巻線の定義，単巻変圧器の特徴を十分に理解しておく．

解説　(1)(2) 解図1に示すように，一次巻線と二次巻線が共通の部分をもつ変圧器を**単巻変圧器**といい，共通部分を**分路巻線**，共通でない部分を**直列巻線**という．問題図において，直列巻線の巻数を N_1，分路巻線の巻数を N_2 とすれば

$$\frac{V_1}{V_2}=\frac{N_1+N_2}{N_2}=a\ （題意より a>1） \cdots\cdots ①$$

また，直列巻線の起磁力と分路巻線の起磁力の和は零でなければならないから

$$N_1I_1-N_2(I_2-I_1)=0$$

$$\therefore\quad \frac{I_1}{I_2}=\frac{N_2}{N_1+N_2}=\frac{1}{a} \cdots\cdots ②$$

したがって，単巻変圧器は通常の二巻線変圧器と同じ関係式が成り立つ．ここで，分路巻線に流れる電流は $I_2-I_1=(a-1)I_1$ となり，変圧比が**1に近い**ほど分路巻線に流れる電流が小さくなり，分路巻線は細い電線ですむことになる．したがって，銅の使用量も少なくでき，銅損も減少する．また，分路巻線は一次側と二次側の共通部分であり，漏れ磁束がないから，漏れリアクタンスが小さくなっ

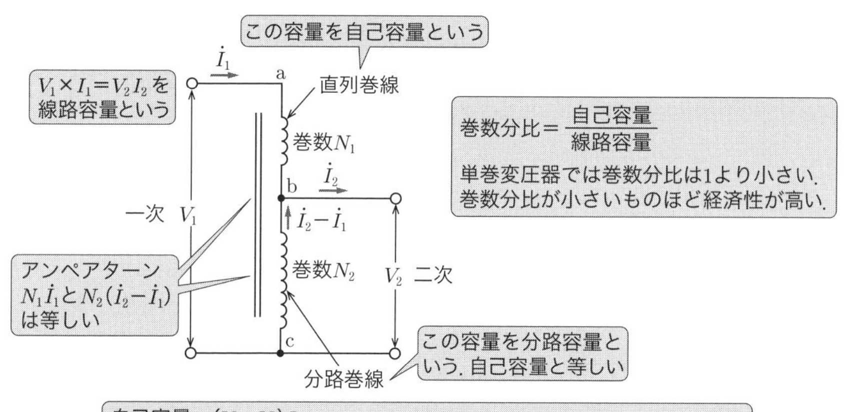

解図1　単巻変圧器

て，**電圧変動率が小さく**なる．

(3) 直列巻線の容量を**自己容量**，分路巻線の容量を**分路容量**，変圧器を通して供給される負荷の大きさを**負荷容量（線路容量）**といい，次式で表すことができる．

自己容量＝$(\boldsymbol{V_1}-\boldsymbol{V_2})\boldsymbol{I_1}$**，分路容量＝**$V_2(I_2-I_1)$**，負荷容量＝**$V_2 I_2 = V_1 I_1$

(4) 題意に示すように，容量30 kV･Aの単相二巻線変圧器の一次巻線を直列巻線に，二次巻線を分路巻線とした単相単巻変圧器を構成したときの電圧と電流を解図2に示す．自己容量 S_1 は，直列巻線の電圧と電流の積であるから

$$S_1 = 120\times250\times10^{-3} = 30\ \mathrm{kV\cdot A}$$

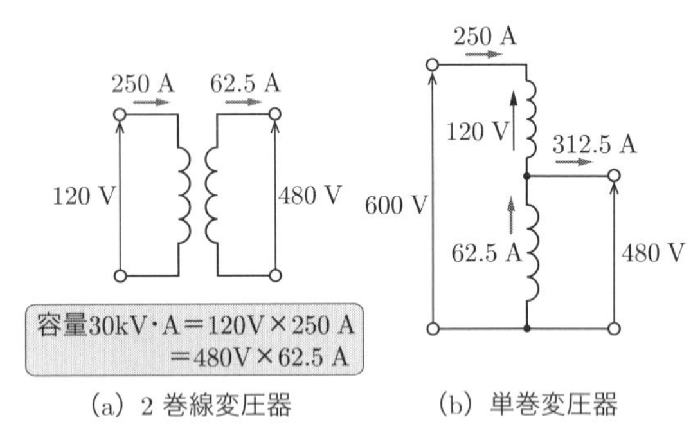

(a) 2巻線変圧器　　(b) 単巻変圧器

解図2　二巻線変圧器から単巻変圧器を構成

である．負荷容量 S_2 は負荷側の電圧と電流の積で

$$S_2 = 480\times312.5\times10^{-3} = \mathbf{150}\ \mathrm{kV\cdot A}$$

である．

(5) 単相二巻線変圧器の短絡インピーダンス Z_{S1} は，変圧比 $a_1 = 120/480 = 1/4$ から一次側のインピーダンス Z_1 を二次側に換算するとともに，短絡インピーダンス（インピーダンス電圧）が8％であるから

$$Z_{S1} = \frac{Z_1}{{a_1}^2} + Z_2 = 16Z_1 + Z_2 = \frac{480\times0.08}{62.5} = 0.614\,4 \cdots\cdots③$$

となる．ここで，二次側のインピーダンス Z_2 は，分路巻線では漏れリアクタンスが零であり，巻線のインピーダンスも小さいことから，式③で $Z_2 = 0$ とすれば，$Z_1 = 0.038\,4\ \Omega$ である．

そこで，単相単巻変圧器の短絡インピーダンス Z_{S2} に関して，変圧比 $a_2 = 600/480 = 1.25$ を用いて直列巻線のインピーダンス Z_1 を負荷側に換算するとき，分路巻線の漏れリアクタンスや巻線インピーダンスが十分に小さく零とすれば

$$Z_{S2}[\Omega] = Z_1[\Omega]/{a_2}^2 = 0.038\,4/1.25^2 = 0.024\,576$$

$$Z_{S2}[\%] = \frac{Z_{S2}[\Omega]\times I_2}{V_2}\times100 = \frac{0.024\,576\times312.5}{480}\times100 = 1.6\%$$

解答　**(1) (ホ)　(2) (ル)　(3) (ハ)　(4) (イ)　(5) (ワ)**

問題 9　単巻変圧器　(H25-B5)

次の文章は，単巻変圧器に関する記述である．

図 1 に示すように一次側と二次側とが絶縁されていなくて，巻線の一部が一次と二次に共通に利用されている変圧器を単巻変圧器という．共通部分を分路巻線，残りの部分を [(1)] という．

高圧側電圧を V_h，低圧側電圧を V_ℓ，[(1)] 及び分路巻線の電圧をそれぞれ，V_m，V_n とし，巻線の漏れインピーダンス及び励磁電流を無視すれば，次の関係がある．

$$V_h = V_m + V_n, \quad V_\ell = V_n \cdots\cdots ①$$

$$S_S = V_m I_h = (V_h - V_\ell) I_h \cdots\cdots ②$$

単巻変圧器では S_S を [(2)] といい，負荷に供給できる電力 $S_L = V_h I_h = V_\ell I_\ell$ を負荷容量又は線路容量という．S_S は [(1)] と分路巻線を分離して二巻線変圧器として用いた場合の容量で，単巻変圧器の大きさは S_S で決まる．

$\dfrac{S_S}{S_L}$ を K とすると

$$K = 1 - \frac{V_\ell}{V_h} \cdots\cdots ③$$

となり，原理上，V_h に対する V_ℓ の比が [(3)] に近いほど同一 [(2)] に対して線路容量が大きくなる．

図 2 は単巻変圧器 3 台を用いた三相△結線である．図 3 の電圧ベクトル図から各電圧の関係は次式となる．

$$V_\ell^2 = \boxed{(4)} \cdots\cdots ④$$

次に，図 2 に示す電流 I_h，I_ℓ，I_m，I_n 及び電圧 V_h，V_ℓ，V_m，V_n を考える．$V_m I_m = V_n I_n$ であるから

$$\frac{I_m}{V_n} = \frac{I_n}{V_m} = \frac{I_m + I_n}{V_m + V_n} = \frac{I_\ell}{V_h} \cdots\cdots ⑤$$

となる．S_S は⑤式から

$$S_S = 3V_m I_m = 3\frac{V_m V_n I_\ell}{V_h} \cdots\cdots ⑥$$

である．④，⑥式から V_h，V_ℓ を用いて $K = \dfrac{S_S}{S_L}$ は

$$K = \boxed{(5)} \cdots\cdots ⑦$$

となる.

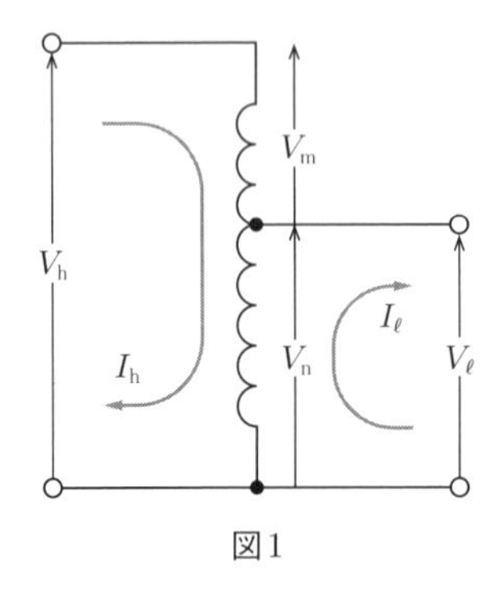

図1

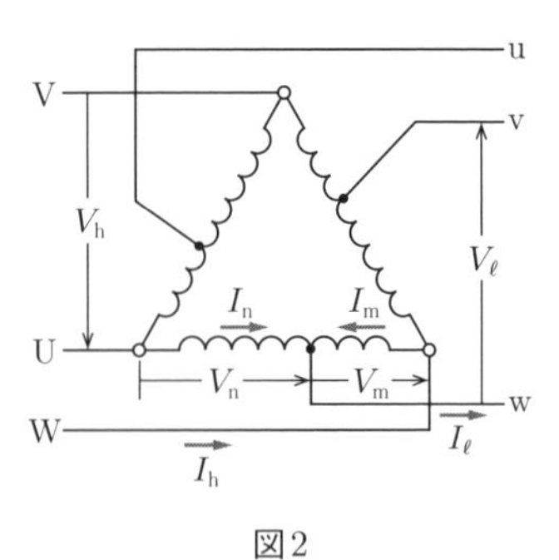

図2

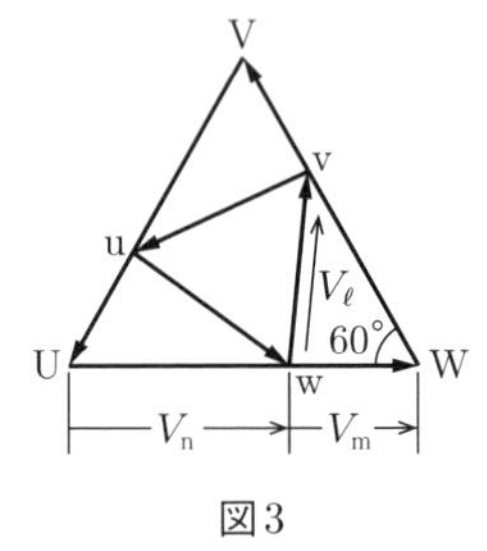

図3

解答群

(イ)　$V_h^2-3V_mV_n$	(ロ)　分布容量	(ハ)　安定巻線
(ニ)　$\dfrac{V_h^2-V_\ell^2}{V_hV_\ell}$	(ホ)　$\dfrac{V_h^2-V_\ell^2}{\sqrt{3}V_hV_\ell}$	(ヘ)　自己容量
(ト)　1	(チ)　短絡容量	(リ)　$\sqrt{3}$
(ヌ)　直列巻線	(ル)　$\dfrac{V_h^2-V_\ell^2}{3V_hV_\ell}$	(ヲ)　$V_h^2-V_mV_n$
(ワ)　$V_h^2-\sqrt{3}V_mV_n$	(カ)　並列巻線	(ヨ)　$\sqrt{2}$

―攻略ポイント―

問題 8 の解説において，単巻変圧器の定義や特徴を示したので，前半は容易であろう．単巻変圧器 3 台を用いた三相△結線は，問題の誘導にしたがって，計算する．

解説　(1)(2) 問題 8 の解説に示すように，単巻変圧器において，共通でない部分を**直列巻線**といい，直列巻線の容量 S_S を**自己容量**という．

(3) 問題文中の式②を変形すれば

$$S_S = \left(1 - \frac{V_\ell}{V_h}\right) V_h I_h = \left(1 - \frac{V_\ell}{V_h}\right) S_L$$

上式において，問題８の解説に示すように，$S_L = V_h I_h$ は負荷容量（線路容量）である．したがって，$K = S_S/S_L$ とおけば，上式は問題文中の式③となり，これを見れば，原理上，V_h に対する V_ℓ の比が **1** に近いほど，同一の自己容量に対して線路容量が大きくなる．すなわち，小さな自己容量で大きな線路容量を得ることができる．

(4) 問題図３において，三角形 Wwv をみて余弦定理を適用すれば

$$V_\ell^2 = V_m^2 + V_n^2 - 2V_m V_n \cos 60° = V_m^2 + V_n^2 - V_m V_n \quad \cdots\cdots ①$$

また，図１から，V_h は，直列巻線の電圧 V_m と分路巻線の電圧 V_n からなるので

$$V_h^2 = (V_m + V_n)^2 = V_m^2 + V_n^2 + 2V_m V_n$$

となり，これを変形すれば

$$V_m^2 + V_n^2 = V_h^2 - 2V_m V_n \quad \cdots\cdots ②$$

式②を式①に代入すれば

$$V_\ell^2 = V_h^2 - 2V_m V_n - V_m V_n = \boldsymbol{V_h^2 - 3V_m V_n} \quad \cdots\cdots ③$$

ここで，$V_m I_m = V_n I_n$ より，$I_m/V_n = I_n/V_m$ なので

$$\frac{I_m}{V_n} = \frac{I_n}{V_m} = \frac{I_m + I_n}{V_n + V_m} = \frac{I_\ell}{V_h} \quad \cdots\cdots ④$$

三相△結線の自己容量 S_S は，式④を I_m について解き，自己容量の式に代入すれば

$$S_S = 3V_m I_m = 3V_m \frac{V_n}{V_h} I_\ell = 3\frac{V_m V_n I_\ell}{V_h} \quad \cdots\cdots ⑤$$

となる．一方，線路容量は $S_L = \sqrt{3} V_\ell I_\ell$ であり，式⑤も活用すれば

$$K = \frac{S_S}{S_L} = \frac{3\dfrac{V_m V_n I_\ell}{V_h}}{\sqrt{3} V_\ell I_\ell} = \frac{\sqrt{3} V_m V_n}{V_h V_\ell} \quad \cdots\cdots ⑥$$

式③より，$V_m V_n = (V_h^2 - V_\ell^2)/3$ であるから，式⑥に代入して

$$K = \frac{\sqrt{3} \times \dfrac{V_h^2 - V_\ell^2}{3}}{V_h V_\ell} = \boldsymbol{\frac{V_h^2 - V_\ell^2}{\sqrt{3} V_h V_\ell}}$$

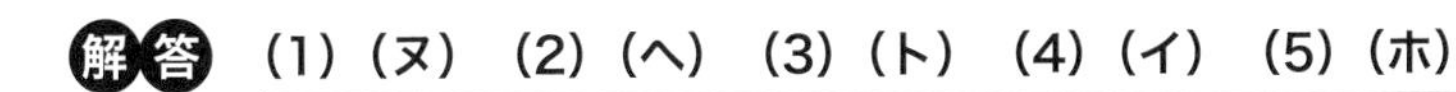

詳細解説3　単巻変圧器の巻数分比と特徴

単巻変圧器において，**巻数分比＝自己容量/線路容量**と定義され，本問のKに相当する．巻数分比は1より小さい値となり，この巻数分比が小さいものほど経済性が高くなる．

単巻変圧器の特徴は，①自己容量と分路容量は等しく，線路容量に比べて小さいこと，②重量を小さくできること，③漏れ磁束が少なく，電圧変動率は小さいこと，④一次側と二次側を絶縁できないことなどがある．ここで，自己容量と分路容量が等しくなるのは，問題8の解図1と解説の中で，自己容量＝$(V_1-V_2)I_1=V_2I_2-V_2I_1=V_2(I_2-I_1)$＝分路容量となるからである．単巻変圧器は，配電線の昇圧器，中性点直接接地系統を連系する500/275 kV変圧器などに使われている．

問題10　変圧器のスコット結線の原理と利用率　(H30-A2)

次の文章は，変圧器のスコット結線に関する記述である．

変圧器のスコット結線は，単相変圧器2台を用いて三相交流を二相交流に変換する結線で，交流電気車に単相交流電力をき電する場合や，単相電気炉2台を運転する場合などに使用されている．

図1に，単相変圧器T_1及びT_2を用いて，T_1の一次巻線の一端をT_2の一次巻線の中点Oに接続し，T_1の残りの一端とT_2の一次巻線の両端とを三相電源に接続する場合を示す．この場合，T_1を［(1)］変圧器，T_2を主座変圧器という．

T_1及びT_2を無負荷として，一次側（U，V，W）に対称三相交流電圧を印加した場合，二次側に生じる電圧の大きさがそれぞれ等しく，かつ，その位相が［(2)］〔rad〕異なるためには，T_2の巻数の比a：1に対し，T_1の巻数の比を(［(3)］$\times a$)：1にする必要がある．このように構成されたスコット結線の二次側の各相に，等しい単相負荷を接続すれば，一次側には平衡した三相交流電流が流れる．この場合，T_1の容量がT_2の［(3)］倍となるので総合利用率は［(4)］〔%〕である．

次に，図1のT_2と容量及び巻数が等しい2台の単相変圧器T_3，T_4をスコット結線として図2に示すように接続する．このとき，T_3の一次側巻線に巻数の比が(［(3)］$\times a$)：1になる位置にタップを設け，タップを図1と同じように対称三相交流電源のU相に接続する．この場合においても二次側の各相に等しい単相負荷を接続すれば，一次側には平衡した三相交流電流が流れる．この場合の総合利用率は [(5)] %である．

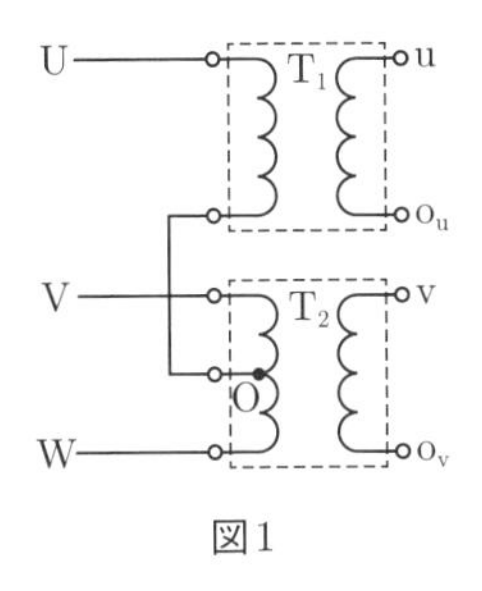

図1

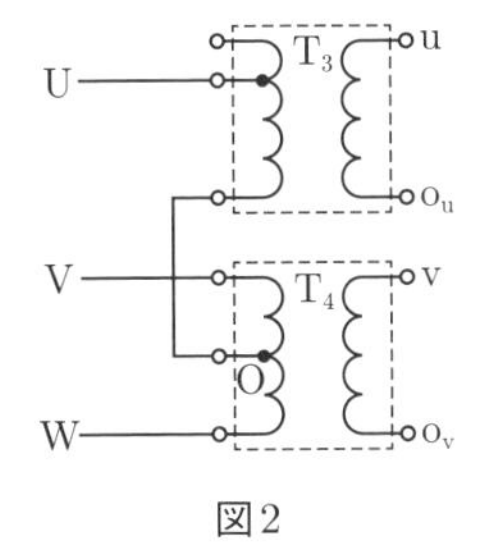

図2

解答群

(イ) 92.8	(ロ) $\frac{2}{\sqrt{3}}$	(ハ) 70.7	(ニ) 66.7
(ホ) $\frac{\pi}{2}$	(ヘ) $\frac{2\pi}{3}$	(ト) 86.6	(チ) $\frac{\sqrt{2}}{3}$
(リ) 副　座	(ヌ) 78.7	(ル) $\frac{\sqrt{3}}{2}$	(ヲ) T 座
(ワ) 81.5	(カ) $\frac{\pi}{6}$	(ヨ) Y 座	

―攻略ポイント―

変圧器のスコット結線に関しては，スコット結線のベクトル図，変圧器 2 台にタップを付けてスコット結線とする場合の利用率，三相/二相スコット結線変圧器専用の利用率を理解しておく．

解 説　(1) 変圧器のスコット結線は，単相変圧器 2 台を **T 座**変圧器および主座変圧器として用いて，三相交流から二相交流に変換する変圧器である．このスコット結線は，交流電気車に単相交流電力をき電する場合や単相電気炉 2 台を運転する場合などに使用されている．

(2) 一次側の対称三相交流電圧をそれぞれ $\dot{E}_{\mathrm{U}} = E$，$\dot{E}_{\mathrm{V}} = E\mathrm{e}^{-\mathrm{j}2\pi/3}$，$\dot{E}_{\mathrm{W}} = E\mathrm{e}^{-\mathrm{j}4\pi/3}$ とし，T_1 の巻数比を b : 1 とすれば，変圧器の一次側および二次側のベクトル図は，解図 1，解図 2 となる．

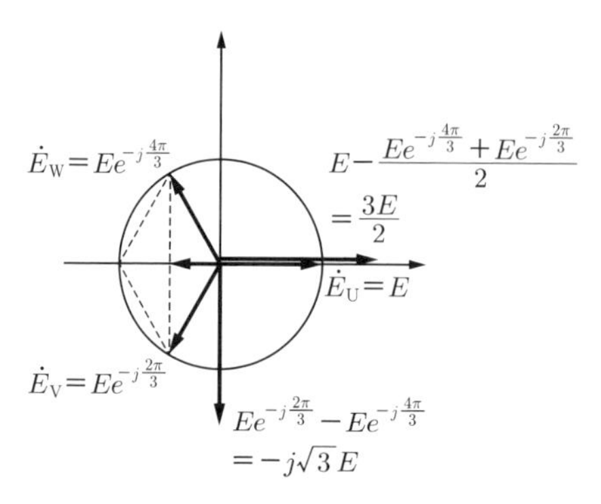

解図1　変圧器一次側のベクトル図

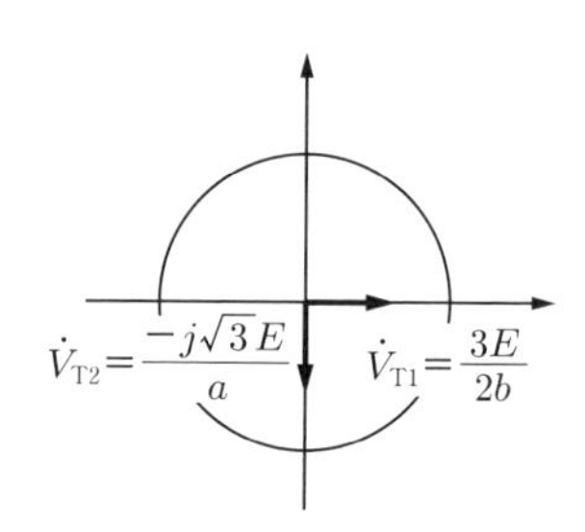

解図2　変圧器二次側のベクトル図

解図1，解図2のベクトル図より，T_1 二次側の電圧 $\dot{V}_{T1}$ は

$$\dot{V}_{T1} = \left(\dot{E}_U - \frac{\dot{E}_V + \dot{E}_W}{2}\right) \times \frac{1}{b} = \left(E - \frac{Ee^{-j2\pi/3} + Ee^{-j4\pi/3}}{2}\right) \times \frac{1}{b} = \frac{3E}{2b}$$

同様に，T_2 二次側の電圧 $\dot{V}_{T2}$ は

$$\dot{V}_{T2} = (\dot{E}_V - \dot{E}_W) \times \frac{1}{a} = (Ee^{-j2\pi/3} - Ee^{-j4\pi/3}) \times \frac{1}{a} = -\mathrm{j}\frac{\sqrt{3}E}{a}$$

したがって，T_1 と T_2 の二次側に生じる電圧間の位相差は $\boldsymbol{\pi/2}$ rad となる．

(3) 題意より，二次側に生じる電圧の大きさは等しいから

$$|\dot{V}_{T1}| = |\dot{V}_{T2}| \qquad \therefore \quad \frac{3E}{2b} = \frac{\sqrt{3}E}{a} \qquad \therefore \quad \mathrm{b} = \boldsymbol{\frac{\sqrt{3}}{2}} \times a$$

(4) 変圧器の定格電圧，定格電流を V_n，I_n とすれば，T_2 の容量は $V_n I_n$ となり，T_1 の容量は T_2 の容量の $\sqrt{3}/2$ 倍となるので，$\sqrt{3}V_n I_n/2$ となる．一方，一次側に平衡した三相交流電流が流れたときの供給可能容量は $\sqrt{3}V_n I_n$ となるので

$$総合利用率 = \frac{供給可能容量}{\Sigma\,変圧器容量} \times 100 = \frac{\sqrt{3}V_n I_n}{\frac{\sqrt{3}}{2}V_n I_n + V_n I_n} \times 100 = \mathbf{92.8}\%$$

(5) 変圧器 T_3，T_4 の容量および巻数は T_2 と等しいので

$$総合利用率 = \frac{\sqrt{3}V_n I_n}{V_n I_n + V_n I_n} \times 100 = \mathbf{86.6}\%$$

解答　**(1)（ヲ）　(2)（ホ）　(3)（ル）　(4)（イ）　(5)（ト）**

2　機器

問題 11　交流遮断器　(H28-B5)

次の文章は，交流遮断器の分類と特徴に関する記述である．

交流遮断器には，高性能，高信頼性，経済性に加え小形化，保守省力化などの要素も要求される．従来用いられてきた空気遮断器は動作時の［(1)］が大きいこと，油遮断器は油劣化に対する点検などの課題があり，これらの問題を解決できるものとしてガス遮断器や真空遮断器が開発された．

ガス遮断器は［(2)］を絶縁・消弧媒体として利用した遮断器で，［(3)］が空気の 100 分の 1 以下という顕著な特性を利用して，極めて優れた遮断性能を実現しており，今日製作されている遮断器の主流となっている．しかし，［(2)］は 1997 年の気候変動枠組条約締約国会議において，温室効果ガスに指定されたため，今日では代替物質の開発やガスを全く使用しない機器の実用化に向けた研究が進められている．

真空遮断器は，接点の開閉を真空のバルブの中で行う遮断器で，高真空中の急速なアークの［(4)］と絶縁回復特性により高い消弧能力を有している．電極の［(5)］を防ぐため，電極構造を工夫してアークに横方向の磁界を加えることでアークに［(6)］を与え，アークの 1 点集中を抑えて電極の溶融を防ぐとともに，アーク電圧が低いので［(7)］．真空遮断器は小形で構造が簡単であることや保守が容易などの特徴があり，主として 66 kV 以下の遮断器に用いられている．

解答群

(イ)　遮断時間	(ロ)　電極消耗が少ない	(ハ)　局部加熱
(ニ)　CO_2 ガス	(ホ)　サージ電圧が出ない	(ヘ)　凝縮作用
(ト)　SF_6 ガス	(チ)　接触力	(リ)　回転運動力
(ヌ)　比　重	(ル)　アーク時定数	(ヲ)　吸引力
(ワ)　集中作用	(カ)　騒　音	(ヨ)　フロンガス
(タ)　回復電圧	(レ)　拡散作用	(ソ)　真空漏れに強い
(ツ)　力率低下	(ネ)　絶縁低下	

―攻略ポイント―

本問は，空気遮断器，ガス遮断器，真空遮断器の特徴をまとめた基礎的な問題である．

解説　(1) 空気遮断器の遮断原理は，アークに直角あるいは軸方向に圧縮空気を吹き付けて，冷却作用によって他力消弧を行うことである．空気遮断器は，遮断時間が短く，遮断性能の均一性により同一ユニットの遮断部を直列に連結することで，高電圧大容量の遮断器の製作が可能である．空気遮断器は，油遮断器に比べ，油を使用していないため，火災発生の危険がないうえに，点検・保守が容易である．しかし，開閉時の**騒音**が大きく，地震に弱いというデメリットもある．
(2) (3) ガス遮断器は，優れた消弧能力，絶縁性能を有する **SF_6（六ふっ化硫黄）ガス**を消弧媒体として利用する遮断器である．ガス遮断器は遮断性能が優れるため，500 kV～22 kV の遮断器まで幅広く利用される．ガス遮断器の消弧性能が良い理由は，**アーク時定数**が空気の 1/100 と非常に小さいことがあげられる．このため，高温で導電度の大きなアークの中心部のみにアークが集中しやすく，その周囲の導電度の低い部分は低温になりやすいため，細くて温度の高いアークとなる．ガス遮断器では，遮断して電流が零値となった直後の数マイクロ秒は，極間に導電性の高い高温ガスが存在しているため，急しゅんな過渡回復電圧が加わると残留電流と呼ばれる微小電流がアークの存在していた空間に流れる．この電流によって空間に注入されるエネルギーがガスの熱伝導などによる冷却能力を上回らないようにして，熱的再発弧が発生することがないようにしている．さらに，その後も極間の絶縁耐力が過渡回復電圧を常時上回ることで遮断過程が完了する．ガス遮断器には，SF_6 ガスを圧縮機で圧縮して吹き付ける二重圧力式と，ピストンとシリンダで遮断時に高圧ガスにして吹き付ける単圧式（パッファ式）とがあるが，近年の大容量遮断器は後者のパッファ式が使われる．
(4)～(7) 真空遮断器（VCB）は 10^{-5} MPa 以下の高真空中での高い絶縁耐力と強力な**拡散作用**による消弧能力を利用した遮断器である．高真空では，残存する気体分子の数が少ないので，気体は絶縁破壊に関係しないため，大気の数倍，油の２倍以上の高い絶縁耐力が得られる性質を利用している．

真空中で接点を開極して電流遮断を行うと，電極から蒸発した金属蒸気が電離して，アーク放電が形成される．電流が零近傍になると，このアーク中の荷電粒子の拡散が急速に起こり消弧する．このとき発生する金属蒸気が真空バルブ内面に付着するのを防止するため，対向する電極の周囲に円筒状の金属シールドが設けられている．遮断部の構造が単純で，遮断動作に必要なストロークが短いので，操作機構に必要とされる駆動力も小さい．

真空遮断器の電流遮断性能は，主として真空バルブ内に配置された電極の構造および材料で決定される．電極構造は，遮断電流の小さいものでは単なる突合せ構造であるが，遮断電流が大きなものでは遮断時の電流によって磁界を発生させ，電磁力を利用して，アークを駆動することによってアークスポットが局部的に集中するのを防ぎ，電極の**局部加熱**と溶融を防止している．磁気駆動形電極や軸方向磁界形電極が用いられる．このように電極構造を工夫してアークに横方向の磁界を加えることでアークに**回転運動力**を与え，アークの１点集中を抑えて電極の溶融を防いでいる．真空遮断器は，アーク電圧が低く**電極の消耗が少ない**ので長寿命であり，多頻度の開閉用途に適していること，小形で簡素な構造，保守が容易などの特徴があり，広く使用されている．

 **(1)（カ）　(2)（ト）　(3)（ル）　(4)（レ）　(5)（ハ）　(6)（リ）　(7)（ロ）**

問題 12　直流遮断器　(R2-A2)

次の文章は，直流遮断器に関する記述である．

交流遮断器では交流の周期的な電流の零点を利用して遮断するが，直流電流は零点を持たないので，直流を遮断する場合には意図的に電流に零点を作る必要がある．直流電気鉄道で一般に用いられている定格電圧が 3 kV 以下の気中直流遮断器は，電圧が低いので［(1)］を採用している．本方式では，電流遮断時の電極間の直流アークをアークシュート内で伸ばし，この直流アーク電圧を［(2)］以上とすることにより電流を零まで限流して遮断する．ただし，直流短絡故障等の大電流を遮断する場合に短絡電流が数十 ms 継続するため，［(3)］やアークシュートの損耗が激しく大電流遮断後の点検・保守を必要とする．

1990 年代末ごろからは交流遮断器で実績のある［(4)］バルブを遮断部に用いて他励発振と組み合わせた直流遮断器が実用化されている．この場合の遮断は，あらかじめ充電されたコンデンサを遮断部と並列に設け，遮断部の開極に合わせて充電しておいたコンデンサ電荷をリアクトルを通して放電させ，これにより発生する［(5)］を重畳することで，強制的に電流零点を作って遮断部のアークを消弧して遮断する．本方式の遮断器は，動作後の点検・保守が大きく軽減される特徴を持っている．

解答群

（イ）　パッファシリンダ	（ロ）　真　空	（ハ）　逆電圧発生方式
（ニ）　振動電流	（ホ）　接続端子	（ヘ）　補償電圧
（ト）　保持電流	（チ）　保持電圧	（リ）　操作機構
（ヌ）　定格遮断電流	（ル）　転流方式	（ヲ）　電源電圧
（ワ）　電極接点部	（カ）　SF_6 ガス	（ヨ）　サイリスタ

―攻略ポイント―

直流遮断器は，電験２種では扱われないので，馴染みのうすい受験生も多いだろう．問題文から正答は類推しやすい形になっているが，この機会に直流遮断器を学ぼう．なお，直流遮断器は平成 18 年にも出題されている（解表を参照）ので，よく理解する．

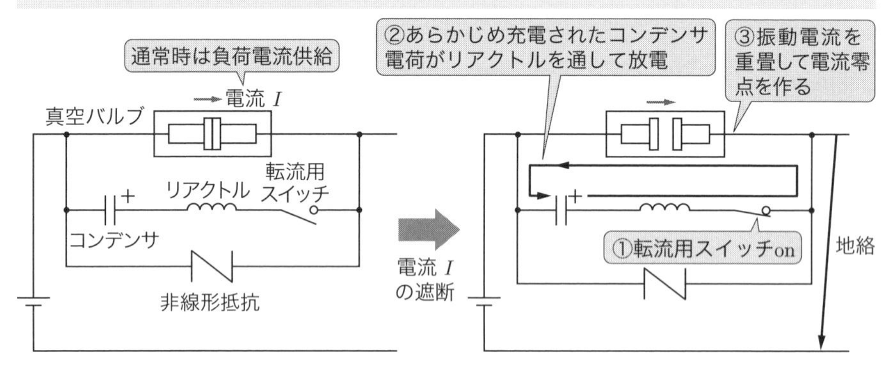

（a）遮断操作

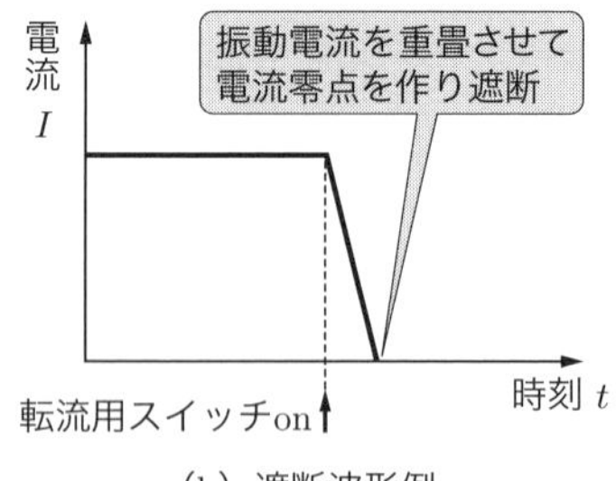

（b）遮断波形例

解図　他励発振方式の直流遮断器の動作

解説　(1)～(3) 直流遮断器の遮断方式には，逆電圧発生方式，転流方式，自励発振方式，他励発振方式，自己消弧方式がある．直流電気鉄道で一般に用いられている定格電圧が3 kV 以下の気中直流遮断器は，電圧が低いので，**逆電圧発**

解表　各種の直流遮断器の方式

遮断方式	遮断部	基本回路	遮断部電流波形	原　理
限流方式-1 逆電圧発生方式	・高速度直流遮断器（HSCB） ・気中遮断器（ACB） ・少油量遮断器（MOB）	I CB：遮断部	I CB開極　t	アークに磁界を加えたり，強制的に流体を吹き付けてアークを引き伸ばし，アーク電圧を高めて遮断電流を零値まで減少（限流）させて遮断する方式である．
限流方式-2 転流方式	・空気遮断器（ABB） ・真空遮断器（VCB） ・MOB ・液化 SF_6 遮断器（LSF）	ZnO I CB ギャップ C	I G放電　t	遮断部を開極してアーク電圧を高くするとともに，遮断部と並列に設けた回路素子（抵抗，コンデンサなど）に電流を転流させて，遮断部の電流を遮断する方式である．
振動転流方式-1 自励発振方式	・ABB ・SF_6 ガス遮断器（GCB） ・VCB	ZnO I CB L　C	I CB開極　t	遮断部と並列に，無充電のコンデンサとリアクトルの直列回路を接続し，遮断部の開極に伴うアークの負性抵抗特性を利用して自励的に拡大する振動電流を発生させ，電流零値となった時点で遮断する方式である．
振動転流方式-2 他励発振方式	・ABB ・GCB ・VCB ・VCB＋GCB ・サイリスタ遮断器（TCB）	ZnO I CB L　C　S	I S投入　t	あらかじめ充電されたコンデンサ，リアクトルおよび開閉器の直列回路を遮断部と並列に接続する．遮断部の開極と同時にコンデンサ回路の開閉器を閉路することでリアクトルを通して放電させ，このとき発生した振動電流を遮断部の電流に重畳することで強制的に電流零値を作って遮断する方法である．
自己消弧方式	・GTO サイリスタ遮断器（GTO）	ZnO I GTO	I ゲートオフ　t	自己消弧形半導体バルブデバイスを直流電流遮断の主要素として使用する．

生方式を採用している．本方式では，電流遮断時の電極間の直流アークをアークシュート内で伸ばし，この直流アーク電圧を**電源電圧**以上とすることにより電流を零まで限流して遮断する．ただし，直流アークが伸びるまでに時間を要し，直流短絡故障等の大電流を遮断する場合に短絡電流が数十 ms 継続するため，**電極接点部**やアークシュートの損耗が激しく大電流遮断後の点検・保守を必要とする．

(4)（5）1990 年代末頃からは交流遮断器で実績のある**真空**バルブを遮断器に用いて他励発振と組み合わせた直流遮断器が実用化されている．この遮断方式の回路構成と動作を解図に示す．通常時は，真空バルブを通して負荷電流を供給している．電流遮断時において，あらかじめ充電されたコンデンサを遮断部の開極に合わせて，転流用スイッチをオンにすることにより，コンデンサ電荷がリアクトルを通して放電する．これにより発生する**振動電流**を重畳することで，強制的に電流零点を作って遮断部のアークを消弧して遮断する．原理上，アークシュートが不要で電極接点の消耗が軽減できるので，逆電圧発生方式より，保守・点検が大きく軽減される特徴を持っている．

解答　**(1)（ハ）　(2)（ヲ）　(3)（ワ）　(4)（ロ）　(5)（ニ）**

問題 13　空隙付きリアクトルの応動　(H26-B5)

次の文章は，リアクトルに関する記述である．

インダクタンス L が 20 mH の空隙付き鉄心リアクトルがある．このリアクトルの磁路の断面積 S は 100 cm^2 であり，巻線の巻数 N は 256 である．S は全磁路にわたって一定で，漏れ磁束，鉄心の飽和，残留磁束などは無視できるものとする．また，巻線の抵抗は無視できるものとする．

このリアクトルに実効値 $V = 400$ V，$f = 50$ Hz の正弦波交流電圧を印加したとき，定常状態における鉄心の最大磁束密度は $B_m =$ (1) T となる．

このリアクトルに直流電流 $I_d = 100$ A を通電したとき，鉄心の磁束密度は $B_d =$ (2) T となる．

図の最上段に示すような，ピークピーク値 V_{pp} が 200 V で周波数が 300 Hz ののこぎり波電圧 v_r をこのリアクトルに加えた．このときの電流 i_r の波形に最も近い波形は (3) であり，i_r のピークピーク値 I_{pp} は (4) A である．

のこぎり波電圧の 300 Hz 成分の実効値は，45.0 V であった．このときの電流の 300 Hz 成分の実効値は　(5)　A である．

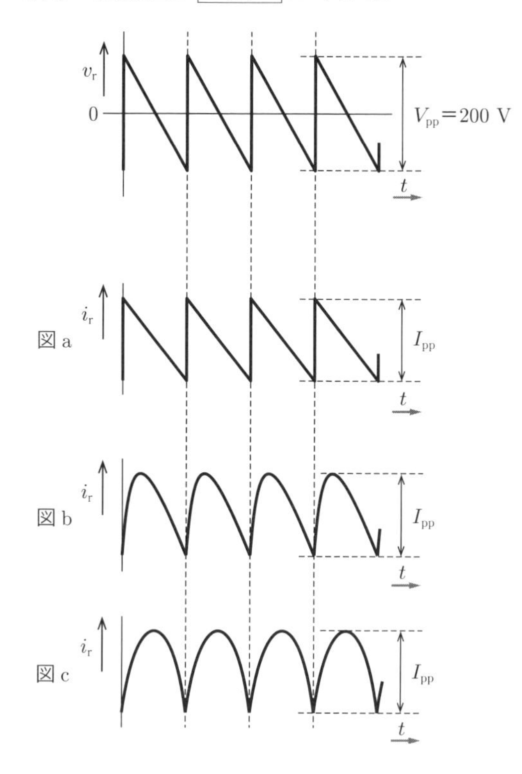

解答群

(イ)	3.38	(ロ)	0.703	(ハ)	4.16	(ニ)	5.89
(ホ)	2.00	(ヘ)	0.497	(ト)	図 b	(チ)	7.16
(リ)	200	(ヌ)	図 a	(ル)	8.33	(ヲ)	0.007 03
(ワ)	図 c	(カ)	0.781	(ヨ)	1.19		

一攻略ポイント一

本問は，ファラデーの法則に基づいて磁束の変化が電圧を発生させるというリアクトルや変圧器の原理を出題しており，原点に立ち返って丁寧に計算を進める．

解説　(1) リアクトルの磁束鎖交数を $\phi=\Phi_m \sin 2\pi ft$ とおくとリアクトル電圧 $v=\dfrac{d\phi}{dt}=2\pi f\Phi_m \cos 2\pi ft$ となる．題意より，リアクトル電圧 v は実効値 $V=$

400 V，周波数 $f=50$ Hz の正弦波だから

$$2\pi f\Phi_{\mathrm{m}}=\sqrt{2}V \qquad \therefore \quad \Phi_{\mathrm{m}}=\frac{\sqrt{2}V}{2\pi f}=\frac{\sqrt{2}\times 400}{2\pi\times 50}=\frac{4\sqrt{2}}{\pi}\,〔\mathrm{Wb}〕$$

ここで，磁束鎖交数の最大値 Φ_{m} は，磁束密度の最大値 B_{m} とリアクトルの磁路の断面線 S，巻数 N の積であるから

$$\Phi_{\mathrm{m}}=B_{\mathrm{m}}SN \qquad \therefore \quad B_{\mathrm{m}}=\frac{\Phi_{\mathrm{m}}}{SN}=\frac{4\sqrt{2}/\pi}{100\times 10^{-4}\times 256}\fallingdotseq \mathbf{0.703}\ \mathrm{T}$$

(2) 直流電流 I_{d} を流したとき，発生する磁束の磁束鎖交数 Φ_{d} は自己インダクタンス L と電流値 I_{d} の積だから，$\Phi_{\mathrm{d}}=LI_{\mathrm{d}}=20\times 10^{-3}\times 100=2$ Wb となる．磁束密度 B_{d} は

$$B_{\mathrm{d}}=\frac{\Phi_{\mathrm{d}}}{SN}=\frac{2}{100\times 10^{-4}\times 256}\fallingdotseq \mathbf{0.781}\ \mathrm{T}$$

(3) (4) $v_{\mathrm{r}}=\mathrm{d}(Li_{\mathrm{r}})/\mathrm{d}t$，$i_{\mathrm{r}}=\int v_{\mathrm{r}}\mathrm{d}t/L$ なので，のこぎり波電圧 v_{r} に対する電流波形 i_{r} は，$t=(\pi+2n\pi)/\omega$ の点をピークとする**図 c** の山形波形となることがわかる．

v_{r} は，1 周期（$0\leqq t<2\pi/\omega$）の間で $v_{\mathrm{r}}=100\left(1-\dfrac{\omega}{\pi}t\right)$ なので，$t=0$ のとき，$i_{\mathrm{r0}}=0$ とすれば，ピーク点 i_{rp} は

$$i_{\mathrm{rp}}=\frac{1}{L}\int_0^{\frac{\pi}{\omega}}v_{\mathrm{r}}\mathrm{d}t=\frac{1}{L}\int_0^{\frac{\pi}{\omega}}100\left(1-\frac{\omega}{\pi}t\right)\mathrm{d}t=\frac{1}{L}\left[100\times\left(t-\frac{\omega}{2\pi}t^2\right)\right]_0^{\frac{\pi}{\omega}}=\frac{50\pi}{L\omega}$$

ここで，$\omega=2\pi\times 300$ rad/s，$\mathrm{L}=20\times 10^{-3}$ H を代入して

$$i_{\mathrm{rp}}=\frac{50\pi}{20\times 10^{-3}\times 2\pi\times 300}\fallingdotseq 4.166\,7\ \mathrm{A}$$

したがって，ピークピーク値 I_{pp} は $I_{\mathrm{pp}}=i_{\mathrm{rp}}-i_{\mathrm{r0}}=4.166\,7\fallingdotseq \mathbf{4.16}$ A

(5) 電圧 V_{L}，インダクタンス L，電流 I の関係式を用いて

$$I=\frac{V_{\mathrm{L}}}{\omega L}=\frac{45.0}{2\pi\times 300\times 20\times 10^{-3}}\fallingdotseq \mathbf{1.19}\ \mathrm{A}$$

解答　**(1)（ロ）　(2)（カ）　(3)（ワ）　(4)（ハ）　(5)（ヨ）**

問題 14 高調波抑制フィルタ (R4-A3)

次の文章は，高調波抑制フィルタに関する記述である．

系統へ流出する高調波電流は上限値を超えないように抑制する必要がある．高調波の次数が低いほど，系統への影響が大きいといわれている．角周波数 ω の三相系統では，負荷が平衡している場合，対称性により特定の次数の高調波はごく小さく，一般に，最も大きい高調波は (1) 高調波となる．

図に示した設備において，X で示すリアクトルは (2) と呼ばれ，主に構内短絡時の電流を制限することを目的としている．また，高調波を抑制するためのフィルタ設備の各分路は，高調波次数に対応してコンデンサとリアクトルで構成されている．

第 11 次高調波に対応するための第 11 次分路のフィルタをリアクトルとコンデンサの共振周波数により選定したとしたとき，インダクタンス L_{11} とコンデンサの静電容量 C_{11} は (3) の関係にある．今，6 000 V，50 Hz の系統電圧で，第 11 次分路フィルタの容量が 100 kvar としたとき，そのフィルタの基本波に対するリアクタンスは (4) Ω である．このとき，リアクトルのインダクタンス L_{11} は (5) mH である．

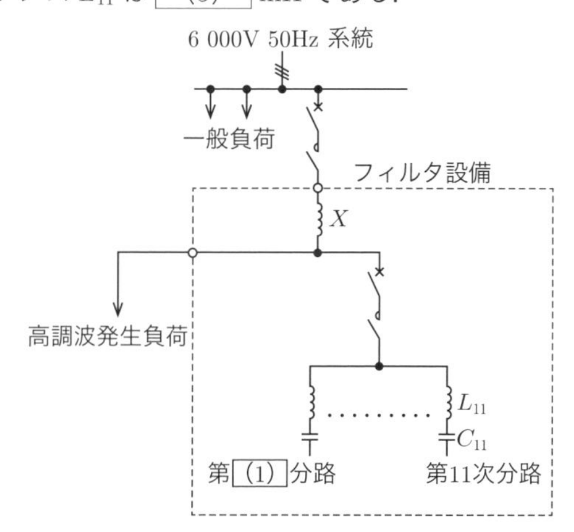

解答群

(イ)	$\dfrac{1}{\omega C_{11}} = 11\omega L_{11}$	(ロ)	偶数次	(ハ)	3.18
(ニ)	分路リアクトル	(ホ)	6 次	(ヘ)	360
(ト)	限流リアクトル	(チ)	9.55	(リ)	120

（ヌ）　共通リアクトル　　（ル）　$\frac{1}{\omega C_{11}}=\omega L_{11}$　　（ヲ）　104

（ワ）　$\frac{1}{\omega C_{11}}=121\omega L_{11}$　　（カ）　207.8　　（ヨ）　５次

―攻略ポイント―

第 n 次高調波に対して，リアクトルのインピーダンスは $jn\omega L$ となり，コンデンサのインピーダンスは $1/(jn\omega C)$ となる．

解説　(1) 電力系統の電圧・電流波形は，ほぼ正負対称であるから，発生高調波次数は奇数が主である．第３次高調波は，三相変圧器の△巻線内を還流するため，低減される．したがって，一般に，最も大きい高調波は**第５次**高調波である．

(2) 問題図の X は，構内短絡時の電流を制限する目的であるから，**限流リアクトル**である．

(3) 第 n 次高調波に対応するための第 n 次分路のフィルタをリアクトルとコンデンサの共振周波数により選定するとき，第 n 次高調波で誘導性リアクタンスと容量性リアクタンスが等しくなる．リアクトルのインダクタンスを L_{n}〔H〕，コンデンサの静電容量を C_{n}〔F〕とすれば

$$n\omega L_{\mathrm{n}}=\frac{1}{n\omega C_{\mathrm{n}}}\qquad \therefore\quad \frac{1}{\omega C_{\mathrm{n}}}=n^2\omega L_{\mathrm{n}}\cdots\cdots ①$$

第 11 次高調波では，$n=11$ を式①に代入して

$$\boldsymbol{\frac{1}{\omega C_{11}}=121\omega L_{11}}\cdots\cdots ②$$

(4)（5）第 11 次分路のインピーダンスを Z_{11}〔Ω〕とすると，問題図より L_{11} と C_{11} の直列回路であることから，式②を活用して

$$Z_{11}=\frac{1}{\omega C_{11}}-\omega L_{11}=\left(1-\frac{1}{121}\right)\frac{1}{\omega C_{11}}=\frac{120}{121\omega C_{11}}\ 〔\Omega〕\cdots\cdots ③$$

第 11 次分路のフィルタ容量 Q_{11} は $Q_{11}=V^2/Z_{11}$ だから，$Z_{11}=V^2/Q_{11}$ となる．これに式③を代入すれば

$$\frac{V^2}{Q_{11}}=\frac{120}{121\omega C_{11}}$$

$$\therefore\quad \frac{1}{\omega C_{11}}=\frac{V^2}{Q_{11}}\times\frac{121}{120}=\frac{6\,000^2}{100\times 10^3}\times\frac{121}{120}=363\ \Omega\fallingdotseq\mathbf{360}\ \Omega$$

インダクタンス L_{11} は，式②を利用するとともに，数値を代入すれば

$$L_{11}=\frac{1}{121\omega}\cdot\frac{1}{\omega C_{11}}=\frac{363}{121\times 2\pi\times 50}\fallingdotseq 0.009\,55=\mathbf{9.55}\ \mathrm{mH}$$

解答　(1)（ヨ）　(2)（ト）　(3)（ワ）　(4)（ヘ）　(5)（チ）

問題 15　避雷器の機能と規格　(H25-A2)

次の文章は，電力用の保護機器に関する記述である．

避雷器は，雷，開閉サージなどに起因する過電圧の波高値がある値を超えた場合，これに伴う電流を分流することによって過電圧を制限して電力用電気設備の絶縁を保護する．また，分流作用に伴う (1) を短時間のうちに遮断して，系統の正常な状態を乱すことなく原状に自復する機能をもつ．その定格電圧は，所定の動作責務が遂行できる商用周波電圧値であり，一線地絡時の (2) ，又は負荷遮断によって電気設備に印加される短時間の電圧に基づいて選択される．また，定格の一つである公称放電電流は (3) の波高値で示され，10 000 A 及び 5 000 A の 2 種類が標準的である．

避雷器，及び日本産業規格（JIS C 5381-1）によって規定された低圧配電システムの保護機器であるサージ防護デバイスには (4) 抵抗特性をもつ ZnO 素子が主として使用されている．その電圧-電流特性は大まかに小電流領域，中電流領域及び大電流領域の三つの電流領域に区分される．小電流領域である連続使用電圧（動作開始電圧の 90 %以下）における抵抗分電流は， (5) 程度である．

解答群

（イ）数百マイクロアンペア　（ロ）逆　流
（ハ）数十ミリアンペア　（ニ）高周波電流
（ホ）数アンペア　（ヘ）双曲線
（ト）急しゅん波電流　（チ）続　流
（リ）健全相線間電圧　（ヌ）転　流
（ル）地絡相対地電圧　（ヲ）非直線
（ワ）健全相対地電圧　（カ）直　線
（ヨ）雷インパルス電流

―攻略ポイント―

避雷器の基本事項を問う出題である．避雷器の構造と特性，重要なキーワードは覚えておく．

解説　(1) 避雷器は，外部異常電圧または内部異常電圧によって過電圧の波高値が一定の値を超えたとき，放電により過電圧を制限し，電気機器の絶縁を保護する．そして，放電が実質的に終了した後は，引き続き電力系統から供給されて避雷器に流れる電流（**続流**）を短時間のうちに遮断し，系統の正常の状態を乱すことなく，元の状態に自復する機能をもつ装置である．

(2) 避雷器の**定格電圧**とは，その電圧を両端子間に印加した状態で，所定の動作責務を所定の回数反復遂行できる，商用周波数の電圧の最高限度（実効値）をいう．そして，定格電圧は，1 線地絡時の**健全相対地電圧**，または負荷遮断によって電気設備に印加される短時間の電圧に基づいて選択される．

(3) **公称放電電流**とは，避雷器の保護性能および復帰性能を表現するために用いる放電電流の規定値である．避雷器規格では，避雷器の保護性能を評価するため，8/20 μs（波頭長 8 μs/波尾長 20 μs）の**雷インパルス電流**（波高値）が公称放電電流として定められており，この電流が流れるときの避雷器の両端子間に発生する電圧が制限電圧である．

(4) 解図 1 は直列ギャップ付避雷器と酸化亜鉛形避雷器の構成を示し，解図 2 はこれらの特性を示している．

酸化亜鉛形避雷器の特性要素は酸化亜鉛（ZnO）素子でできており，ZnO 素子

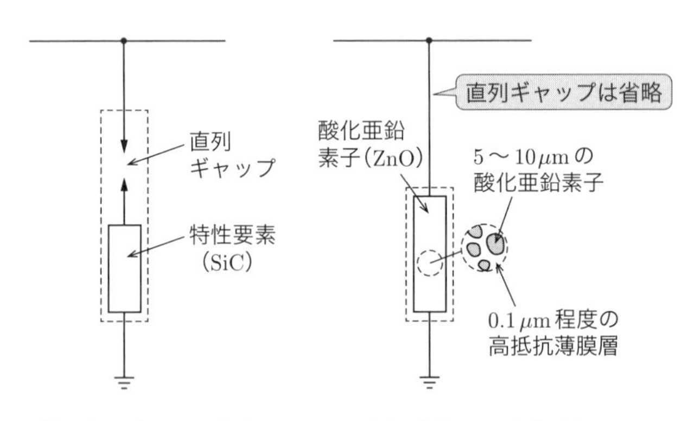

(a) 直列ギャップ付避雷器　　(b) 酸化亜鉛形避雷器

解図 1　避雷器の構成

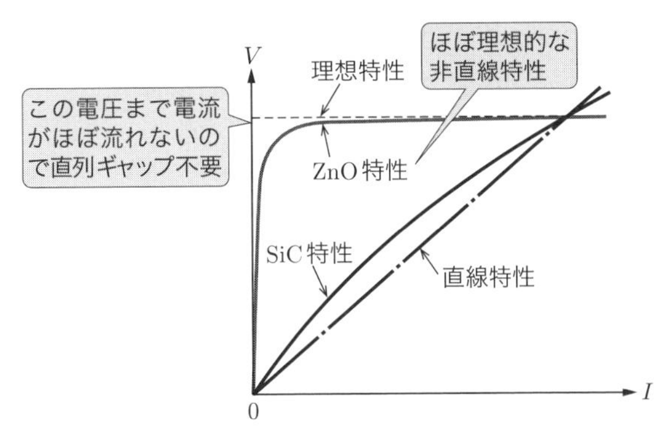

解図2　特性要素の特性

は ZnO の結晶の周りに酸化ビスマス等による高抵抗薄膜層が立体的に密着した状態にして作られる．ZnO の特性は，解図 2 のように理想的な特性に近く，SiC に比べて**非直線**抵抗特性が優れている．このため，定格電圧を印加しても電流は 1 mA 以下（**数百 μA**）とわずかであるため，直列ギャップを省略でき，ギャップレスアレスタとも呼ばれる．近年，発変電所ではギャップレス避雷器を用いることが主流であるが，配電用や直流電気鉄道の電線路のがいし保護に用いられる避雷器では，万一 ZnO 素子が短絡状態になっても送電が可能なように，直列ギャップ付き ZnO 避雷器も多く使用されている．

解答　(1)（チ）　(2)（ワ）　(3)（ヨ）　(4)（ヲ）　(5)（イ）

詳細解説 4　酸化亜鉛形避雷器の特徴と避雷器に関する重要なキーワード

本問の解説に示していない酸化亜鉛形避雷器の特徴とキーワードをまとめておく．

(1) 酸化亜鉛形避雷器の特徴

①直列ギャップがないため，**放電遅れがない**．また，放電による電圧変動が少ないため並列使用が可能となり，吸収エネルギーの増加が図れ，**制限電圧を下げる**ことができる．

②微小電流から大電流サージ領域まで，**ほぼ理想的な非直線抵抗特性**をもつ．繰り返し動作に強く，多重雷責務に優れる．

③直列ギャップがないうえに，**素子の単位体積当たりの処理エネルギーが大きいため，構造が簡単で小形**にできる．

④**耐汚損性能に優れる**．直列ギャップ付避雷器では，直列ギャップに加わる電圧が汚

損により変化するため，放電電圧のばらつき，低下がみられるが，ギャップレスアレスタでは直列ギャップがないため，こうしたことはない．

⑤SF_6 ガス絶縁機器に組み込まれる場合，ギャップ中のアークによる分解ガスの生成がない．

（2）避雷器に関する重要なキーワード

①**制限電圧**：避雷器の放電（避雷器内部に電流を流すこと）中に，過電圧が制限されて，避雷器と大地との両端子間に残留する電圧である．制限電圧は，保護される機器の絶縁破壊強度よりも低くしなければならない．

②**動作開始電圧**：ギャップレス避雷器の V–I 特性において，小電流域の所定の電流（1〜3 mA）に対する避雷器の端子電圧波高値をいう．

③**放電開始電圧**：ギャップ付避雷器が放電を開始する電圧をいう．

④**放電耐量**：避雷器が障害を起こすことなく，所定の回数を流すことができる所定波形の放電電流波高値の最大限度をいう．

⑤**漏れ電流**：酸化亜鉛形避雷器に，定格電圧，運転電圧など所定の電圧が印加された状態で流れる電流をいう．この電流は抵抗分と容量分に分けられる．

⑥**単位動作責務**：商用電源につながれた避雷器が，雷または開閉過電圧により放電し，所定の放電電流を流した後，原状に復帰する一連の動作をいう．

⑦**放圧装置**：万一の内部破損により内部圧力が上昇した際に内部ガスを放出し，容器の爆発的飛散を防止する装置をいう．

⑧**安定性評価**：酸化亜鉛形避雷器が長年の運転中に所定の雷過電圧・開閉過電圧・短時間過電圧のストレスを受けた後に，開閉サージ等の熱トリガを受けても熱暴走を生じず，実使用に耐えることを確認することをいう．この熱暴走とは，酸化亜鉛形避雷器が所定の周囲温度と電圧印加のもとで，避雷器の熱発生が放熱を上回り，漏れ電流が増大し，破壊に至る現象である．

問題 16　変流器の特性　（H20-A3）

次の文章は，「変流器（保護リレー用）」（以下「変流器」と略す.）の特性に関する記述である．

保護リレーと組み合わせて使用される変流器では，系統短絡事故時の過電流で変流比誤差が変化すると，保護リレーの誤・不動作の原因となるため，過電流域でも一次電流と二次電流の比例関係が良好に維持されることが必要である．

変流器の過電流域での特性の一つとして過電流定数がある．過電流定数は，電気学会電気規格調査会標準規格 JEC-1201-1996 の中で，「定格二次負担（力率 0.8 遅れ電流）のもとで，定格周波数の電流を流して比誤差を試験したとき，その値が （1） になるときの一次電流を定格一次電流で除した値」と決められている．変流器の銘板に記載される過電流定数は，定格二次負担における数値で示される．

短絡電流が大きな回路に，定格一次電流の小さな変流器を用いる場合には，過電流定数の大きな変流器が必要で，定格一次電流での （2） を小さくする必要がある．しかしながら，変流器の （3） 抵抗値が小さければ（過電流定数× （4） ）の値はほぼ一定となるので，二次回路に接続される電線路や器具類のインピーダンスによって，実用的な過電流定数は変化する．

一般に，主回路の短絡事故電流には減衰する直流分が含まれる．この直流分電流によって変流器鉄心が偏磁や飽和を起こし，事故発生から数サイクルの間正確な変流器二次電流が得られない場合がある．このような短絡事故電流に対して，高速度で確実な保護リレーの動作を得るための変流器として，磁路にギャップを設ける等の対策を施した （5） 付変流器を使用することもある．

解答群

（イ）	定格二次負担	（ロ）	磁束密度	（ハ）	過渡特性
（ニ）	起電力	（ホ）	一次巻線	（ヘ）	−5.0 %
（ト）	定格二次電流	（チ）	定格負荷	（リ）	起磁力
（ヌ）	−10 %	（ル）	励磁特性	（ヲ）	二次巻線
（ワ）	可飽和特性	（カ）	磁　気	（ヨ）	過電流定数値（%）

一攻略ポイント一

変流器に関する専門的な出題である．2 種までなら，変流器の比誤差まで理解しておけばよいが，これを機に，変流器の特性やそれに関連する定義を深く理解する．

解説　(1) 変流器の定格電流を超える範囲の誤差を示す手段として，過電流定数が定められている．JEC によれば，過電流定数は，「定格二次負担（力率 0.8 遅れ電流）のもとで，定格周波数の電流を流して比誤差を試験したとき，その値が **−10 %**になるときの一次電流を定格一次電流で除した値」である．すなわち，定格一次電流の 1 倍から過電流定数倍までの変流器の誤差は −10 % を超えないこと

第3章 変圧器と機器

を示している．
(2) 変流器の誤差要因は励磁電流である．短絡電流が大きな回路に，定格一次電流の小さな変流器を用いる場合には，過電流定数の大きな変流器が必要であり，相対的に定格一次電流における励磁電流を小さくするため，鉄心断面積を大きくして**磁束密度**を小さくする必要がある．
(3) (4) しかしながら，変流器の**二次巻線**抵抗値が小さければ，(過電流定数×**定格二次負担**) の値は，二次回路に接続される負担のインピーダンスのみに依存し，ほぼ一定となる．したがって，二次回路に接続される電線路や器具類のインピーダンスによって，実用的な過電流定数は変化する．
(5) 主回路の短絡事故電流に含まれる減衰直流分対応として，変流器の鉄心内に残留磁束が長時間にわたり存在しないように磁路の一部にギャップを備え事故電流が流れたときの鉄心磁束密度を低減する**過渡特性**付変流器を採用する．

解答　**(1) (ヌ)　(2) (ロ)　(3) (ヲ)　(4) (イ)　(5) (ハ)**

詳細解説 5　変流器の基礎事項

変流器は，一次定格電流領域から，使用される主回路で想定される大きな故障電流に至るまでの変成精度および大きな故障電流に伴う電磁機械力への対応が必要となる．このため，鉄心には損失の少ない材料を使用し，断面積を大きくして磁束密度を低くすること，巻線の抵抗および漏れリアクタンスを小さくすることが必要である．運転中に二次回路を開放すると，一次電流すべてが励磁電流となり，鉄心の磁束飽和が発生する．これにより二次誘導電圧は高い波高値をもつひずみ波となり，巻線の絶縁を破壊するおそれがある．したがって，運転中に二次回路に接続されている機器を切り離す場合には，まず変流器の二次端子を短絡しておかなければならない．

実際の計器用変成器では誤差が含まれるため，公称変圧比または公称変流比と実際の変圧比または変流比との差を，実際の変圧比または変流比で除して百分率で表したものを計器用変成器の**比誤差** ε〔%〕という．

$$\varepsilon = \frac{k_{\rm n} - k}{k} \times 100 \ [\%] \qquad (3\cdot1)$$

($k_{\rm n}$：公称変圧比または公称変流比，k：測定した実際の変圧比または変流比)
変流器は等価回路としては通常の変圧器と同じであるから，励磁インピーダンスが十分大きければ，一次電流 I_1 と二次電流 I_2 の比はほぼ正確に巻数に反比例する．励磁インピーダンスの大きさ及び負担のインピーダンスの大きさと位相角により I_1 と I_2

の比が変化し，両者の間に位相差が生じる．定格の一次電流および二次電流を I_{1n}，I_{2n} とするとき，式(3･1)の比誤差は次式となる．

$$\varepsilon = \frac{\dfrac{I_{1n}}{I_{2n}} - \dfrac{I_1}{I_2}}{\dfrac{I_1}{I_2}} \times 100\% \qquad (3\cdot 2)$$

I_1 と I_2 との間の位相差は，電力測定の場合に誤差の原因となる．変流器の誤差を少なくするには，高透磁率の鉄心を使用し，励磁電流を小さくする．

第 4 章

パワーエレクトロニクス

[学習のポイント]

○パワーエレクトロニクスは，一次試験ではほぼ毎年 1 問ずつ出題され，二次試験でもよく出題される重要な分野であるため，十分に学習する．

○一次試験では，半導体素子，整流回路の動作，チョッパ回路，電圧形 PWM インバータの構成と動作，3 レベルインバータに加えて，蓄電池の電力変換装置，風力発電用発電機の直流リンク方式，太陽光発電の PCS，STATCOM，電力変換装置による高調波障害と対策など応用例の出題もあるので，本書の問題や詳細解説を通じて，しっかりと学ぶ．

○電圧形 PWM インバータの問題を解くときには，動作波形をイメージしながら，解く．電圧形 PWM インバータの動作原理，PWM 制御の考え方，信号波に第 3 次高調波を重畳させる理由などについて，詳細解説で取り上げて説明しているので，十分に学習する．

○このほか，逆阻止三端子サイリスタ，GTO，スナバ回路，MOSFET，IGBT，整流回路の転流重なり，チョッパ回路，高調波の発生源やそれがもたらす障害および対策についても詳細解説で取り上げているので，復習しておく．

1　半導体素子

問題１　大容量半導体電力変換装置の構成　(H16-A2)

次の文章は，大容量半導体電力変換装置の構成に関する記述である．

半導体バルブデバイスを組み合わせて高電圧・大電流の電力変換装置を構成する場合，適用電圧並びに電流の大きさに応じて複数個の半導体バルブデバイスを直列，並列，若しくは直並列に接続する必要がある．

バルブデバイスを直列に接続する場合，さまざまな特性上の［(1)］があるため，単に接続しただけでは電圧分担は均等にならない，電圧分担の不平衡が大きくなると，必要となる直列素子数が多くなるので，不平衡率を数%から 10 %程度に抑える方法がとられる．定常的な直流電圧に対する平衡を図ると共に交流電圧及びスイッチング時の過渡電圧に対しても平衡を図る必要がある．直流電圧については，バルブデバイスの漏れ電流差を補償し電圧分担を均等化するための分圧抵抗が用いられ，また，交流電圧及びスイッチング時については，バルブデバイスに並列接続される［(2)］がその役割を果たす．なお，スイッチング時の電圧分担を均等化するためにバルブリアクトルも用いられる．

バルブデバイスを並列に接続する場合は，電流分担をできるだけ均等にする必要がある．電流分担の不平衡率は，電圧分担のそれよりも大きく 10 %から 20 %程度まで許容されるのが普通である．また，必要に応じて［(3)］素子数に冗長分を加える．なお，バルブデバイスでは接合温度が上昇したときに［(4)］が低下する場合がある．これによって電流分担が増加して，更に温度上昇を加速するということがないようにする．

バルブデバイスを直列かつ並列に接続する場合もある．このときの接続方法には［(5)］結線とメッシュ結線とがあるが，電流分担の均等化の点では前者が優れている．

解答群

(イ)　オフ電圧	(ロ)　ばらつき	(ハ)　阻止回路
(ニ)　並　列	(ホ)　直　列	(ヘ)　定　義
(ト)　降伏電圧	(チ)　高速ダイオード	(リ)　ストリング

(ヌ) 直並列	(ル) スナバ	(ヲ) マトリックス
(ワ) 欠　点	(カ) グループ	(ヨ) オン電圧

—攻略ポイント—

サイリスタ，GTO，スナバ回路の構成や役割について，しっかりと復習する．詳細解説に示すので，是非，確認しておこう．

解説 (1)(2) 半導体電力変換装置を構成するとき，半導体バルブデバイス単体の耐電圧や電流容量が低いため，複数の半導体バルブデバイスを直並列に接続する．1個の半導体バルブデバイスの耐電圧を超える高電圧回路において，そのデバイスを複数個直列に接続し，各サイリスタに電圧を分担させる．この場合，半導体バルブデバイス単体には特性上の**ばらつき**があるため，複数の素子が分担する電圧が均等にならない．この電圧分担を行うため，直流分圧，交流分圧，ターンオン分圧，ターンオフ分圧などがある．

直流分圧は，個々の半導体バルブデバイスに生じる漏れ電流のばらつき（漏れ電流差）によって定まるデバイスごとの分担電圧のことをいう．この漏れ電流は，半導体バルブデバイスがオフのときに流れる逆阻止電流である．漏れ電流差による電圧分担のばらつきは，個々のデバイスに分圧抵抗を並列接続することによって補償する．一方，交流電圧およびスイッチング時には，半導体バルブデバイスに並列接続される**スナバ**が素子に加わる過大な電圧や電流および電圧の急激な変化から素子を保護する．スナバの交流インピーダンスは，分圧抵抗よりも小さいため，各半導体バルブデバイスに加わる交流電圧の均等化を図ることができる．スナバ回路の役割は詳細解説1や図4·4を参照する．

半導体バルブデバイスごとのスイッチング時間（ターンオン，ターンオフ）のばらつきによって，各バルブデバイスに加わる分担電圧が不均等になる．この過電圧に対しても，スナバが分担電圧を均等化する役割を担う．さらに，半導体バルブデバイスと直列にバルブリアクトルを接続して，スイッチング時間のばらつきによって生じる電圧不均等を補償することもある．

(3)(4) 他方，半導体バルブデバイスの電流容量を超える半導体電力変換装置を構成する場合，複数の半導体バルブデバイスを並列に接続して，電流を分担する．この場合，電流分担をできる限り均等にする必要がある．電流分担の不平衡率は，電圧分担のそれよりも大きく，10 %から20 %程度まで許容されるのが普通である．また，必要に応じて**並列**素子数に冗長分を加える．

半導体バルブデバイスは，接合温度が上昇すると**オン電圧**が低下するという特徴がある．このため，接合温度が上昇した素子には，他の素子よりも多くの電流が流れる．分担電流が増加すると，さらに素子の接合温度が上昇し，分担電流がより増加し，最終的には素子破壊に至ることがある．このため，高速限流ヒューズを素子に直列に接続して，過電流保護を行う．

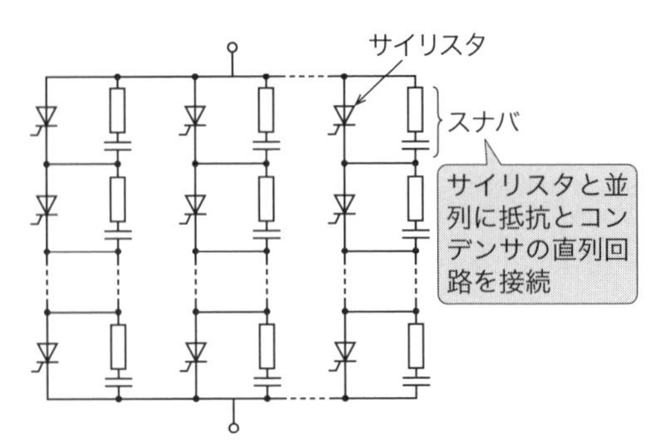

解図１　ストリング結線

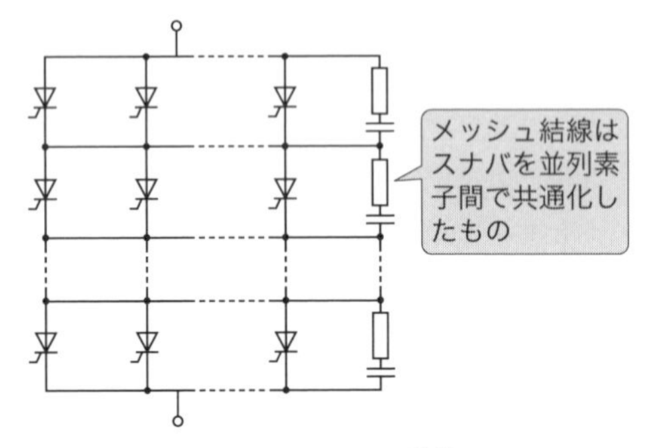

解図２　メッシュ結線

(5) 半導体バルブデバイスを直列かつ並列に接続する場合もある．この接続方法には，解図１のストリング結線と解図２のメッシュ結線がある．ストリング結線は，半導体バルブデバイスごとにスナバを設け，それを直並列に接続している．この**ストリング**結線は，電流分担の均等化の点でメッシュ結線よりも優れているが，回路構成が複雑である．一方，メッシュ結線は，複数のバルブデバイスを並列に接続するとともに，スナバを設けた並列回路を複数段直列に接続したものである．つまり，メッシュ結線は，分圧回路（スナバ）を並列素子間で共通化することで簡易な回路構成としている．

(1)（ロ）　(2)（ル）　(3)（ニ）　(4)（ヲ）　(5)（リ）

詳細解説１　サイリスタおよび GTO とスナバ回路

(1) 逆阻止三端子サイリスタ

電力用半導体素子のうち，サイリスタとは一般に**逆阻止三端子サイリスタ**を指す．サイリスタは，図 4･1 に示すように，p 形半導体と n 形半導体を 4 つ組み合わせた半導体素子で，3 つの pn 接合をもつ．サイリスタには**アノード**，**カソード**のほか，制御信号を加える**ゲート**の３つの端子がある．

アノード・カソード間に順電圧を印加した状態でゲート電流を流すと，オフ状態からオン状態に移行する．図4･2にサイリスタの電圧−電流特性を示す．ゲート電流が零のときに順方向電圧をある一定の値まで増大させると，オフ状態を保つことができず，オン状態に移行する．この電圧を**ブレークオーバ電圧**という．ブレークオーバ電圧はゲート電流が上がるにつれて低下する．サイリスタは一度オン状態になってからゲート電流を零としても，アノード電流が保持電流以上であれば，オン状態は持続する．

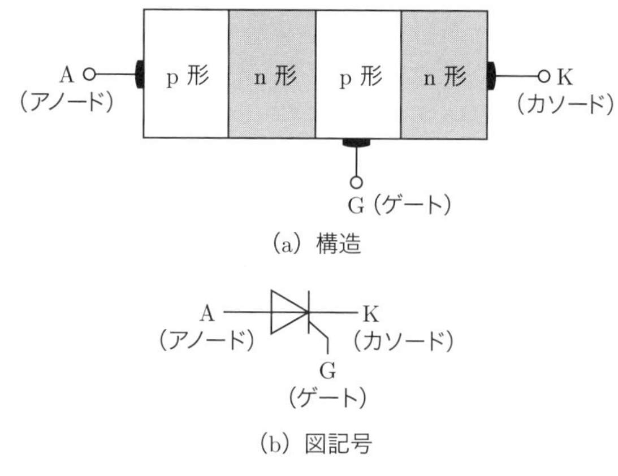

図4･1 逆阻止三端子サイリスタ

サイリスタのゲート電流で制御できるのはターンオン（オン状態にすること）のみである．導通状態のサイリスタをターンオフ（オフ状態にすること）するためには，ゲート電流を零としてアノード電流を保持電流より小さくする必要がある．それには，アノード電流を流す元になっている電源電圧を零にするか，アノードとカソード間に逆電圧を一定時間以上印加する．これによりアノード電流は消滅する．アノード電流を零としてからオフ状態を回復するまでの時間を**ターンオフ時間**といい，それぞ

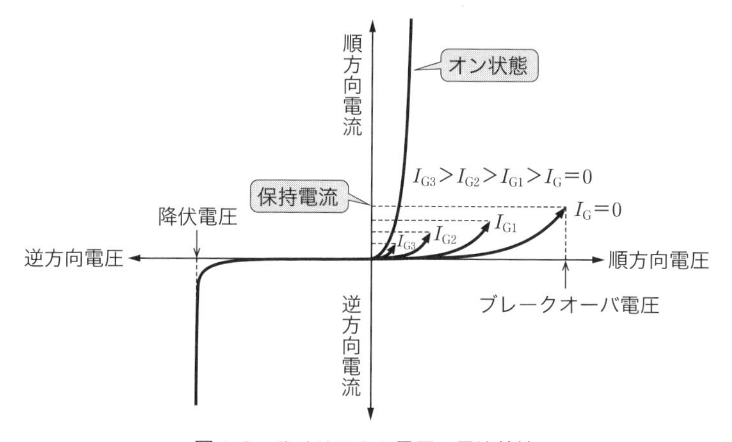

図4･2 サイリスタの電圧―電流特性

れのサイリスタによって定まる．

(2) GTO（ゲートターンオフサイリスタ）

GTO（Gate Turn-Off Thyristor，ゲートターンオフサイリスタ）は，サイリスタの一種だが，図4･3に示すように，カソードの幅を狭くして，その周りにゲートを配置することで，負のゲート電流を流しターンオフできるという特徴がある．GTOはゲートの順電流，逆電流によりオン状態・オフ状態の双方向に制御可能な自己消弧素子である．

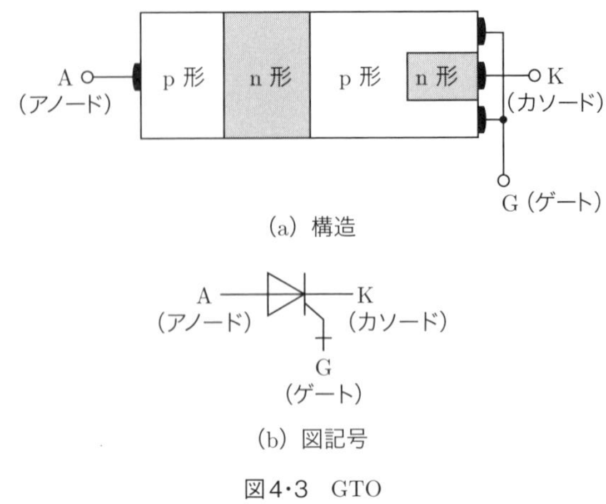

図4･3　GTO

GTOには，回路の電流をゲート信号により遮断する能力があるが，電流を強制的に遮断すると，急しゅんな立ち上りの電圧がアノード・カソード間に加わる．このため，ターンオフ時の電力損失が大きく，しかもそれが局部に集中するためGTOが破壊するおそれがある．それを避けるため，GTOと並列に**スナバ回路**が設けられる．図4･4に示すようなコンデンサC，抵抗R_SおよびダイオードDからなるスナバ回路がよく用いられる．ターンオンとターンオフのたびにコンデンサの充放電が繰り返されるが，抵抗にはターンオン時の放電電流を制限する作用がある．

図4･5に示すように，GTOのターンオフ時には下降時間の終期に，電圧波形にスパイク状の電圧が重畳する．スパイク電圧はGTOのターンオフによりスナバ回路に分流する電流の変化率$\dfrac{di}{dt}$とスナバ回路のインダクタンスLの積$L\dfrac{di}{dt}$で決まり，

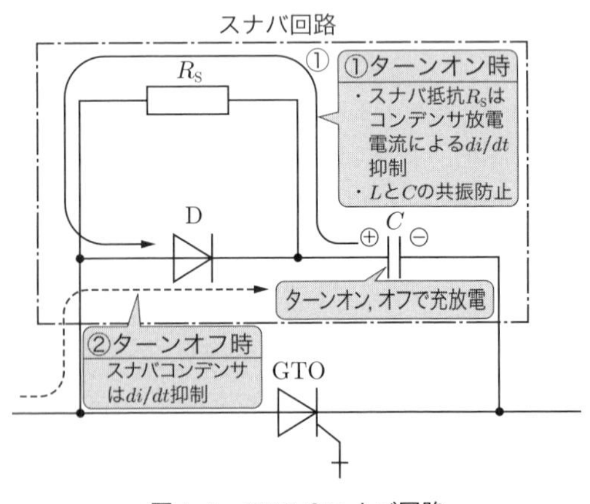

図4･4　GTOのスナバ回路

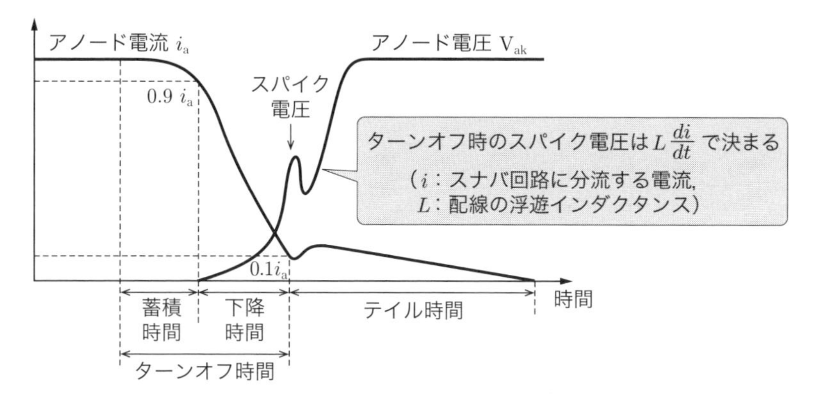

図4･5　GTO ターンオフ時の電圧・電流波形

スパイク電圧を小さくするためには，スナバ回路の配線はできるだけ短くする必要がある．（スパイク電圧が素子の定格を超えると，素子が破壊される．）

問題 2　IGBT の誘導負荷スイッチング試験　(H26-A2)

次の文章は，絶縁ゲートバイポーラトランジスタ（IGBT）の誘導負荷スイッチング試験に関する記述である．

図 1 は，IGBT に対して誘導負荷スイッチング試験を行うための試験主回路，及び試験時にリアクトル L に流れる電流 i_L の波形の一例である．

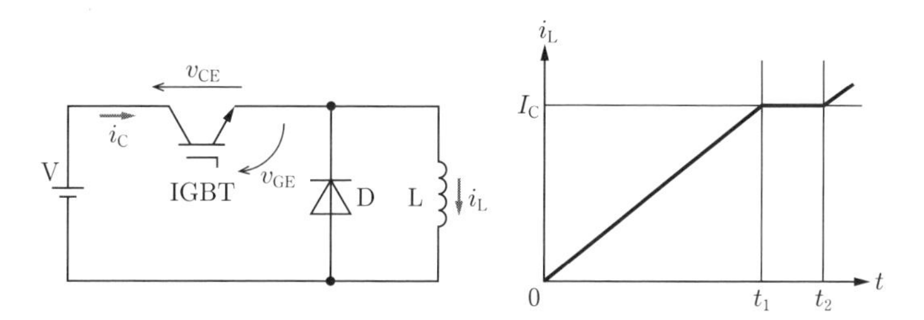

図1　誘導負荷スイッチング試験主回路及び通電波形

IGBT のゲート-エミッタ間電圧 v_{GE} を制御し，時刻 $t=0$ で IGBT をターンオンさせると，L に流れる電流 i_L は 0 から徐々に増加する．時刻 t_1 で i_L が試験設定電流 I_C に達したとき，IGBT をターンオフさせ，短時間後の t_2 に再度ターンオンさせた．t_1 から t_2 までの間，i_L は，ダイオード D を環流し減衰するが，(t_2-t_1) が短時間であるので，ここでは I_C に維持されるものとする．

このときのターンオフ時のコレクタ-エミッタ間電圧 v_{CE} 及びコレクタ電流 i_C の概略波形は，図2の (1) となる．また，ターンオン時の同概略波形は，図2の (2) となる．

ターンオフ時，IGBT のコレクタ電流 i_C が $0.1I_C$ から $0.02I_C$ に降下するまでの時間を (3) という．

IGBT がオフ時のコレクタ-エミッタ間電圧を V_{CE} とする．また，オン時のコレクタ-エミッタ間飽和電圧 V_{CEsat} は十分に小さいものとして無視する．ターンオフ損失は，ターンオフ時，v_{CE} が $0.1V_{CE}$ に上昇した時点から，i_C が $0.02I_C$ に減少した時点までの (4) の積分値である．

同じ I_C 及び V_{CE} のとき，誘導負荷スイッチング時における IGBT のスイッチング損失は，抵抗負荷スイッチング時に比較して (5) ．

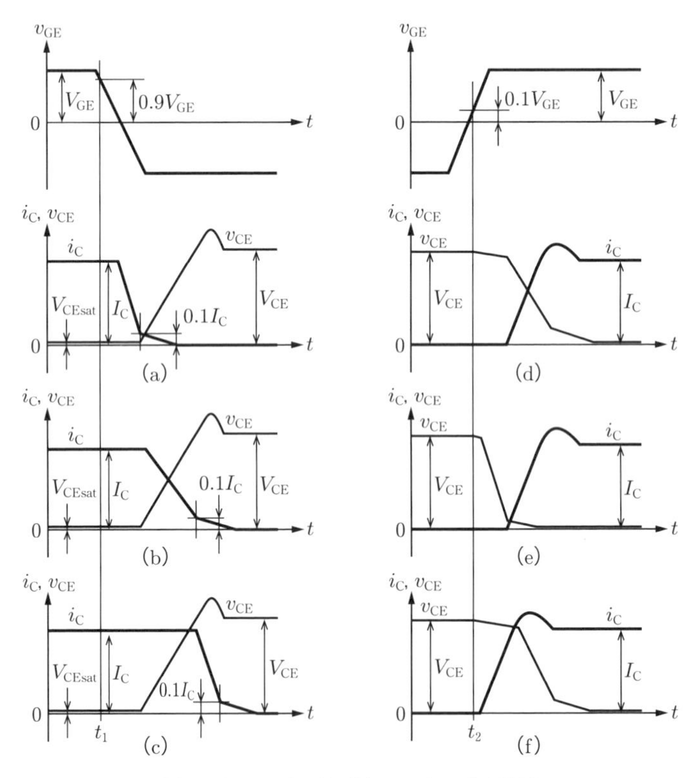

図2　ターンオフ及びターンオン時の波形

解答群

(イ)　(e)　　(ロ)　(b)　　(ハ)　大きい
(ニ)　エミッタ損失　　(ホ)　(a)　　(ヘ)　同等である
(ト)　テイル時間　　(チ)　(c)　　(リ)　降下時間
(ヌ)　小さい　　(ル)　(f)　　(ヲ)　(d)
(ワ)　遮断時間　　(カ)　コレクタ損失
(ヨ)　コレクタ-エミッタ損失

ー攻略ポイントー

IGBT の構成，動作について復習する．IGBT は，MOSFET を入力段とし，バイポーラトランジスタを出力段とするダーリントン接続の構造を有する．

解説　(1) IGBT をターンオンし，時刻 t_1 で i_L が試験設定電流 I_C に達したとき，問題図 2 の左上の図のように，ゲート-エミッタ間電圧 v_{GE} を $+V_{GE}$ から $-V_{GE}$ に向かって直線的に反転させていき，IGBT をターンオフさせる．

解図 1 の①の時間領域に関して，正のゲート-エミッタ間電圧 v_{GE} が印加されている間，コレクタ電流 i_C が流れ，コレクタ-エミッタ間電圧 v_{CE} は極めて小さな値である．そして，解図 1 の時間領域②に関して，ゲート-エミッタ間電圧 v_{GE} が負に反転した後に，コレクタ-エミッタ間電圧 v_{CE} が上がり始める．v_{CE} が上がると，誘導負荷にかかる電圧 v_L が下がる．このとき，リアクトルの電流，磁束は急変できないから，コレクタ電流は同時には下がらない．さらに，解図 1 の時間領域③に関して，v_L が零まで下がり，v_{CE} が上がらなくなったところで，i_C が急激に低下する．最後に，時間領域④に関して，i_C が零に近づき，v_{CE} が定常の V_{CE} に

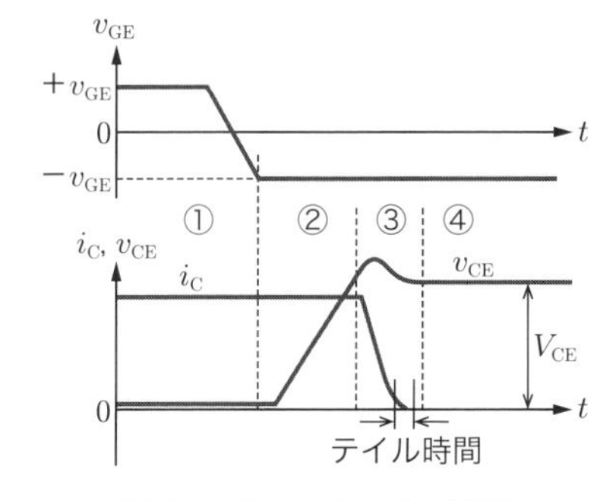

解図 1　ターンオフ時の波形

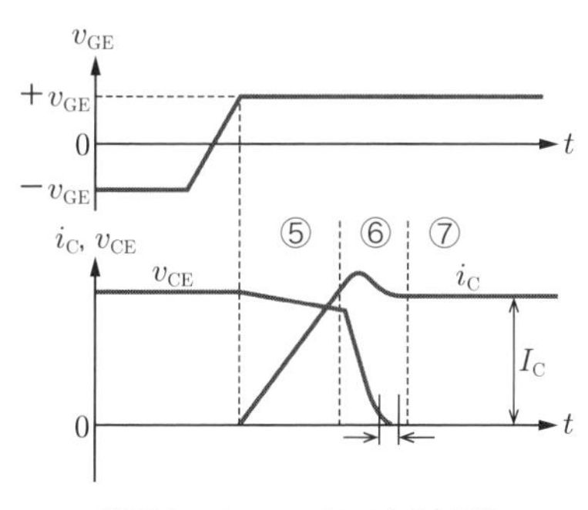

解図 2　ターンオン時の波形

近づくとターンオフとなる．したがって，ターンオフ時の v_{CE} および i_C の概略波形は問題図2の **(c)** となる．

(2) 時刻 t_2 でIGBTがターンオンするときには，解図2の時間領域⑤に示すように，ゲート–エミッタ間電圧 v_{GE} が正に反転したところからコレクタ電流 i_C が流れ始めるが，誘導負荷には電流 i_L が流れているため，電圧 v_L は急変動せず，v_{CE} はあまり低下しない．そして，解図2の時間領域⑥に示すように，コレクタ電流 i_C が上がりきったところで v_{CE} が急激に下がる．さらに，解図2の時間領域⑦に示すように，i_C が定常値の I_C に近づき，v_{CE} が零に近づくと，ターンオンとなる．したがって，ターンオン時の v_{CE} および i_C の概略波形は問題図2の **(f)** となる．

(3) ターンオフ時，IGBTのコレクタ電流 i_C が $0.1I_C$ から $0.02I_C$ に降下するまでの時間を**テイル時間**という．

(4) IGBTの**ターンオフ損失**は，コレクタ電流 i_C とそのときのコレクタ–エミッタ間電圧 v_{CE} との積である**コレクタ損失**を，ターンオフ開始（v_{CE} が $0.1V_{GE}$ に上昇した時点）から終了（i_C が $0.02I_C$ に減少した時点）までの間，時間積分した値である．

(5) IGBTに抵抗負荷が接続されている場合，ターンオフ時にはコレクタ–エミッタ間電圧 v_{CE} の上昇と同時にコレクタ電流 i_C が減少することから，コレクタ損失の積分値は小さい．しかし，IGBTに誘導負荷が接続されると，ターンオフ時にコレクタ–エミッタ間電圧 v_{CE} が上昇してもコレクタ電流 i_C の減少が遅れて残るために，コレクタ損失の積分値は大きくなる．すなわち，誘導負荷スイッチング時におけるIGBTのスイッチング損失は，抵抗負荷スイッチング時に比較して**大きい**．

解答　**(1)（チ）　(2)（ル）　(3)（ト）　(4)（カ）　(5)（ハ）**

詳細解説 2　パワーMOSFETとIGBT

(1) パワーMOSFET

パワーMOSFET（Metal Oxide Semiconductor Field Effect Transistor）は，電子または正孔のいずれか1種類のキャリアのみがその動作に関与するユニポーラ形のパワートランジスタである．図4･6に示すように，パワーMOSFETはドレイン，ソースおよびゲートの3つの端子を持つ．ゲート–ソース間の順電圧および逆電圧により，オン状態・オフ状態の双方向に制御可能な電圧駆動形のデバイスである．動作原理としては，ゲートに正の電圧を印加すると，ゲート付近のp形半導体内の自由電子が引き寄せられ，n 形半導体と同じ作用をする反転層（n チャネル）が形成され，ドレインからソースまでが導通する．オフ状態のパワーMOSFET は，ソース電極の一部が p 形半導体に接していることから，オンのゲート電圧が与えられなくても逆電圧が印加されれば逆方向の電流が流れる．つまり，ボディダイオード（寄生ダイオード）を内蔵している．

［パワーMOSFET の特徴］

①バイポーラ形の IGBT と比べてターンオン時間が短い一方，オン状態の抵抗が高く，流せる電流は小さい．

②主に電圧が低い変換装置において高い周波数でスイッチングする用途に用いられる．

③電圧駆動形であり，キャリア蓄積効果がないことから，スイッチング損失が少ない．

④シリコンのかわりに SiC（炭化ケイ素）を用いると，高耐圧化をしつつオン状態の抵抗を低くすることで高耐熱化が可能になる．

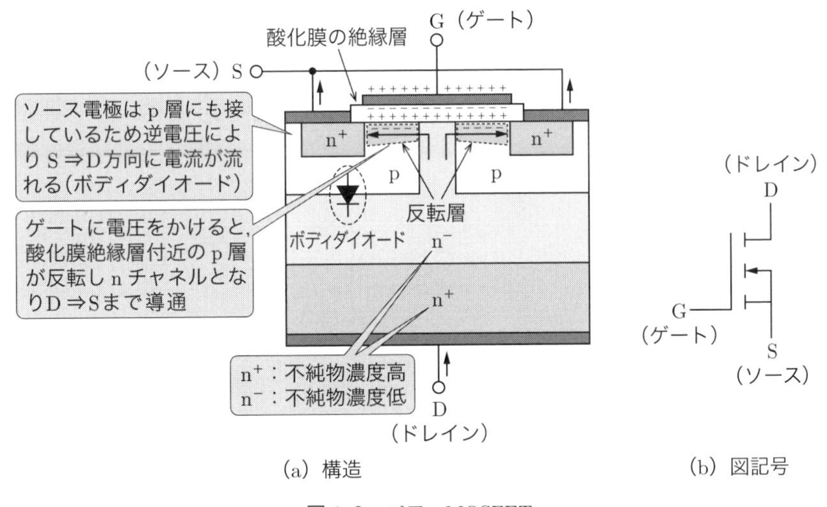

(a) 構造　　(b) 図記号

図4･6　パワーMOSFET

(2) IGBT

IGBT（Insulated Gate Bipolar Transistor：絶縁ゲート型バイポーラトランジスタ）は，MOSFET を入力段とし，バイポーラトランジスタを出力段とする**ダーリントン接続**の構造を同一の半導体基板上に構成した複合機能デバイスである．IGBT には，n チャネルと p チャネル，および縦形と横形の構造があるが，電力用としては，図 4･7 に示すように，**縦形 n チャネル形**が主に採用されている．IGBT は，コレクタ，エミッタおよびゲートの 3 つの端子を持ち，ゲート・エミッタ間の印加電圧によってオ

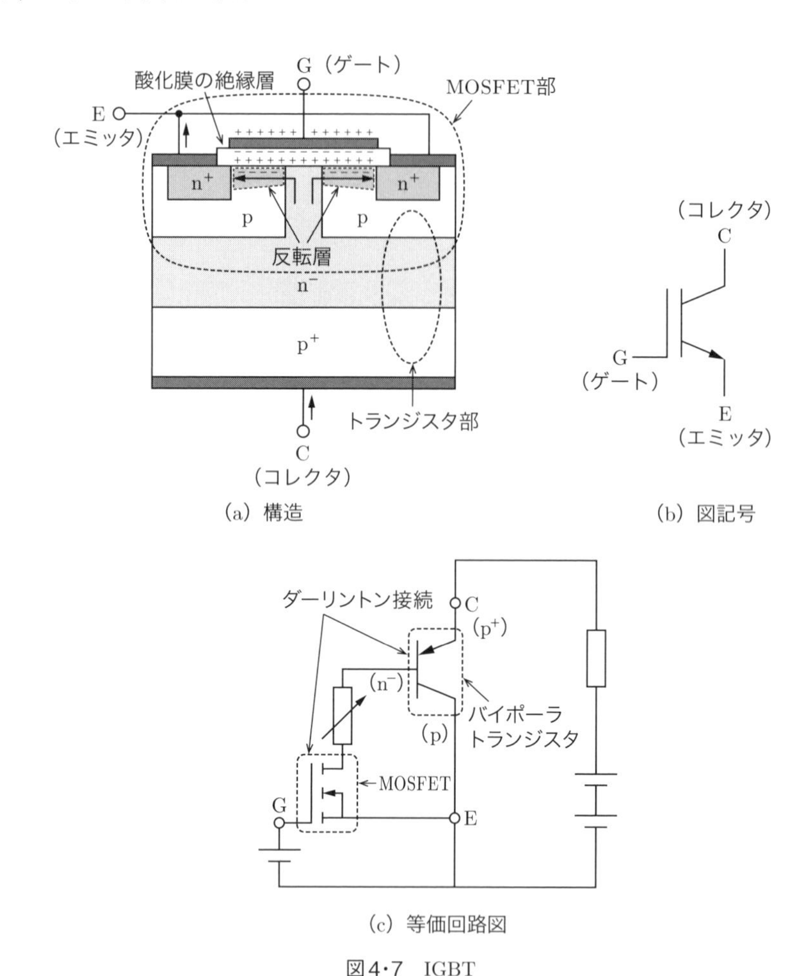

図4･7　IGBT

ン状態・オフ状態の双方向に制御可能である．IGBT のコレクタ–エミッタ間に，順電圧を印加しオンのゲート電圧を与えると順電流を流すことができ，その状態からゲート電圧を取り去ると非導通となる．

IGBT は，図4･7(c)の等価回路に示すように，MOSFET を入力段，p^+n^-p バイポーラトランジスタを出力段とするダーリントン接続回路として表される．ゲート電圧によってチャネルを開閉して p^+n^-p バイポーラトランジスタのベース電流を制御するので，高速スイッチングと高耐圧・大電流化を図れる．

[IGBT の特徴：バイポーラトランジスタと MOSFET の特徴を兼ね備えたもの]

①バイポーラトランジスタ並みにオン電圧が低い．

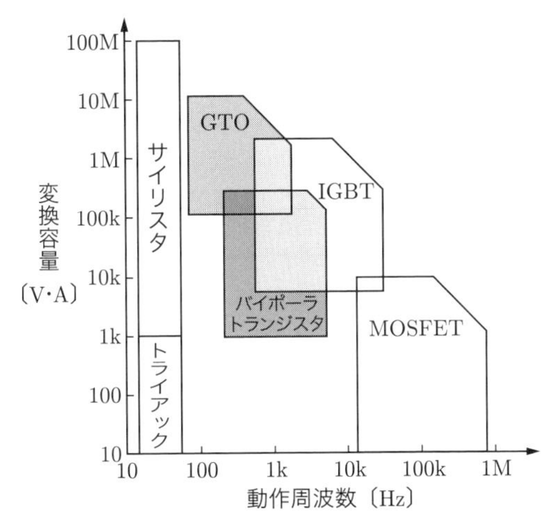

図4·8 パワー半導体素子のカバー範囲

②MOSFETのように，電圧駆動で高速スイッチングが可能である.

③バイポーラトランジスタに比べ，破壊耐量が大きい.

④並列動作時の安定性が優れているので，チップサイズの大面積化および複数のチップを並列接続することによる大電流化が容易である.

⑤IGBTは，キャリアの蓄積作用のため，ターンオフ時に時間をかけてオフ状態に移る電流（**テイル電流**）が流れ，パワーMOSFETと比べ，オフ時間が長い.

IGBTは，民生機器から汎用・大型インバータ，電車用電動機の制御装置，産業用大型プラント機器に至る広範囲の分野で用いられる．図4·8に示すように，IGBTはパワーエレクトロニクス分野での中心的な素子である.

2　整流回路

問題３　三相ブリッジダイオード整流器　(H23-A3)

次の文章は，三相ブリッジダイオード整流器の動作に関する記述である．

図１は三相ブリッジダイオード整流器の回路構成である．負荷と直列に平滑用直流リアクトルを接続している．ダイオードのオン電圧，逆阻止電流（逆漏れ電流）及び逆回復電流（リカバリ電流），並びにリアクトルの抵抗は無視できるものとする．また，三相電源の内部インピーダンスも無視できるものとする．平滑用直流リアクトルのインダクタンスを増加すると，負荷電流のリプルを低減することができる．平滑用直流リアクトルのインダクタンスが十分に大きいとすると，ダイオード整流器の交流入力電流波形は，通電期間が (1) の方形波になる．線間電圧実効値が 200 V，50 Hz の三相電源にダイオード整流器を接続した場合，負荷の直流電圧は約 (2) 〔V〕となる．

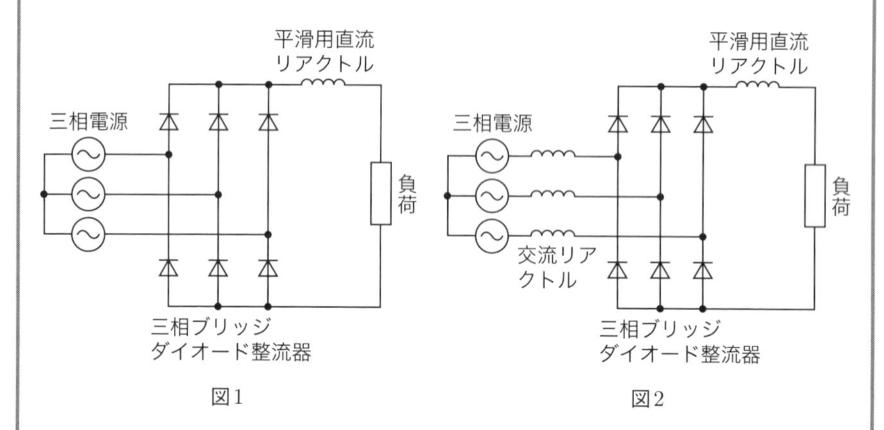

図1　図2

一方，図２のように三相電源とダイオード整流器との間に交流リアクトルを接続した場合には，交流リアクトルがない場合と比べて，各ダイオードが (3) 状態になる時刻に遅れが生じ， (4) が発生する．このとき，交流入力電流は台形波状となり，基本波力率は低下するが，高調波ひずみ率は減少する．また，交流リアクトルを接続しない場合と比べて，負荷電圧の電圧変動率は増加する．各相に 1 mH の交流リアクトルを接続したとき，負荷電流が 100 A 流れたとすると，負荷電圧は約 (5) 〔V〕低下する．

解答群

(イ) 20	(ロ) 制御遅れ角	(ハ) 180°	(ニ) 245
(ホ) 60°	(ヘ) 保 持	(ト) 導 通	(チ) 283
(リ) 270	(ヌ) 30	(ル) 120°	(ヲ) 逆阻止
(ワ) 重なり角	(カ) 導通角	(ヨ) 50	

― 攻略ポイント ―

三相ブリッジダイオード整流器の動作に関する出題である．交流リアクトルがある場合には重なり角が生じること，積分して計算できることがポイントである．

解説 (1) 解図 1 に問題図 1 の回路と各部の電圧・電流記号，解図 2 に各部の波形例を示す．平滑用リアクトルのインダクタンスが十分に大きい場合，直流電流 i_d は一定値 I_d とみなせる．解図 2 のように，電源電圧の最大の相が P 側電位，最小の相が N 側電位で出力されるため，相電圧の大小が変わる時点（解図 2 の ωt_1：P 側，ωt_2：N 側，以降 $\pi/3$ rad 毎）で，P 側ダイオードの通電電流が転流し，N 側ダイオードの通電電流が相順に転流する．この転流は電源間の短絡電流により瞬時に行われるため，各交流入力電流の正方向（P 側ダイオードの通電），逆方向（N 側ダイオードの通電）の通電期間は **120°** の方形波となる．

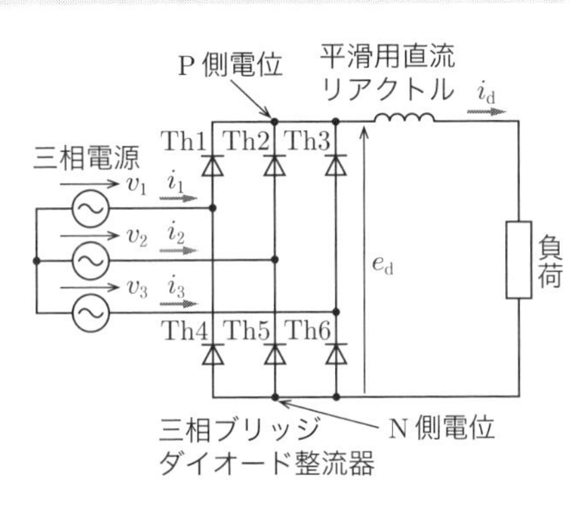

解図 1 回路図と各部の記号

(2) 負荷の直流電圧 E_d は，解図 2 で，P 側電位−N 側電位の差である直流電圧 e_d の波形を積分して平均値を求めればよい．

$$E_\mathrm{d} = \frac{1}{\pi/3}\int_{-\pi/6}^{\pi/6}\sqrt{2}E\cos(\omega t)\,\mathrm{d}(\omega t)$$

$$= \frac{3\sqrt{2}E}{\pi}\,[\sin\theta]_{-\pi/6}^{\pi/6} = \frac{3\sqrt{2}E}{\pi} = 1.35E$$

$$\therefore\quad E_\mathrm{d} = 1.35E = 1.35\times 200 = \mathbf{270}\ \mathrm{V}$$

(3) (4) 問題図 2 の回路と各部の記号を解図 3，その各部の電圧・電流波形を解

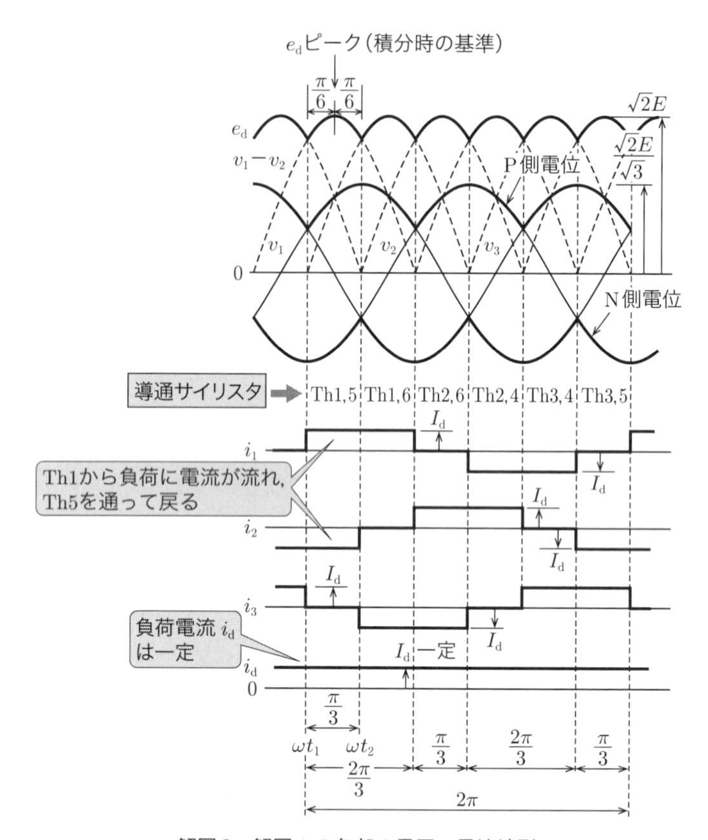

解図２　解図１の各部の電圧・電流波形

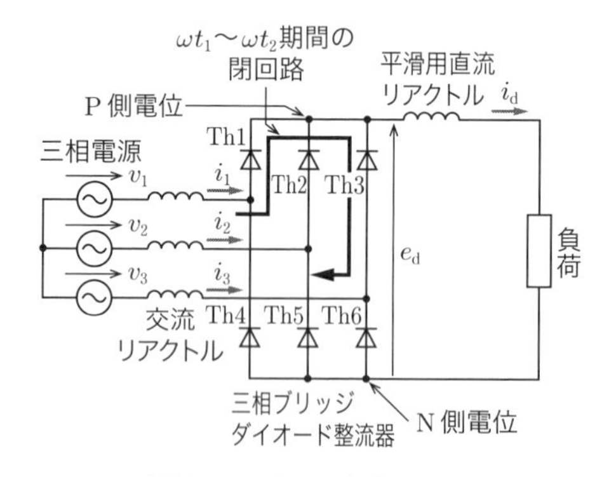

解図３　回路図と各部の記号

図4に示す．三相電源とダイオード整流器の間に交流リアクトルを接続した場合，瞬時にダイオードが転流せず，転流元のダイオード電流が零，転流先のダイオード電流が直流電流 I_d になるまでの間，2つのダイオードが通電する．すなわち，各ダイオードが**逆阻止**状態になる時刻に遅れが生じる．この期間を転流期間といい，この角度を**重なり角**という．

(5) 解図4のように，交流電流は台形波状となる．この重なり角 u の間に交流リアクトルに同図の網掛け部に相当するリアクタンス電圧降下が生じて，負荷電圧が1サイクルで6回低下する．したがって，1サイクルの直流電圧降下 ΔV_d は，

$$\Delta V_d = \frac{6}{2\pi}\int_0^u L\frac{\mathrm{d}i_u}{\mathrm{d}t}\mathrm{d}(\omega t) = \frac{3}{\pi}\int_0^u \omega L\frac{\mathrm{d}i_u}{\mathrm{d}(\omega t)}\mathrm{d}(\omega t)$$

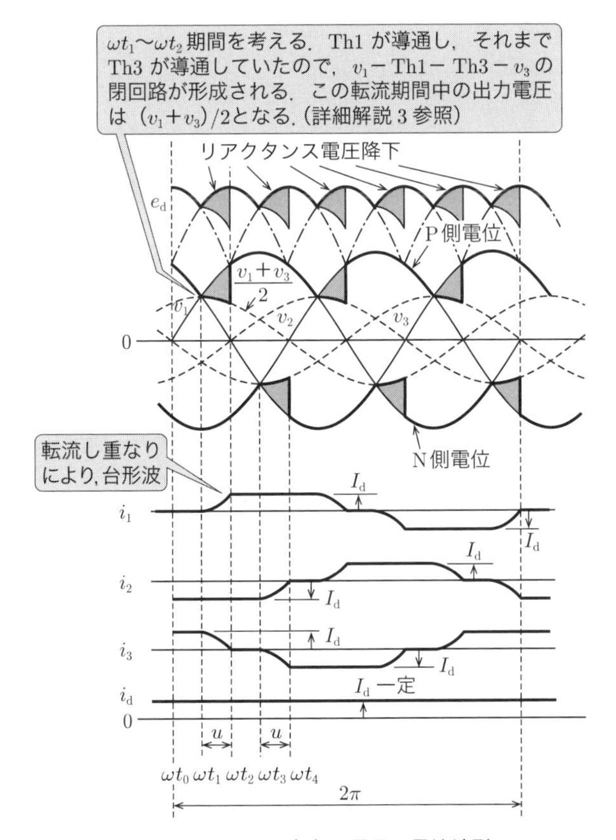

解図4　解図3の各部の電圧・電流波形

$$= \frac{3\omega L}{\pi}\int_0^{I_d} di_u = \frac{3\omega L I_d}{\pi}$$

d(ωt) の積分範囲は 0〜u であるが，di_u の電流積分にすると積分回路はそれに対応する 0〜I_d に変化

数値を代入すれば

$$\Delta V_d = \frac{3\times 2\pi\times 50\times 1\times 10^{-3}\times 100}{\pi} = 30\ \text{V}$$

（詳細解説 3 を参照）

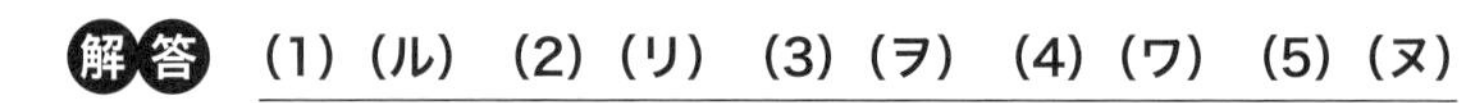

問題 4　サイリスタを用いた三相整流回路　(R5-A3)

次の文章は，サイリスタを用いた三相整流回路に関する記述である．

図 1 のように線間電圧 E，角周波数 ω の対称三相交流電源に三相サイリスタ整流回路を接続し，誘導性負荷に直流電流 I_d を供給する．図中の L は交流電源側のインダクタンス成分を表す．サイリスタのオン電圧，電源側の抵抗成分，負荷側の電流リプルは無視できるものとする．

図 2 は，L での起電力を無視した場合のサイリスタ整流回路の入出力電圧波形である．この場合，ゲート信号を与えたサイリスタはターンオンし，逆バイアスが印加されたサイリスタの電流は直ちに零となりターンオフする．このように電流の流れる経路が変わることを［(1)］という．直流電圧 e_d は電源の $\frac{1}{6}$ 周期ごとに脈動する波形となる．ここで，制御遅れ角（点弧角）を α とすると直流電圧の平均値 E_d は，

$E_d =$［(2)］……………………………………①

で求められる．

次に，L での起電力を考慮した場合，ゲート信号を与えたサイリスタはターンオンするが，それまでオンしていたサイリスタにも電流が流れ続け，重なり期間 u が生じる．このときの出力電圧波形は図 3［(3)］のようになる．図 1 の回路では電源 1 周期の間に［(4)］回の重なり期間が生じる．この場合の直流電圧平均値は①式の E_d［(5)］なる．

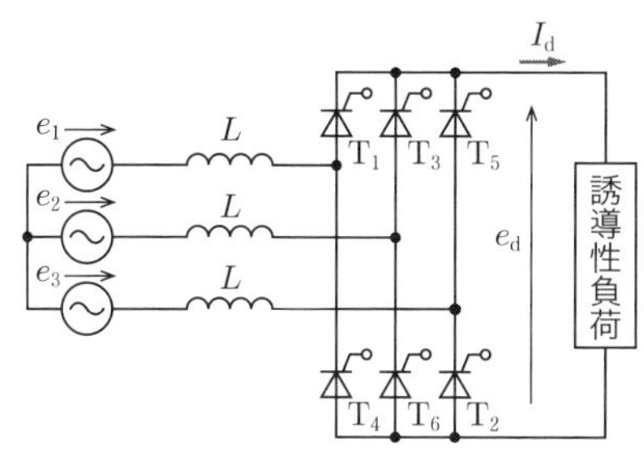

図1　三相ブリッジ整流回路

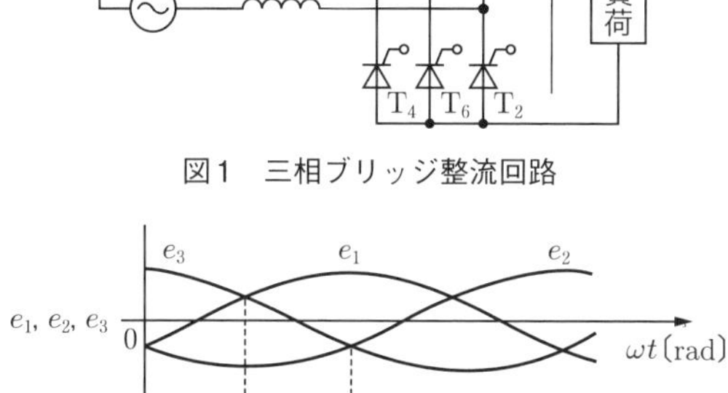

図2　L での起電力を無視した場合の入出力電圧

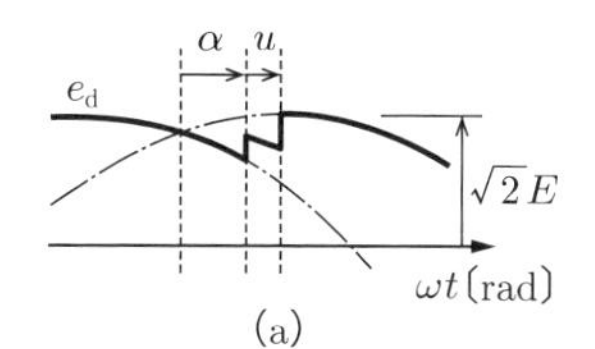

(a)

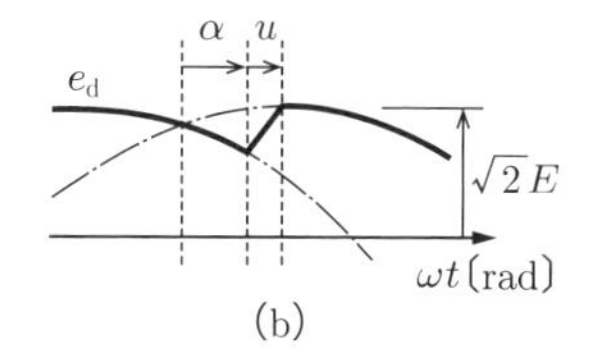

(b)

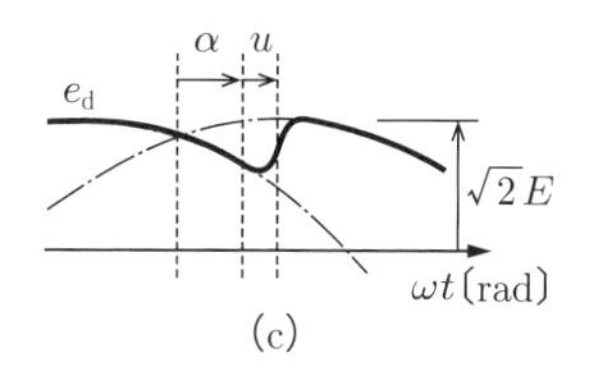

(c)

図3　L での起電力を考慮した場合の出力電圧

解答群

(イ)　環流	(ロ)　限流	(ハ)　転流
(ニ)　1	(ホ)　3	(ヘ)　6
(ト)　$\dfrac{3\sqrt{2}}{\pi}E\cos\alpha$	(チ)　$\dfrac{3\sqrt{2}}{2\pi}E\cos\alpha$	(リ)　$\dfrac{3\sqrt{6}}{2\pi}E\cos\alpha$
(ヌ)　より大きく	(ル)　より小さく	(ヲ)　と等しく
(ワ)　(a)	(カ)　(b)	(ヨ)　(c)

― 攻略ポイント ―

問題3はダイオードによる三相ブリッジ整流器であったが，本問はサイリスタを用いている．制御遅れ角 α の分だけ各部の電圧波形が変わることに注意する．

解説　(1) **転流**とは，複数のサイリスタがあるとき，あるサイリスタがターンオフすると同時に，他のサイリスタがターンオンして，電流が前者から後者に移ることである．

(2) 解図1は，交流電源側のインダクタンス L による起電力を無視し，制御遅れ

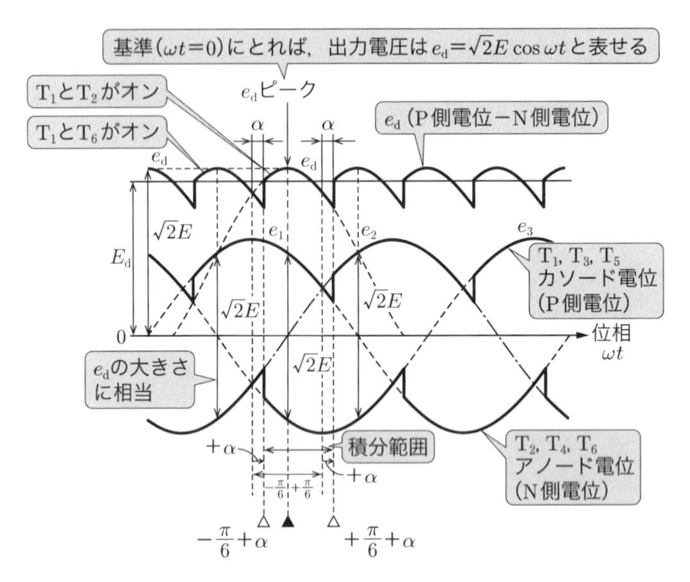

解図1　制御遅れ角 α の場合の波形

角 α の場合の各部の電圧・電流波形を示す．整流器出力の電圧 e_d は $e_d=\sqrt{2}E\cos\omega t$ と表せるので，解図1から，三相サイリスタ整流回路の出力直流電圧の平均値 E_d は

$$E_d=\frac{1}{\pi/3}\int_{-\frac{\pi}{6}+\alpha}^{\frac{\pi}{6}+\alpha}\sqrt{2}E\cos\omega t\mathrm{d}(\omega t)=\frac{3\sqrt{2}E}{\pi}\ \left[\sin\theta\right]_{-\frac{\pi}{6}+\alpha}^{\frac{\pi}{6}+\alpha}$$

$$=\frac{3\sqrt{2}E}{\pi}\left\{\sin\left(\frac{\pi}{6}+\alpha\right)-\sin\left(-\frac{\pi}{6}+\alpha\right)\right\}$$

$$=\frac{3\sqrt{2}E}{\pi}\times 2\sin\frac{\pi}{6}\cos\alpha=\frac{3\sqrt{2}}{\pi}E\cos\alpha \cdots\cdots ①$$

(3) 交流電源側のインダクタンス L の起電力を考慮した場合の各部の電圧・電流波形を解図2に示す．同図では，電源 e_1，e_2，e_3 から流れ出す電流をそれぞれ i_1，i_2，i_3 としている．詳細解説3で詳しく説明するが，交流電源側のインダクタンス成分があると，転流重なりが生じる．したがって，出力電圧波形は図3の **(a)** が正しい．

(4) 図1は三相ブリッジ整流回路であり，重なり期間はP側サイリスタの転流で3回，N側サイリスタの転流で3回生じるので，1周期の間に**6**回の重なり期間が生じる．このことは解図1からも理解できるであろう．

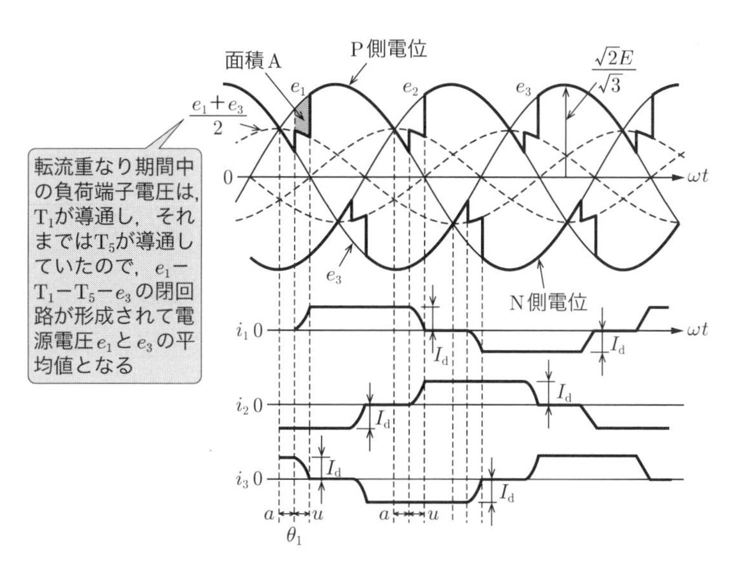

解図2　転流重なり期間を考慮した波形

(5) 重なり期間における直流電圧平均値は，解図2の面積Aの網掛け部分に相当する電圧減少が発生するので，式①の直流電圧平均値より**小さく**なる．

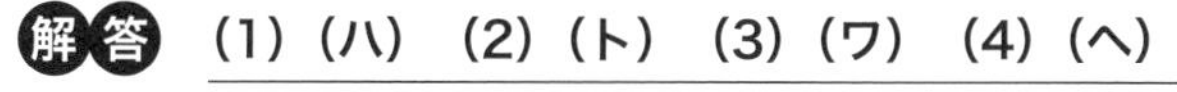

解答　(1)（ハ）　(2)（ト）　(3)（ワ）　(4)（へ）　(5)（ル）

詳細解説3　転流重なり

本問における交流電源側のインダクタンス成分は変圧器の漏れインダクタンスL_sが相当する．ここでは，転流重なりを理解するために，図4•9(a)の三相半波整流回路を事例に解説する．

さて，図4•9(b)，(c)に示すように，v_1とv_2の交点を時間の原点（基準1）とし，$\theta=\alpha$の時点でサイリスタTh2がトリガされ，点弧したとすれば，それまでTh1が導通していたので，その瞬間に閉回路としてv_1–L_s–Th1–Th2–L_s–v_2が形成される．したがって，$\theta=\omega t$，$X_s=\omega L_s$として，次式が成立する．（なお，X_sを**転流リアクタ**

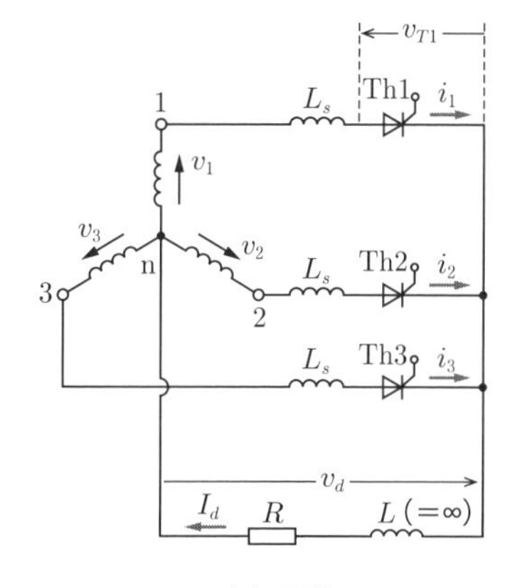

(a) 回路

図4•9　転流重なりのある三相半波整流回路と各部の電圧・電流波形 (a)

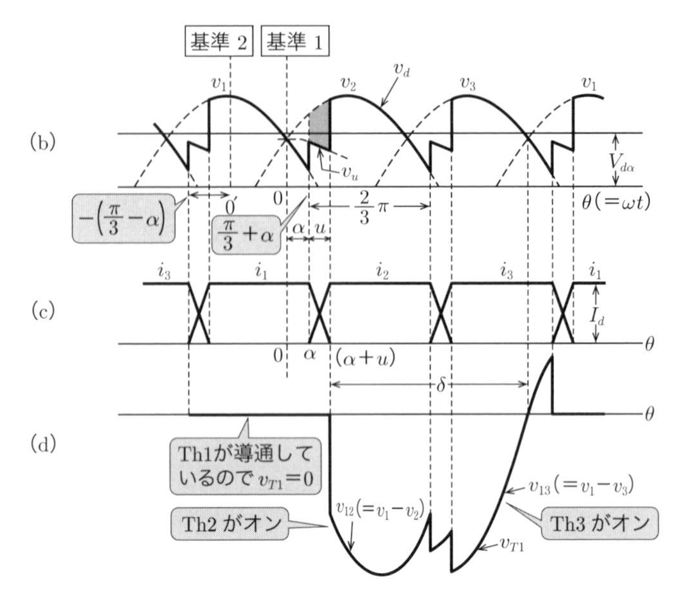

図4・9　転流重なりのある三相半波整流回路と各部の電圧・電流波形（b）（c）（d）

ンスという．）

$$v_1-X_s\frac{di_1}{d\theta}=v_2-X_s\frac{di_2}{d\theta} \tag{4・1}$$

ここで，$v_1=\sqrt{2}E\cos(\theta-\pi/3)$，$v_2=\sqrt{2}E\cos(\theta+\pi/3)$とすれば

$$v_2-v_1=\sqrt{6}E\sin\theta \tag{4・2}$$

となる．これと $i_1+i_2=I_d$（一定）を式(4・1)に代入すれば

$$\sqrt{6}E\sin\theta=X_s\frac{di_2}{d\theta}-X_s\frac{d(I_d-i_2)}{d\theta}=2X_s\frac{di_2}{d\theta}\quad(\because\quad I_d\text{は一定})$$

$$\therefore\quad i_2=\frac{\sqrt{6}E}{2X_s}\int\sin\theta d\theta+C=\frac{\sqrt{6}E}{2X_s}(-\cos\theta)+C$$

ここで，C は積分定数を表すが，初期条件 $\theta=\alpha$，$i_2=0$ から

$$C=\frac{\sqrt{6}}{2X_s}E\cos\alpha$$

$$\left.\begin{aligned}\therefore\quad i_2&=\frac{\sqrt{6}}{2X_s}E(\cos\alpha-\cos\theta)\\ \therefore\quad i_1&=I_d-i_2=I_d-\frac{\sqrt{6}}{2X_s}E(\cos\alpha-\cos\theta)\end{aligned}\right\} \tag{4・3}$$

式(4･3)に $\theta=\alpha+u$，$i_2=I_{\mathrm{d}}$ を代入して

$$\cos\alpha-\cos(\alpha+u)=\frac{2X_s}{\sqrt{6}E}I_{\mathrm{d}} \qquad \therefore \quad u=\cos^{-1}\left(\cos\alpha-\frac{2X_s}{\sqrt{6}E}I_{\mathrm{d}}\right)-\alpha \quad (4\cdot4)$$

つまり，図 4･9(c)に示すように，この u の期間は i_1，i_2 が重畳して流れるが，この過渡現象を**転流重なり**といい，重なり期間 u を**重なり角**という．

次に，転流重なり期間中の負荷端子電圧 v_u を求める．

$$v_u=v_1-X_s\frac{di_1}{d\theta}=v_2-X_s\frac{di_2}{d\theta}$$

$$\therefore \quad 2v_u=v_1+v_2-X_s\frac{d}{d\theta}(i_1+i_2)=v_1+v_2-X_s\frac{dI_{\mathrm{d}}}{d\theta}=v_1+v_2$$

$$\therefore \quad v_u=\frac{v_1+v_2}{2} \qquad (4\cdot5)$$

つまり，**転流中の負荷端子電圧 v_u は，電源電圧 v_1 と v_2 の平均値**となる．したがって，交流電源側のインダクタンス成分があるとき，それがない場合に比べて，図 4･9(b)の網掛け部の面積だけ電圧が減少する．この電圧降下分の時間平均値 ΔV_{d} を求めると，基準 1 から積分区間として α～$\alpha+u$ とすれば，式(4･2)，式(4･5)より

$$\Delta V_{\mathrm{d}}=\frac{1}{2\pi/3}\int_{\alpha}^{\alpha+u}(v_2-v_u)d\theta=\frac{3}{2\pi}\int_{\alpha}^{\alpha+u}\frac{v_2-v_1}{2}d\theta=\frac{3}{2\pi}\int_{\alpha}^{\alpha+u}\frac{\sqrt{6}}{2}E\sin\theta d\theta$$

$$=\frac{3\sqrt{6}}{4\pi}E\{\cos\alpha-\cos(\alpha+u)\}$$

そして，これに式(4･4)を代入すれば

$$\Delta V_{\mathrm{d}}=\frac{3\sqrt{6}}{4\pi}E\times\frac{2X_s}{\sqrt{6}E}I_{\mathrm{d}}=\frac{3X_s}{2\pi}I_{\mathrm{d}} \qquad (4\cdot6)$$

となる．一方，三相半波整流回路において，転流重なりを考慮しない場合の負荷端子電圧 $E_{\mathrm{d}\alpha}$ は，基準 2 から積分区間として $-\left(\frac{\pi}{3}-\alpha\right)$ から $\left(\frac{\pi}{3}+\alpha\right)$ をとれば

$$E_{\mathrm{d}\alpha}=\frac{1}{2\pi/3}\int_{-(\pi/3-\alpha)}^{(\pi/3+\alpha)}v_1d\theta=\frac{1}{2\pi/3}\int_{-(\pi/3-\alpha)}^{(\pi/3+\alpha)}\sqrt{2}E\cos\theta d\theta$$

$$=\frac{3\sqrt{2}}{2\pi}E\left[\sin\left(\frac{\pi}{3}+\alpha\right)-\sin\left\{-\left(\frac{\pi}{3}-\alpha\right)\right\}\right]$$

$$=\frac{3\sqrt{2}}{2\pi}E\left(\sin\frac{\pi}{3}\cos\alpha+\cos\frac{\pi}{3}\sin\alpha+\sin\frac{\pi}{3}\cos\alpha-\cos\frac{\pi}{3}\sin\alpha\right)$$

第4章 パワーエレクトロニクス

$$= \frac{3\sqrt{6}}{2\pi} E\cos\alpha = 1.17E\cos\alpha \tag{4・7}$$

である．したがって，転流重なりを考慮する場合の負荷端子電圧 $V_{d\alpha}$ は次式となる．

$$V_{d\alpha} = E_{d\alpha} - \Delta V_d = 1.17E\cos\alpha - \frac{3X_s}{2\pi} I_d \tag{4・8}$$

問題 5　変換器の多重接続　(R2-A3)

次の文章は，変換器の多重接続に関する記述である．

図1には，入力交流線間電圧の位相を30°ずらし，同じ制御遅れ角 α で動作する2組の三相サイリスタブリッジ変換器を直列に多重接続した回路を示す．変換器1の入力電圧位相は変換器2の入力電圧位相に対して30°進んでいる．ここで，平滑用リアクトルのインダクタンスは十分に大きく，直流電流 I_d は一定とする．また，電源インピーダンスなどによる電流重なり現象は無視するものとする．

各ブリッジの入力交流線間電圧は同じ実効値 E とするので，変圧器の二次巻線 S_1 と S_2 の巻数の比は 1 : (1) である．このとき，各ブリッジの直流電圧 e_{d1}，e_{d2} の平均値は (2) である．また，多重化により直流電圧 e_d（直流平均電圧を E_d とする）は直流電圧 e_{d1} と e_{d2} を加算した電圧であるので，e_d の電圧リプル率（直流平均電圧に対するリプル振幅の比率）は e_{d1}，e_{d2} のそれよりも小さくなり，リプル成分の繰り返し周期は基本波の (3) 相当となる．

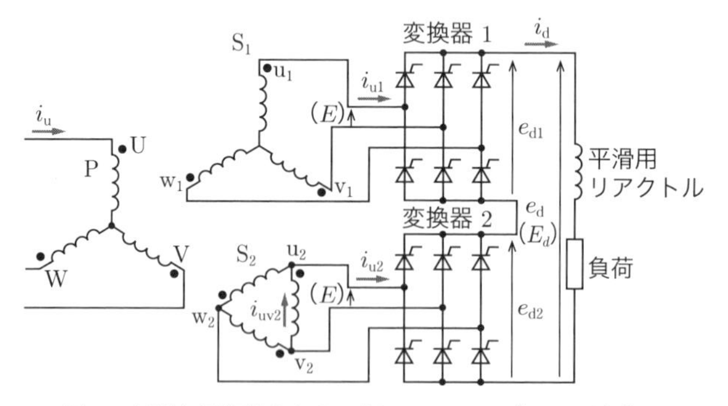

図1　直列多重接続された三相サイリスタブリッジ変換器

図2には，変圧器二次側の各部の電流 i_{u1}，i_{u2} 及び i_{uv2} の波形を示す．このうち電流 i_{u2} の波形は図2の［（4）］である．変圧器一次側に流れる電流 i_u に含まれる低次の高調波電流は［（5）］成分の電流となる．

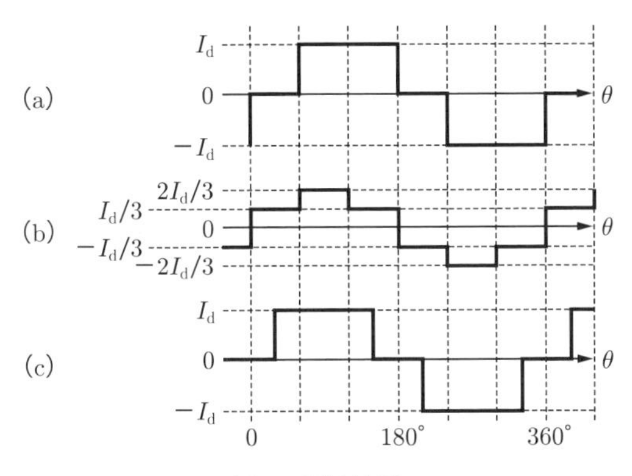

図2　電流波形

解答群

（イ）$1.35E\cos\alpha$　（ロ）1　（ハ）5次，7次，11次，13次，…
（ニ）60°　（ホ）120°　（ヘ）11次，13次，…
（ト）$0.90E\cos\alpha$　（チ）$\dfrac{1}{\sqrt{3}}$　（リ）(a)
（ヌ）30°　（ル）(b)　（ヲ）$0.45E\cos\alpha$
（ワ）$\sqrt{3}$　（カ）(c)
（ヨ）3次，5次，7次，11次，13次，…

ー攻略ポイントー

パルス数 p のインバータでの高調波は $kp\pm1$（$k=1, 2, \cdots$）の高調波が発生するので，12パルス変換器での高調波電流は11次，13次，23次，25次，…の高調波が発生する．

解説　(1) 図1において，変換器用変圧器二次巻線のY結線の S_1 と△結線の S_2 は同じ電圧を出力しなければならない．ここで，変圧器の二次巻線 S_1 が相電圧，S_2 が線間電圧を発生している．線間電圧は相電圧の $\sqrt{3}$ 倍であることから，S_2 の巻数を S_1 の巻数の $\boldsymbol{\sqrt{3}}$ 倍にしておく必要がある．

(2) 変換器の多重接続時の各部の波形を解図に示す．各ブリッジの直流電圧 e_{d1}，

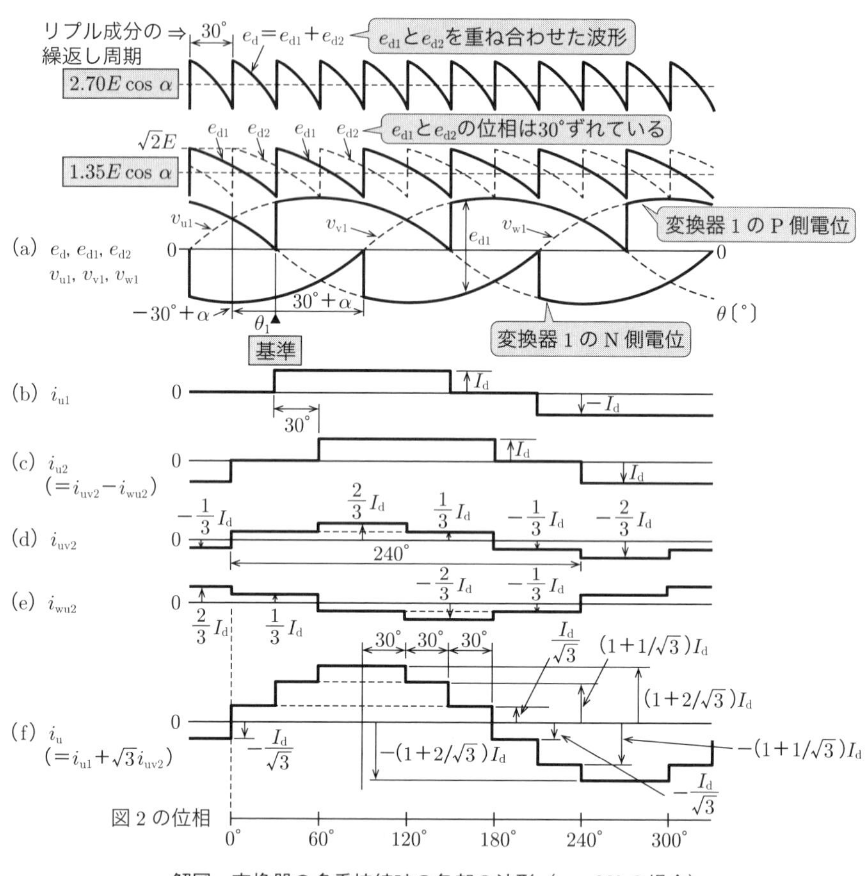

解図　変換器の多重接続時の各部の波形（$\alpha = 30°$ の場合）

e_{d2} の平均値を求める問題であるから，問題４の（2）と同様に，三相ブリッジ回路の出力直流電圧平均値 E_{d1}，E_{d2} を求めればよい．解図において，直流電圧 e_{d1} のピーク位相（θ_1）を基準に $\theta = 0$ と取り直して，$e_{d1} = \sqrt{2}E\cos\theta$，制御遅れ角 α とすれば

$$E_{d1} = \frac{1}{\pi/3}\int_{-\pi/6+\alpha}^{\pi/6+\alpha} \sqrt{2}E\cos\theta d\theta = \frac{3\sqrt{2}E}{\pi}\left[\sin\theta\right]_{-\pi/6+\alpha}^{\pi/6+\alpha} = \frac{3\sqrt{2}}{\pi}E\cos\alpha$$

$$\fallingdotseq \mathbf{1.35}\boldsymbol{E}\,\mathbf{cos}\,\boldsymbol{\alpha}$$

（3）直流電圧 e_d の直流平均電圧 E_d は E_{d1}，E_{d2} を加え合わせればよいから

$$E_d = E_{d1} + E_{d2} = 2 \times 1.35E\cos\alpha = 2.70E\cos\alpha$$

である．解図に示すように，二次巻線 S_1 と S_2 からは $\pi/3$ 周期の電圧が出力され

るが，二次巻線 S_1 の方が S_2 よりも $\pi/6$ 進んだ波形となるため，重ね合わせれば，全体としては **π/6（30°）** の周期となる．

(4) 題意より，図 2 の波形は i_{u1}，i_{u2}，i_{uv2} の波形を示している．i_{u1} と i_{u2} の波形は同じで，i_{u2} の電流が i_{u1} より位相が遅れた波形となるので，図 2 の **(a)** の波形が i_{u2} の波形になる．（なお，解図を作成できれば，明らかである．）

(5) パルス数 p のインバータでの高調波は $kp \pm 1$（$k = 1, 2, \cdots$）の高調波が発生する．したがって，12 パルス変換器での高調波電流は $p = 12$ を代入すれば，**11 次，13 次**，23 次，25 次，…の高調波が発生する．

解答　(1)（ワ）　(2)（イ）　(3)（ヌ）　(4)（リ）　(5)（ヘ）

3　チョッパ回路

問題6　回生可能なチョッパ回路の動作　(H17-A2)

次の文章は，回生可能なチョッパ回路の基本動作に関する記述である．

図に示す回路において，電圧 $\boldsymbol{E_{d_1}}$ は電圧 $\boldsymbol{E_{d_2}}$ よりも高い状態で運転している．スイッチング素子 $\mathrm{S_1}$，$\mathrm{S_2}$，ダイオード $\mathrm{D_1}$，$\mathrm{D_2}$ のオン電圧は零，$\mathrm{D_1}$ と $\mathrm{D_2}$ のリカバリー電流はないものとする．

電源 $\boldsymbol{E}$ から負荷に向けて電力が流れる場合には，降圧チョッパとして動作する．$\mathrm{S_1}$ がオンすると $\boldsymbol{i_1}$ と $\boldsymbol{i_2}$ は図示の方向に沿って増加する．次に $\mathrm{S_1}$ をオフさせると，図示の方向に沿って流れている $\boldsymbol{i_2}$ が徐々に減少する．$\mathrm{S_1}$ がオンしている時間 $\boldsymbol{T_{S_1\mathrm{ON}}}$ とオフしている時間 $\boldsymbol{T_{S_1\mathrm{OFF}}}$ を合計した時間を $\boldsymbol{T_{S_1}}$ とすると，$\boldsymbol{E_{d_1}}$ と $\boldsymbol{E_{d_2}}$ の関係は，

$$\boldsymbol{E_{d_2}} = (\boxed{\quad(1)\quad}) \times \boldsymbol{E_{d_1}}$$

となる．

一方，負荷から回生運転が可能である場合には，負荷から電源 $\boldsymbol{E}$ に向けて電力を流すことができる．この運転モードは，電力の流れに沿って見ると $\boxed{\quad(2)\quad}$ として動作していることになる．$\mathrm{S_2}$ がオンすると，i_2 は図示と逆の方向に流れ，その大きさが増加する．$\mathrm{D_1}$ には電圧 $\boxed{\quad(3)\quad}$ が印加されており，$\boldsymbol{i_1}$ は零である．次に $\mathrm{S_2}$ をオフさせると電流 $\boldsymbol{i_2}$ は $\mathrm{D_1}$ に移る．すなわち，$\mathrm{S_2}$ がオフすることによって，リアクトル $\boldsymbol{L}$ の両端の電圧 $\boldsymbol{v_L}$ は反転し，電位は A 点の方が B 点より $\boxed{\quad(4)\quad}$ なる．この電圧により $\mathrm{D_1}$ が導通して $\boldsymbol{i_1}$ は図示の方向とは逆に流れる．$\mathrm{S_2}$ がオンしているときに蓄えられたリアクトル $\boldsymbol{L}$ の電磁エネルギーをこの区間で放出する．$\mathrm{S_2}$ がオンしている時間 $\boldsymbol{T_{S_2\mathrm{ON}}}$ とオフしている時間 $\boldsymbol{T_{S_2\mathrm{OFF}}}$ を合計した時間を $\boldsymbol{T_{S_2}}$ とすると，$\boldsymbol{E_{d_1}}$ と $\boldsymbol{E_{d_2}}$ の関係は，

$$\boldsymbol{E_{d_1}} = (\boxed{\quad(5)\quad}) \times \boldsymbol{E_{d_2}}$$

となる．

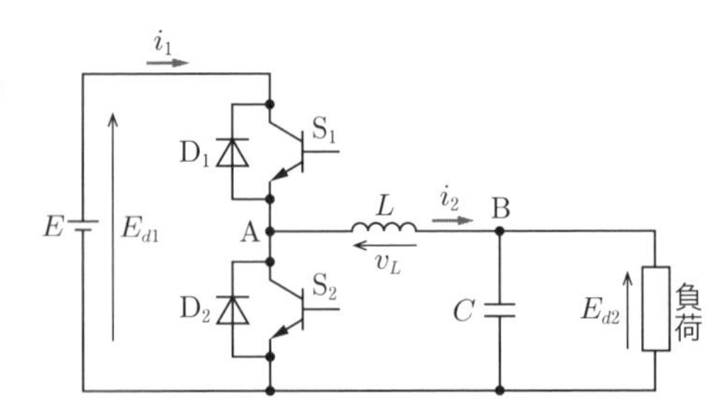

解答群

(イ)	$\dfrac{E_{d_1}}{E_{d_2}}$	(ロ)	$\dfrac{\boldsymbol{T}_{S_2\mathrm{ON}}}{\boldsymbol{T}_{S_2\mathrm{OFF}}}$	(ハ)	降圧チョッパ
(ニ)	$\dfrac{\boldsymbol{T}_{S_2}}{\boldsymbol{T}_{S_2\mathrm{OFF}}}$	(ホ)	スナバダイオード	(ヘ)	$\dfrac{\boldsymbol{T}_{S_2}}{\boldsymbol{T}_{S_2\mathrm{ON}}}$
(ト)	$\dfrac{\boldsymbol{T}_{S_1\mathrm{ON}}}{\boldsymbol{T}_{S_1}}$	(チ)	$\boldsymbol{E}_{d_1}-\boldsymbol{E}_{d_2}$	(リ)	昇圧チョッパ
(ヌ)	$\dfrac{\boldsymbol{T}_{S_1}}{\boldsymbol{T}_{S_1\mathrm{ON}}}$	(ル)	低く	(ヲ)	$\boldsymbol{E}_{d_2}$
(ワ)	高く	(カ)	$\boldsymbol{E}_{d_1}$	(ヨ)	$\dfrac{\boldsymbol{T}_{S_1\mathrm{OFF}}}{\boldsymbol{T}_{S_1}}$

ー攻略ポイントー

降圧チョッパ，昇圧チョッパを理解していれば解ける問題である．直流チョッパは直流電気鉄道の車両，電気自動車などの動力用直流電動機の制御に使われる．

解説　(1) 電源 E から負荷に向けて電力が流れる場合，降圧チョッパとして動作しているので，詳細解説 4 の式(4･9)と同様に考えれば

$$E_{d_2}=\frac{\boldsymbol{T}_{S_1\mathrm{ON}}}{\boldsymbol{T}_{S_1}}E_{d_1}$$

すなわち，降圧チョッパの通流率を思い出せばよい．

(2) 負荷から回生運転が可能である場合には，負荷から電源 E に向けて電力を流すことができる．この運転モードは電力の流れに沿って見ると**昇圧チョッパ**として動作していることになる．

(3) S_2 がオンすると，i_2 は図示と逆の方向に流れ，その大きさが増加する．このとき，D_1 には電圧 $\boldsymbol{E}_{d_1}$ が印加されており，電流 i_1 は零である．

(4) 次に，S_2 をオフさせると，電流 i_2 は D_1 に移る．すなわち，S_2 がオフすることによって，リアクトル L の両端の電圧 v_L は反転し，電位は A 点の方が B 点より**高く**なる．この電圧により D_1 が導通して i_1 は図示の方向とは逆になる．S_2 がオンしているときに蓄えられたリアクトル L の電磁エネルギーをこの区間で放出する．したがって，E_{d_1} と E_{d_2} の関係は

$E_{d_1}=\boldsymbol{T}_{S_2}E_{d_2}/\boldsymbol{T}_{S_2\mathrm{OFF}}$ である．

解答　(1)（ト）　(2)（リ）　(3)（カ）　(4)（ワ）　(5)（ニ）

詳細解説4　昇圧チョッパ・降圧チョッパ・昇降圧チョッパ

(1) 降圧チョッパ

降圧チョッパの回路図を図4･10(a)に示す．図4･10(a)のスイッチSとしてIGBTを用い，出力電流を平滑化するためにリアクトルLと還流ダイオードDを加えている．スイッチSがオンになると，電源E→スイッチS→リアクトルL→負荷Rの経路で電流i_dが流れる．このとき，リアクトルLに電磁エネルギーが蓄積される．次に，Sがオフになると，リアクトルLが電流を流し続けようとするため，負荷電流はすぐには減少しない．この電流i_Lは，L→R→Dの経路で循環する．図4･10(b)に示す通り，負荷電流は連続した脈流となる．ダイオードDにかかる電圧e_2の平均値E_2は，Lの端子間で電圧降下は生じないため，負荷にかかる電圧e_dの平均値E_dと等しい．スイッチSのオン時間をT_{on}〔s〕，オフ時間をT_{off}〔s〕とすると，E_2，E_dは次式で表される．

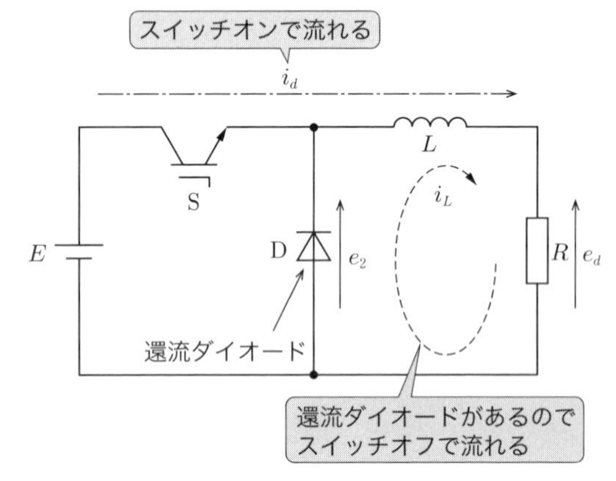

(a) 降圧チョッパ回路図

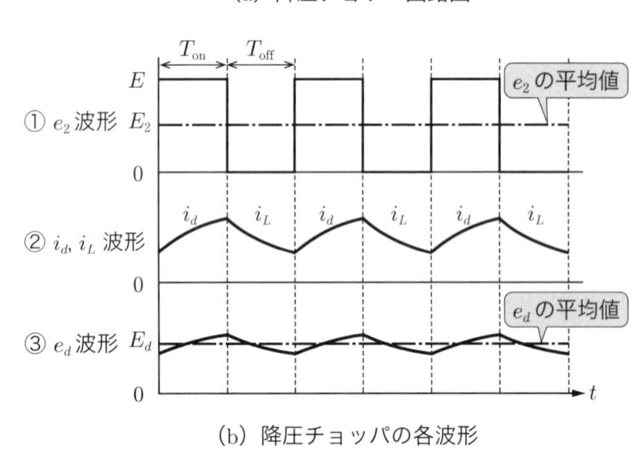

(b) 降圧チョッパの各波形

図4･10　降圧チョッパ回路

$$E_2 = E_d = \frac{\boldsymbol{T_{on}}}{\boldsymbol{T_{on}+T_{off}}}\boldsymbol{E} = \boldsymbol{dE} \text{〔V〕} \quad \left(\text{ただし} \frac{\boldsymbol{T_{on}}}{\boldsymbol{T_{on}+T_{off}}} \text{を}\textbf{通流率}\ \boldsymbol{d}\ \text{とする}\right) \tag{4・9}$$

つまり，通流率を変えることで，出力電圧を直流電源電圧以下の範囲で調整できる．

(2) 昇圧チョッパ

昇圧チョッパは，電源電圧よりも高い出力電圧を得る直流チョッパ回路である．昇圧チョッパの回路構成を図4・11(a)に示す．スイッチSをT_{on}〔s〕の間オンにすると，直流電源E→リアクトルL→Sの経路で電流iが流れ，Lに電磁エネルギーが蓄えられる．次にSをT_{off}〔s〕の間オフにすると，Lに蓄えられたエネルギーは，直流電源電圧Eに加わって，ダイオードDを通りキャパシタC，負荷Rからなる負荷回路に流れ，Cを充電する．図4・11(b)にリアクトルを流れる電流iと負荷電圧e_dの波形を示す．電流iの平均値をI，負荷電圧e_dの平均値をE_dとすると，T_{on}時にリアクトルLに蓄積されるエネルギーは，$E・I・T_{on}$である．また，T_{off}時にLから放出されるエネルギーは$(E_d - E)・I・T_{off}$である．これらは，エネルギー保存則より等しいため，次式が成り立つ．

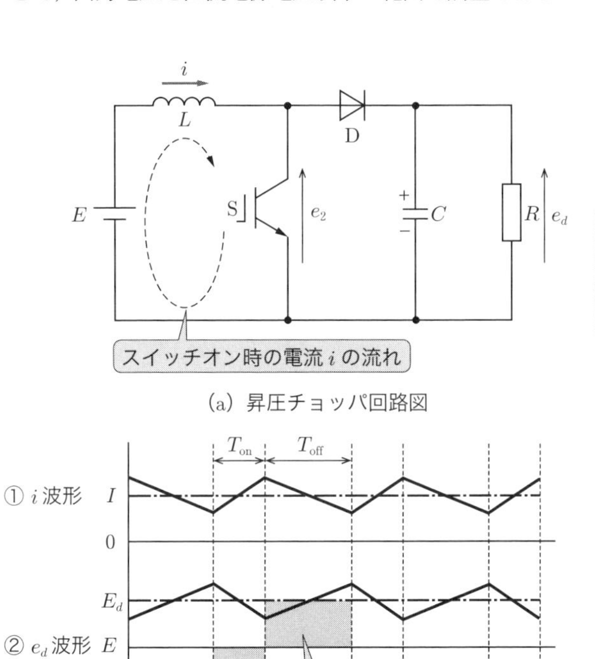

(a) 昇圧チョッパ回路図

(b) 昇圧チョッパの各波形

図4・11　昇圧チョッパ回路

$$E・I・T_{on} = (E_d - E)・I・T_{off} \tag{4・10}$$

式(4・10)を変形すると，

$$E_d = \frac{\boldsymbol{T_{on}+T_{off}}}{\boldsymbol{T_{off}}}\boldsymbol{E} = \frac{\boldsymbol{1}}{\boldsymbol{1-d}}\boldsymbol{E} \text{〔V〕}(d\text{：通流率}) \tag{4・11}$$

式(4・11)において，$\dfrac{T_{\mathrm{on}}+T_{\mathrm{off}}}{T_{\mathrm{off}}}$ は１より大きいので，E_d は E よりも大きい．

(3) 昇降圧チョッパ

昇降圧チョッパは，スイッチのオンとオフの期間によって，負荷電圧として電源電圧より高い電圧，低い電圧のどちらも出力可能である．昇降圧チョッパの回路構成を図 4・12(a)に示す．

スイッチ S を T_{on}〔s〕の間オンにすると，直流電源 E → S →リアクトル L の経路で電流 i が流れ，L に電磁エネルギーが蓄えられる．このとき，ダイオード D があるため，電源電圧は直接負荷にはかからない．また，キャパシタ C の放電により負荷 R に電流が流れる．

次に S を T_{off}〔s〕の間オフにすると，L に蓄えられたエネルギーによって，電流 i が C と R からなる負荷回路に流れ，C を充電する．リアクトルの電圧 e_L は図 4・12(b)に示す通り，充電時と放電時で電圧の極性が逆になる．

負荷電圧を E_d とすると，定常状態において，T_{on} 時にリアクトル L に蓄積されるエネルギー$E\cdot i\cdot T_{\mathrm{on}}$ と，T_{off} 時に L から放出されるエネルギーは $E_d\cdot i\cdot T_{\mathrm{off}}$ は等しいため，次式が成り立つ．

$$E\cdot i\cdot T_{\mathrm{on}}=E_d\cdot i\cdot T_{\mathrm{off}} \tag{4・12}$$

式(4・12)を変形すると

$$E_d=\boldsymbol{\frac{T_{\mathrm{on}}}{T_{\mathrm{off}}}E}=\boldsymbol{\frac{d}{1-d}E}\ \text{〔V〕}\ (d：\text{通流率}) \tag{4・13}$$

式(4・13)より，$\boldsymbol{0\leqq d<0.5}$ の範囲では，$0\leqq E_d<E$ となり，**降圧チョッパ**として動作する．$\boldsymbol{0.5<d<1}$ の範囲では，$E<E_d$ となり，**昇圧チョッパ**として動作する．

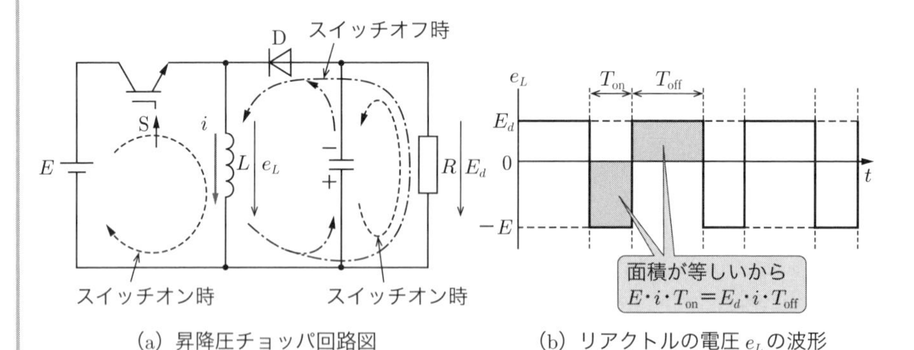

(a) 昇降圧チョッパ回路図　(b) リアクトルの電圧 e_L の波形

図4・12　昇降圧チョッパ回路

4　インバータと応用

問題 7　単相 3 レベルインバータ　(R3-A3)

次の文章は，単相 3 レベルインバータに関する記述である．

図にトランジスタを用いた単相 3 レベルインバータの基本回路を示す．ただし，回路素子は全て理想的とする．入力は直流電圧 E_d であり，負荷は抵抗である．このインバータの U 相と V 相はそれぞれ，直列接続された四つのトランジスタ S_1～S_4 と個々のトランジスタに逆並列接続されたダイオード D_1～D_4 と，上下二つずつのトランジスタの接続点と直流電源の中点 O を接続する二つのダイオード D_5，D_6 から構成される．

中点 O に対する点 U の電位 v_{uo} は，S_{1u} と S_{2u} がオンのとき $E_d/2$，S_{2u} と S_{3u} がオンのときゼロ，S_{3u} と S_{4u} がオンのとき $-E_d/2$ である．中点 O に対する点 V の電位 v_{vo} は，S_{1v}～S_{4v} の状態に対応して [(1)] のいずれかの値である．v_{uo} がゼロで v_{vo} が負の場合，中点 O，点 U，負荷抵抗，点 V，点 N を電流が流れる．このとき，電流が流れるトランジスタは [(2)]，S_{3v}，S_{4v} であり，電流が流れるダイオードは [(3)] である．

U 相と V 相の間の線間交流電圧 v_{uv} がとりうる電圧レベル数は [(4)] であり，v_{uv} の最大値は [(5)] である．

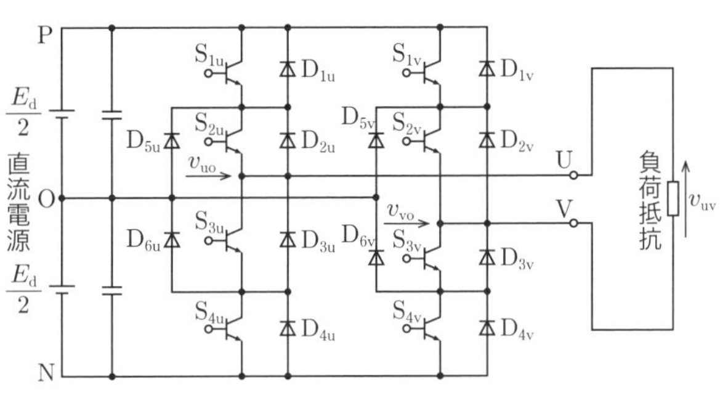

解答群

(イ)　$\dfrac{E_d}{2}$　　(ロ)　5　　(ハ)　$\dfrac{E_d}{2}$，$\dfrac{E_d}{4}$，0，$-\dfrac{E_d}{4}$，$-\dfrac{E_d}{2}$

(ニ)　3　　(ホ)　S_{2u} と S_{3u}　　(ヘ)　D_{5u}

(ト)　D_{5u} と D_{6u}　　(チ)　4　　(リ)　E_d，0，$-E_d$

（ヌ）D_{6u}　（ル）E_d　（ヲ）$\frac{E_d}{4}$

（ワ）S_{3u}　（カ）S_{2u}　（ヨ）$\frac{E_d}{2}$，0，$-\frac{E_d}{2}$

―攻略ポイント―

3レベルインバータでは，半導体バルブデバイスのオン・オフの組合せに注意しながら，問題を解けばよい．

解説　(1) 題意より，中点Oに対する点Uの電位 v_{uo} は，それぞれのトランジスタのオン・オフ状態から解表1となる．また，中点Oに対する点Vの電位 v_{vo} は，同様に，解表2となる．したがって，v_{vo} は，$\boldsymbol{E_d/2}$**，0，**$\boldsymbol{-E_d/2}$ のいずれかの値となる．

解表1　トランジスタのオン・オフと v_{uo}

v_{uo} ＼ S	S_{1u}	S_{2u}	S_{3u}	S_{4u}
$\frac{E_d}{2}$	オン	オン	オフ	オフ
0	オフ	オン	オン	オフ
$-\frac{E_d}{2}$	オフ	オフ	オン	オン

解表2　トランジスタのオン・オフと v_{vo}

v_{vo} ＼ S	S_{1v}	S_{2v}	S_{3v}	S_{4v}
$\frac{E_d}{2}$	オン	オン	オフ	オフ
0	オフ	オン	オン	オフ
$-\frac{E_d}{2}$	オフ	オフ	オン	オン

(2) (3) 題意より，v_{uo} が零で v_{vo} が負の場合，$v_{vo}=-E_d/2$ でトランジスタ S_{3v}，S_{4v} がオンになっており，電流が流れる経路は解図の通りである．したがって，電流が流れるトランジスタは $\boldsymbol{S_{2u}}$，S_{3v}，S_{4v} であり，電流が流れるダイオードは $\boldsymbol{D_{5u}}$ である．

(4) (5) 負荷端子電圧 v_{uv} は，次式となる．

$$v_{uv}=v_{uo}-v_{vo} \quad \cdots\cdots ①$$

式①の電圧値 v_{uv} は，解表1の v_{uo} の $E_d/2$，0，$-E_d/2$ のいずれかの値と，解表2の v_{vo} の $E_d/2$，0，$-E_d/2$ のいずれかとの値との差である．そこで，次のように場合分けを行う．

①　$v_{uo}=E_d/2$ のとき

v_{uv} は E_d，$E_d/2$，0 のいずれか

②　$v_{uo}=0$ のとき

v_{uv} は $E_d/2$，0，$-E_d/2$ のいずれか

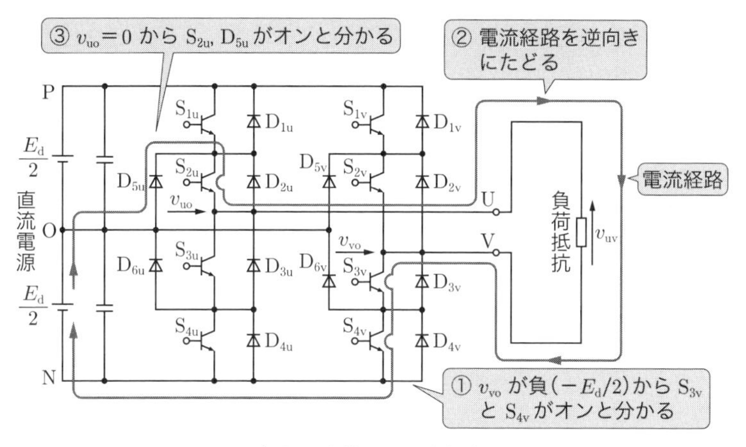

解図　負荷への電流経路

③　$v_{uo}=-E_d/2$ のとき

　v_{uv} は 0, $-E_d/2$, $-E_d$ のいずれか

したがって, v_{uv} がとりうる電圧値は E_d, $E_d/2$, 0, $-E_d/2$, $-E_d$ の **5** つである. そして, v_{uv} の最大値は $\boldsymbol{E_d}$ である.

(1)(ヨ)　(2)(カ)　(3)(へ)　(4)(ロ)　(5)(ル)

問題 8　三相インバータの交流電動機の電位変動　(H21-A3)

　次の文章は, 三相インバータで駆動される交流電動機の電位の変動に関する記述である.

　図は, 三相インバータで交流電動機を駆動する場合の回路を示す. インバータの直流電源電圧を E_{dc} として, 直流電源の中点 E を接地した場合, 運転しているインバータの出力の各相電位は直流プラス端子 P の電位 $E_{dc}/2$ か, 直流マイナス端子 N の電位 $-E_{dc}/2$ のいずれかとなる.

　各相電位を v_u, v_v, v_w とし, 交流電動機の巻線は平衡で星形接続されているものとすると, その星形に接続された点 C の電位 v_c は v_u, v_v 及び v_w を用いて,

$$v_c = \boxed{\quad(1)\quad}$$

と表され, 各相の出力状態によって変動する. 一般的に $\boxed{\quad(2)\quad}$ 電位と呼ば

れるこの電位は，接地電位に対して変動する電位という見方からコモンモード電位と呼ばれることもある．PWM 制御の方法によってパワー半導体デバイスの導通パターンは異なるが，組み合わせが可能なすべてのパターンまで含めると，電位 v_c がとり得る値は，E_{dc} を用いると［(3)］となる．

インバータの運転によるこれらの電位の変動は，パワー半導体デバイスの［(4)］に起因したものであるから急しゅんな変動である．したがって，出力ケーブル，交流電動機などと対地との間の［(5)］を通して高周波漏れ電流になって周囲の機器に障害を起こしたり，又は交流電動機のベアリングを電流が流れることによって劣化させたりすることがある．三相インバータ，交流電動機あるいは交流電動機負荷側の機器などの設置状況によってこの現象は異なるので，対地電位の時間的な変化量を抑制するなどの対策が検討される．

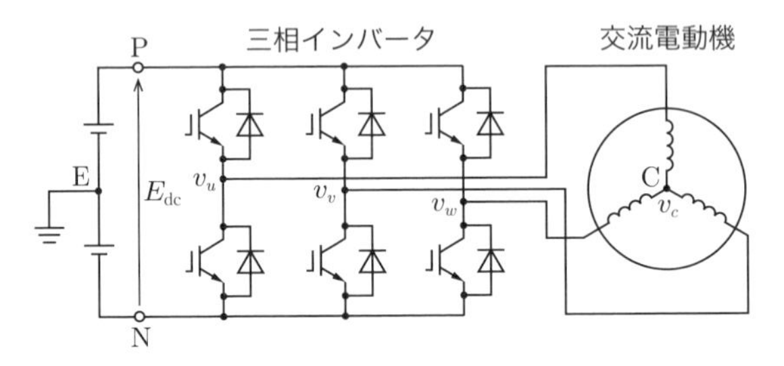

解答群

（イ）中間点　（ロ）スイッチング　（ハ）$\frac{1}{3}(v_u+v_v+v_w)$

（ニ）漂遊インダクタンス　（ホ）電磁誘導

（ヘ）漏れ電流　（ト）$v_u+v_v+v_w$　（チ）中性点

（リ）導通抵抗　（ヌ）漂遊静電容量　（ル）$\frac{1}{6}(v_u+v_v+v_w)$

（ヲ）ディファレンシャルモード（ノーマルモード）

（ワ）$-\frac{E_{\mathrm{dc}}}{6}$，$+\frac{E_{\mathrm{dc}}}{6}$ の二つ

（カ）$-\frac{E_{\mathrm{dc}}}{2}$，$-\frac{E_{\mathrm{dc}}}{6}$，$+\frac{E_{\mathrm{dc}}}{6}$，$+\frac{E_{\mathrm{dc}}}{2}$ の四つ

（ヨ）$-\frac{E_{\mathrm{dc}}}{2}$，$-\frac{E_{\mathrm{dc}}}{3}$，$-\frac{E_{\mathrm{dc}}}{6}$，$+\frac{E_{\mathrm{dc}}}{6}$，$+\frac{E_{\mathrm{dc}}}{3}$，$+\frac{E_{\mathrm{dc}}}{2}$ の六つ

— 攻略ポイント —

三相インバータの中性点電位の変動に関する出題である．三相インバータの動作波形を自分で作成できるよう，十分に学習しておく．

解説 (1) (2) 詳細解説5の式(4·14)に示すように，**中性点電位** v_c は次式となる．

$$\boldsymbol{v_c = \frac{v_u + v_v + v_w}{3}}$$

(3) 上式を活用し，解図1の期間①の中性点電位を求めると

$$v_c = \frac{\dfrac{E_{dc}}{2} - \dfrac{E_{dc}}{2} + \dfrac{E_{dc}}{2}}{3} = \frac{E_{dc}}{6}$$

これは回路的には次のように考える．解図2は，バルブデバイスのオン・オフ状態を反映した期間①（解図1）の等価回路である．これから，中性点電位 v_c は上式と同じになることが分かる．

同様に，解図1の期間②における中性点電位は，解図3から，$v_c = -E_{dc}/6$ となる．すなわち，中性点電位 v_c は，解図1のように，周波数が出力周波数の3倍，振幅が $E_{dc}/6$ の方形波になる．

他方，PWM制御は，解図4のように，三角波の搬送波と正弦波の信号波の振

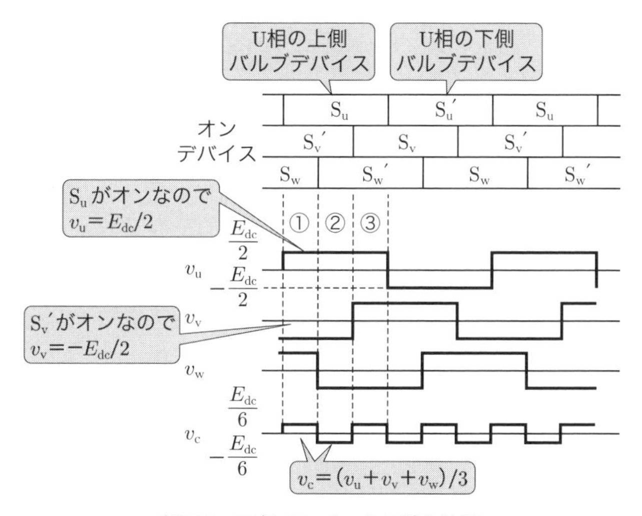

解図1　三相インバータの動作波形

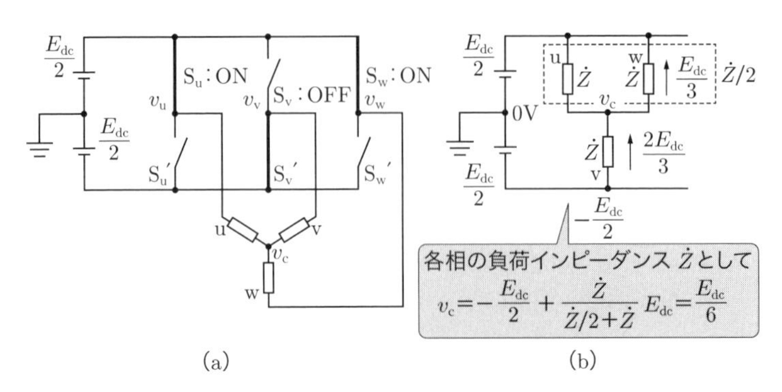

解図２　解図１の期間①における中性点電位 v_c

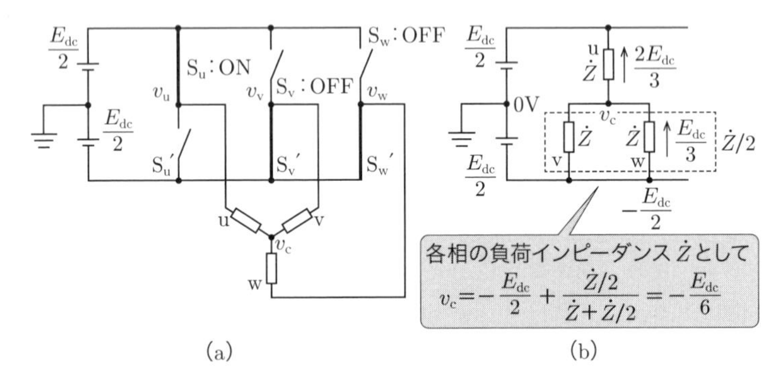

解図３　解図１の期間②における中性点電位

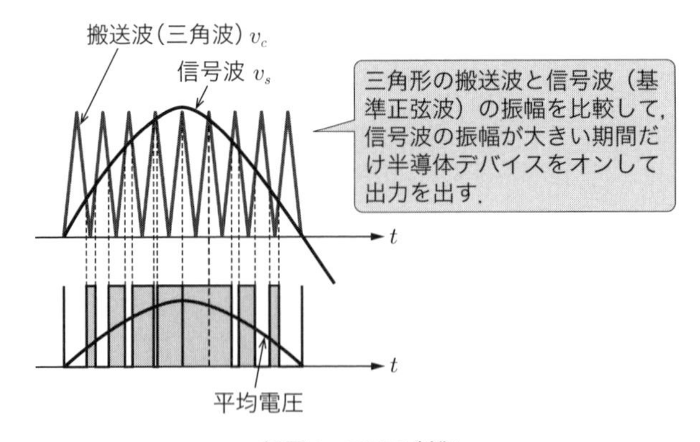

解図４　PWM 制御

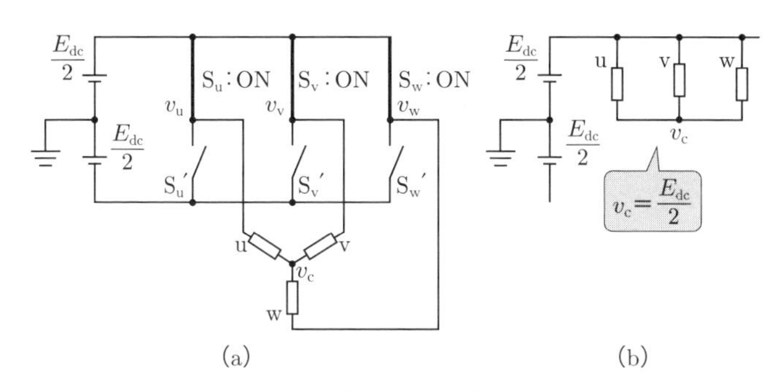

解図5　中性点電位 v_c が最も高くなるケース

幅を比較し，信号波の振幅が大きい期間だけ半導体バルブデバイスをオンして出力を出す．ここで，搬送波の振幅より信号波の振幅の方が大きい過変調になると，出力電圧波形の個々のパルス幅の差が大きくなるため，v_u，v_v，v_w の三相とも正電位になったり，負電位になったりする．解図5は，三相とも正電位になる事例であり，このときの中性点電位 v_c は $E_{dc}/2$ となる．一方，三相とも負電位のとき，中性点電位 v_c は $-E_{dc}/2$ となる．したがって，中性点電位 v_c がとり得る値は**$-E_{dc}/2$，$-E_{dc}/6$，$+E_{dc}/6$，$+E_{dc}/2$ の4つ**である．

(4)(5) インバータ運転による中性点電位の変動は，半導体デバイスの**スイッチング**に起因したものであるから，急峻な変動である．このため，出力ケーブル，交流電動機などと対地との**漂遊静電容量**を通して高周波漏れ電流が流れ，電動ノイズを発生させたり，周辺機器の誤動作を起こしたりする．また，交流電動機のベアリングを電流が流れることによって劣化させたりすることがある．

解答　**(1)（ハ）　(2)（チ）　(3)（カ）　(4)（ロ）　(5)（ヌ）**

詳細解説 5　電圧形インバータの動作原理

図4・13は**三相電圧形インバータ**の回路構成，図4・14は動作波形を示す．図4・13では，直流電源の中間点 E を基準電位にして，上アーム側に $+E_d/2$，下アーム側に $-E_d/2$ の電圧が加わっている．

①インバータ相電圧と線間電圧

U相電位 v_U は，バルブデバイス Q_1 と Q_4 を組合せ，出力電圧は Q_1 がオンのときに $+E_d/2$，Q_4 がオンのときに $-E_d/2$ となるから，Q_1 と Q_4 の一方をオン，別の方をオ

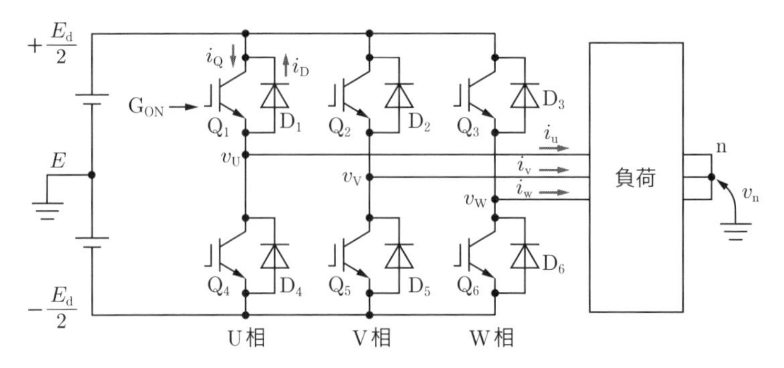

図4·13　三相電圧形インバータの回路構成

フにして，電気角 π〔rad〕ごとに交互に切り替えれば方形波を得られる．実際には，この交互切替の途中で上アームのバルブデバイスと下アームのバルブデバイスが同時にオンになると直流電源を短絡してしまうので，オン状態のバルブデバイスをオフにし，少し時間を遅らせて別のバルブデバイスをオンとなるよう制御する．この遅れ時間が**デッドタイム**であり，その分，出力電圧は低下する．しかし，ここでは簡単のために，デッドタイムのない理想的な交互切替を想定する．U 相と同様に，V 相はバルブデバイス Q_2 と Q_5 の組合せ，W 相はバルブデバイス Q_3 と Q_6 の組合せで，オン・オフのタイミングをそれぞれ $2\pi/3$，$4\pi/3$〔rad〕ずつ遅らせて制御すれば，インバータ相電圧 v_U，v_V，v_W は方形波の三相交流電圧を得る．また，インバータ線間電圧 v_{UV}，v_{VW}，v_{WU} は，$v_{UV} = v_U - v_V$，$v_{VW} = v_V - v_W$，$v_{WU} = v_W - v_U$ であるから，図 4·14 のような階段状の波形を得る．

②負荷中性点 n の電位

負荷を Y 結線の三相平衡負荷とし，各バルブデバイスのオン期間中，負荷の中性点電位を v_n，巻線の各相アドミタンスを Y_U，Y_V，Y_W とすれば，負荷中性点 n に流入する電流は零だから，ミルマンの定理より

$$v_n = (Y_U v_U + Y_V v_V + Y_W v_W)/(Y_U + Y_V + Y_W)$$

となる．ここで，$Y_U = Y_V = Y_W$ とすれば，負荷中性点電位 v_n は

$$\boldsymbol{v_n = \frac{v_U + v_V + v_W}{3}} \qquad (4·14)$$

となる．そこで，図 4·14 のインバータ相電圧 v_U，v_V，v_W の波形から，式(4·14)により負荷の中性点電位 v_n を求めると，周波数が出力周波数の 3 倍で，振幅が直流電源電圧の 1/6 の方形波になる．さらに，式(4·14)を用いて，負荷 U 相電圧 v_{Un} を求めれば，より正弦波に近い階段状波形になる．

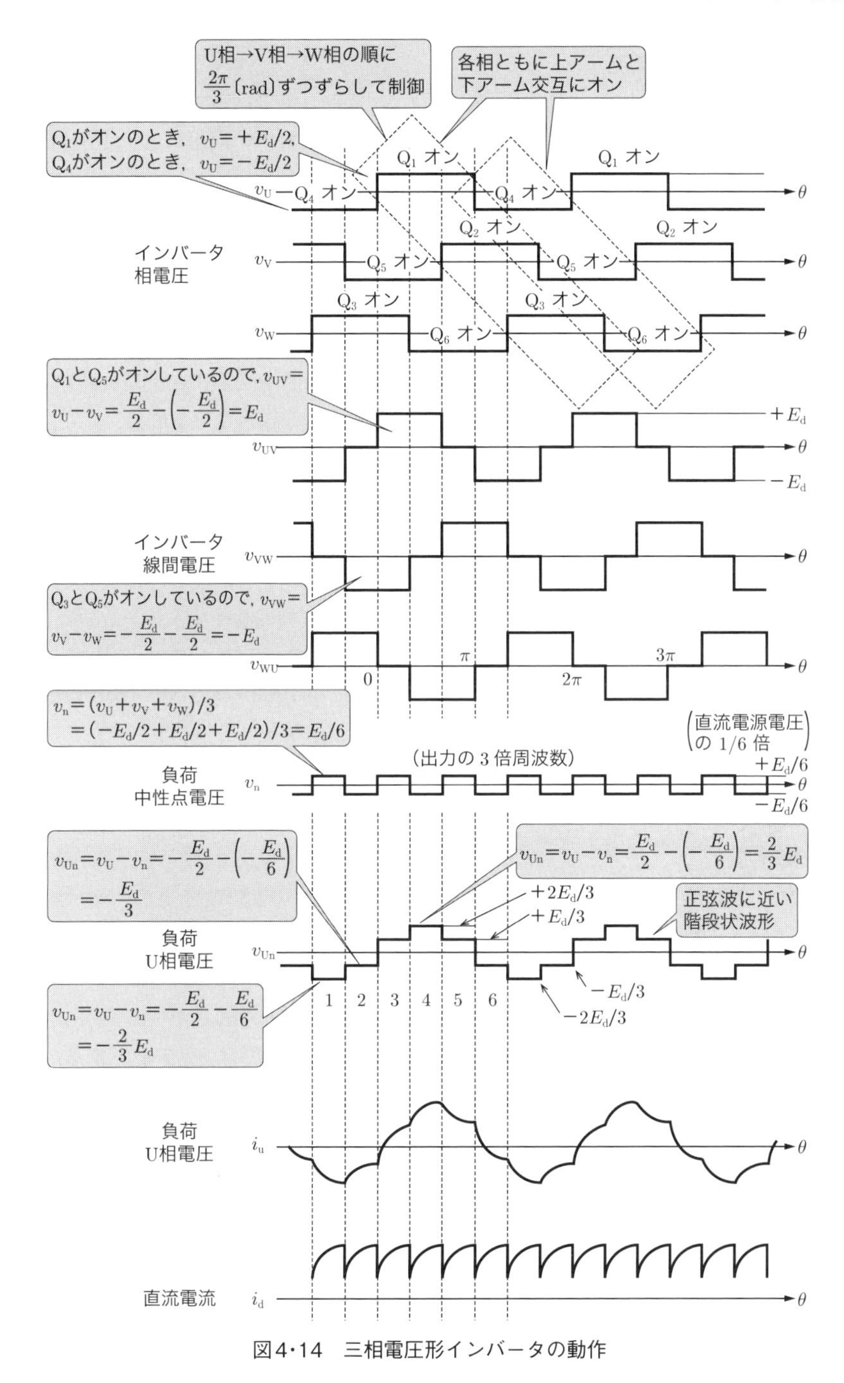

図4·14　三相電圧形インバータの動作

③負荷電流と直流電流

負荷が誘導性負荷の場合，この誘導性負荷に階段状波形の電圧が印加されるから，負荷U相電流 i_U は，図4・14のように各区間が指数関数的に増加あるいは減少する波形になる．バルブデバイス Q_1 をオンからオフに，Q_4 をオフからオンに切り替え，v_U を $+E_d/2$ から $-E_d/2$ にしても，負荷U相電流 i_U は誘導性負荷であるために流れ続ける．この負荷U相電流 i_U は，オフにした Q_1 と逆並列に接続された還流ダイオード（フィードバックダイオード）D_1 にとっては逆方向なので非導通で流れず，オンにした Q_4 と逆並列に接続した還流ダイオード D_4 の方が順方向で導通状態になるので，この経路で流れる．誘導性負荷に蓄えられた磁気エネルギーを放出させ，負荷電流が連続になるようにしている．還流ダイオード D_4 に電流が流れている間は，バルブデバイス Q_4 には電流が流れず，負荷電流の向きが反転し，Q_4 にとって順方向になったときに流れ始める．

誘導性負荷が電動機の場合，負荷側から直流電源側に回生することがある．還流ダイオード（フィードバックダイオード）は，インバータ動作時の誘導性負荷の磁気エネルギー放出の経路として利用するだけでなく，順変換器動作をさせて電動機負荷を交流電源として直流電源側に回生する場合の電流経路としても利用できる．

直流電流 i_d は，負荷相電流 i_U，i_V，i_W の正側電流の和になるので，図4・14のように，出力周波数の6倍の周波数で脈動する電流波形になる．

問題9　三相電圧形 PWM インバータ　（H29-A2）

次の文章は，三相電圧形PWMインバータに関する記述である．

図1の三相電圧形PMWインバータに三角波比較PWM制御を適用した場合の三角波 v_{tri} とu相の信号波 v_u^*，u相の電圧 v_u の波形を図2に示す．ここで，v_{tri} の波高値を1，直流電圧を E_d とする．この制御法では，v_{tri} と v_u^* とを比較して［　(1)　］期間に S_u をオンし，それ以外の期間は S_x をオンする．各相の信号波を，基本波角周波数 ω の正弦波として次式で与える．

$$\begin{cases} v_u^* = A\sin\omega t \\ v_v^* = A\sin\left(\omega t - \dfrac{2}{3}\pi\right) \\ v_w^* = A\sin\left(\omega t + \dfrac{2}{3}\pi\right) \end{cases}$$

このとき，$0 < A \leqq 1$ であれば，v_u の［　(2)　］成分の位相は v_u^* と同じで，振幅

は A に比例する．$A=1$ の場合，$v_{\rm u}$ の基本波実効値は [(3)] となる．

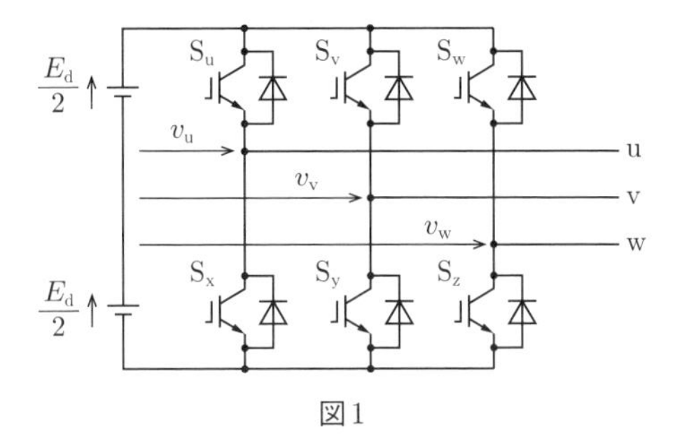

図1

ここで，図3のように，3次高調波成分を重置した信号波を次式で与える．

$$\begin{cases} v_{\rm u}^{*}=B\sin\omega t+\dfrac{B}{6}\sin 3\omega t \\ v_{\rm v}^{*}=B\sin\left(\omega t-\dfrac{2}{3}\pi\right)+\dfrac{B}{6}\sin 3\omega t \\ v_{\rm w}^{*}=B\sin\left(\omega t+\dfrac{2}{3}\pi\right)+\dfrac{B}{6}\sin 3\omega t \end{cases}$$

このとき，[(4)] には3次高調波成分は現れない．そして，B を1よりも大きく，$B=$ [(5)] まで増加しても，$v_{\rm u}$ の基本波実効値は B に比例する．

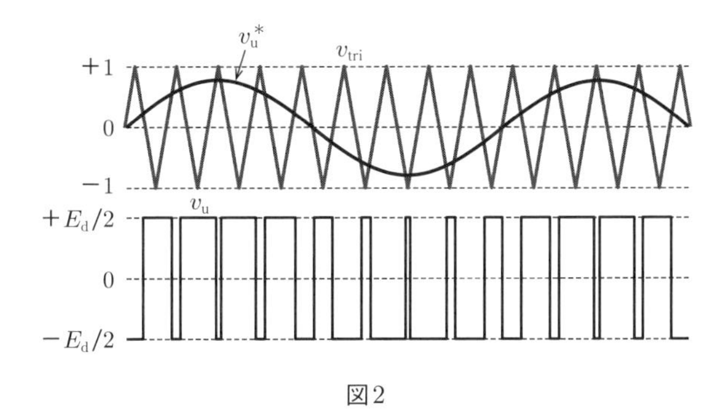

図2

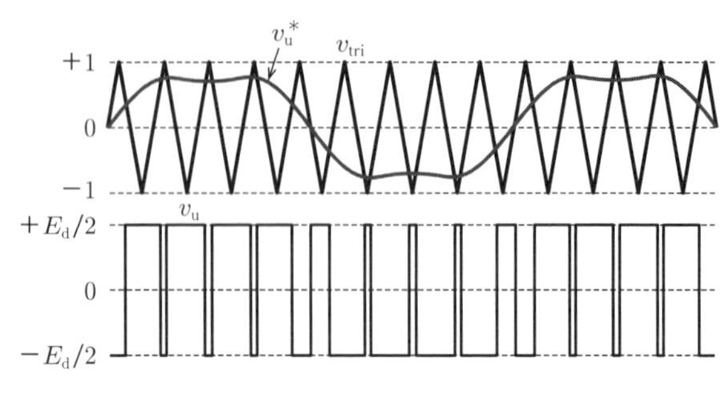

図3

解答群

（イ）$\dfrac{E_d}{\sqrt{3}}$　（ロ）$\dfrac{6}{5}$　（ハ）$\dfrac{v_u+v_v+v_w}{3}$

（ニ）$\dfrac{4}{\pi}$　（ホ）$\dfrac{2}{\sqrt{3}}$　（ヘ）三角波周波数

（ト）$\dfrac{E_d}{2\sqrt{2}}$　（チ）$\dfrac{E_d}{2}$　（リ）v_{tri} が大きい

（ヌ）v_u　（ル）側帯波周波数　（ヲ）v_u-v_v

（ワ）v_u^*が大きい　（カ）信号波周波数　（ヨ）v_u^*と v_{tri} が等しい

━ 攻略ポイント ━

三相電圧形インバータに，基本波と第３次高調波成分を重畳させた信号波を使う理由に関して，本問および詳細解説６を通じて理解しておく．

解説　(1) 三角波比較 PWM 制御では，問題図２で，$v_u^*>v_{tri}$ のとき，すなわち信号波の $\boldsymbol{v_u^*}$が搬送波である三角波 v_{tri} よりも**大きい**期間に，上アーム S_u がオン，下アーム S_x がオフになり，$v_u=E_d/2$ となる．一方，$v_u^*<v_{tri}$ のとき，上アーム S_u がオフ，下アーム S_x がオンになり，$v_u=-E_d/2$ となる．

(2) 題意より，$0<A\leqq 1$ であれば，v_u の**信号波周波数**成分の位相は v_u^*と同じ（詳細解説６を参照）で，振幅は A に比例する．信号波は基本波角周波数 ω の正弦波であるから，v_u は

$$v_u=\frac{AE_d}{2}\sin\omega t \quad \cdots\cdots ①$$

(3) $A=1$ であるから，式①に代入すれば，$v_u=E_d\sin\omega t/2$ であるから，この基

本波実効値は，ピーク値 $E_d/2$ を$\sqrt{2}$で割ればよいので，$\boldsymbol{v_u = E_d/(2\sqrt{2})}$

(4) 3 次高調波成分を重畳した信号波の式から，$v_u^* - v_v^*$を計算すれば

$$v_u^* - v_v^* = \left\{B\sin\omega t + \frac{B}{6}\sin 3\omega t\right\} - \left\{B\sin\left(\omega t - \frac{2}{3}\pi\right) + \frac{B}{6}\sin 3\omega t\right\}$$

$$= B\left\{\sin\omega t - \sin\left(\omega t - \frac{2}{3}\pi\right)\right\}$$

三角関数の加法定理を適用

$$= B\left\{\sin\omega t - \left(-\frac{1}{2}\sin\omega t - \frac{\sqrt{3}}{2}\cos\omega t\right)\right\}$$

$$= B\left\{\frac{3}{2}\sin\omega t + \frac{\sqrt{3}}{2}\cos\omega t\right\}$$

$a\sin\omega t + b\cos\omega t = \sqrt{a^2+b^2}\sin(\omega t+\theta)$
$\theta = \tan^{-1}(b/a)$

$$= B\sqrt{\left(\frac{3}{2}\right)^2 + \left(\frac{\sqrt{3}}{2}\right)^2}\sin\left(\omega t + \tan^{-1}\frac{\sqrt{3}/2}{3/2}\right)$$

$$= \sqrt{3}B\sin\left(\omega t + \frac{\pi}{6}\right)$$

$\boldsymbol{v_u - v_v}$ の線間電圧 v_{uv} は $v_u^* - v_v^*$に比例するので，3 次高調波成分は現れない．

(5) $B = 1$ のとき，$v_u^* = \sin\omega t + \dfrac{1}{6}\sin 3\omega t$ になる．このときの v_u^*の波形を解図に示す．この信号波 v_u^*のピーク値は $\sin 3\omega t = 0$ となる $\omega t = \pi/3$，$2\pi/3$ のときであり，どちらも$\sqrt{3}/2$ である．これは，三角波 v_{tri} のピーク値 1 よりも小さいので，信号波 v_u^*のピーク値を大きくすることができる．三角波のピーク値 1 に対して，信号波のピーク値を合わせたときの B は

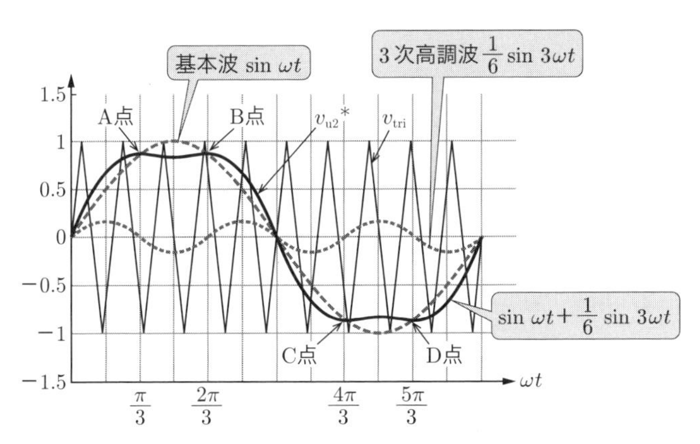

解図　$B = 1$ のときの波形

$$B = 1 \div \frac{\sqrt{3}}{2} = \frac{\mathbf{2}}{\sqrt{\mathbf{3}}}$$ 詳細解説 6 の図 4·16 や式(4·18)を参照

解答　**(1)（ワ）　(2)（カ）　(3)（ト）　(4)（ヲ）　(5)（ホ）**

詳細解説 6　電圧形インバータの PWM 制御

(1) 三相電圧形インバータの PWM 制御

三相電圧形インバータの制御においては，一定の直流電圧を入力とする **PWM（パルス幅変調）制御**がよく用いられる．PWM 制御では，出力したい波形の電圧に比例した振幅をもつ各相の信号波 v_u^*，v_v^*，v_w^* と，一定振幅の基準信号である搬送波（三角波）v_c を用いる．

図 4·15 は，三相電圧形インバータの回路構成と各部の動作波形である．信号波の v_u^* が三角波の v_c よりも大きい期間に上アーム Q_1 がオン，下アーム Q_4 がオフになり，$v_u = +E_d/2$ となる．一方，それ以外の期間，すなわち $v_u^* < v_c$ のとき，上アーム Q_1 がオフ，下アーム Q_4 がオンになり，$v_u = -E_d/2$ となる．つまり，出力電圧 v_u は，信号波 v_u^* の正値が大きいほど，$+E_d/2$ の期間が長く，負値が小さい（負で，絶対値が大きい）ほど，$-E_d/2$ の期間が長い正負対称な交流の可変幅パルスになる．

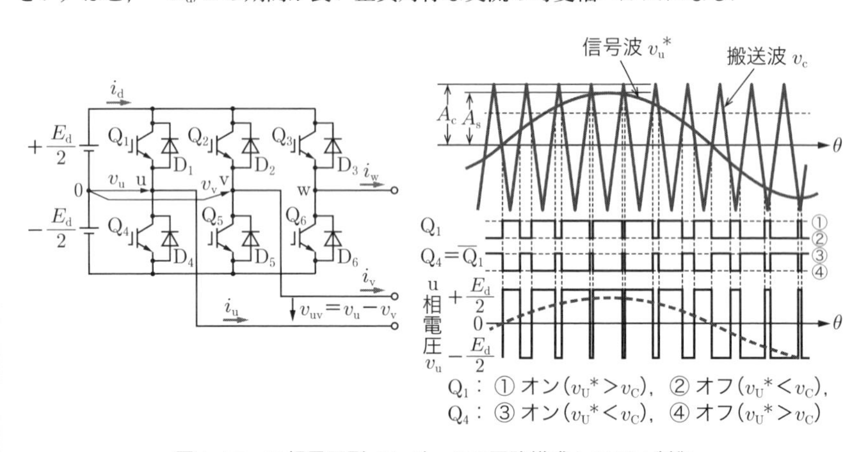

図4·15　三相電圧形インバータの回路構成と PWM 制御

[三相電圧形インバータの PWM 制御の特徴]

①出力電圧 v_u の基本波成分は，図 4·15 の破線で示しており，実線で示す信号波 v_u^* と同相である．

②**変調度 A =（信号波の振幅 A_s）/（搬送波の振幅 A_c）**によって定義するが，この変調度 A が大きいほど，出力電圧 v_u の波高値は大きくなる．$A=1$ のとき，出力電圧 v_u の波高値は $+E_d/2$ である．

③出力電圧 v_v，v_w は，信号波 v_v^*，v_w^* と搬送波 v_c の大きさを比較して作り出し，v_u よりも位相が $2\pi/3$，$4\pi/3$ rad だけ遅れた波形となるので，三相平衡交流電圧を得る．

④各相の上アームのバルブデバイスと下アームのバルブデバイスは相補的に制御し，直流電源を短絡しないようにデッドタイムを設ける．

（2）基本波と第 3 次高調波による信号波の構成

三相電圧形インバータの直流電源電圧を E_d，PWM 制御の変調度を A，各相の信号波を

$$v_u^* = A_s \sin\omega t,\quad v_v^* = A_s \sin\left(\omega t - \frac{2\pi}{3}\right),\quad v_w^* = A_s \sin\left(\omega t - \frac{4}{3}\pi\right)$$

とするとき，搬送波 v_c の波高値 A_c は $A_c = A_s/A$ である．

変調度 $A=1$ のときに出力電圧 v_u，v_v，v_w の波高値は最大の $E_d/2$ になり，位相は各相の信号波と同相になるから，次式で表せる．

$$v_u = \frac{E_d}{2}\sin\omega t,\quad v_v = \frac{E_d}{2}\sin\left(\omega t - \frac{2}{3}\pi\right),\quad v_w = \frac{E_d}{2}\sin\left(\omega t - \frac{4}{3}\pi\right) \qquad (4{\cdot}15)$$

そして，線間電圧は，上式の相電圧の差を求める（大きさは $\sqrt{3}$ 倍で位相は $\pi/6$ 進む）と

$$v_{uv} = \frac{\sqrt{3}E_d}{2}\sin\left(\omega t + \frac{\pi}{6}\right),\quad v_{vw} = \frac{\sqrt{3}E_d}{2}\sin\left(\omega t - \frac{2}{3}\pi + \frac{\pi}{6}\right),$$

$$v_{wu} = \frac{\sqrt{3}E_d}{2}\sin\left(\omega t - \frac{4}{3}\pi + \frac{\pi}{6}\right) \qquad (4{\cdot}16)$$

になる．電圧形インバータに入力できる直流電圧の最大値は，バルブスイッチの定格電圧（オフ状態での耐電圧）で決まる．変調度 1 の PWM 制御インバータの場合，入力した直流電圧がそのまま交流出力電圧の相電圧の波高値（実効値の $\sqrt{2}$ 倍）になり，線間電圧はその $\sqrt{3}$ 倍である．信号波が基本波だけの場合，出力電圧は相電圧，線間電圧ともに正弦波形を得られるが，式(4・15)，式(4・16)より，実効値は，相電圧で $E_d/(2\sqrt{2})$，線間電圧で $\sqrt{3}E_d/(2\sqrt{2})$ となる．

図 4・16 は，信号波として，基本波だけで構成する場合の出力電圧 v_{u1} の波形と，基本波に加えて波高値がその 1/6 倍の第 3 次高調波を重畳させた場合の出力電圧 v_{u13} の波形を比較したものである．すなわち，$v_{u13} = V_{13}\left(\sin\omega t + \frac{1}{6}\sin 3\omega t\right)$ である．まず，

基本波だけで構成する場合の出力電圧 v_{u1} は $\omega t = \pi/2$ rad で最大の $E_d/2$ になっている．一方，第3次高調波を重畳させた場合の出力電圧 v_{u13} は，第3次高調波の項が $\omega t = \pi/2$ rad のときに $\sin 3\omega t = -1$ になって基本波成分を打ち消すため，中央の部分が少し小さくなった2こぶ波形になる．$dv_{u13}/d(\omega t)$ の波形の極大値を調べるのに，それを微分して加法定理を使えば

$$\frac{dv_{u13}}{d(\omega t)} = V_{13}\left(\cos \omega t + \frac{1}{6} \times 3 \cos 3\omega t\right)$$

$$= \frac{V_{13}}{2}(2 \cos \omega t + \cos \omega t \cos 2\omega t - \sin \omega t \sin 2\omega t)$$

$$= \frac{V_{13}}{2}\{2 \cos \omega t + \cos \omega t(2 \cos^2 \omega t - 1) - 2(1 - \cos^2 \omega t)\cos \omega t\}$$

$$= \frac{V_{13}}{2} \cos \omega t(4 \cos^2 \omega t - 1) = 0$$

したがって，上式を満たすのは，$\cos \omega t = 0$ または $\cos \omega t = 1/2$ のときであるから，$0 \leqq \omega t \leqq \pi$ の範囲内では，$\omega t = \pi/3$，$\pi/2$，$2\pi/3$ のときである．図4･16において，$\omega t = \pi/3$ のとき，信号波 v_{u13} は次の極大値をとる．

$$v_{u13} = V_{13}\left\{\sin \frac{\pi}{3} + \frac{1}{6} \sin\left(3 \times \frac{\pi}{3}\right)\right\} = \frac{\sqrt{3}}{2} V_{13} \tag{4･17}$$

式(4･17)が式(4･15)の波高値と等しくなるまで V_{13} の値は大きくすることができるの

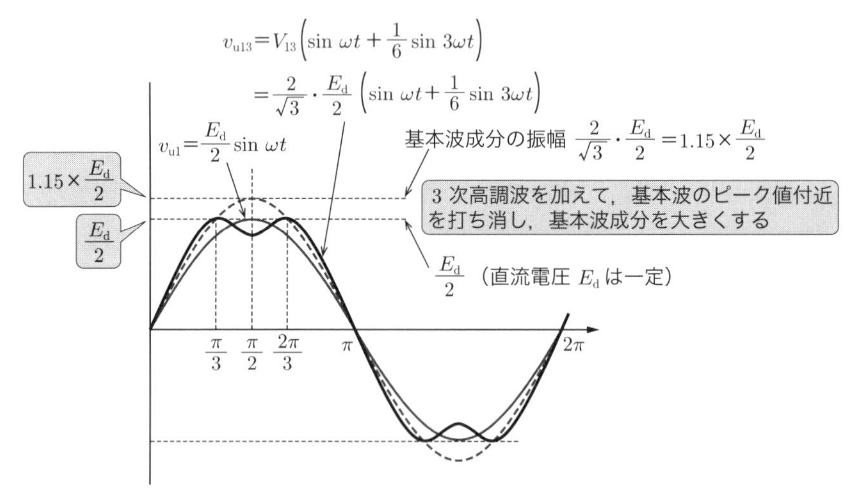

図4･16　信号波を基本波だけで構成する場合と第3次高調波を重畳する場合の比較

で

$$\frac{\sqrt{3}}{2}V_{13}=\frac{E_d}{2} \qquad \therefore \quad V_{13}=\frac{2}{\sqrt{3}}\times\frac{E_d}{2}\fallingdotseq 1.15\times\frac{E_d}{2} \qquad (4\cdot18)$$

図 4・16 の破線は，出力電圧の相電圧 v_{13} の基本波成分であり，式(4・18)に示すように，基本波だけで構成する場合の 1.15 倍高い電圧を出力することができる．そして，相電圧 v_{u13} の第 3 次高調波成分は，他の相電圧 v_{v13}，v_{w13} にも含まれて同相の零相電圧成分なので，負荷が接続される線間電圧 v_{uv13}，v_{vw13}，v_{wu13} には打ち消されて現れない．したがって，線間電圧 v_{uv13}，v_{vw13}，v_{wu13} は，相電圧の基本波成分の$\sqrt{3}$倍の電圧を得る．

問題 10　三相電圧形自励インバータ　(H27-B5)

次の文章は，図 1 に示す三相ブリッジ接続の電圧形自励インバータに関する記述である．

このインバータの交流出力端子 U，V，W は，インバータ容量を基準として 10 %程度のリアクタンスをもつリアクトル X を介して一定電圧・一定周波数の三相交流電源 E に接続されている．出力電圧は，パルス幅変調制御によって制御されている．パルス幅変調制御は，例えば U 相では，図 2 に示すように U 相の正弦波の信号波 v_S を三角波の搬送波 v_C と比較して行われている．

直流電圧 E_d が 330 V，v_C の振幅が 10 V，v_S の振幅が 9 V のとき，出力端子における線間交流電圧の基本波実効値は［(1)］V である．v_C の周波数は，v_S の周波数の 15 倍としている．線間交流電圧には主として［(2)］の高調波電圧を生じる．図 3 は，このインバータ各部の電圧波形である．この内，三相交流電源 E の中点 N に対する U 相端子電圧 v_{UN} の波形は，図の［(3)］である．

このインバータで交流電源における基本波力率が 1 になるようにして基本波交流電流の大きさを変えたとき，基本波電圧の振幅は［(4)］．

各相の正側のアームの IGBT をオフして負側のアームの IGBT をオンするとき，又はその逆に負側をオフして正側をオンするとき，実際には直流短絡を防止するためにオフからオンまでの間にデッドタイムを設ける．デッドタイムの期間の仮想直流中点 M に対する当該相の出力電圧は，交流電流が負の状態（インバータに流れ込む方向）のときは，［(5)］となる．

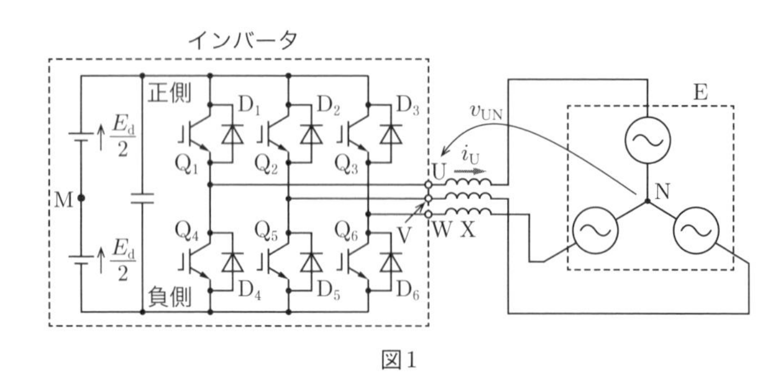

図１

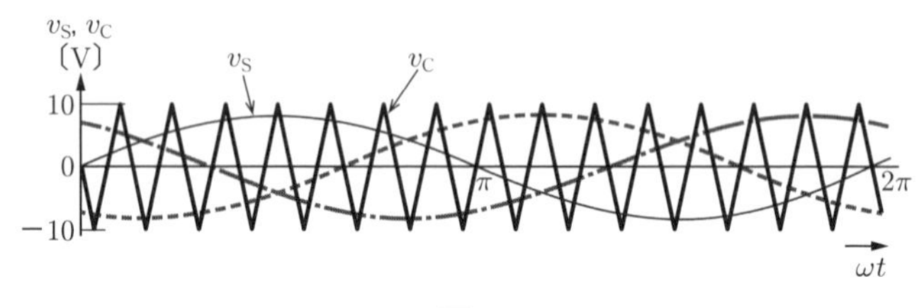

図２

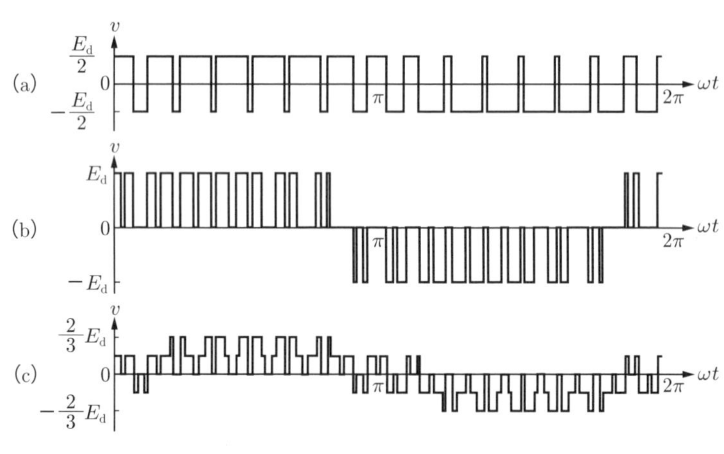

図３

解答群

（イ）　210　　（ロ）　(b)　　（ハ）　14 次・16 次　　（ニ）　(c)

（ホ）　242　　（ヘ）　0　　（ト）　13 次・17 次　　（チ）　182

（リ） $\frac{E_d}{2}$　（ヌ） 15 次・30 次　（ル） $-\frac{E_d}{2}$　（ヲ） (a)

（ワ） 基本波電流の大きさの平方根に比例して変わる

（カ） 基本波電流の大きさに比例して変わる

（ヨ） あまり変わらない

— 攻略ポイント —

問題 8，9 の解説および詳細解説 5，6 で説明した事項の復習的な要素に加えて，出力電圧における高調波やデッドタイム期間中の挙動も取り上げている．三相電圧形インバータの各部の波形をイメージしながら解くことがポイントである．

解説 (1) 詳細解説 6 で述べた三相電圧形インバータの PWM 制御の特徴を参照する．

インバータ出力の線間電圧 $v_{uv} = v_u - v_v$ であるから，変調度を $A = V_S$（信号波の振幅）$/V_C$（搬送波の振幅）として，その基本波成分の振幅 V_{uvp} と実効値 V_{uve} は式(4・16)より

$$V_{uvp} = \frac{\sqrt{3}}{2}AE_d,\quad V_{uve} = \frac{\sqrt{3}}{2\sqrt{2}}AE_d$$

$$\therefore\quad V_{uve} = \frac{\sqrt{3}}{2\sqrt{2}} \times \frac{9}{10} \times 330 = \mathbf{182}\ \mathrm{V}$$

(2) 直流側中性点 M に対する端子 U の電位 v_U の基本波成分および高調波成分の振幅は，$A = V_S$（信号波の振幅）$/V_C$（搬送波の振幅）を変調度として，次式で表すことができる．

①基本波成分（角周波数 ω_S）の振幅　$AE_d/2$

②高調波成分（角周波数 $n\omega_C \pm k\omega_S$）の振幅

$$\frac{2E_d}{n\pi}J_k\left(\frac{An\pi}{2}\right)$$

ただし，J_k：k 次のベッセル関数

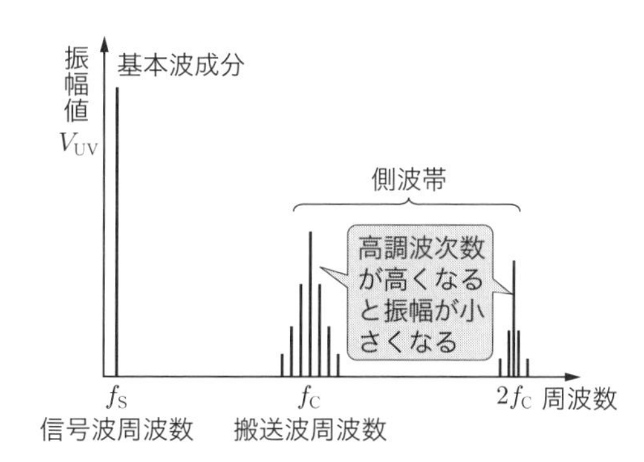

解図 1　出力波形の周波数成分

$n = 1, 3, 5 \cdots$ のとき，$k = 3(2m-1) \pm 1$，$m = 1, 2, \cdots \Rightarrow k = 2, 4, 8, 10, \cdots$

$n = 2, 4, 6, \cdots$ のとき，$k = 6m+1$，$m = 0, 1, 2, \cdots$
$k = 6m-1$，$m = 1, 2, 3, \cdots$ $\Big\}\ k = 1, 5, 7, 11, \cdots$

信号波として正弦波を用いる場合の出力波形は，解図1のような信号波周波数 f_S（基本波成分）と搬送波周波数 f_C 近くの周波数成分（側波帯）が現れる．搬送波周波数を上げると，側波帯は基本波成分から離れた高周波数領域に分布する．したがって，PWM 制御は搬送波周波数を上げることにより，信号成分以外の不要な周波数成分を搬送波周波数の側波帯として高周波数領域に移動させ，波形改善を行う．出力波形のうち，高調波成分は次数が高くなるにつれて振幅が小さくなるから，上式から，最初に現れる高調波は $\omega_C \pm 2\omega_S$ である．したがって，その高調波成分は $\omega_C \pm 2\omega_S = 15\omega_S \pm 2\omega_S = 13\omega_S$，$17\omega_S$ となる．

すなわち，主として，**13 次，17 次**の高調波電圧を生じる．

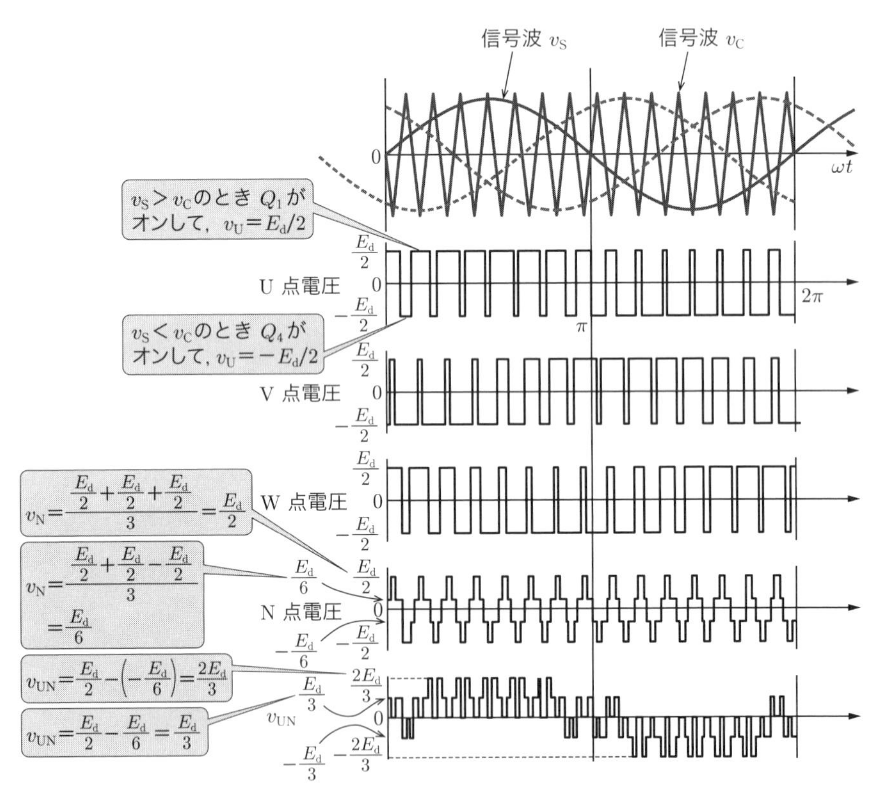

解図2　電圧形インバータの各部の波形

(3) 解図2は，信号波 v_S，搬送波 v_C，インバータの出力波形である．詳細解説5の中性点電位で説明するように，中性点電位 v_N は，U相端子電圧を v_U，V相端子電圧を v_V，W相端子電圧を v_W とすれば，次式となる．

$$v_N = (v_U + v_V + v_W)/3$$

v_U，v_V，v_W は $E_d/2$ または $-E_d/2$ をとるから，中性点電位 v_N は，$E_d/2$，$E_d/6$，$-E_d/6$，$-E_d/2$ の値をとり，解図2の通りとなる．そこで，中性点Nに対するU相端子電圧 v_{UN} は，$v_{UN} = v_U - v_N$ なので，$2E_d/3$，$E_d/3$，0，$-E_d/3$，$-2E_d/3$ をとる．つまり，問題図3では **(c)** の波形となる．

(4) 電圧形インバータでは，半導体バルブデバイスのオン・オフにより，パルス電圧を構成する定電圧源から三相交流電圧を発生し，各相のパルス電圧で負荷電流を流す．このため，交流電源における基本波力率が1になるようにして基本波交流電流の大きさを変えたとき，基本波電圧の振幅は**あまり変わらない**．

(5) デッドタイム期間中，上アームのIGBT（Q_1）と下アームのIGBT（Q_4）は両方ともにオフになっているから，IGBTと並列接続されたダイオードのオン・オフ状態で端子U，V，Wの出力電圧は決まり，上アームまたは下アームのどちらのダイオードがオンになるかは交流電流の正負で決まる．解図3に示すように，i_U が正の場合，D_4 が導通状態になるので，中性点Mに対する端子Uの電位 v_U は $-E_d/2$ となり，i_U が負の場合，D_1 が導通状態になるので，v_U は $\boldsymbol{E_d/2}$ となる．

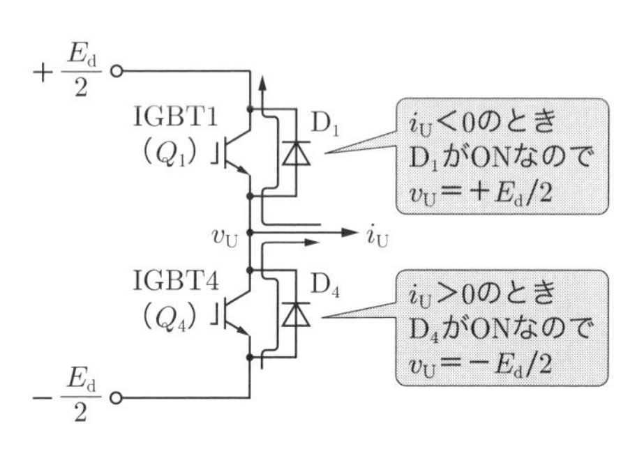

解図3　ダイオードがオン状態の回路

(1)（チ）　(2)（ト）　(3)（ニ）　(4)（ヨ）　(5)（リ）

問題 11　蓄電池の電力変換装置　(H30-A3)

次の文章は，交流電源と蓄電池との間で電力を双方向にやり取りする電力変換装置に関する記述である．

電力変換装置の一例として，PWM変換器，中間直流回路及びチョッパからなる構成を図1に示す．ここで，PWM変換器は，　(1)　と同じ主回路を交流電源側に適用したものである．

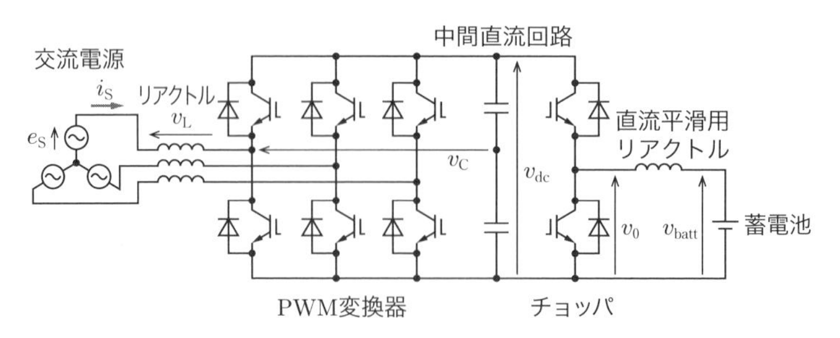

図1　PWM変換器とチョッパからなる電力変換装置

蓄電池を充電する場合，PWM変換器を通過する電気エネルギーの流れは，交流電源から中間直流回路に向くことになる．図１において交流電源相電圧 e_S，PWM変換器交流側相電圧 v_C，リアクトル電圧 v_L 及び交流電流 i_S は矢印の方向を正とし，それぞれの基本波のフェーザを $\dot{E}_S$，$\dot{V}_C$，$\dot{V}_L$ 及び $\dot{I}_S$ とする．これらの電圧，電流は三相対称交流の内の１相分である．このとき，電源力率１の $\dot{I}_S$ を得るPWM変換器の動作を表しているフェーザ図が [(2)] である．目標とする $\dot{I}_S$ を実現するために，結果として v_C の基本波のフェーザが [(2)] に示す $\dot{V}_C$ となるように制御している．特に三角波比較正弦波PWM制御は，電圧の [(3)] によってスイッチング周期ごとの平均電圧を制御するものであり，スイッチング周波数を十分高くとれば正弦波状に変化する交流電圧波形に制御できることになる．そして，このような動作を行うPWM変換器では，通常中間直流回路の電圧 v_{dc} は交流電源線間電圧のピーク値 [(4)] している．

一方，チョッパは，PWM変換器を通して交流電源と中間直流回路が授受する電気エネルギーを，中間直流回路と蓄電池との間で出し入れする．交流電源と蓄電池との間でやり取りする電力がPWM変換器によって制御されている場合，チョッパは，図１に示す中間直流回路の電圧 v_{dc}，チョッパ出力直流電圧 v_0 及び蓄電池の電圧 v_{batt} のうち，[(5)] を一定にする制御を行う．

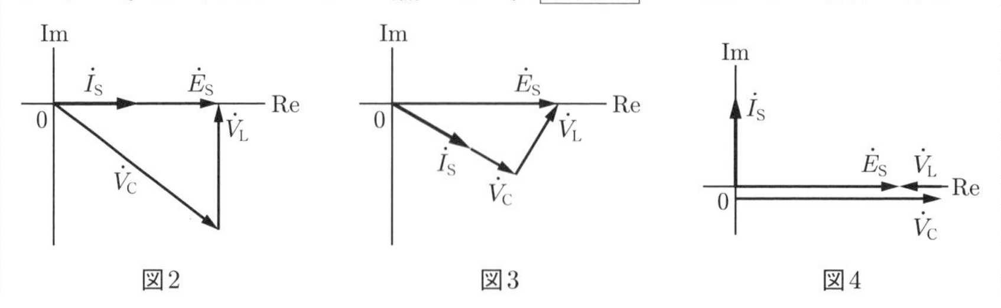

図2　図3　図4

解答群

(イ)	変化率	(ロ)	よりも高く	(ハ)	v_{dc}
(ニ)	電圧形インバータ	(ホ)	図 4	(ヘ)	図 2
(ト)	マトリックスコンバータ			(チ)	波高値
(リ)	とほぼ同じに	(ヌ)	v_{batt}	(ル)	v_0
(ヲ)	よりも低く	(ワ)	図 3	(カ)	パルス幅
(ヨ)	サイクロコンバータ				

―攻略ポイント―

本問は，PWM 変換器を蓄電池と交流電源の間で活用する問題である．PWM 変換器の各部の動作波形をイメージしながら，問題を解く．

解 説 (1) 図 1 において，PWM 変換器は，**電圧形インバータ**と同じ主回路を交流電源側に適用したものである．

(2) インバータ出力電圧は，中間直流回路の直流側コンデンサの中間点電位 $v_{\mathrm{dc}}/2$ を中心に正負に振れるので，図 1 のリアクトルのインダクタンスを L とすれば，同図の回路から，次式が成り立つ．

$$e_{\mathrm{S}} = v_{\mathrm{L}} + v_{\mathrm{C}},\quad v_{\mathrm{L}} = L\frac{\mathrm{d}i_{\mathrm{S}}}{\mathrm{d}t}$$

ここで，電源の角周波数を ω として，フェーザ表示すれば

$$\dot{E}_{\mathrm{S}} = \dot{V}_{\mathrm{L}} + \dot{V}_{\mathrm{C}},\quad \dot{V}_{\mathrm{L}} = j\omega \mathrm{L}\dot{I}_{\mathrm{S}}$$

そして，電源力率が 1 なので，$\dot{E}_{\mathrm{S}}$ と $\dot{I}_{\mathrm{S}}$ が同位相である．また，上式から，$\dot{V}_{\mathrm{L}}$ は $\dot{I}_{\mathrm{S}}$ よりも位相が 90° 進んでいる．したがって，これを表すフェーザ図は問題中の**図 2** である．

(3) 詳細解説 5，6 に示すように，三角波比較正弦波 PWM 制御は，電圧の**パルス幅**によってスイッチング周期ごとの平均電圧を制御するものであり，スイッチング周波数を十分高くとれば正弦波状に変化する交流電圧波形に制御できることになる．

(4) 三角波比較正弦波 PWM 制御は，一般的に，変調度＝(信号波の振幅)/(搬送波の振幅)≦1 とする．解図に示すように，三角波の正負のピーク値が $\pm V_{\mathrm{dc}}/2$（直流電圧 v_{dc} の大きさを一定値 V_{dc} とする），正弦波の正負ピーク値を $\pm V_{\mathrm{cp}}$（v_{C} のピーク値）とすれば，$V_{\mathrm{cp}} \leqq V_{\mathrm{dc}}/2$ となる．一方，交流電源線間電圧のピーク値は $\sqrt{3}V_{\mathrm{cp}}$ であるから $V_{\mathrm{dc}} \geqq 2V_{\mathrm{cp}} > \sqrt{3}V_{\mathrm{cp}}$ となる．つまり，三角波比較正弦波 PWM 制

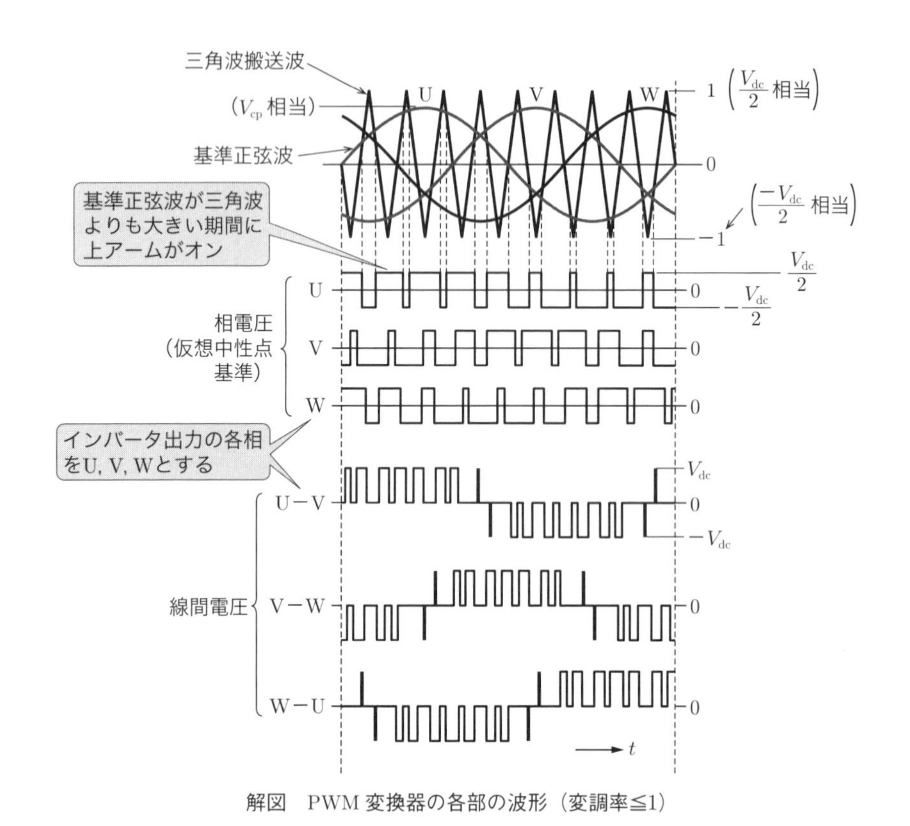

解図　PWM 変換器の各部の波形（変調率≦1）

御では，中間直流回路の電圧 v_{dc} は交流電源線間電圧のピーク値（$\sqrt{3}V_{cp}$）**よりも高く**する．

(5) チョッパは，PWM 変換器を安定に動作させるために，図1の PWM 変換器の入力電圧である中間直流回路の電圧 $\boldsymbol{v}_{dc}$ を一定にする制御を行う．

解答　**(1) (ニ)　(2) (ヘ)　(3) (カ)　(4) (ロ)　(5) (ハ)**

問題 12　PWM 制御インバータの風力発電への応用　(R4-B5)

次の文章は，PWM 制御三相電圧形インバータとその応用に関する記述である．

三角波比較正弦波 PWM 制御を用いた三相電圧形インバータは，インバータが出力する交流電圧の $\boxed{(1)}$ より直流電圧を十分に高くすることにより，交流電流を制御することができる．したがって，このPWM制御三相電圧形インバータ（以降，変換器と呼ぶ）は［(2)］に電力を制御できるので，種々の分野で使われている．

図は風力発電に用いられる変換器の構成図であり，風車のロータに直結した同期発電機SGに，変換器1と変換器2からなるBTB変換器を接続した構成である．変換器1が［(3)］周波数の交流電力を直流に変換し，変換器2が直流電力を電力系統周波数の交流に変換する．風車入力エネルギーは羽根の面積を一定とすれば風速の［(4)］に比例することが知られていて，風速に対して発電できる最大電力とそのときの発電機の回転速度が求まる．したがって，変換器1は［(5)］を行うことが一般的である．また，変換器2は［(6)］を検出し，これが一定となるように有効電力を操作する．さらに，変換器2は，電力系統の交流電圧位相に対して，［(7)］成分の交流電流を流すことにより，上記の有効電力ばかりでなく電力系統の無効電力も制御することができるので，系統電圧の安定化に寄与できるという特徴がある．

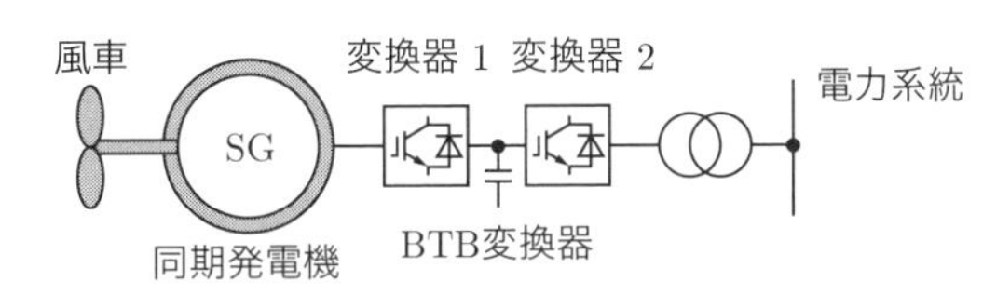

図　風力発電に用いられる変換器の構成図

解答群

(イ)　発電機電圧制御　　(ロ)　交流から直流へ一方向
(ハ)　直流電流値　　(ニ)　発電電力制御
(ホ)　直流から交流へ一方向　　(ヘ)　直流電圧値
(ト)　相電圧波高値　　(チ)　回転数によらず一定の
(リ)　$\frac{1}{2}$乗　　(ヌ)　線間電圧波高値
(ル)　回転数により変動する　　(ヲ)　3乗
(ワ)　線間電圧実効値　　(カ)　直流と交流の間で双方向
(ヨ)　同相の　　(タ)　π位相のずれた
(レ)　$\pm\frac{\pi}{2}$位相のずれた　　(ソ)　2乗
(ツ)　定格回転数に相当する

―攻略ポイント―

本問は，PWM 変換器を風力発電に応用する問題である．風力発電の特性および PWM 変換器の特徴を考えれば，解くことができるであろう．

解説　(1) 問題 11 の (4) と同様の問題である．PWM 制御では，変調度≦1 で使用することが一般的である．というのは，変調度>1 となる過変調では，インバータ出力電圧の高調波が増えて，制御系に悪影響を与えるからである．したがって，三角波比較正弦波 PWM 制御を用いた三相電圧形インバータでは，インバータが出力する交流電圧の**線間電圧波高値**より直流電圧を十分に高くすることにより，交流電流を制御することができる．

(2) 解図に示すように，系統電圧の位相に対して，変換器の交流出力電圧の位相

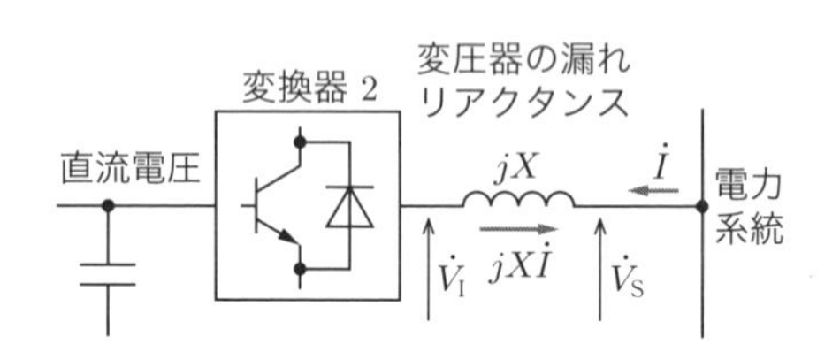

V_I：変換器 2 の相電圧
V_S：電力系統の相電圧
I：変換器 2 に流れ込む線電流
X：変圧器の漏れリアクタンス

(a) 変換器 2 による逆変換回路

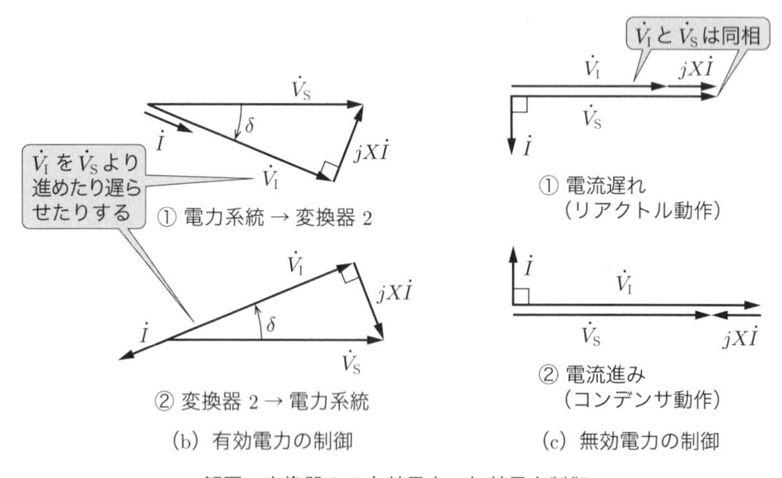

(b) 有効電力の制御　　(c) 無効電力の制御

解図　変換器 2 の有効電力・無効電力制御

を進ませたり遅らせたりすることによって，**直流と交流の間で双方向**に電力を制御できる．

(3) 風力発電用発電機にBTB変換器を活用する場合，問題図の変換器1が風車の**回転数により変動する**周波数の交流電力を直流に変換し，変換器2が直流電力を電力系統周波数の交流に変換する．

(4) 質量m〔kg〕の空気が速度v〔m/s〕で流れると，運動エネルギーは$mv^2/2$〔J〕である．空気の密度をρ〔kg/m³〕，受風面積をA〔m²〕とすれば，$m=\rho Av$となるので，この運動エネルギーから風車が得るエネルギーWは，両式からmを消去すれば，次式となる．

$$W=\frac{1}{2}C_p\rho Av^3=\frac{1}{8}C_p\pi\rho D^2v^3\,〔\mathrm{W}〕\quad\left[A=\pi\left(\frac{D}{2}\right)^2=\frac{\pi D^2}{4}\right]$$

（但し，C_pは風車の出力係数（パワー係数），D〔m〕は風車の直径）

つまり，風のもつエネルギーは，受風面積に比例し，風速の**3乗**に比例する．

(5) 本問の風力発電機用発電機では，多極同期発電機を使用し，コンバータにより直流に変換した後，インバータを用いて交流に変換して電力系統に連系する．このコンバータとインバータの組合せがBTB（Back To Back）変換装置である．発電機の周波数は系統の周波数と無関係に設定できる．風速の変化に対し，常に風車の最大出力点で運転するためには，発電機の回転数を風速に応じて変える必要がある．この直流リンク方式は，誘導発電機の二次励磁制御方式（二重給電誘導発電機）とともに，発電機のロータの回転数を変化させることができるので可変速機と呼ばれる．この方式では，変換器1は**発電電力制御**を行う．

(6)(7) 変換器2は，**直流電圧値**を検出し，これが一定となるように有効電力を制御する．さらに，解図に示すように，変換器2は，電力系統の交流電圧位相に対して**±π/2位相のずれた**成分の交流電流を流すことにより，電力系統の無効電力も制御することができる．

(1)(ヌ)　(2)(カ)　(3)(ル)　(4)(ヲ)
(5)(ニ)　(6)(ヘ)　(7)(レ)

問題13　太陽光発電のパワーコンディショナ　(H20-A4)

次の文章は，太陽光発電システム用パワーコンディショナに関する記述である．

太陽光発電システム用パワーコンディショナ（PCS）は太陽電池で発電した直流電力を交流電力に変換し，交流系統に接続された負荷設備に電力を供給するとともに，余剰電力を系統に供給する装置である．PCSは直交変換だけではなく，様々な機能を有している．

太陽電池モジュールは，図に示すような特有の電圧電流特性を持つため，電圧と電流の積である発電電力を最大とする動作電圧が存在する．最大電力点追従（MPPT）制御はモジュールから最大限の電力を引き出すための制御であり，PCSの大きな特徴でもある．以下にその制御の一例を示す．

電池の出力電力が $\boldsymbol{P}_0$ で運転されているものとする．電圧を微少に減少させたときの出力電力 $\boldsymbol{P}_1$ を計測してから，電圧を元に戻し，そのときの出力電力 $\boldsymbol{P}_2$ を計測する．［(1)］を条件1，［(2)］を条件2とするとき，条件1を満足する場合には，動作電圧を減少させ，条件2を満足する場合は，動作電圧を増加させる．条件1，2ともに満足しない場合は，雲などの影響による［(3)］の一時的な変動があったものとして動作電圧を変更しない．この操作を一定時間間隔で行い常に最大電力点で動作するように制御する．

配電系統が停止した場合，発電電力と負荷電力が概ね平衡していると，電圧リレー（OVR，UVR）や周波数リレー（OFR，UFR）では停電を検出できず系統に電力を供給し続けることがある．これを［(4)］運転という．PCSにはこのような運転状態を防止する機能が設けられており，その検出方法には，電圧波形や位相などの変化を捉える受動的方式と，電圧や周波数に変動を与え［(4)］運転移行時にこの変動が顕著となることを利用する能動的方式がある．また，太陽光発電システムが系統から解列された状態で運転することを［(5)］運転といい，PCSはMPPT制御から出力電圧一定制御に切り替わる．

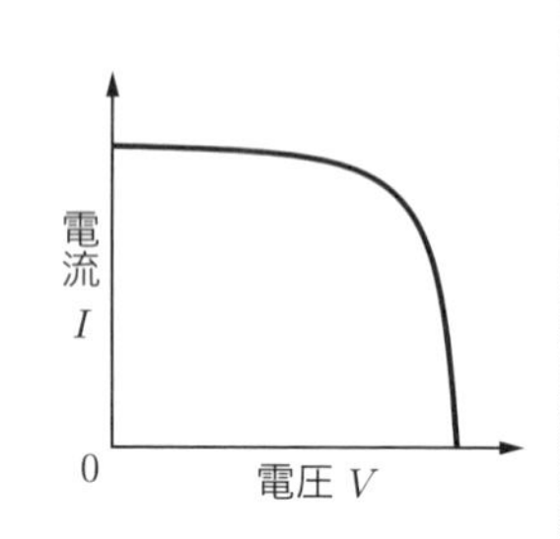

解答群

(イ) $\boldsymbol{P}_0 > \boldsymbol{P}_1$，$\boldsymbol{P}_1 = \boldsymbol{P}_2$　(ロ) $\boldsymbol{P}_0 = \boldsymbol{P}_1$，$\boldsymbol{P}_1 > \boldsymbol{P}_2$
(ハ) $\boldsymbol{P}_0 > \boldsymbol{P}_1$，$\boldsymbol{P}_1 < \boldsymbol{P}_2$　(ニ) $\boldsymbol{P}_0 > \boldsymbol{P}_1$，$\boldsymbol{P}_1 > \boldsymbol{P}_2$
(ホ) $\boldsymbol{P}_0 < \boldsymbol{P}_1$，$\boldsymbol{P}_1 > \boldsymbol{P}_2$　(ヘ) $\boldsymbol{P}_0 < \boldsymbol{P}_1$，$\boldsymbol{P}_1 < \boldsymbol{P}_2$
(ト) 無負荷　(チ) 並　列　(リ) 電界強度
(ヌ) 日射強度　(ル) 連　系　(ヲ) 単　独
(ワ) 自　立　(カ) 磁界強度　(ヨ) 集　中

―攻略ポイント―

本問は，太陽光発電システムのPCSへの応用を取り上げている．太陽光発電システムにおける最大電力点追従（MPPT）制御について理解を深めておく．

解説　(1)～(3) 解図1に太陽光発電システム，解図2に太陽電池モジュール特性を示す．解図2は，実線が太陽電池の電圧−電流特性，点線が太陽電池の電圧−電力特性を示す．太陽光発電システムのPCSの最大電力点追従（MPPT；Maximum Power Point Tracking）制御は，山登り法といわれるもので，太陽電池モジュールの出力電圧を微小に変化させたときの電力変化をとらえて最大電力点（最適運転点）を追求するものである．例えば，解図2において，電池の出力がP_0で運転しているとき（動作点），この動作点は電圧−電力特性曲線において右肩下がりのところにある．ここで，電圧を微小に減少させると，出力電力P_1はP_0よりも増加する．その後，電圧を元に戻すと，出力電力P_2はP_1よりも減少する．すなわち，$\boldsymbol{P_0<P_1}$**，**$\boldsymbol{P_1>P_2}$の条件は，動作点が最適動作電圧よりも高いところにあることに相当するため，動作電圧を減少させる．これが条件1である．

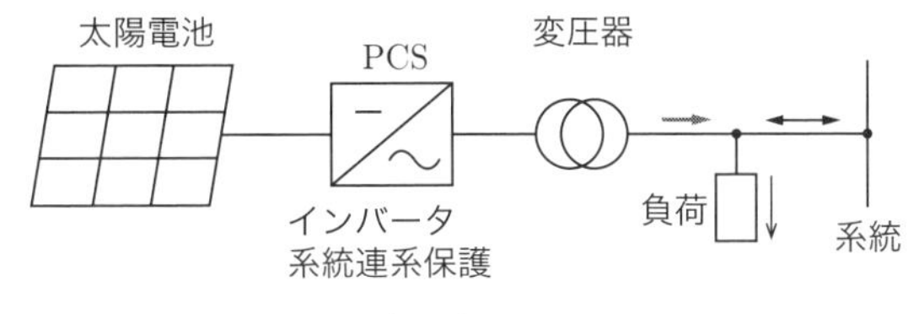

解図1　太陽光発電システム

一方，太陽電池の出力がP_0'で運転しているときの動作点が電圧−電力特性曲線の右肩上がりのところにあるとき（動作点が最適動作電圧よりも左側の電圧−

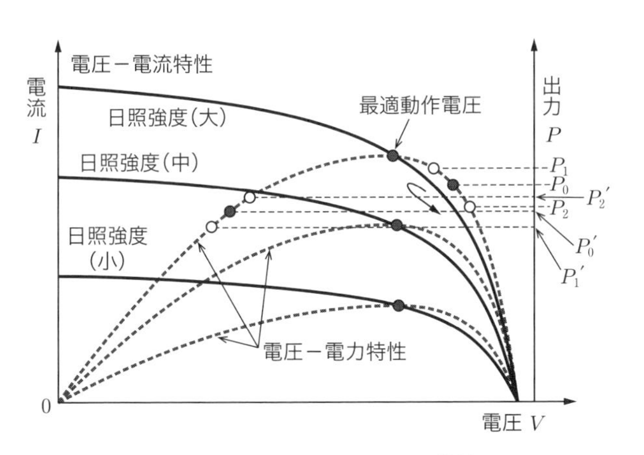

解図2　太陽電池モジュール特性

電力特性曲線上の点にあるとき），電圧を微小に減少させると，出力電力 P_1' は P_0' よりも減少する．その後，電圧を元に戻すと，出力電力 P_2' は P_1' よりも増加する．すなわち，$P_0'>P_1'$，$P_1'<P_2'$ の条件（すなわち，$\boldsymbol{P_0>P_1}$，$\boldsymbol{P_1<P_2}$）は，動作点が最適動作電圧よりも低いところにあることに相当し，動作電圧を増加させる．これが条件2である．

条件1，2ともに満足しない場合は，雲などの影響による**日射強度**の一時的な変動があったものとして動作電圧を変更しない．この操作を一定時間間隔で行い，常に最大電力点で動作するよう制御する．

(4)（5）配電系統が停止した場合，発電電力と負荷電力が概ね平衡していると，電圧リレーや周波数リレーでは停電を検出できず，系統に電力を供給し続けることがある．これを**単独**運転という．PCS にはこのような運転状態を防止する機能が設けられており，その検出方法には，電圧波形や位相などの変化を捉える受動的方式と，電圧や周波数に変動を与え単独運転移行時にこの変動が顕著になることを利用する能動的方式がある．また，太陽光発電システムが系統から解列された状態で運転することを**自立**運転といい，PCS は MPPT 制御から出力電圧一定制御に切り替わる．

解答　(1)（ホ）　(2)（ハ）　(3)（ヌ）　(4)（ヲ）　(5)（ワ）

問題 14　STATCOM　(R1-A3)

次の文章は，自励式無効電力補償装置 STATCOM に関する記述である．

自励式無効電力補償装置 STATCOM は，[(1)] の交流端子を連系リアクトルを介して交流系統に，直流端子を直流コンデンサに接続して構成する．[(1)] の交流端子電圧の振幅，周波数及び位相を系統電圧と等しくすれば，交流側電流は零となる．この状態から，系統電圧に比べて，交流端子電圧の [(2)] すると，STATCOM は進相コンデンサのように振る舞い，進み無効電力を吸収する．また，系統電圧に比べて，交流端子電圧の [(3)] すると，[(1)] に有効電力が流入するので，STATCOM ではこれが零となるように制御する．

変換器の PWM 制御により変調率を調節して無効電力を制御することもできるが，変調率を一定としたままで，直流コンデンサ電圧を調節することでも無効電力を制御できる．120 度通電の三相方形波変換器の直流コンデンサ

電圧を V_{d} とすると，変換器の交流端子の線間電圧の基本波成分実効値は $V_1 = \dfrac{\sqrt{6}}{\pi} V_{\mathrm{d}}$ である．この変換器を $X = 0.3$ p.u. の連系リアクトルを介して 6.6 kV の三相正弦波交流系統に接続して定格の進み無効電力を吸収する場合，連系リアクトルでの電圧降下を補償するため，変換器の交流端子の線間電圧基本波成分実効値を 1.3 p.u. とする必要があるので，直流コンデンサ電圧を [(4)] にすればよい．このとき，5 次高調波に対する連系リアクトルのリアクタンスは，$X_5 = 5X = 5 \times 0.3 = 1.5$ p.u. であり，変換器の交流端子の線間電圧の 5 次高調波成分は基本波成分の $\dfrac{1}{5}$ であるので，交流側電流の 5 次高調波成分は基本波成分の [(5)] 程度であり，サイリスタを用いた他励式無効電力補償装置に比べて，高調波発生量は少ない．

解答群

(イ)	20.0 %	(ロ)	周波数を低く
(ハ)	位相を遅れに	(ニ)	振幅を小さく
(ホ)	電流形変換器	(ヘ)	16.7 %
(ト)	17.3 %	(チ)	位相を進みに
(リ)	周波数を高く	(ヌ)	9.33 kV
(ル)	交流直接変換器	(ヲ)	8.58 kV
(ワ)	振幅を大きく	(カ)	11.0 kV
(ヨ)	電圧形変換器		

―攻略ポイント―

STATCOM は，機械科目，電力科目を通じて電験ではよく出題されるテーマである．STATCOM の構成，動作原理，変換器の動作を含めて十分に学習する．

解説　(1) 解図 1 に STATCOM の構成，解図 2 に STATCOM 変換器，解図 3 に STATCOM の動作原理を示す．

STATCOM (Static Synchronous Compensator) は，自励式 SVC (Static Var Compensator；静止形無効電力

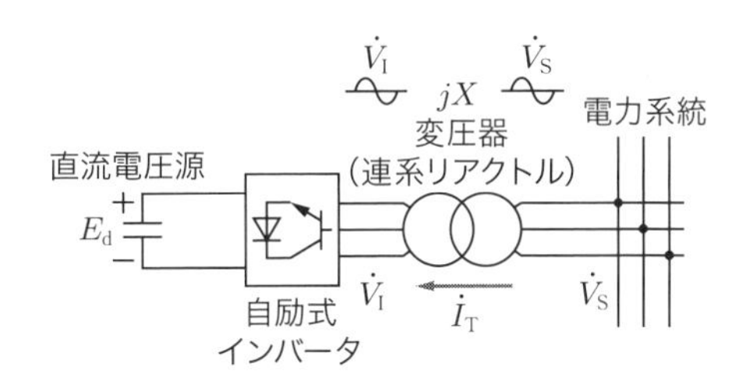

解図 1　STATCOM の構成

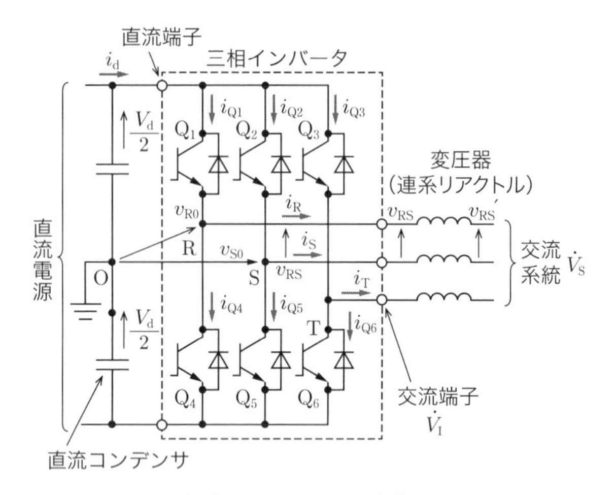

解図２　STATCOM 変換器

動作	電流遅れ（リアクトル動作）	電流進み（コンデンサ動作）
電圧電流	$\dot{V}_S$　$\dot{V}_I$　$\dot{I}_T$ V_S（系統電圧）> V_I（インバータ出力電圧）	$\dot{V}_I$　$\dot{V}_S$　$\dot{I}_T$ V_S（系統電圧）< V_I（インバータ出力電圧）
ベクトル図	$\dot{V}_S$　$\dot{V}_I$　$jX\dot{I}_T$　$\dot{I}_T$	$\dot{I}_T$　$\dot{V}_S$　$jX\dot{I}_T$　$\dot{V}_I$

解図３　STATCOM の動作原理

補償装置）であり，インバータを用いて無効電力を系統に供給したり，系統から吸収したりする機器である．STATCOM は，解図１に示すように，**電圧形変換器**の交流端子を連系リアクトルにより交流系統に，直流端子を直流コンデンサに接続して構成する．

(2) 解図３のように，電圧形変換器の交流端子電圧と系統電圧を同相のまま，系統電圧 $\dot{V}_S$ に対して交流端子電圧 $\dot{V}_I$ の**振幅を大きく**すると，STATCOM は進相コンデンサのように振る舞い，進み無効電力を吸収（系統側に遅れ無効電力を供給）する．

(3) また，系統電圧 $\dot{V}_{\mathrm{S}}$ に比べて，交流端子電圧 $\dot{V}_{\mathrm{I}}$ の**位相を遅れに**する（位相差 δ）と，**電圧形変換器**に有効電力（$P = 3V_{\mathrm{S}}V_{\mathrm{I}}\cos\delta/X$）が流入するので，STATCOM では位相遅れが零となる（系統電圧と電圧形変換器の交流端子電圧が同相となる）ように制御する．なぜなら，その有効電力が流入すると，直流コンデンサを充電して電圧が上昇するなど不具合を生じる恐れがあるからである．

(4) 解図 4 に示すように，120° 通電の三相方形波変換器に PWM 制御を用いて，直流電圧を変化させ，無効電力を制御する．このとき，変換器の交流端子の線間電圧の基本波成分実効値 V_1 は，$V_1 = \sqrt{6}V_{\mathrm{d}}/\pi$ である．この変換器を $X = 0.3$ p.u. の連系リアクトルを介して 6.6 kV の交流系統に接続して定格の進み無効電力を吸収する場合，進み無効電力 1 p.u.（進み無効電流 1 p.u.）のときに連系リアクトルでの電圧降下（1 p.u. ×0.3 = 0.3 p.u.）を考慮する．そこで，必要な変換器の交流端子の線間電圧基本波成分実効値は 1 p.u. + 0.3 p.u. = 1.3 p.u. となるから，必要な直流コンデンサ電圧は

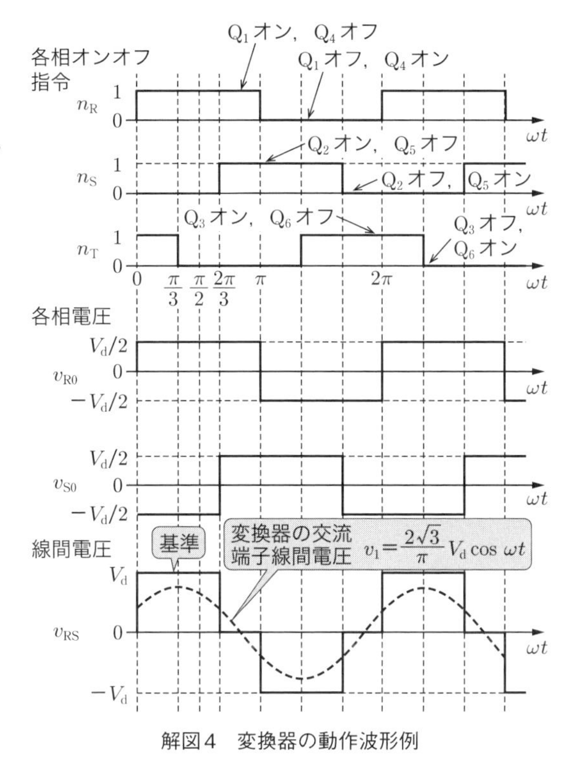

解図４　変換器の動作波形例

$$\frac{\sqrt{6}V_{\mathrm{d}}}{\pi} = 1.3 \qquad \therefore \quad V_{\mathrm{d}} = \frac{1.3\pi}{\sqrt{6}}\ \text{p.u.} = \frac{1.3\pi}{\sqrt{6}} \times 6.6\ \text{kV} = \mathbf{11.0\ kV}$$

となる．

(5) 変換器の交流端子の線間電圧の 5 次高調波成分は基本波（1.3 p.u.）の 1/5，連系リアクトルの 5 次高調波に対するリアクタンスは 1.5 p.u. であるから，交流側電流の 5 次高調波成分 I_5 は

$$I_5 = 1.3 \times \frac{1}{5} \times \frac{1}{X_5} = 1.3 \times \frac{1}{5} \times \frac{1}{5 \times 0.3} = 0.173 \text{ p.u.}$$

$$= \mathbf{17.3\ \%}$$

解答　(1)（ヨ）　(2)（ワ）　(3)（ハ）　(4)（カ）　(5)（ト）

問題15　高周波インバータ　(H28-A3)

次の文章は，高周波インバータに関する記述である．

図1には誘導加熱用などに使われる高周波インバータの定常運転に関与する主回路部分だけを示す．サイリスタ整流器は交流入力を整流し，十分に大きなインダクタンス L_d をもつ直流リアクトルによってほぼ一定の直流電流を得る．インバータはこの電流を交流に変換して負荷に供給し，その運転周波数は 500 Hz～10 kHz 程度であることが一般的である．

高周波インバータの主な負荷はコイルであり，その中に金属部品などの材料を挿入して，高周波の誘導電流で材料にエネルギーを与えて加熱する．したがって，コイルは等価的にリアクトルLと抵抗Rが並列接続された力率の非常に低い誘導性インピーダンスとみなせる．Lによる　(1)　を補償するために，コンデンサCを設けて並列共振回路を構成した例が図1である．コイルとコンデンサを合わせてインバータの負荷回路とし，その共振回路の先鋭度を Q とする．インバータの運転中は，インバータ出力電流の基本波振幅に比べほぼ　(2)　の振幅の循環電流がコイルとコンデンサの間に流れるが，インバータの出力電流は，コイル電流とコンデンサ電流の差分となり，等価的なRを流れる電流成分にほぼ相当する．

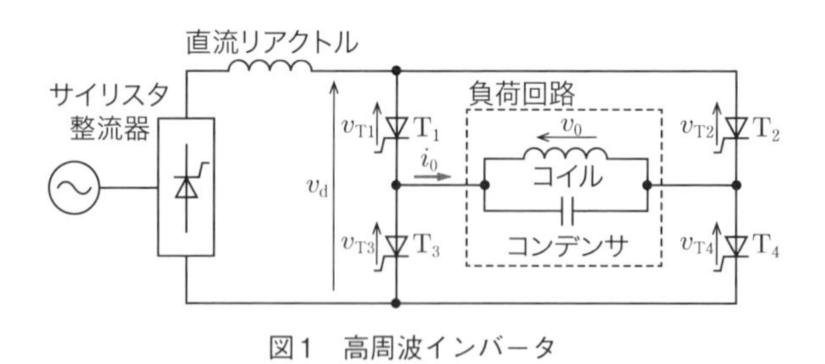

図1　高周波インバータ

インバータのサイリスタを転流する際には負荷電圧を利用している．例として，それまで通電していたサイリスタT_1，T_4をターンオフすることを考える．図1に示した出力電圧v_0の方向を正とすると，サイリスタT_2，T_3をオンするときに，コンデンサは［(3)］に充電されていなければならない．この結果，インバータの出力電圧v_0と出力電流i_0は図2に示す波形1と波形2になる．共振回路の先鋭度が高いと，出力電圧v_0はより正弦波に近い電圧波形となる．図2の波形3は電圧［(4)］の波形である．サイリスタは，インバータの出力電圧波形の定められた位相でスイッチングすることによって安定な動作が実現する．以上から，インバータは，LとCの並列共振周波数［(5)］周波数で運転を続けることになる．

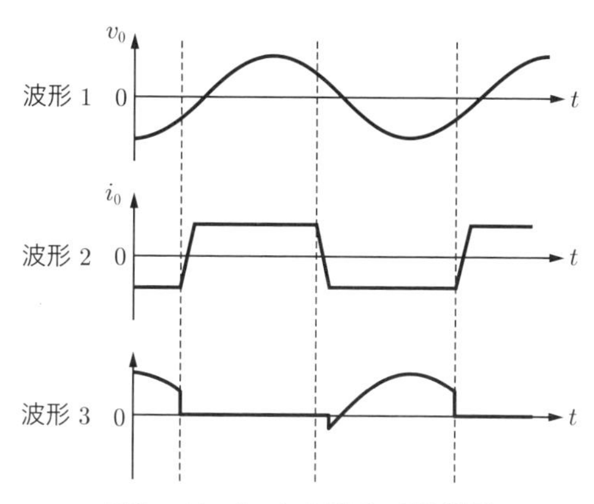

図2　インバータの電圧・電流波形

解答群

(イ)　に近い　　(ロ)　正の電圧

(ハ)　直流電圧v_dの波高値より大きい負の電圧

(ニ)　Q倍　　(ホ)　v_{T1}，v_{T4}　　(ヘ)　の2倍の周波数に近い

(ト)　v_{T2}，v_{T3}　　(チ)　無効電力

(リ)　直流電圧v_dの波高値より小さい負の電圧

(ヌ)　有効電力　　(ル)　$\frac{1}{Q}$倍　　(ヲ)　の半分の周波数に近い

(ワ)　v_d　　(カ)　$2Q$倍　　(ヨ)　電力損失

―攻略ポイント―

本問は，並列共振や尖鋭度Qを理解していれば解くことができる．抵抗，コイル，コンデンサの並列回路が共振しているとき，コイルLとコンデンサCには電源電流のQ倍の電流がLC間に流れる．

解説　(1) 図1は，コイルのリアクトルLによる**無効電力**を補償するために，コンデンサCを設けて並列補償回路を構成している．

(2) 本シリーズの理論科目の「第4章　電気・電子計測」の「問題7　Qメータを用いたコイルのインピーダンス測定」の詳細解説において，「共振とQ（尖鋭度，共振の鋭さ）」を詳しく説明しているので，参照する．

コイルは等価的にリアクトルLと抵抗Rの並列接続で表され，このコイルとコンデンサCの並列回路の合成アドミタンス$\dot{\mathrm{Y}}$，並列共振（反共振）角周波数ω_0は

$$\dot{\mathrm{Y}} = \frac{1}{R} + j\left(\omega C - \frac{1}{\omega L}\right),\quad \omega_0 C = \frac{1}{\omega_0 L} \qquad \therefore\quad \omega_0 = \frac{1}{\sqrt{LC}} \cdots\cdots ①$$

並列共振時のインバータの基本波出力電圧を$\dot{V}_0$，基本波出力電流を$\dot{I}_0$，LC並列回路のコイル，コンデンサの基本波電流を$\dot{I}_{L0}$，$\dot{I}_{C0}$とすれば

$$\dot{I}_{L0} = \left(\frac{1}{R} - j\frac{1}{\omega_0 L}\right)\dot{V}_0 = \frac{\dot{V}_0}{R} - j\frac{1}{\omega_0 L}\dot{V}_0,\quad \dot{I}_{C0} = j\omega_0 C\dot{V}_0 \cdots\cdots ②$$

そして，並列共振回路の尖鋭度Qは

$$Q = \frac{R}{\omega_0 L} = \omega_0 CR \cdots\cdots ③$$

である．これを式②に代入すれば次式となる．

$$\dot{I}_{L0} = (1 - jQ) \times \frac{\dot{V}_0}{R},\quad \dot{I}_{C0} = jQ \times \frac{\dot{V}_0}{R},\quad \dot{I}_0 = \dot{I}_{L0} + \dot{I}_{C0} = \frac{\dot{V}_0}{R} \cdots\cdots ④$$

式④の関係式をベクトル図で表すと解図になる．題意より，コイルは力率の非常に低い誘導性インピーダンスであるから，Qは非常に大きく，コイル電流$\dot{I}_{L0}$はリアクトルに流れる電流にほぼ等しく，等価的な抵抗R分の電流を無視すれば，式④および解図から，コイル電流とコンデンサ電流は逆位相で，コイルとコンデンサ間にインバータ出力電流$\dot{I}_0$のほぼ**Q倍**の循環電流が流れる．また，インバータ出力電流$\dot{I}_0$は，式④に示すように，等価的なRを流れる電流成分にほぼ相当する．

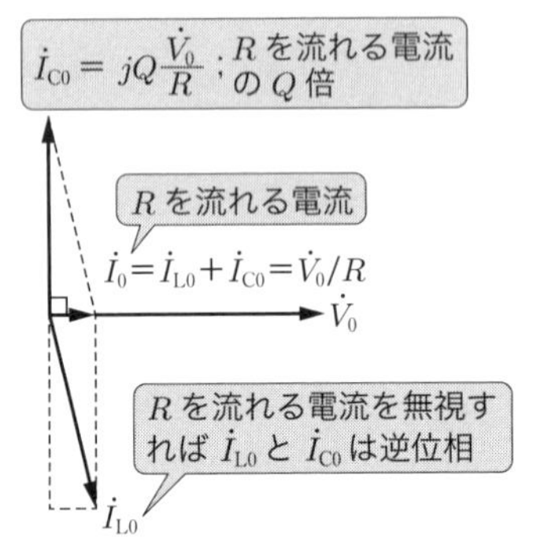

解図　並列共振時のベクトル図

(3) 図1の回路において，それまで通電していたサイリスタT_1，T_4から，サイリスタT_2，T_3へ転流するため，負荷回路のコンデンサは**正の電圧**（図1のv_0の矢印方向）に充電されていなければならない．

(4) 図2において，v_0 と i_0 が正になっている期間は，サイリスタ T_1 と T_4 がオン，T_2 と T_3 がオフになっている．一方，v_0 と i_0 が負になっている期間は，サイリスタ T_2 と T_3 がオン，T_1 と T_4 がオフになっている．そこで，図2の波形3は，v_0 と i_0 が正になっている期間に電圧が零になり，v_0 と i_0 が負になっている期間に電圧が正になっているので，$\boldsymbol{v_{T1}}$，$\boldsymbol{v_{T4}}$ の波形である．

(5) サイリスタは，インバータの出力電圧波形の定められた位相でスイッチングすることによって安定な動作が実現する．したがって，インバータは，LとCの並列共振周波数**に近い周波数**で運転を続けることになる．

解答 **(1)（チ） (2)（ニ） (3)（ロ） (4)（ホ） (5)（イ）**

問題16 電力変換装置による高調波障害と対策 (H22-A4)

次の文章は，電力変換装置による高調波障害と対策に関する記述である．

パワー半導体デバイスのスイッチングを利用して電力変換を行う電力変換装置の交流入力及び交流出力側には，種々の高調波が発生する．

交流入力側である電力系統では，コンデンサのような高い周波数でインピーダンスが [(1)] 機器に高調波電流が集中して加熱したり，高調波電流と系統側のインピーダンスによって高調波電圧が発生して，系統につながる機器全体に影響を及ぼすことがある．一方，交流出力側では，PWM制御を行わない180°通電方式の三相ブリッジ接続インバータによって電動機を駆動する場合には，出力基本波周波数の [(2)] 倍の周波数のトルクリプルが発生し，電動機の振動などについて対策が必要となることが知られている．また，変圧器を介してインバータの出力を他の機器に接続する場合には，鉄心の磁気ひずみなどによって変圧器の損失及び騒音が増加し問題になることがある．

これらの対策としては，電力変換装置と [(3)] を挿入して高調波電流を抑制する，又はフィルタを利用して高調波を除去する方法などが一般的である．また，電力変換装置では生成する交流電圧波形を正弦波に近づける努力がなされている．

上記とは別に，電力変換装置の機能を利用して他の機器から発生する高調波を低減することも行われている．例えば，低減対象の高調波電流成分を検出して，それと [(4)] 高調波電流を発生させ，加算して相殺することが行われている．この電力変換装置は［(5)］と呼ばれる．

解答群

(イ)	90° 進み位相差の	(ロ)	並列にサージ吸収用ダイオード整流器		
(ハ)	直列にコンデンサ	(ニ)	6		
(ホ)	電力用アクティブフィルタ				
(ヘ)	逆位相の	(ト)	高　い		
(チ)	90° 遅れ位相差の	(リ)	周波数変換装置		
(ヌ)	サイクロコンバータ	(ル)	直列にリアクトル	(ヲ)	3
(ワ)	2	(カ)	非線形になる	(ヨ)	低　い

―攻略ポイント―

高調波は，電験ではよく取り上げられるテーマである．ここでは，電力変換装置による高調波障害と対策を扱っており，しっかりと復習しよう．

解説　(1) 静電容量 C のコンデンサのインピーダンスは，基本波の角周波数を ω，第 n 次高調波を想定すれば，$1/(jn\omega C)$ と表すことができるので，周波数を高くすればコンデンサのインピーダンスは**低く**なる．そこで，コンデンサは，高調波電流が集中して過熱したり，焼損したりすることがある．

(2) 本節の詳細解説5の「電圧形インバータの動作原理」の図4･13や図4･14に示すように，180° 通電方式の三相ブリッジ接続インバータでは，線間電圧が 120° の方形波電圧となり，5次，7次などの高調波電圧が発生し，電流波形が歪む．この電流によって発生した磁界により，電動機トルクに出力基本波周波数の**6**倍の周波数のトルクリプルが発生し，電動機の振動などについて対策が必要になる．

(3)～(5) 高調波対策の一つとして，電力変換装置と**直列にリアクトル**を挿入して高調波電流を抑制する方法がある．この他に，高調波発生源となる負荷機器から発生する高調波電流を検出し，電力変換装置から**逆位相の**高調波電流を発生して系統に注入することにより，電源から負荷への電源電流を正弦波とし，電源側への高調波電流の流出を抑制する**電力用アクティブフィルタ**がある．

解答　(1) (ヨ)　(2) (ニ)　(3) (ル)　(4) (ヘ)　(5) (ホ)

詳細解説 7　高調波の発生源・障害と対策

高調波は電験でよく取り上げられるため，高調波の発生源，障害および対策をまとめておく．

（1）高調波の発生源

電力系統の負荷には，線形負荷と非線形負荷がある．このうち，非線形負荷は，印加電圧が正弦波であるにもかかわらず，ひずみ波形の電流が流れるため，高調波発生源となる．これには下記の機器があげられる．

①半導体を用いた機器

a．AC-DC 変換装置　電気化学，電気鉄道用の直流電源，直流電動機のレオナード制御等に使用される三相サイリスタブリッジ整流回路の交流側電流波形ひずみによるものである．三相ブリッジ整流回路が p パルスの場合，理論的には次数が $n = kp \pm 1$（k：整数）で大きさが基本波電流の $1/n$ の高調波が発生する．（例えば，6 パルスでは $6k \pm 1$ すなわち 5 次，7 次，11 次，13 次…等の高調波が発生する．）

b．交流電力調整装置　抵抗炉の温度制御，調光装置，誘導電動機の速度制御等の電圧位相制御によるもので，高調波電流は位相制御角 α の変化によって連続的に変化する．

c．サイクロコンバータ　交流を別の周波数の交流に直接変換し，誘導電動機の速度制御等に使われる．

②電気炉，圧延機，溶接機等の変動負荷　電極での短絡・開放が繰り返されることにより，電流が不規則に変動する．

③変圧器・回転機等の鉄心の磁気飽和によって励磁電流に高調波を含む機器

（2）高調波による障害

①電力系統では，電力機器の損失増加による過熱，異常騒音と振動，焼損，容量性負荷での高調波電流の増加による機器の過熱，電力用コンデンサ（付属直列リアクトル）や周波数変換所フィルタの過負荷や過熱など

②負荷機器では，過大な高調波電流が流れることによる電力用コンデンサ（付属直列リアクトル）の過負荷や過熱，ラジオ・テレビの音響装置の雑音・映像のちらつき，蛍光灯のコンデンサ・チョークコイルに過電流が流れることによる過熱・焼損，回転数の周期的変動による電動機のうなりや損失増加による温度上昇など

③通信線の誘導障害，波形ひずみによる保護リレーの誤動作や制御装置の制御不安定，測定計器の指示不良など

（3）高調波対策

①発生源側における対策

a. 進相コンデンサの直列リアクトル設置　　需要家側に設置される進相コンデンサは直列リアクトルとともに使用する．直列リアクトルを設置しないとコンデンサが直接線路に接続されるので，そのキャパシタンスと系統の変圧器・線路のリアクタンスとの共振により，高調波の電圧と電流が拡大する．

b. 三相電力変換装置の多パルス化　　パルス数 p の三相電力変換装置の発生する高調波電流の次数 n は $n = kp \pm 1$ で大きさは基本波電流の $1/n$ となるから，パルス数を増加させて高調波電流を抑制する．△–△結線と△–Ｙ結線の変圧器の組合せにより，12 パルス相当にする．

c. 交流フィルタやアクティブフィルタの設置　　交流フィルタにより高調波を吸収させたり，アクティブフィルタにより高調波を打ち消したりする．

d. 過大な位相制御（位相シフト）を避け，制御角の相間ばらつきを低減する．

e. チョークリアクトルの挿入　　家電製品に使用されているコンデンサ平滑単相ブリッジ整流回路の場合，交流側にチョークリアクトルを挿入することにより，高調波電流を抑制する．

②配電系統における対策

a. 供給線路の太線化等による短絡容量の増大を図る．

b. 短絡容量の大きい系統から受電する．

c. 高調波発生負荷を専用線から供給する．

第 5 章

電気鉄道と電動機応用

[学習のポイント]

○電験 1 種では，電気鉄道や電動機応用に関する出題は少ない．

○電気鉄道や鉄道に応用されるリニアモータに関して，過去問題とその解説を通じて，基本事項を説明しているので，基本事項を確実におさえておく．

○電動機応用に関しては，電動機の可変速ドライブシステムとステッピングモータに関して，過去問題とその解説を通じて，重要事項を解説中に示しておいたので，基本事項だけは学習しておく．

1　電気鉄道

問題１　電気鉄道システム　(H22-B5)

次の文章は，電気鉄道システムに関する記述である．

電気車の走行性能はレールと車輪踏面との摩擦で決まる [(1)] によって制限されるが，限界を超えると車輪が空転・滑走（巨視滑り）を起こし，牽引力・ブレーキ力が著しく低下する．この空転・滑走は電動機制御系には負荷急変の外乱となり，速やかな制御応答が要求される．近年普及した誘導電動機のインバータ制御による駆動方式はその制御応答に優れ，なかでも小形化が求められる電車方式には [(2)] 駆動方式が一般的に多数採用されている．また，エネルギーの有効利用を図るために [(3)] が採用されている．

電気車への電力供給方式には，直流き電方式と交流き電方式とがある．交流き電方式には数種類あるが，変電所間隔が大きくでき，かつ，通信誘導障害にも比較的有利な [(4)] が多く採用されている．また，275 kV 系から受電する新幹線の変電所の場合には，き電変圧器に [(5)] を使用し，中性点を接地することによって経済的な絶縁レベルとしている．

解答群

（イ）発電ブレーキ　（ロ）電流形 PWM 制御インバータ
（ハ）粘着係数　（ニ）電力回生ブレーキ
（ホ）電圧形 PWM 制御インバータ
（ヘ）直接き電方式　（ト）△-Y 結線変圧器
（チ）変形ウッドブリッジ結線変圧器
（リ）減衰係数　（ヌ）BT き電方式
（ル）共振形インバータ　（ヲ）渦電流ブレーキ
（ワ）滑り係数　（カ）スコット結線変圧器
（ヨ）AT き電方式

―攻略ポイント―

電気鉄道システムにおける交流き電方式，変形ウッドブリッジ結線，電圧形 PWM 制御インバータ駆動方式など基礎事項を確認しておく．

解説 (1)～(3) 鉄道では，鉄車輪と鉄製レール間で力を伝達することにより車両の加速や減速を行っており，この力を**粘着力**と呼ぶ．そして，一定の速度，レール表面状態，車両条件などによって得られる最大の粘着力を輪重（車輪からレールに加わる荷重）で割った値を**粘着係数**と呼ぶ．粘着係数は静摩擦係数に相当する．

電気車の走行性能は粘着係数によって制限されるが，限界を超えると車輪が空転・滑走を起こし，牽引力・ブレーキ力が著しく低下する．空転・滑走による負荷急変の外乱に対し，制御応答性の優れた方式として，**電圧形 PWM 制御インバータ**がある．

電圧形インバータは，MOSFET や IGBT のスイッチングにより方形波の交流電圧を出力する．このインバータは，直流側に大容量のコンデンサを有しているので，交流出力側から見たインバータのインピーダンスが低く，電圧源として作用する．ちなみに，直流電圧をリアクトルで平滑する高インピーダンスのものを電流形と呼ぶ．インバータの基準周波数信号と，これよりも高い周波数の三角波搬送波を用いて半導体バルブデバイスのオン・オフを制御する方式が PWM 制御である．PWM 制御インバータは，出力電圧の波形が正弦波に近くなり，出力電圧に含まれる高調波を低減することができる．

(3) 直流電気車では誘導電動機のインバータ制御が主流である．交流電気車では当初他励インバータ制御が使われていたが，現在，新幹線，在来線ともに，自励の PWM 整流回路による**電力回生ブレーキ**の採用が一般的である．

(4) (5) 都市間輸送や新幹線などでは，変電所間隔を長くとり，大電流を流せる交流き電方式が直流き電方式と比べて有利である．交流き電方式には，解図 1 に示すように，直接き電方式，BT き電方式，AT き電方式がある．変電所間隔を大きくでき，かつ，通信誘導障害にも比較的有利な **AT き電方式**（Auto Transformer：単巻変圧器）が多く採用されている．直接き電方式は，回路構成が簡単で経済性はよいが，帰線電流を全区間に渡りレールに流すことから通信線への誘導障害が大きく，日本ではほぼ採用されていない．**BT き電方式**（Booster Transformer：吸上変圧器）は，交流電化された当初より普及した方式で，吸上変圧器によりレールを流れる電流を負き電線に吸い上げることで通信線への誘導障害を軽減できる．しかし，約 4 km 毎に設ける BT セクションでアークが生じ架線を損傷する等の問題があったことから，BT セクションの不要な AT き電方式が主流となった．

交流き電方式の変電所では，三相交流を位相が異なる二つの単相交流に変換す

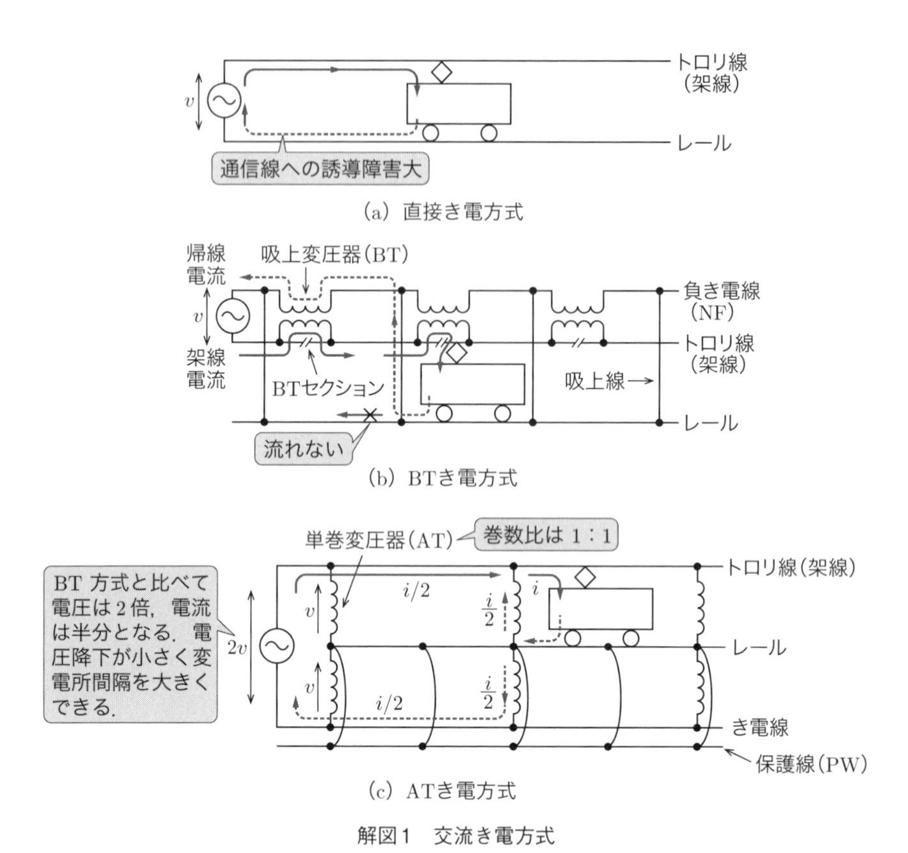

(a) 直接き電方式

(b) BTき電方式

(c) ATき電方式

解図1　交流き電方式

る．単相負荷が三相電源系統に及ぼす不平衡を軽減するため，スコット結線変圧器や変形ウッドブリッジ結線変圧器が使用される．154 kV 以下系統から受電する場合には，中性点接地が不要であることから，き電変圧器に，解図2のスコット結線変圧器を用いる．新幹線の変電所のように 275 kV 系統から受電する場合は，解図3の**変形ウッドブリッジ結線変圧器**

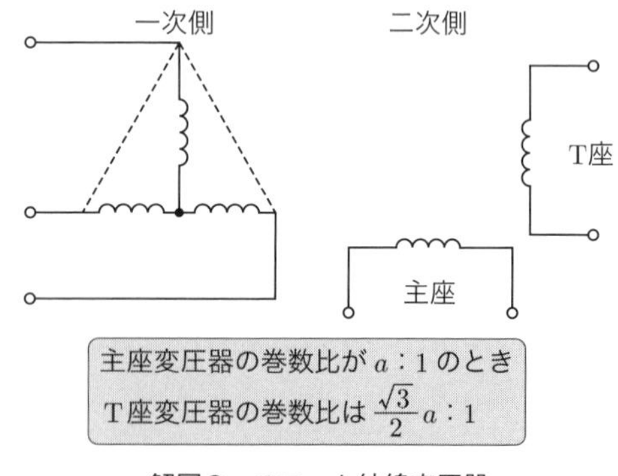

解図2　スコット結線変圧器

を使用し，中性点を接地することにより経済的な絶縁レベルとしている．なお，スコット結線変圧器で中性点を接地すると，負荷の不平衡がある場合に中性点電流が流れ，通信線への誘導障害を生じるおそれがある．変形ウッドブリッジ結線変圧器は，不平衡負荷による電源への不平衡を軽減し中性点電流を流さない．

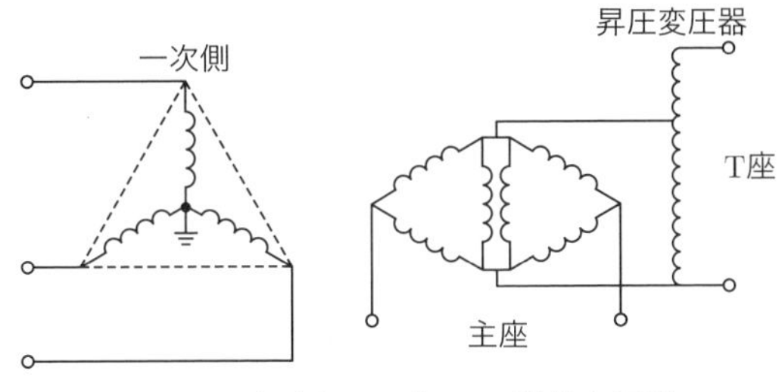

解図３　変形ウッドブリッジ結線変圧器

(1)（ハ）　(2)（ホ）　(3)（ニ）　(4)（ヨ）　(5)（チ）

問題 2　リニアモータ　(H29-A3)

次の文章は，リニアモータに関する記述である．

リニアモータとは，可動体に直線的な運動をさせる力を与える駆動装置で，回転形モータを半径方向に切り開いて展開したものとみなすことができる．近年は工場内搬送装置，鉄道の駆動システムなどの移動体のドライブに実用化されている．

リニア誘導モータ（LIM）は，一次側は［(1)］に電機子巻線が施され，二次側は磁路を形成するための鉄心の上にアルミニウム，銅等の非磁性導体板をかぶせた構造で，［(2)］プレートと呼ばれている．その動作原理は，一次側巻線の三相交流電流が作る移動磁界に対して二次導体に磁束の変化を妨げる向きに［(3)］を生じ，これと移動磁界との相互作用によって推力が発生することにある．電機子は有限長であることから電機子の端部において，端効果と呼ばれる［(4)］分布の不均一が生じ，高速になるほど推力特性が低下する．

一方，リニア同期モータ（LSM）は，一次側巻線の三相交流電流が作る移動磁界の速度に同期して［(5)］のある可動体側が同期速度で移動する．LSM は三相交流周波数を上げて高速とした場合でも推力特性は良好である．

国内の鉄道では，LIM は常電導磁気浮上式鉄道及び小断面地下鉄で，LSM は超電導磁気浮上式鉄道に適用されている．

解答群

(イ)　ホール素子	(ロ)　内鉄形鉄心	(ハ)　整流子
(ニ)　界磁磁極	(ホ)　塊状鉄心	(ヘ)　励磁電流
(ト)　渦電流	(チ)　リアクション	(リ)　磁　束
(ヌ)　積層鉄心	(ル)　プランジャ	(ヲ)　速　度
(ワ)　周波数	(カ)　共　振	(ヨ)　電機子反作用

―攻略ポイント―

リニア誘導モータ，リニア同期モータの原理と特徴など基本的な事項についておさえておく．

解説　(1)～(5) リニアモータとは，可動体に直線的な運動をさせる力を与える駆動装置である．回転形モータを半径方向に切り開いて展開した構造となっている．近年は工場内搬送装置，鉄道の駆動システムなどの移動体のドライブに実用化されている．リニアモータには，リニア誘導モータとリニア同期モータがある．

リニア誘導モータ（LIM：Linear Induction Motor）は，解図のように，回転形誘導電動機を切り開いて展開した構造をしている．移動磁界を作る電機子巻線を設ける方を一次側，誘導電流を流すための導体を設ける方を二次側という．可動体（電気鉄道の場合は，車両）は固定部（電気鉄道の場合は線路）よりも短いことから，可動子が一次側になる場合を短一次形，固定子が一次側となる場合を長一次形という．電気鉄道では，長一次形とすると線路全体に電機子巻線を設ける必要があり高コストとなることから，車両を一次側とする短一次形が多く用いられる．

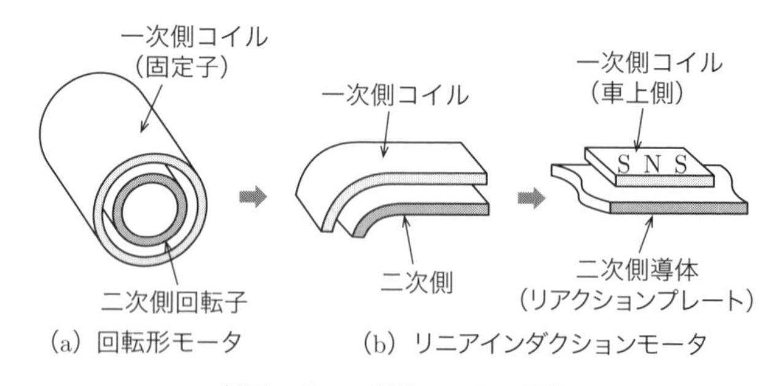

解図　リニア誘導モータの構造

電気鉄道で多く用いられる短一次片側リニア誘導モータでは，一次側は**積層鉄心**に電機子巻線が施され，二次側は磁路を形成するための鉄心の上にアルミニウム，銅等の非磁性導体板をかぶせた構造で，**リアクション**プレートと呼ばれる．その動作原理は，一次側巻線の三相交流電流が作る移動磁界に対して二次導体に磁束の変化を妨げる向きに**渦電流**を生じ，これと移動磁界との相互作用によって，フレミングの左手法則にしたがう方向に推力が発生する．リニア誘導モータでは，二次側に導体を設けるだけなので構造が簡単である．また，進行磁界と非同期で動くので，駆動のために速度検知や位置検知を行う必要がない．しかし，一次側と二次側のギャップとして約 10 mm 必要であり，高い推力を得ることが難しく，力率や効率も高くできない．また，車両一次コイルの先頭部や最後部において**磁束**分布の不均一が生じる端効果が顕著になり，高速になるほど，推力特性，力率，効率が低下する．国内の鉄道では，LIM は HSST（常電導磁気浮上式鉄道）および小断面の地下鉄に適用されている．

一方，リニア同期モータ（LSM：Linea Synchronous Motor）は，リニア誘導モータとは逆に，地上一次方式としている．すなわち，一次側巻線として地上コイルに電力を供給して移動磁界を発生させ，この移動磁界に同期した推力を車両が得る．一次側巻線の三相交流電流が作る移動磁界の速度に同期して**界磁磁極**のある可動体側が同期速度で移動する．LSM は三相交流周波数を上げて高速とした場合でも推力特性は良好である．地上一次方式の場合，主要部分は地上に設置されるため，車両の大きさや重量の増加を防ぐことができる．国内の鉄道では，LSM は超電導磁気浮上式鉄道に適用されている．

(1)（ヌ）　(2)（チ）　(3)（ト）　(4)（リ）　(5)（ニ）

2　電動機応用

問題３　電動機の可変速ドライブシステム　(R1-B5)

次の文章は，電動機の可変速ドライブシステムに関する記述である．

電力変換器と電動機及びその制御装置で構成される可変速ドライブシステムは，省エネルギー性が高く低速から高速まで高精度に電動機の速度（回転数）やトルクの制御が可能であることから，さまざまな用途に用いられている．

サイリスタレオナード法は，[(1)]を低損失で可変速制御するもので，制御電圧源による開ループの速度制御ドライブとして用いられる．この制御の動作は，一般に電動機の端子電圧と速度の比例性がよい定格電圧以下の定トルク駆動範囲に限られている．さらに電動機の高回転が必要な場合には，[(2)]制御を用いて電動機の[(3)]を一定とする定出力運転領域で高速回転を得る．

交流電動機を対象とした可変速ドライブでは，原則として周波数と電圧の制御により電動機の速度制御を行う．実際の制御は，可変電圧・可変周波数の電力変換器を用いて駆動する．この場合，開ループ制御又は電動機速度等をフィードバックして指令値に一致させるよう制御する閉ループ制御のいずれかが選ばれる．特に同期機を[(4)]で速度制御する場合には急加減速や負荷急変による過渡時に脱調するおそれがあり，このようなとき，高精度な制御が要求される場合には[(5)]検出を行い，この信号を電力変換器制御ループに取り込むなどの方法が採用される．

近年は，ディジタル技術の制御精度が向上する一方で，低価格・低損失半導体デバイスとしてGCTや[(6)]などの[(7)]の半導体素子が採用されたことにより，高キャリア周波数による低騒音化や高効率化による装置の小形化が進み，可変速ドライブシステムは，家電から，風力発電装置まで多様な領域で利用されている．

解答群

（イ）FACTS機器　（ロ）一次抵抗　（ハ）光点弧サイリスタ
（ニ）閉ループ制御　（ホ）ゲート信号　（ヘ）弱め界磁

(ト)	固定界磁	(チ)	短絡比	(リ)	他励式
(ヌ)	ステッピングモータ			(ル)	回転子位置
(ヲ)	開ループ制御	(ワ)	電機子電圧	(カ)	自己消弧形
(ヨ)	直流電動機	(タ)	回生制動	(レ)	誘導電動機
(ソ)	滑　り	(ツ)	力　率	(ネ)	IGBT

―攻略ポイント―

電動機の可変速ドライブシステムに関する出題であるが，これまで学んできた同期機，誘導機，直流機に関する知識を総動員する．

解説　(1)　サイリスタレオナード方式は，「第2章　誘導機と直流機」の「3　直流機」の「問題12　サイリスタを用いた直流電動機駆動」の解図1に示すように，**直流電動機**を低損失で可変速駆動するものである．

(2)(3)　レオナード方式は，解図1に示すように，他励直流電動機の速度制御の優れた方式である．直流の可変電圧電源として，他励直流発電機に同期電動機または誘導電動機を直結した電動発電機を用いる．電圧を零から徐々に上げて円滑な始動が可能であり，切り替えスイッチにより，電圧を正逆にして正転・逆転を容易に行える．また，運転効率が高く，回生制動も可能であるなど

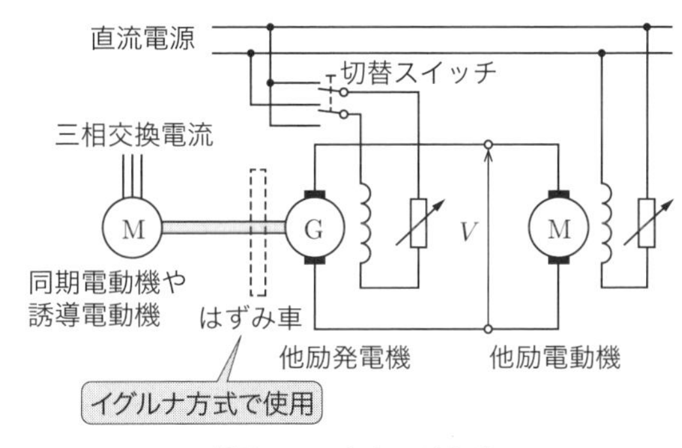

解図1　レオナード方式

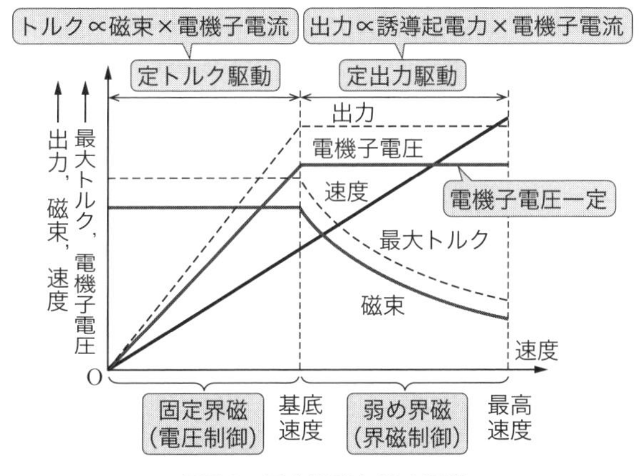

解図2　固定界磁と弱め界磁

の特長がある．一方で，設備費が高くなるという欠点もある．

このレオナード方式において，可変電圧源として直流発電機を用いるのがワードレオナード方式，サイリスタ変換器で直流電圧を得るのがサイリスタレオナード方式である．レオナード方式では，解図２のように，始動から基底速度（定格速度に相当）までは磁束を一定にした電圧制御を行う．さらに，基底速度から最高速度までは**弱め界磁制御**を行うことにより広範囲な速度制御が行われる．低速領域の電圧制御では，電圧の上昇に伴い速度が上昇するが，負荷トルクが一定の場合，電機子電流も一定となり，トルク∝磁束×電機子電流より定トルク駆動となる．高速領域の弱め界磁制御では，速度∝誘導起電力/磁束より，界磁電流を小さくするのに伴って速度が上昇するが，磁束を速度と反比例させることにより，**電機子電圧**を一定にできる．そして，電機子電流指令＝トルク指令/磁束指令とすることで電機子電流を一定とすることができるから，出力∝誘導起電力×電機子電流より定出力駆動となる．

(4)（5）同期電動機の回転速度 N は，周波数 f，極数 p として，$N = 120f/p$ として決まるので，一次周波数制御で速度制御を行うことができる．この観点から，インバータなどの可変電圧・可変周波数の電源より直接給電する開ループ制御，電動機速度をフィードバックして速度指令値に一致させるように制御する閉ループ制御のいずれでも速度制御ができる．

開ループ制御では，電機子磁束をほぼ一定に維持するため，V/f 一定制御を行うが，回転子位置を検出しないので，急加減速や負荷急変による過渡時には脱調するおそれがある．この対策として，高精度な制御が要求される場合には，解図３のように，**回転子位置**検出を行い，この信号を電力変換器制御ループに取り込む閉ループ制御が採用される．

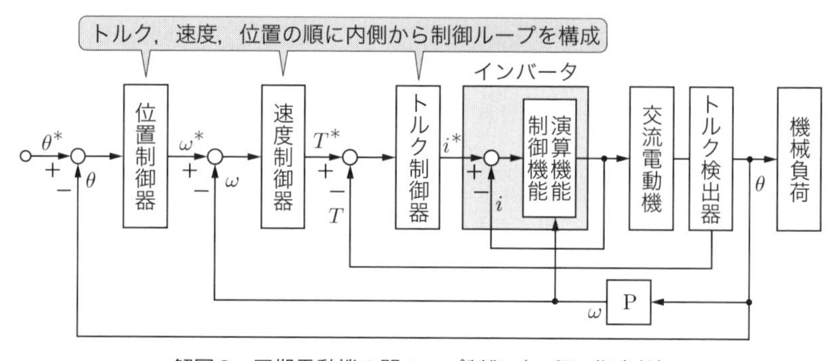

解図３　同期電動機の閉ループ制御（＊印は指令値）

(6) (7) 電動機の可変速ドライブシステムの電力変換装置に用いられる半導体デバイスは，ゲート信号によりターンオン，ターンオフの双方が可能な**自己消弧形**の GTO (Gate Turn-Off Thyristor)，GCT (Gate Commutated Turn-Off Thyristor)，IGBT (Insulated Gate Bipolar Transistor) が用いられている．GCT は，GTO がターンオフ時の電流集中による素子破壊の耐量が小さかったため，これを改善したデバイスである．GTO，GCT がゲート回路に電流を流す電流駆動形デバイスであるのに対し，**IGBT** は，ゲート回路が電圧駆動形で小形化・省電力化を実現したデバイスである．

(1) (ヨ)　(2) (ヘ)　(3) (ワ)　(4) (ヲ)
(5) (ル)　(6) (ネ)　(7) (カ)

問題 4　ステッピングモータと応用　(R3-B6)

次の文章は，ステッピングモータとその応用装置である XY テーブルに関する記述である．

ステッピングモータは，入力された (1) に比例した角度だけ回転するモータで，オープンループ制御が可能であり，システム構成を簡素化できる利点がある．その他の利点として，回転角の精度が高いことや，起動，停止，正逆転，変速が容易で応答性が良いことが挙げられる．また，停止時に (2) があり，ブレーキ機構なしに位置を保てるものがある．このような利点がある一方，動作時の脱調や停止時に振動が減衰するまでの (3) に留意する必要がある．

ステッピングモータの構造には (4) ，永久磁石形があるが，現在はその両方の特徴を持つハイブリッド形が多く用いられる．

角度分解能を上げるには，モータの相数やロータの歯数を増やす方法があるが，物理面や経済性での限界があるため，励磁制御によるハーフステップ駆動やさらに精度を上げた (5) ステップ駆動なども行われる．

ステッピングモータの回転運動を (6) などにより直線運動に変換し，XY2 軸が直交するよう組み合わせた自動化装置に XY テーブルがある．

ある XY テーブルにおいて，各軸のテーブル分解能 0.01 mm，モータの回転速度を 400 min^{-1}，モータのステップ角度を 0.72° としたときに，XY2 軸を同時に駆動させたときに合成されるステージの移動速度は， (7) mm/

min である．なお，他に減速機構等は無く，このステップ角度とテーブル分解能は完全に対応するものとして算出せよ．

解答群

（イ）　2 000	（ロ）　2 830	（ハ）　パルス数
（ニ）　電圧値	（ホ）　フル	（ヘ）　インクリメンタル形
（ト）　1 410	（チ）　マイクロ	（リ）　リンク機構
（ヌ）　ボールねじ	（ル）　ファースト	（ヲ）　セットリングタイム
（ワ）　冷却時間	（カ）　可変磁極形	（ヨ）　可変リラクタンス形
（タ）　起動トルク	（レ）　保持トルク	（ソ）　ローラベアリング
（ツ）　スルーレート	（ネ）　電流値	

―攻略ポイント―

ステッピングモータは，解説に示す特徴があるため，ディジタルアクチュエータとして，工作機械の数値制御，計器用モータ，XY プロッタなどに使用されている．PM 形と VR 形の動作原理をはじめ，解説に示す基本事項だけはおさえておく．

解説　(1)～(3)　ステッピングモータは，パルスモータとも呼ばれ，入力された**パルス数**に比例した角度だけ回転するモータである．ステッピングモータは，その原理からフィードバック制御を行わなくても十分な精度が得られるので，通常，オープンループ制御で使用することが多い．したがって，回路構成がきわめて簡単で安価である．この他の利点として，回転角の精度が高いことや，起動，停止，正逆転，変速が容易で応答性が良いことが挙げられる．また，停止時に**保持トルク**があり，ブレーキ機構なしに位置を保てるものがある．一方，動作時の脱調や停止時に振動が減衰するまでの**セットリングタイム**を考慮する必要がある．

(4)　(5)　ステッピングモータは固定子巻線にパルス電流を流し，そこで生ずる電磁力で回転力を発生させ，ステップ電流を与える固定子巻線を順次切り換えて，定められた角度（ステップ角）ずつ回転させていくモータである．永久磁石形（PM 形；Permanent Magnet）と**可変**

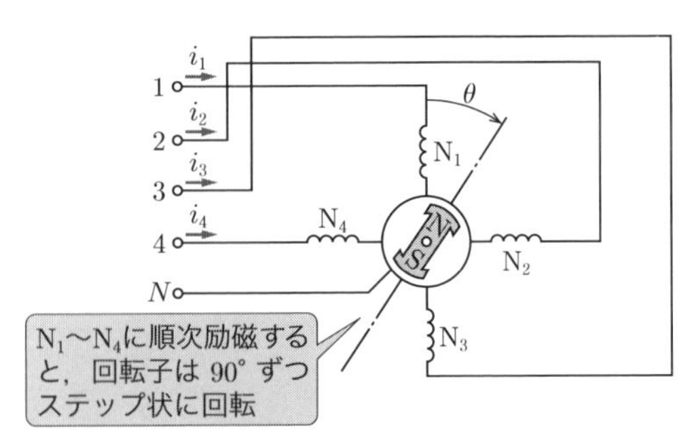

解図１　PM 形ステッピングモータ（四相）

リラクタンス形（VR 形；Variable Reluctance）がある．

PM 形は，解図 1 に示すように，回転子に永久磁石を用い，固定子巻線で作られた電磁力で，永久磁石が順次吸引され，回転するステッピングモータである．同図は四相で，固定子巻線が等間隔に四つあり，これを N_1 から N_4 へと順次励磁すると，回転子は 90° ずつステップ状に回転する．

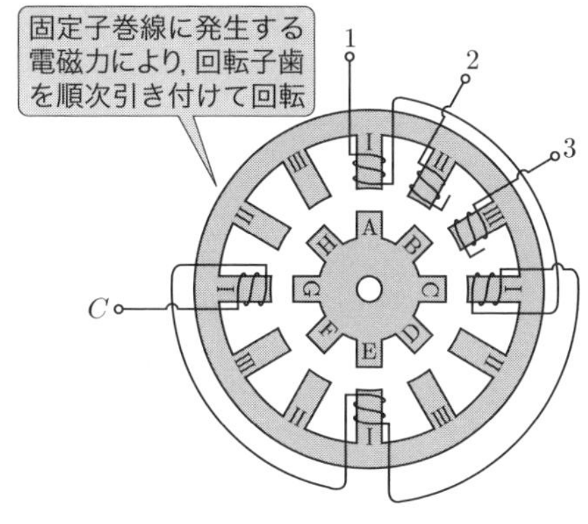

解図2　VR 形ステッピングモータ

一方，VR 形は，解図 2 に示すように，固定子巻線に発生する電磁力により，回転子歯を順次引き付けて回転するステッピングモータである．固定子の極数，回転子の歯数の組合せによって，45°，30°，15° などの任意のステップ角（分解能）を得ることができる．同図は 15° ステップ，三相の VR 形で，結線はⅠ相のみを示し，Ⅱ相，Ⅲ相は省略している．励磁方式には，一相励磁，二相励磁などがあるが，解図 3 は一相励磁方式を示す．これは，同図に示すように，Ⅰ相→Ⅱ相→Ⅲ相と順次一相ずつ固定子巻線の励磁を切り換える方式である．Ⅰ相が励磁されると，回転子歯 A がその真下に吸引され，次にⅡ相が励磁されると歯 B がその位置に来るというように，1 ステップ 15° ずつ矢印の方向（解図 2 では反時計方向）にステップ状に回転する．一方，Ⅰ，Ⅲ，Ⅱと励磁の相順を逆にすれば，回転子は逆転する．

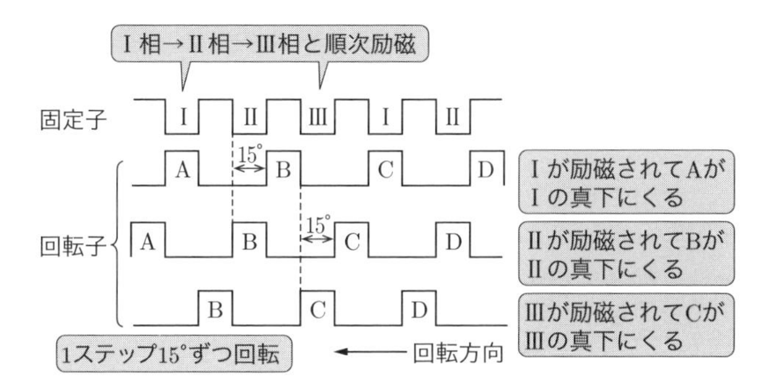

解図3　一相励磁方式

二相励磁方式は，励磁される相が常に二つある場合で，相切換時点でも必ず一つの相が励磁されているので，制動効果があって乱調を起こしにくい特徴がある．ハーフステップ駆動は，一相励磁駆動と二相励磁駆動を交互に行う一―二相励磁駆動により，基本ステップ角の半分ずつ回転させる方式である．また，**マイクロ**ステップ駆動は，精度を上げるため，多相間の電流の比を細かく調整しながら駆動することで滑らかな回転と細やかな位置決めを行う．

(6) ステッピングモータの回転運動を**ボールねじ**などにより直線運動に変換し，XY2 軸が直交するよう組み合わせた自動化装置に XY テーブルがある．

(7) 1 回転で各軸の移動距離は $L_1 = 360/0.72 \times 0.01 = 5$ mm である．そして，モータの回転速度が 400 min^{-1} であるから，1 分での各軸の移動距離は $L_{\min} = L_1 \times 400 = 2\,000$ mm/min である．直交した XY2 軸を同時に駆動するから，合成した移動距離 L_{XY} は

$$L_{\mathrm{XY}} = \sqrt{(L_{\min})^2 + (L_{\min})^2} = \sqrt{2}\,L_{\min} \fallingdotseq 2\,830 \text{ mm/min}$$

(1) (ハ)　(2) (レ)　(3) (ヲ)　(4) (ヨ)　(5) (チ)　(6) (ヌ)　(7) (ロ)

第 6 章

照明と電熱

[学習のポイント]

○照明と電熱に関する分野は，照明分野の方が出題数が多く，電熱分野は少ない傾向にある．

○照明分野は，基本的事項が必須問題として出題され，一部が選択問題として出題されている．電験２種において学習を重ねた受験生にとっては，１種でもレベルはそれほど変わらないことから，得点源になる分野とも言える．この意味で，基本事項を広くおさえておく必要がある．

○照明分野では，光源の発光原理とエネルギー配分，光束の測定，固体発光の原理，球面光源や円板光源の各種計算，LED の発光原理と特徴，照明設計など幅広い分野から出題されている．

○電熱分野では，赤外加熱，アーク加熱，製鋼用アーク炉，電気加工，ヒートポンプなどが出題されている．この分野においても，電験２種で学んだ知識をしっかりと固めておくのがよい．

○本書においては，過去問題を踏まえ，関連する重要な基本事項を詳細解説で説明しているので，是非活用していただきたい．

1　照明の基本的事項と照明計算

問題１　光源の発光原理とエネルギー配分　(H25-A4)

次の文章は，光源の発光原理及びエネルギー配分に関する記述である．

光を発生させる方法は，二つに大別される．その一つは熱放射であり，物体がある温度にあるとき，その内部の原子，分子，イオンなどの (1) によって，温度に応じた放射エネルギーを放出する現象である．もう一つは，ルミネセンスであり，物体が，光，放射，電子，電界などのエネルギーを吸収して，原子を構成する電子が励起状態となり，それが元の状態に戻るときに放射エネルギーを放出する現象である．

光源からの放射エネルギーが，単位時間にある面を通過する量を (2) という．そのうち人の目に入って明るさ感覚を生じさせるのは，おおよそ波長範囲380～780 nmの可視放射である．この可視放射に対する人の目の分光感度特性を国際的に取り決めたものがCIE標準比視感度であり，それは約555 nmに最大の感度をもつ．光束は，この標準比視感度に基づいて (2) を評価した量であり，単位はルーメン〔lm〕である．

熱放射を利用した代表的な光源は白熱電球である．一般照明に使用されている白熱電球100 Wは，入力に対して可視放射約 (3) 〔%〕，赤外放射約72 %であり，光源効率は約16 lm/W である．

ルミネセンスを利用した光源には，放電によって発生した紫外放射を (4) で可視放射に変換した蛍光ランプ，エレクトロルミネセンスを利用した発光ダイオード（LED）などがある．

古くから使用されている40 W一般形白色蛍光ランプは，入力に対する可視放射が約25 %，赤外放射が約30 %，損失が約45 %であり，光源効率は約75 lm/W である．1990年代に開発された高周波点灯形（Hf）蛍光ランプは，数十キロヘルツの高周波で点灯して発光効率を高めるとともに電極損失などを低減し，光源効率を110 lm/W まで改善している．

近年注目されている白色LEDでは，電気エネルギーを直接青色光放射に変換し，その青色光放射によって (5) 蛍光体を発光させて白色光を得るものが普及している．このタイプは，入力に対する可視放射は27～38 %であり，光源効率は 70〜110 lm/W である．

解答群

(イ)　熱ルミネセンス	(ロ)　放射照度	(ハ)　赤　色
(ニ)　5	(ホ)　フォトルミネセンス	(ヘ)　熱励起
(ト)　10	(チ)　熱振動	(リ)　放射束
(ヌ)　再結合	(ル)　20	(ヲ)　緑　色
(ワ)　陰極線ルミネセンス	(カ)　黄　色	(ヨ)　放射発散度

―攻略ポイント―

光源の発光原理や放射束などを問う基本的な出題である．これに関連して電験に必要な知識を解説の中にまとめておいたので，確認しておこう．

解説　(1)（4）光を発光する原理は，熱放射（温度放射）とルミネセンスに分けられる．

物体を高温にすると，原子，分子などの**熱振動**によりエネルギーが放出される．すべての物体は約 500 ℃を超えると可視光を放射する．そして，温度を上げるとその温度に応じた発光をする．これを**熱放射（温度放射）**という．温度放射をするもののうち，黒体（完全放射体）とは，投射された放射を全部吸収すると仮定した仮想的な物体で，すべての波長において最大限の熱放射をする．黒体による放射を黒体放射という．炭素や白金黒が黒体に近い物体である．

一方，物質を構成する原子，分子，イオンなどの電子が外部刺激によって高いエネルギー状態に励起され，それが再び安定なエネルギー状態に戻るとき，その余剰のエネルギーを光として放出する現象を**ルミネセンス**という．**フォトルミネセンス（放射ルミネセンス）**は，物質が X 線，紫外放射，可視放射，赤外放射などを受けたときにそのエネルギーを吸収し，通常は吸収した波長よりも長波長の放射エネルギーを放出して発光する．これを**ストークスの法則**という．これは，吸収エネルギーおよび放射エネルギーは振動数に比例し，各波長は振動数に反比例するので，吸収エネルギーは放射エネルギーよりも大きいことから，吸収に比べて放射の波長は長波長となるのである．フォトルミネセンスは蛍光灯などに利用される．

エレクトロルミネセンス（EL）は，物質に電界を印加することによって発光する現象で，注入形 EL と真性 EL に区別される．注入形 EL は，電界を印加することによって電子および正孔を注入し，その再結合の過程で発光する現象である．

発光ダイオード（LED）やELランプなどがこれを利用している．真性ELは，蛍光体を分散させた薄い誘電体をサンドイッチ状にはさんだ電極両端に電圧を印加することによって発光する現象である．**放電ルミネセンス**は，放電中で励起原子や分子が作られ，その遷移に伴い発光する現象である．各種の放電ランプなどに利用されている．

カソードルミネセンス（陰極線ルミネセンス）は，蛍光体に電子線を当てて発光させるものであり，ブラウン管などに応用されている．

(2) 光エネルギーが電磁波として空間を伝わる現象を放射という．そして，単位時間に放射されるエネルギーを**放射束**といい，単位は〔J/s〕または〔W〕を用いる．光には紫外放射から赤外放射まで広い範囲の波長が含まれているが，**可視光線**とは，その波長が短波長限界360～400 nmから長波長限界760～830 nmの範囲にある電磁波を呼ぶ．光源の放射束のうち，人間の目に光として感じるエネルギー，すなわち可視光線の放射束を**光束**といい，単位は〔lm（ルーメン）〕を用いる．しかし，人間の目が放射束を光束として感じる程度は光の波長によって異なる．ある波長の光に関する光束と放射束の比は，その波長のエネルギーが人間の目にどれだけの明るさとして感じるかを表すので，**視感度**といい，単位は〔lm/W〕を用いる．人間は，明るい所では波長555 nmの光を最も強く感じ，このときの最大視感度は683 lm/Wであり，暗い所では波長507 nmの光を最も強く感じる．この最大視感度を基準としてK_mとし，他の波長の視感度をKとすれば，**比視感度**は，

$$\text{比視感度}=\frac{K}{K_m}$$

と表すことができる．解図は比視感度曲線を示す．

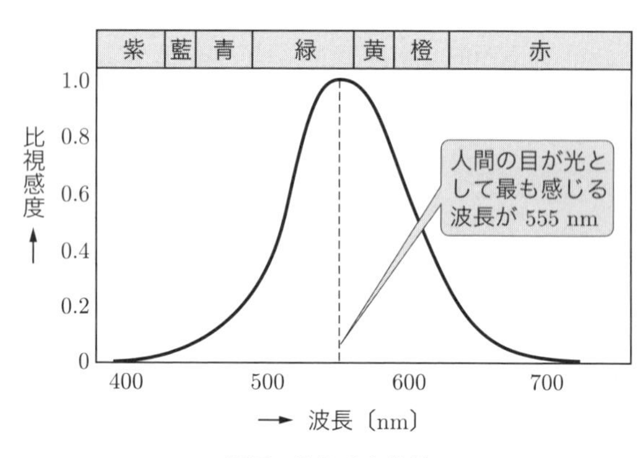

解図　比視感度曲線

(3) **ランプ効率（光源効率）**とは，光源（ランプ）の効率を評価する指標であり，**発光効率**ともいう．光源が発する全光束を光源の入力電力で割った値で表し，単位は〔lm/W〕を用いる．これに対して，**総合効率**とは，光源の全光束をそのランプと点灯装置も含めた全入力電力で割ったものであり，単位は〔lm/W〕を用

いる．光源効率に関して，白熱電球は 10～20 lm/W，蛍光灯は 40～90 lm/W，高圧ナトリウムランプは 130 lm/W，LED 照明は 100～200 lm/W 程度である．一方，白熱電球 100 W は，入力に対して可視放射約 **10** %，赤外放射約 72 %である．

(5) ルミネセンスによる発光はほぼ単一波長光であるため，白色を出すためには赤・緑・青の 3 原色の発光を混合させる必要がある．しかし，青色と黄色の 2 色しかなくても人間の目にはほぼ白色に見え，これを疑似白色という．青色発光ダイオードの内部に青色光を受けると**黄色**を発色する蛍光体を発光させて，2 色による疑似白色光を出す **LED 照明**が近年普及している．

(1)（チ） (2)（リ） (3)（ト） (4)（ホ） (5)（カ）

問題 2 全光束の測定法 (H29-A4)

次の文章は，全光束の測定方法に関する記述である．

ある光源が放出する全ての光束を全光束という．全光束の測定には，[(1)] 測定法と球形光束法とが主に用いられる．

[(1)] 測定法は，光源の光度の空間分布から全光束を算出する方法である．ある方向の光度 I は，その方向の単位立体角当たりの光束であるので，光源の全光束 Φ は，全ての方向についてこれを積分した①式から求まる．

$$\Phi = \int I \cdot \mathrm{d}\omega \quad \cdots\cdots ①$$

一方，球形光束法では積分球が用いられる．この内面は [(2)] となるように塗装処理されている．この方法は，内表面積を S，反射率を ρ，内部光源の全光束を Φ としたとき，球内の間接照度 E_i が球内面の相互反射によってその位置とは無関係に②式で求まることを応用したものである．

$$E_i = \frac{\Phi}{S} \cdot \frac{\rho}{1-\rho} \quad \cdots\cdots ②$$

積分球での測光は，光束未知の光源と光束既知の光源とを直接比較する [(3)] が用いられる．具体的には，[(4)] と呼ばれる全光束 Φ_s が既知の光源を点灯したときの受光器の応答を R_s，測定対象の試験光源を点灯したときの応答を R_t とすると，試験光源の全光束 Φ_t は，③式の関係から求まる．

$$\Phi_t = \Phi_s \cdot \frac{R_t}{R_s} \cdots\cdots ③$$

なお，この二つの全光束測定法による測光量は，人間の明るさ感覚を加味した量すなわち心理物理量であるため，受光器の分光応答特性が標準比視感度に一致している必要がある．しかし，これを完全に一致させることは困難であるので，試験光源の分光分布に応じた (5) を乗じて全光束を求める．

解答群

(イ)　照　度	(ロ)　配　光	(ハ)　輝度係数
(ニ)　均等拡散面	(ホ)　完全反射面	(ヘ)　正反射面
(ト)　基準光源	(チ)　輝　度	(リ)　置換測定法
(ヌ)　零位測定法	(ル)　標準光源	(ヲ)　参照光源
(ワ)　形態係数	(カ)　色補正係数	(ヨ)　合致測定法

— 攻略ポイント —

配光曲線，光束測定法としての配光測定法と球形光束法の理解を問う出題である．それに関連する基本的な事項を解説に示したので，確認しておこう．

解説　(1) 光源が放出する全ての光束を測定する方法として，**配光**測定法と球形光束法がある．配光測定法は，光源の光度の空間分布から全光束を算出する方法である．光源のそれぞれの向きの光度分布を配光といい，配光の分布を表すものを配光曲線という．配光曲線には鉛直配光曲線と水平配光曲線がある．鉛直配光曲線は，解図１のように，光源を中心Oとして，Oを通る鉛直面を考え，各θの値に対する光度を測定し，極座標図で表したものである．また，水平配光曲線は，基準線からの水平角ϕに対する光度を極座標図で表したもので，一般の光源では円形に近いものが多い．解図２は平面板光源の配光曲線，解図３は円筒光源の配光曲線である．

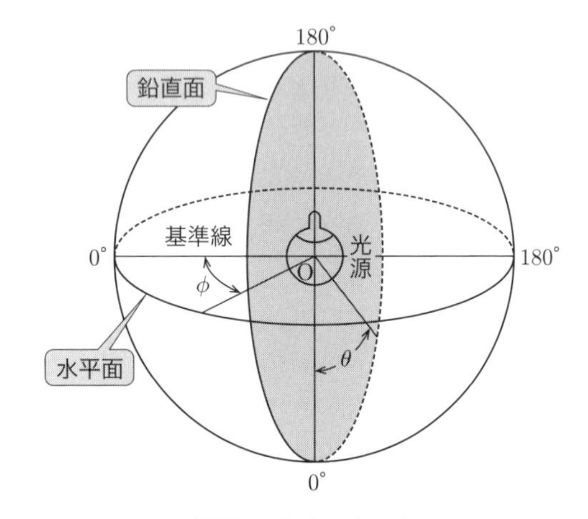

解図１　配光の表し方

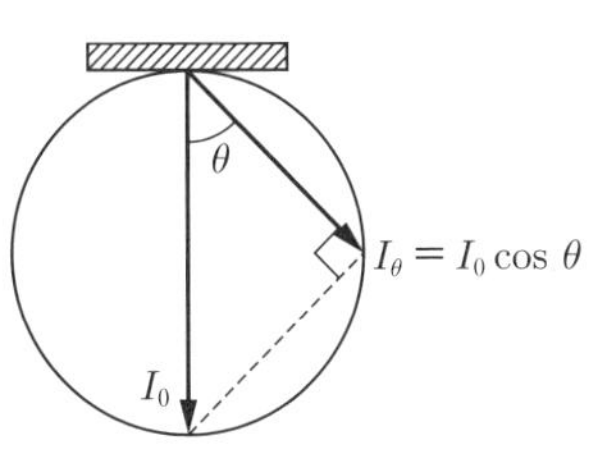

解図2 平面板光源の配光曲線

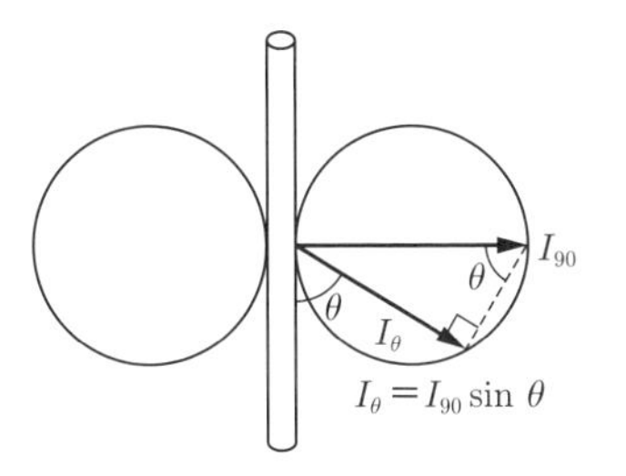

解図3 円筒光源の配光曲線

ある方向の光度 I は，その方向の単位立体角当たりの光束であるので，光源の全光束 $\varPhi$ は，全ての方向についてこれを積分した式①から求まる．

$$\varPhi = \int I \cdot \mathrm{d}\omega \quad \cdots\cdots ①$$

(2) 球形光束法では，解図4のように，積分球が用いられる．積分球の内面は，測定対象光源と受光器の位置により測定値への影響が出ないよう，反射率が一定の**均等拡散面**とする．そして，遮光板により光源から直接光が当たらないようにする．

解図4 球形光束法

解図4で積分球の内表面積を S，反射率を ρ，内部光源の全光束を $\varPhi$ としたとき，球面内の相互反射により S に間接的に照射する全光束 $\varPhi_{\mathrm{i}}$ は

$$\varPhi_{\mathrm{i}} = \rho\varPhi + \rho^2\varPhi + \rho^3\varPhi + \cdots = \varPhi \frac{\rho}{1-\rho}$$

となるから，球内の間接照度 E_{i} は

$$E_{\mathrm{i}} = \frac{\varPhi_{\mathrm{i}}}{S} = \frac{\varPhi}{S} \cdot \frac{\rho}{1-\rho} \ \text{〔lx〕} \quad \cdots\cdots ②$$

(3) (4) 積分球での測光は，光束未知の光源と光束既知の光源とを直接比較する**置換測定法**が用いられる．具体的には，**標準光源**と呼ばれる全光束 $\varPhi_{\mathrm{s}}$ が既知の光源を点灯したときの受光器の応答を R_{s}，測定対象の試験光源を点灯したときの応答を R_{t} とすると，応答は光源の光束に比例するから，試験光源の全光束 $\varPhi_{\mathrm{t}}$ は式③から求まる．

$$\Phi_t = \Phi_s \cdot \frac{R_t}{R_s} \quad \cdots\cdots ③$$

(5) なお，この二つの全光束測定法による測光量は，受光器の分光応答特性が標準比視感度に一致している必要がある．しかし，これを完全に一致させることは困難であるので，試験光源の分光分布に応じた**色補正係数**を乗じて全光束を求める．

解答　(1) (ロ)　(2) (ニ)　(3) (リ)　(4) (ル)　(5) (カ)

問題3　固体発光の原理　(H27-A4)

次の文章は，固体発光の原理に関する記述である．

光の発生方法は，①熱放射によるもの，②ルミネセンスによるものの二つに大別される．ルミネセンスは，熱放射以外の発光を総称したものであり，原子，分子，イオン又は電子が外部からのエネルギーを吸収して励起，イオン化又は加速するなどした後，それらが吸収したエネルギーを放射エネルギーとして再び放出する発光現象である．

近年，発光ダイオード（LED）の普及に伴って，ルミネセンスは，固体発光を応用したものと放電現象を応用したものとに区分されるようになった．固体発光を応用した光源には，(1) で発光する真性EL（エレクトロルミネセンス）と電流で発光する注入形ELとがある．

発光ダイオードは注入形ELであり，その原理は以下のようになる．半導体のp形に正電圧，n形に負電圧を印加し，(2) 方向に電流を流すと，(3) に正孔と電子とが流れ込み再結合する．このとき，正孔と電子とのエネルギー差に相当する (4) の光が発生する．

(5) は，発光ダイオードと同様に，正孔と電子との再結合で発光する．OLEDとも呼ばれ，注入電流が効率，寿命などの特性に大きく影響する．

解答群

(イ) 光色	(ロ) 輸送層	(ハ) 正	(ニ) 接合層
(ホ) 無機EL	(ヘ) 電界	(ト) 緩衝層	(チ) 有機EL
(リ) 逆	(ヌ) 振動数	(ル) 放射	(ヲ) 磁界
(ワ) 順	(カ) 光度	(ヨ) 分散形EL	

― 攻略ポイント ―

熱放射，ルミネセンスの基本事項は問題1の解説中に示している．

解説　(1) 問題1の解説を参照する．エレクトロルミネセンス（EL）は，物質に電界を印加することによって発光する現象で，真性ELと注入形ELに区別される．真性ELは，**電界**により運動エネルギーが高い状態の電子を発光中心にぶつけて発光する．注入形ELは，電界を印加することによって電子および正孔を注入し，その再結合の過程で発光する現象である．

(2)～(4) 発光ダイオード（LED）の原理と構造を解図に示す．LEDの原理は，半導体のp形に正電圧，n形に負電圧を印加し，**順**方向に電流を流すと，**接合層**に正孔と電子が流れ込み再結合する．このとき，正孔と電子とのエネルギー差に相当する**振動数**の光が発生する．この振動数νは，プランク定数をh，エネルギー差（バンドギャップ）をE_gとすれば，$\nu = E_g/h$である．

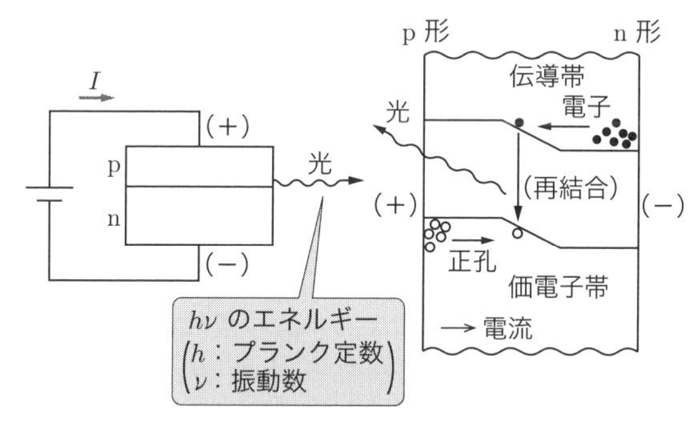

(a) 発光ダイオードの原理

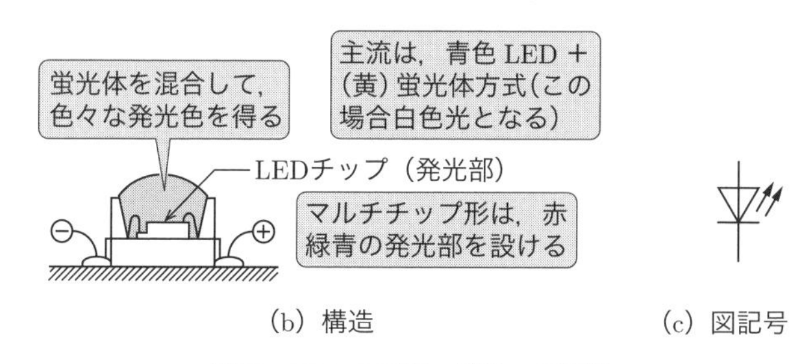

(b) 構造　　(c) 図記号

解図　LEDの原理・構造・図記号

(5) エレクトロルミネセンス（EL）は，発光材料によって有機化合物からなる有機ELと無機化合物からなる無機ELとに分類される．**有機EL**は，有機発光材料を2枚の電極ではさんだ構造で，発光ダイオードと同様に正孔と電子の再結合で発光する．有機ELは，OLED（Organic Light Emitting Diode）とも呼ばれ，注入電流が効率，寿命などの特性に大きく影響する．液晶ディスプレイと比べ，コントラスト比（黒の輝度と白の輝度の比率）が高い，応答速度が速いなどの特徴がある．

解答　(1)（ヘ）　(2)（ワ）　(3)（ニ）　(4)（ヌ）　(5)（チ）

問題4　球面光源による照明　(R5-A4)

次の文章は，球面光源による照明に関する記述である．

全光束 4 800 lm の球面光源がある．球の直径は 0.15 m で，光源の表面は均等拡散面とみなすことができる．この光源の光度 I は [(1)] cd である．

次に，図に示すように，この球面光源2個（A 及び B）を室の床面から 2.1 m 上方に，4.2 m 離して設置した．この室にはこの球面光源2個以外に光源はなく，室外部からの入射光もないものとする．また，室の天井面，床面，壁面，球面光源の表面などにおける反射光の影響はないものとする．

図において，球面光源 A だけを点灯したとき，球面光源 A の直下にある床面 C 点における水平面照度は [(2)] lx となる．また，C 点から見た球面光源 A の輝度 L_A は [(3)] cd/m² である．

次に，球面光源 A を点灯したまま，球面光源 B も点灯した．このときの床面 C 点における水平面照度は [(4)] lx に増加する．また，C 点から見た球面光源 B の輝度 L_B は L_A に [(5)].

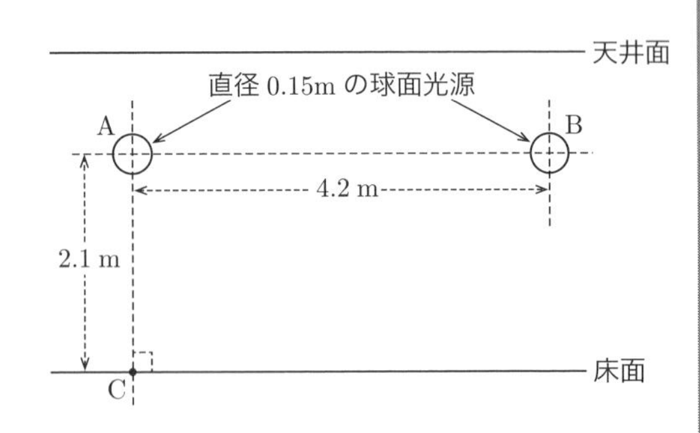

解答群

(イ)	43 200	(ロ)	173	(ハ)	382	(ニ)	346
(ホ)	87	(ヘ)	191	(ト)	21 600	(チ)	等しい
(リ)	1 528	(ヌ)	94	(ル)	比べて低い	(ヲ)	86 500
(ワ)	764	(カ)	362	(ヨ)	比べて高い		

―攻略ポイント―

光度，照度，輝度などに関する基礎的な出題である．基本的な事項を詳細解説に示すので，忘れた場合には確実に確認する．

解説　(1) 全光束 4 800 lm の球面光源について，光源全体の立体角 ω は $\omega = 4\pi$〔sr〕である．題意より，この光源は均等拡散面とみなせるので，詳細解説の式(6･3)より

　光源の光度 $I = \Phi/\omega = 4\,800/(4\pi) \fallingdotseq 381.97 \fallingdotseq \mathbf{382}$ cd

(2) 球面光源 A だけを点灯したとき，床面 C 点における水平面照度 E_A は，距離の逆 2 乗の法則を適用すれば，$E_A = I/h^2 = 381.97/2.1^2 = 86.61 \fallingdotseq \mathbf{87}$ lx

(3) 床面 C 点から球面光源を見た投影面積 S は

　$S = \pi(\mathrm{d}/2)^2 = \pi(0.15/2)^2 = 0.017\,671\,5$

したがって，C 点から見た球面光源 A の輝度 L_A は，詳細解説の式(6･9)より

$$L_A = \frac{I}{S} = \frac{381.97}{0.017\,671\,5} \fallingdotseq 21\,615 \fallingdotseq \mathbf{21\,600}\ \mathrm{cd/m^2}$$

(4) 球面光源 A を点灯したまま，球面光源 B も点灯する．まず，球面光源 B による床面 C 点における水平面照度 E_B は，$r = 4.2$ m，$h = 2.1$ m とし，詳細解説 1 の式(6･6)より

$$E_B = \frac{I}{r^2+h^2} \times \frac{h}{\sqrt{r^2+h^2}} = \frac{hI}{(r^2+h^2)^{3/2}} = \frac{2.1 \times 381.97}{(4.2^2+2.1^2)^{3/2}} \fallingdotseq 7.747\ \mathrm{lx}$$

したがって，床面 C 点の水平面照度 E は

　$E = E_A + E_B = 86.61 + 7.747 \fallingdotseq \mathbf{94}$ lx

(5) 床面 C 点から見た球面光源 B の輝度 L_B は，光度 $I = 382$ cd，投影面積 $S = \pi \times (0.15/2)^2$ m^2 が球面光源 A と同じなので，L_A に**等しい**．

(1)（ハ）　(2)（ホ）　(3)（ト）　(4)（ヌ）　(5)（チ）

詳細解説 1　光度，照度，輝度，光束発散度の基本事項

(1) 光度

　光源が一つの点と見なされる場合，**点光源**という．点光源からある方向に放射される光の強さを**光度**といい，単位は〔**cd（カンデラ）**〕を用いる．図 6･1(a)のように，点 O を中心とする球体において，円錐状に切り取ったときの空間の広がりを表す角 ω を**立体角**といい，単位は〔**sr（ステラジアン）**〕を用いる．半径 r〔m〕でその球の

表面積が A〔m²〕のとき，立体角は次式となる．

$$\boldsymbol{\omega = \frac{A}{r^2}} \text{〔sr〕} \tag{6・1}$$

上式より，単位立体角 1 sr は，球の半径を 1 m としたときの立体角 ω により切り取られる球の表面積が 1 m² となる立体角であるから，点光源の周り全体の立体角は 4π sr になる．また，同図のように，平面角 θ と，平面角 θ で切り取った球面の立体角 ω との間には次式が成立する．

$$\boldsymbol{\omega = 2\pi(1 - \cos\theta)} \text{〔sr〕} \tag{6・2}$$

図 6・1(b)で，立体角 ω〔sr〕から出る光束が Φ〔lm〕とすれば，光度 I は

$$\boldsymbol{I = \frac{\Phi}{\omega}} \text{〔cd〕} \tag{6・3}$$

となる．つまり，光度は，ある方向の単位立体角当たりに放射される光束である．

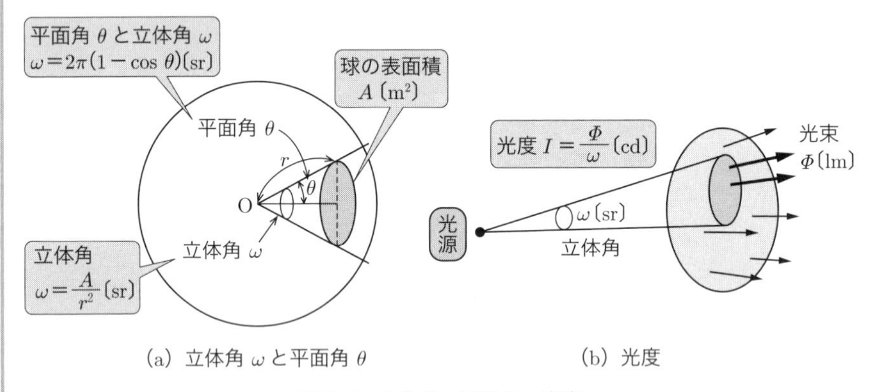

図6・1　立体角・平面角と光度

(2) 照度

照度は，光を受ける面（被照面，照射面，受光面という）の明るさを表し，被照面の単位面積当たりに入射する光束の量であり，単位は**〔lx（ルクス）〕**を用いる．そこで，面積 A〔m²〕の被照面に一様に光束 Φ〔lm〕が入射するときの照度 E は次式となる．

$$\boldsymbol{E = \frac{\Phi}{A}} \text{〔lm/m}^2\text{〕} = \frac{\Phi}{A} \text{〔lx〕} \tag{6・4}$$

法線照度は，入射光束に垂直な面に対する照度をいう．図 6・2 で，点光源 P から距離 l〔m〕の床面上の点 Q における照度 E_n〔lx〕は，光源の PQ 方向の光度 I〔cd〕に

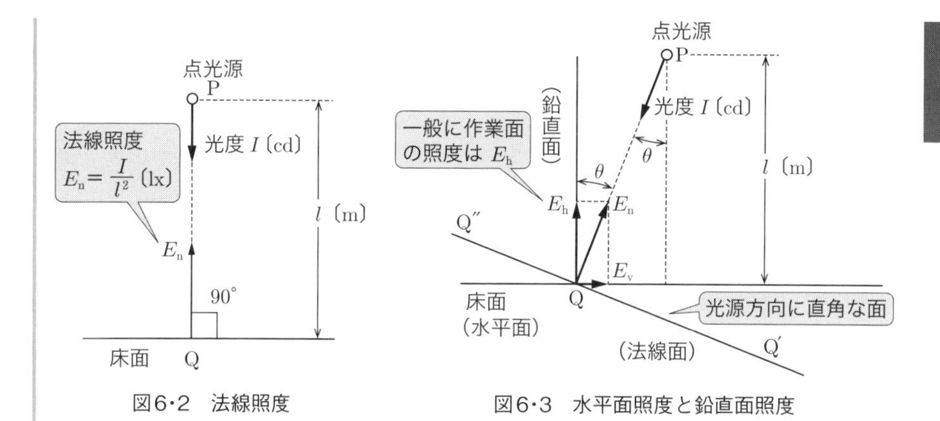

図6・2　法線照度

図6・3　水平面照度と鉛直面照度

比例し，距離 l〔m〕の2乗に反比例する．これを**距離の逆2乗の法則**といい，次式で表される．

$$E_n = \frac{I}{l^2} \text{〔lx〕} \quad (6\cdot5)$$

水平面照度は，図6・3の床面上の点Qにおける水平面に対する照度 E_h をいう．同図で点Qから角度 θ の方向に点光源Pがあるときの点Qの水平面照度 E_h は次式となる．

$$E_h = \frac{I}{l^2}\cos\theta = E_n\cos\theta \text{〔lx〕} \quad (6\cdot6)$$

式(6・6)の E_h は入射角 θ の $\cos\theta$ の値（余弦値）に比例するので，これを**入射角の余弦の法則**という．一般に，照度とは水平面照度 E_h を指すことが多い．

一方，図6・3の床面上の点Qにおける鉛直面に対する照度を**鉛直面照度** E_v といい，次式となる．

$$E_v = \frac{I}{l^2}\sin\theta = E_n\sin\theta \text{〔lx〕} \quad (6\cdot7)$$

多数の点光源による水平面照度は，それぞれの点光源によって点Pに生ずる水平面照度を求め，その和が水平面照度 E_h となる．図6・4は点光源が2個の事例を示しており，水平面照度 E_h は次式となる．

$$E_h = E_{h1} + E_{h2} = \frac{I_1}{{l_1}^2}\cos\theta_1 + \frac{I_2}{{l_2}^2}\cos\theta_2 \quad (6\cdot8)$$

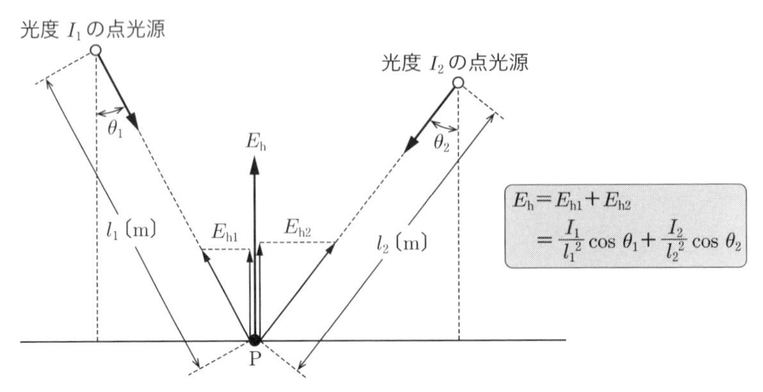

図6・4　多数の点光源による水平面照度（2個の点光源の事例）

（3）輝度

輝度は，光源の発光面の輝きの程度を表し，単位は〔**cd/m²**〕を用いる．輝度は，発光面からある方向への光度を，その方向から見た見かけの面積で割った値である．図6・5において，発光面の微小面積 ΔA〔m²〕の θ 方向の光度 ΔI_θ〔cd〕，人間が見ている方向から見た見かけの面積を $\Delta A'$〔m²〕とすれば，輝度 L は次式となる．

$$\boldsymbol{L = \frac{\Delta I_\theta}{\Delta A'} = \frac{\Delta I_\theta}{\Delta A \cos\theta}} \text{〔cd/m}^2\text{〕} \tag{6・9}$$

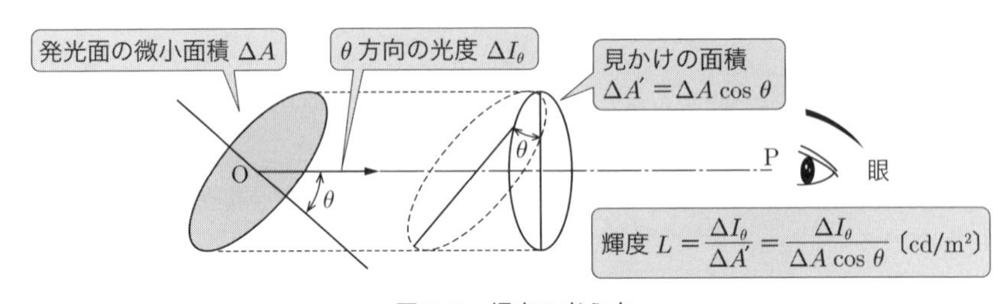

図6・5　輝度の考え方

（4）光束発散度

発光面の単位面積当たりから発散する光束を**光束発散度**という．表面積 A〔m²〕から光束 Φ〔lm〕が発散しているとき，光束発散度 M は次式となる．

$$\boldsymbol{M = \frac{\Phi}{A}} \text{〔lm/m}^2\text{〕} \tag{6・10}$$

完全拡散面（均等拡散面）とは，どの方向から見ても輝度の等しい表面をいう．法線方向の光度 I_0 と鉛直角 θ 方向の光度 I_θ との間に $I_\theta = I_0 \cos\theta$ の関係があり，光度は

図 6･6 のようになる．これを**ランベルトの余弦定理**という．完全拡散面において，輝度 L〔cd/m^2〕と光束発散度 M〔lm/m^2〕との間には，次の関係がある．

$$\boldsymbol{M=\pi L} \tag{6･11}$$

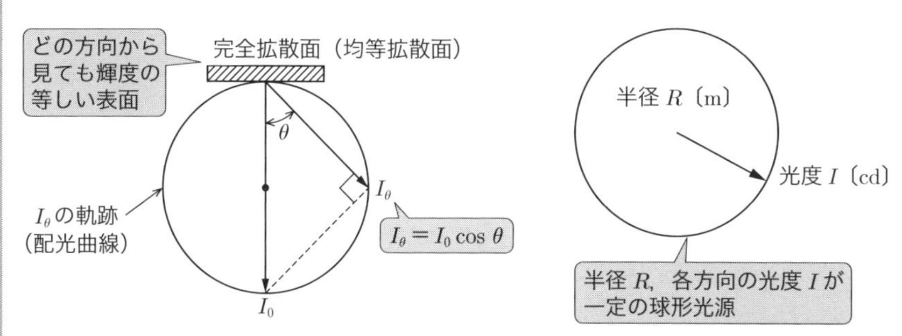

図6･6　ランベルトの余弦定理　　図6･7　$M=\pi L$ の証明のための説明図

式(6･11)は次のように証明できる．完全拡散面ではどの方向から見ても輝度 L が等しいので，図 6･7 に示すように，半径 R〔m〕，各方向の光度 I〔cd〕が一定である球形の光源を想定する．この場合，球の表面積 $S_1 = 4\pi R^2$，球の見かけの面積 $S_2 = \pi R^2$ である．したがって，光源の光束発散度 M は，式(6･10)，式(6･3)より

$$M = \frac{\Phi}{S_1} = \frac{\omega I}{4\pi R^2} = \frac{4\pi I}{4\pi R^2} = \frac{I}{R^2} \tag{6･12}$$

また，光源の輝度 L は

$$L = \frac{I}{S_2} = \frac{I}{\pi R^2} \tag{6･13}$$

となる．したがって，式(6･12)と式(6･13)から，式(6･11)が求められる．

物質に入射する光は，反射するもの，透過するもの，吸収されるものに分けられる．他の光源から照射された面は，反射や透過によって新たな光源になると考えることができ，このような光源を**二次光源**という．この面の反射率を ρ，透過率を τ，吸収率を α とすれば，図 6･8 のように，被照面の照度が E〔lx〕のとき，反射面の光束発散度は M_ρ は

$$\boldsymbol{M_\rho = \rho E}\ 〔\mathrm{lm/m^2}〕 \tag{6･14}$$

となる．そして，式(6･11)の関係を用いると，この二次光源の輝度 L_ρ は

$$\boldsymbol{L_\rho = \frac{M_\rho}{\pi} = \frac{\rho E}{\pi}}\ 〔\mathrm{cd/m^2}〕 \tag{6･15}$$

となる．また，透過面の光束発散度 M_τ は

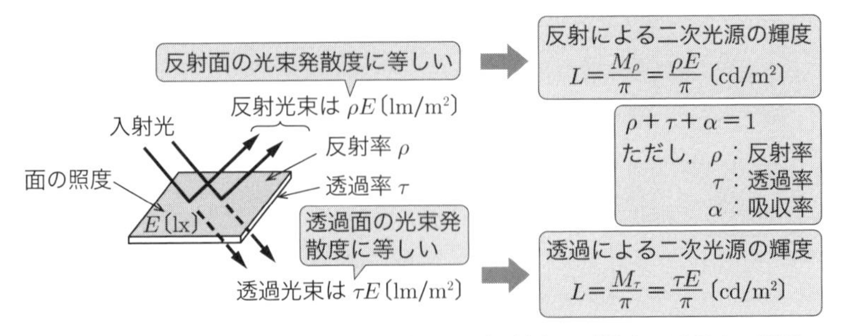

図6·8　反射面と透過面の光束発散度および反射率・透過率・吸収率の関係

$$\boldsymbol{M_\tau=\tau E}\ 〔\mathrm{lm/m^2}〕 \tag{6·16}$$

となる．そして，式(6·11)の関係を用いると，この二次光源の輝度 L_τ は

$$\boldsymbol{L_\tau=\frac{M_\tau}{\pi}=\frac{\tau E}{\pi}}\ 〔\mathrm{cd/m^2}〕 \tag{6·17}$$

となる．そして，反射率 ρ，透過率 τ，吸収率 α の間には次式が成り立つ．

$$\boldsymbol{\rho+\tau+\alpha=1} \tag{6·18}$$

問題５　円板光源による光度，照度，配光曲線　（R3-B5）

次の文章は，円板光源に関する記述である．

均等拡散面とみなせる円板光源がある．円板光源の発光面は平面で，片面のみが発光する．また，円板光源の厚さは無視できる．この円板光源の発光面の中心における法線方向の光度を I_0〔cd〕とする．法線となす角 θ の方向の光度 I_θ〔cd〕は［(1)］で与えられ，その配光曲線は［(2)］のようになる．また，円板光源の全光束 F〔lm〕は［(3)］で与えられる．ただし，円周率は π とする．

次に，図に示すように，半径 r〔m〕のこの円板光源を部屋の天井面に取り付け，部屋の照明を行った．図において，床面上のＡ点から円板光源の中心を見たときの輝度 L_θ〔cd/m²〕は［(4)］となり，Ａ点における水平面照度 $E_{\theta h}$〔lx〕は［(5)］で与えられる．ただ

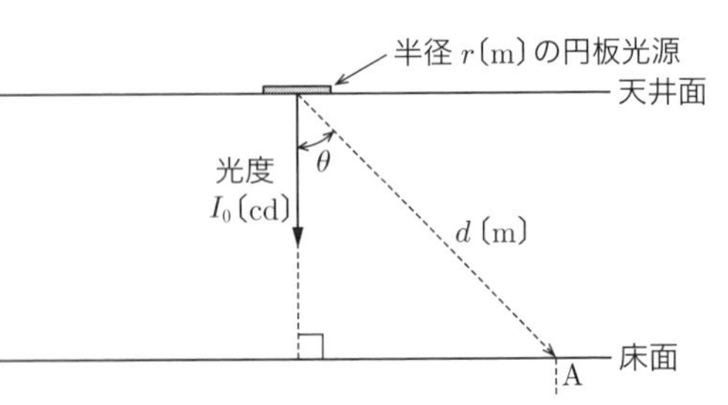

し，A 点から円板光源の中心までの距離は d〔m〕であり，$d \gg r$ とする．また，この部屋にはこの円板光源以外に光源はなく，天井，床，壁など，周囲からの反射光や入射光の影響はないものとする．

解答群

(イ)	$I_0 \cos\theta$	(ロ)	$\dfrac{I_0 \cos\theta}{d^2}$	(ハ)	$\dfrac{I_0}{\pi r^2 \cos\theta}$
(ニ)	$2\pi I_0$	(ホ)	$\dfrac{I_0 \cos^2\theta}{d^2}$	(ヘ)	$4\pi I_0$
(ト)	$\dfrac{I_0(1+\cos\theta)\cos\theta}{2d^2}$	(チ)	$\dfrac{I_0 \cos\theta}{\pi r^2}$	(リ)	$\dfrac{I_0(1+\cos\theta)}{2}$
(ヌ)	πI_0	(ル)	$\dfrac{I_0}{\pi r^2}$	(ヲ)	I_0

(ワ)

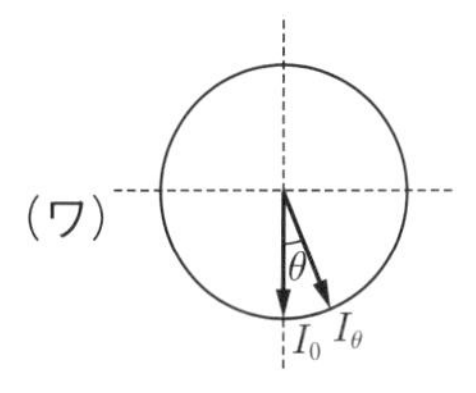

(カ)

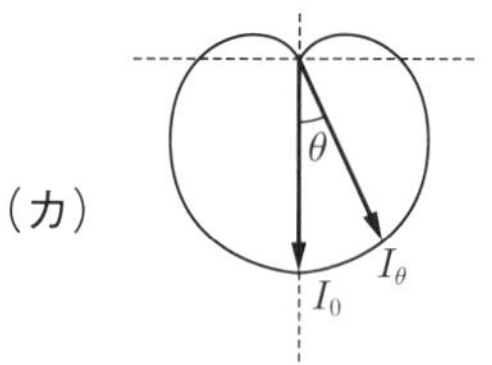

(ヨ)

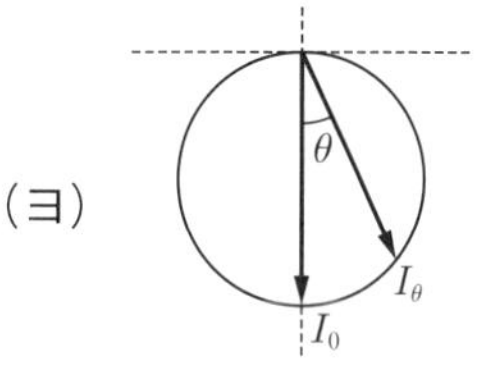

—攻略ポイント—

詳細解説 1 で述べた光度，照度，輝度，問題 2 の解説で述べた配光曲線を理解していれば，解けるであろう．解けない場合は，詳細解説をもう一度熟読する．

解説 (1)(2) 問題 2 の解説の中に，平面板光源の光度や配光曲線を説明しているので，参照する．円板光源の法線となす角 θ の方向の光度 I_θ は解図より $I_\theta = \boldsymbol{I_0 \cos\theta}$ となる．また，配光曲線は **(ヨ)** である．

(3) 解図に示すように，円板光源の発光面の中心を球の中心とする半径 1 の半球を想定する．法線となす角 θ と $\theta + d\theta$ の間の微小円環を考えれば，その面積は $dS = (2\pi \sin\theta) \times (1 \times d\theta) =$

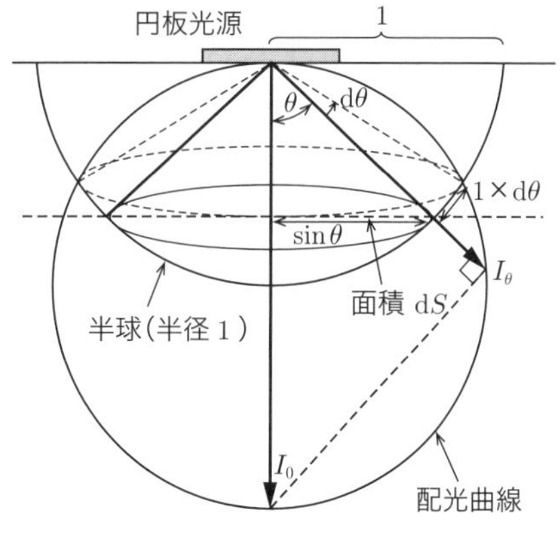

解図　円板光源の全光束

$2\pi \sin\theta d\theta$

そこで，式(6･1)より，面積 dS の円環の立体角は

$$d\omega = \frac{dS}{1^2} = dS = 2\pi \sin\theta d\theta$$

となる．微小円環の光束 dF は，式(6･3)より

$$dF = I_\theta d\omega = I_0 \cos\theta \cdot 2\pi \sin\theta d\theta = \pi I_0 \sin 2\theta d\theta$$

したがって，円板光源の全光束 F は

$$F = \int_0^{\frac{\pi}{2}} dF = \int_0^{\frac{\pi}{2}} \pi I_0 \sin 2\theta d\theta = \pi I_0 \left[-\frac{1}{2}\cos 2\theta \right]_0^{\frac{\pi}{2}} = \boldsymbol{\pi I_0}\ \text{〔lm〕}$$

(4) 輝度は，式(6･9)より求めればよい．円板光源の発光面の中心における法線方向の光度は I_0〔cd〕，その真下の点から円板光源を見た見かけの面積 A' は円板光源の面積であり，$A' = \pi r^2$ であるから，この円板光源の輝度 L は $L = I_0/(\pi r^2)$〔cd/m^2〕である．そして，円板光源は均等拡散面とみなせるので，床面上の A 点から見た輝度 L_θ も L に等しい．したがって，

$$L_\theta = \boldsymbol{\frac{I_0}{\pi r^2}}$$

(5) A 点における法線照度 $E_{\theta n}$ は，式(6･5)より，$E_{\theta n} = I_\theta/d^2 = I_0 \cos\theta/d^2$ であるから，水平面照度 $E_{\theta h}$ は，式(6･6)より $E_{\theta h} = E_{\theta n}\cos\theta = \boldsymbol{\dfrac{I_0 \cos^2\theta}{d^2}}$〔lx〕

解答　**(1)（イ）　(2)（ヨ）　(3)（ヌ）　(4)（ル）　(5)（ホ）**

問題６　乳白ガラス球の照明器具の照明計算　(H26-B6)

次の文章は，乳白ガラス球を用いた照明器具の照明計算に関する記述である．なお，π は 3.1416 とする．

直径 250 mm の乳白ガラスの照明器具が，奥行き 2.7 m×間口 2.7 m，天井高さ 2.3 m の室内の天井中央から，照明器具中心まで 0.55 m の長さでつるされている．照明器具内部には全光束 $\phi = 810$ lm のランプがあり，乳白ガラスで光が均等に拡散し 1 067 cd/m^2 で輝いている．このような設定において，以下の三つの問題を考える．なお，乳白ガラス内面の反射率 $\rho = 20$ %，透過率 $\tau = 65$ %，残りはガラスで吸収され，ガラスの厚みは無視できるものとする．また，室内各面等での相互反射は無視できるものとする．

a.　照明器具直下から水平に 0.75 m 離れた机上面 A 点（床上 0.75 m）の水平面照度を求める.

照明器具が 1 067 cd/m² で均等に輝いているので，A 点方向の光度は約 (1) cd である. 照明器具と A 点との距離は，照明器具の直径より十分大きいので，照明器具を点とみなして机上面 A 点の水平面照度を計算すると (2) lx となる.

b.　次に，机など障害物がない場合の室全体の平均照度を求める.

光束は，光度と (3) の積である. また，(3) は，光中心から半径 1 の単位球上にある面を仮定したときのその表面積でもある. この関係から照明器具の全光束が求まるので，室空間全体の平均照度は (4) lx となる.

c.　照明器具内の相互反射による光束が，照明器具の全光束に占める割合を求める.

照明器具の全光束は，ランプ全光束の直接透過成分に照明器具内部での相互反射成分が加わった値である. 相互反射による内面の間接照度 E_i は，球内の表面積を S としたときに次式で求めることができる.

$$E_\mathrm{i} = \frac{\phi}{S} \times \frac{\rho}{(1-\rho)}$$

照明器具内の相互反射による光束は，照明器具の全光束の (5) %を占める.

解答群

(イ)	41.9	(ロ)	立体角	(ハ)	20.0	(ニ)	10.0
(ホ)	15.0	(ヘ)	84.9	(ト)	52.4	(チ)	43.5
(リ)	26.8	(ヌ)	正射影面積	(ル)	21.5	(ヲ)	66.8
(ワ)	13.4	(カ)	16.7	(ヨ)	照明器具の見かけの大きさ		

― 攻略ポイント ―

光度，立体角，照度の定義を思い出しながら，問題文の誘導にしたがって丁寧に計算すればよい.

解 説　(1) 球形の照明器具を投影すると円で，その面積 A は $A = \pi(0.25/2)^2$ である. 題意より，照明器具は輝度 $L = 1\,067$ cd/m² で均等に輝いているので，光度 I は，式(6･9)より

$$I = LA = 1\,067 \times \pi(0.25/2)^2 \doteqdot 52.376 = \mathbf{52.4}\ \mathrm{cd}$$

(2) 題意を図に示すと，解図になる．光源とA点の距離を l〔m〕，入射角を θ として，A点の水平面照度 E は，式(6･6)より

$$E = \frac{I}{l^2}\cos\theta = \frac{52.376}{1.0^2 + 0.75^2} \times \frac{1.0}{\sqrt{1.0^2 + 0.75^2}} \doteqdot 26.83 \doteqdot \mathbf{26.8}\ \mathrm{lx}$$

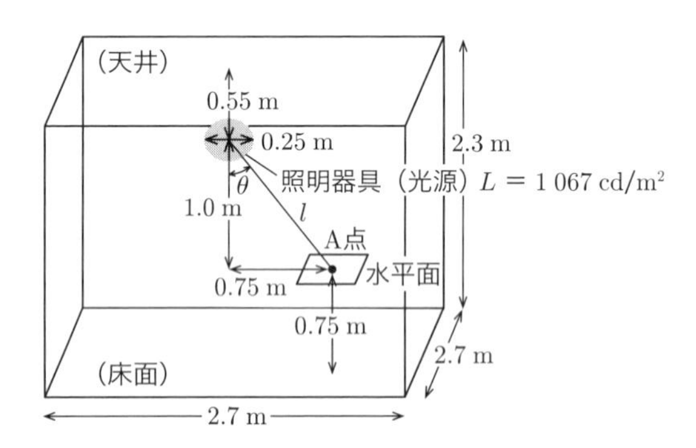

解図　照明器具と部屋全体

(3) 式(6･3)より，光束 Φ は光度 I と**立体角** ω の積である．

(4) 全光束 Φ_{all} は，光度 I に，全方向の立体角 ω を乗じればよい．照明器具の周り全体の立体角は 4π sr であるから

$$\Phi_{\mathrm{all}} = 4\pi \times I = 4\pi \times 52.376 \doteqdot 658.2\ \mathrm{lm}$$

この全光束が部屋全体に行き渡るので，部屋の4面の壁，天井，床の面積で割れば，平均照度 E_{av} は

$$E_{\mathrm{av}} = \frac{\Phi_{\mathrm{all}}}{S_{\mathrm{all}}} = \frac{658.2}{2.7 \times 2.7 \times 2 + 2.7 \times 2.3 \times 4} \doteqdot \mathbf{16.7}\ \mathrm{lx}$$

(5) 照明器具内の相互反射による光束 Φ_{i} は，それによる内面の間接照度の式 E_{i} が本文で与えられているので，それを活用して

$$\Phi_{\mathrm{i}} = SE_{\mathrm{i}}\tau = S \times \frac{\phi}{S} \times \frac{\rho}{1-\rho}\tau = \phi\frac{\rho}{1-\rho}\tau = 810 \times \frac{0.2}{1-0.2} \times 0.65 \doteqdot 131.6\ \mathrm{lm}$$

したがって，照明器具の相互反射による光束と照明器具の全光束の比をとれば

$$\frac{\Phi_{\mathrm{i}}}{\Phi_{\mathrm{all}}} = \frac{131.6}{658.2} \doteqdot 0.200 \quad \rightarrow \quad \mathbf{20.0}\%$$

解答　(1) (ト)　(2) (リ)　(3) (ロ)　(4) (カ)　(5) (ハ)

問題 7 LED による床面の水平面照度 (H22-B6)

A 及び B の 2 種類の LED ランプが，次の条件で設置されているとき，A と B の LED ランプによる鉛直角 60° 方向の床面の水平面照度を比較し，B が A の何倍の照度になるかを調べたい．

A 及び B の 2 種類の LED ランプが，2 m の高さに下向きに設置されている．A の LED ランプは，その直下の床面の水平面照度が 500 lx であり，配光が $I_A(\theta) = I_A(0)\cos^4\theta$ なる軸対称配光である．B の LED ランプは，その直下の床面の水平面照度が A の 0.6 倍の 300 lx であり，配光が $I_B(\theta) = I_B(0)\cos\theta$ なる軸対称配光である．

ここに，$I_A(0)$，$I_B(0)$ は，それぞれ A 及び B の LED ランプの直下方向の光度，$I_A(\theta)$，$I_B(\theta)$ は，それぞれ A 及び B の LED ランプの鉛直角 θ 方向の光度とする．

また，$\sin 60° = 0.866$，$\cos 60° = 0.5$ とする．

A の LED ランプは，その直下の水平面照度が 500 lx なので，これを直下方向の光度 $I_A(0)$ に換算すると [(1)] 〔cd〕であり，鉛直角 60° 方向の光度 $I_A(60)$ を求めると [(2)] 〔cd〕になる．これより，鉛直角 60° 方向の床面の水平面照度を求めると [(3)] 〔lx〕になる．

同様の手順で，B の LED ランプの鉛直角 60° 方向の床面の水平面照度を求めると，[(4)] 〔lx〕となる．

したがって，鉛直角 60° 方向の床面の水平面照度は，B が A の [(5)] 倍の照度になる．

解答群

(イ) 2 000	(ロ) 1.2	(ハ) 3.9	(ニ) 15.6	(ホ) 62.5
(ヘ) 9.4	(ト) 1 000	(チ) 2.3	(リ) 7.8	(ヌ) 500
(ル) 4.8	(ヲ) 31.3	(ワ) 125	(カ) 2.0	(ヨ) 18.8
(タ) 2.4	(レ) 9.6			

— 攻略ポイント —

詳細解説 1 で示した水平面照度の式(6・6)を題意にあわせて適用すればよい．

解説 (1) 問題の条件を図に示すと，解図となる．解図において，点 P の水平面照度 E_p は，詳細解説 1 の式(6・6)より

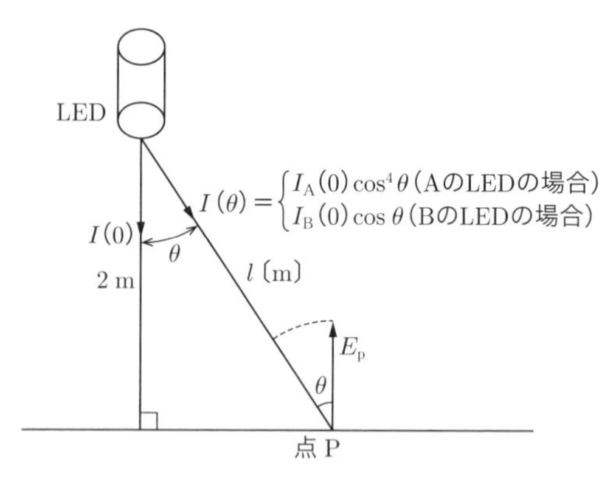

解図　LEDランプと床面

$$E_p = \frac{I(\theta)}{l^2}\cos\theta \text{〔lx〕} \cdots ①$$

AのLEDランプの直下では，鉛直角$\theta = 0°$，$l = 2$ m，水平面照度$E_p = 500$ lxであるから，式①に数値を代入して

$$I_A(0) = \frac{E_p l^2}{\cos\theta} = \frac{500 \times 2^2}{1}$$

$$= \mathbf{2\,000}\text{ cd}$$

(2) AのLEDランプの配光$I_A(\theta)$は$I_A(\theta) = I_A(0)\cos^4\theta$なので，鉛直角60°では

$$I_A(60) = I_A(0)(\cos 60°)^4 = 2\,000 \times \left(\frac{1}{2}\right)^4 = \mathbf{125}\text{ cd}$$

(3) 鉛直角$\theta = 60°$のとき，光源と点Pの距離lは$l = 2/\cos 60° = 4$ mなので，床面上の点Pの水平面照度E_{PA}は

$$E_{PA} = \frac{I_A(60)}{l^2}\cos 60° = \frac{125}{4^2} \times \frac{1}{2} \fallingdotseq \mathbf{3.9}\text{ lx}$$

(4) (5) 同様に，BのLEDランプの光度$I_B(0)$は，式①と同様に考えて

$$I_B(0) = \frac{E_p l^2}{\cos\theta} = \frac{300 \times 2^2}{1} = 1\,200\text{ cd}$$

そこで，鉛直角$\theta = 60°$のときの光度$I_B(60) = I_B(0)\cos 60° = 1\,200 \times 0.5 = 600$ cdであるから，点Pの水平面照度E_{PB}は

$$E_{PB} = \frac{I_B(60)}{l^2}\cos 60° = \frac{600}{4^2} \times \frac{1}{2} \fallingdotseq \mathbf{18.8}\text{ lx}$$

$$\therefore \quad \frac{E_{PB}}{E_{PA}} = \frac{18.8}{3.9} \fallingdotseq \mathbf{4.8}\text{倍}$$

解答　(1) (イ)　(2) (ワ)　(3) (ハ)　(4) (ヨ)　(5) (ル)

2　光源とその特徴

問題 8　LED の発光原理と発光波長　(R1-B6)

次の文章は，発光ダイオード（Light Emitting Diode：以下 LED とする）の発光原理と発光波長に関する記述である．

半導体を pn 接合すると，電子で満たされた価電子帯と電子の満たされていない伝導帯との間に，電子が存在できない禁制帯が形成される．LED は，半導体の pn 接合に順方向電流を流すと，(1) とが禁制帯を越えて再結合するときに，禁制帯の幅に応じた波長の光を発生する．LED の発光波長 λ〔nm〕は，禁制帯幅 E_g〔eV〕，プランクの定数 h〔eV・s〕，光速 c〔m/s〕が関係し，①式で求めることができる．

$$\lambda = \frac{hc}{E_g} \times 10^9 \fallingdotseq \frac{1\,240}{E_g} \quad \cdots\cdots ①$$

これによれば，可視領域に対応した発光を得るには，禁制帯幅 E_g を (2) とすることが必要になる．LED の開発は，周期律表の主に (3) の化合物半導体が用いられ，可視領域に対応した発光の実用化は，赤，黄など (4) 禁制帯幅をもつ材料から始まり，実用化が困難であるとされた青色光は，(5) 系材料によって得られるようになった．

解答群

（イ）　1.59 eV～3.26 eV　　（ロ）　n 形領域のイオンと p 形領域の電子
（ハ）　GaP　　（ニ）　1.77 eV～4.13 eV
（ホ）　比較的小さい　　（ヘ）　Ⅲ族とⅤ族
（ト）　GaN　　（チ）　n 形領域の正孔と p 形領域の電子
（リ）　中程度の　　（ヌ）　比較的大きい
（ル）　n 形領域の電子と p 形領域の正孔
（ヲ）　Ⅱ族とⅥ族　　（ワ）　Ⅰ族とⅣ族
（カ）　1.43 eV～3.10 eV　　（ヨ）　GaAs

―攻略ポイント―

LEDの発光原理と特徴はよく出題されるテーマなので，十分に学習する．問題1，問題3の解説をあらためて熟読してほしい．

解説　(1) 問題1の解説や問題3の解図の「LEDの原理・構造・図記号」に示すように，発光ダイオードは注入形EL（エレクトロルミネセンス）である．注入形ELは，電界を印加することによって電子および正孔を注入し，その再結合の過程で発光する現象である．LEDは，半導体のpn接合に順方向電流を流すと，**n形領域の電子とp形領域の正孔**が禁制帯を超えて再結合するときに，禁制帯の幅に応じた波長の光を発生する．

(2) 禁制帯幅 E_g は，問題文中の式①より，$E_g = 1\,240/\lambda$ であり，可視光の波長 λ の範囲を $\lambda = 380$～780 nm程度として代入する．$\lambda = 380$ nmのとき，$E_g = 1\,240/380 = 3.26$ eVである．また，$\lambda = 780$ nmのとき，$E_g = 1\,240/780 = 1.59$ eVである．したがって，可視領域に対応した発光を得るには，禁制帯幅 E_g を**1.59 eV～3.26 eV**にする必要がある．

(3) LEDの開発は，周期律表の**Ⅲ族とⅤ族**の化合物半導体が用いられる．Ⅲ族はGa（ガリウム），In（インジウム）などでp形半導体を構成する．一方，Ⅴ族はAs（ひ素），P（りん）などでn形半導体を構成する．

(4) (5) 赤，黄は波長が可視光の中で比較的長いので，**比較的小さい**禁制帯幅をもつ材料となる．青色光は，**GaN**（窒化ガリウム）系材料によって得られるようになった．

解答　(1)（ル）　(2)（イ）　(3)（へ）　(4)（ホ）　(5)（ト）

問題9　LEDの特徴　(R4-A4)

次の文章は，発光ダイオード（LED）に関する記述である．

発光ダイオード（LED）は［(1)］による固体発光素子である．LEDは，他のダイオードと同様，p形半導体とn形半導体を接合させた構造をしている．この接合部に順方向の電流を流すことによって，接合部において電子と正孔の再結合が起こり，発光する．光の波長は電子と正孔のもつエネルギーの差が［(2)］.

LEDは基本的に単色光源であるので，LEDを使って照明用の白色光を得るにはいくつかの色の光を混ぜて人が白色と認識する光をつくる必要がある．その代表的な方法として，［(3)］LEDからの［(3)］光の一部を，［(4)］光を発生する蛍光体に照射し，そこから得られる［(4)］光にLEDからの［(3)］光が混ざることによって白色光を発生させる方法がある．このときの白色光のスペクトルの概略は［(5)］のようになる．

LEDを用いた白色照明ランプは，省エネ性に優れ，かつ寿命の長いランプとして，従来の白熱電球や蛍光ランプに替えて，普及が進みつつある．

解答群

(イ)　緑色　　(ロ)　大きくても変わらない　　(ハ)　黄色
(ニ)　エレクトロルミネセンス　　(ホ)　大きいほど短くなる
(ヘ)　赤色　　(ト)　青色　　(チ)　熱放射　　(リ)　ホトルミネセンス
(ヌ)　赤外　　(ル)　大きいほど長くなる　　(ヲ)　紫外

(ワ)
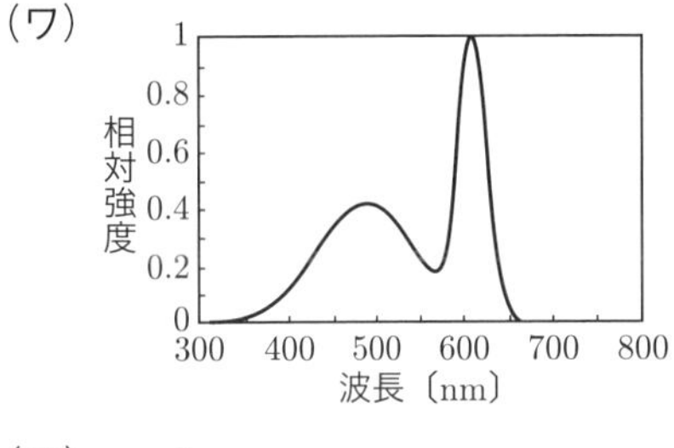

(カ)
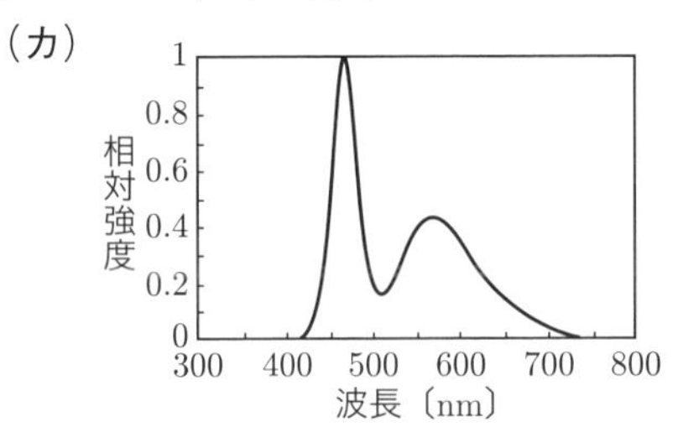

(ヨ)
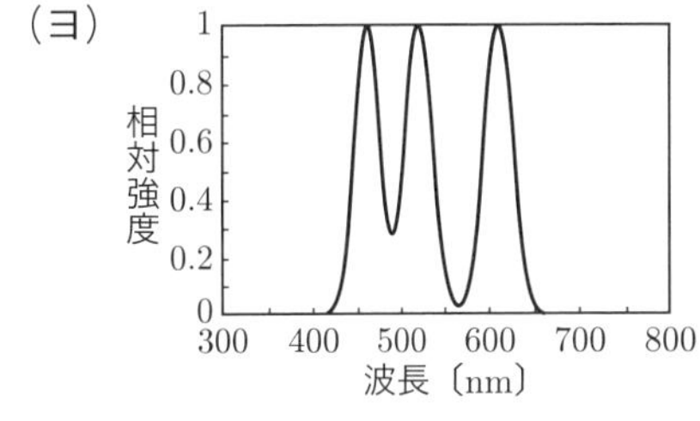

―攻略ポイント―

LEDに関する問題は本章の問題1，3，8で扱っており，理解していれば本問も解けるであろう．白色光のスペクトルに関しても理解を深めておく．

解説　(1) 問題1，3，8の解説より，**エレクトロルミネセンス**である．

(2) 問題3の解図の「LEDの原理・構造・図記号」より，プランク定数をh，光の振動数をν，波長をλ，光の速度をcとすれば，$E = h\nu = hc/\lambda$のエネルギーをもつ光が放出されるから，光の波長は電子と正孔のもつエネルギーの差が**大きいほど短くなる**.
(3)～(5) 問題1の解説にも示しているので，参照する．**青色** LEDからの**青色**光の一部を，**黄色**光を発生する蛍光体に照射し，そこから得られる**黄色**光にLEDからの**青色**光が混ざることによって白色光を発生させる．このとき，青色LEDが出す光は465 nm付近にピークが現れる幅の狭いスペクトルである．蛍光体が出す光は560 nm付近でピークとなり500～760 nmの幅広いスペクトルであり，黄色光のほかに緑色光や赤色光が含まれている．このため，この白色光のスペクトルは**(カ)**のようになる.

解答　**(1)（ニ）　(2)（ホ）　(3)（ト）　(4)（ハ）　(5)（カ）**

問題10　Hf蛍光ランプと点灯回路　(H19-A4)

次の文章は，高周波専用蛍光ランプ（Hf蛍光ランプ）とその点灯回路に関する記述である.

高周波専用蛍光ランプは，ランプの管径を細くし， (1) 〔kHz〕の高周波電圧を印加して点灯させることを特徴とする光源である．基本的な点灯回路は， (2) ，平滑回路，高周波発生回路，高周波安定回路などで構成される.

高周波点灯の利点は，ランプの (3) や点灯回路の電力損失を抑えることができるので，ランプ効率のみならず，点灯回路を含めた (4) が高くなることである.

このランプを用いた照明器具は，ランプが細管であり，点灯回路が電子化されているため，従来の蛍光灯照明器具より小形軽量になる．また，使用面では，高周波で点灯するので (5) が感じられないこと，電源周波数フリー等の特徴がある.

解答群

(イ)　電極損失	(ロ)　増幅回路	(ハ)　温　熱
(ニ)　総合効率	(ホ)　グレア	(ヘ)　20～70
(ト)　電圧増加	(チ)　照明器具効率	(リ)　整流回路
(ヌ)　蛍光体劣化	(ル)　変調回路	(ヲ)　90～170
(ワ)　視感効率	(カ)　200～350	(ヨ)　フリッカ

―攻略ポイント―

高周波専用蛍光ランプに関する出題であるが，出題箇所は照明全般に関する知識で対応可能である．とはいえ，解説にはHf蛍光ランプ，詳細解説に蛍光灯を詳述する．

解説　(1) 高周波専用蛍光ランプは，ランプ管径を従来の32 mmよりも細く16〜25.5 mmとし，**20〜70** kHzの高周波電圧を印加して点灯させる．高周波専用蛍光ランプの性能に関しては，青・緑・赤の3成分蛍光体を配合した高効率高演色性の3波長域発光形蛍光灯と同等程度であり，ランプ効率が100 lm/W，平均演色評価数（Ra）88，定格寿命1 200時間程度の性能である．

蛍光ランプは，商用周波数での点灯ではランプ内の電位分布が電位変化の大きな陰極領域と陽極領域（いずれもフィラメント近傍），電位変化の緩やかな陽光柱領域（実際に発光している領域）に分かれる．陰極領域は陽光柱領域に電子を供給し，陽極領域は陽光柱領域に水銀イオンを供給する．陽光柱領域では，供給された水銀イオンと電子によってプラズマ状態が形成され，紫外放射の励起にエネルギーの多くが費やされる．この紫外放射は励起と放射を繰り返して管壁に到達し，ガラス管内面に塗布された蛍光体を励起し可視光を発生する（詳細解説2の図6·9参照）．蛍光ランプを高周波数で点灯すると，電極付近の損失が減少することに加え，陽光柱領域で電子温度が上昇することによる効率向上が加わるため，発光効率が向上する．

(2) 高周波専用蛍光ランプの点灯回路は，解図に示すように，**整流回路**，平滑回路，高周波発生回路，高周波安定回路などで構成される．

(3)〜(5) 高周波点灯の利点は，ランプの**電極損失**や点灯回路の電力損失を抑えることができるので，ランプ効率のみならず，点灯回路を含めた**総合効率**が高くなることである．

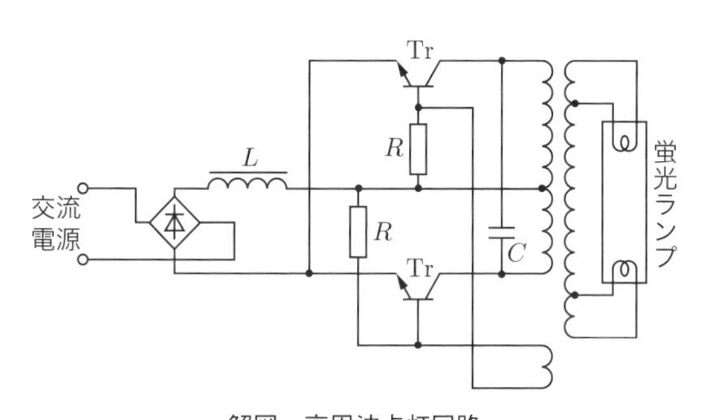

解図　高周波点灯回路

このランプを用いた照明器具は，ランプが細径であり，点灯回路が電子化されているため，従来の蛍光灯照明器具より小形軽量になる．また，使用面では，高周波で点灯するので**フリッカ**が感じられないこと，電源周波数フリー等の特徴がある．

　(1) (ヘ)　(2) (リ)　(3) (イ)　(4) (ニ)　(5) (ヨ)

詳細解説 2　蛍光灯の構造・原理・特徴

(1) 蛍光灯の構造と原理

図 6•9 は，一般の照明に用いられている蛍光灯の構造と発光原理を示す．まず，構造的には，内面に蛍光体膜を形成したガラス管と両端のフィラメント電極から構成される．ガラス管内には，アルゴンなどの不活性ガスと水銀が封入されている．次に，発光原理としては，両端の電極間でアーク放電させ，約 1 Pa の低圧の水銀蒸気から放射される 253.7 nm の紫外放射によって励起された蛍光体から可視光が放射される．すなわち，フォトルミネセンス（放射ルミネセンス）により，253.7 nm の紫外線を可視光線に変えるのが蛍光灯である．

蛍光灯の点灯方式は，スタータ方式，ラピッドスタート方式，インバータ方式がある．

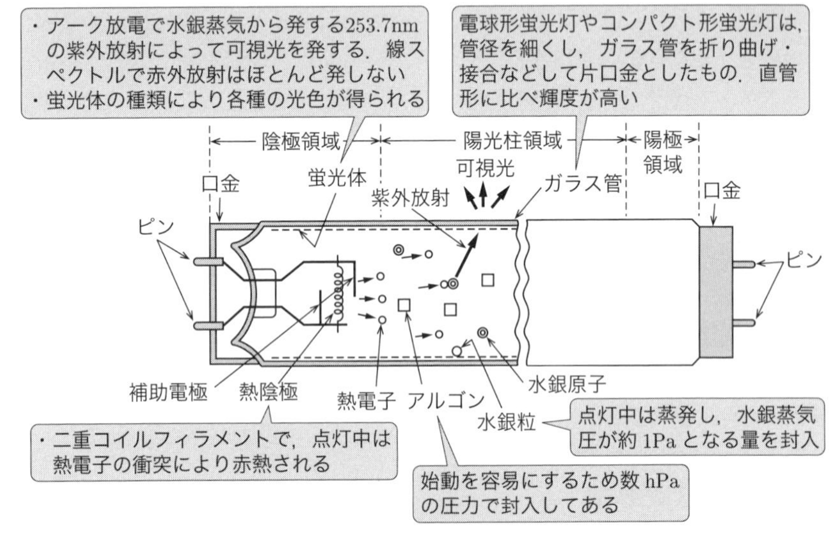

図6•9　蛍光灯の構造と原理

問題 11　メタルハライドランプ　(H16-A3)

次の文章は，メタルハライドランプに関する記述である．

メタルハライドランプは，構造的に高圧水銀ランプと類似しているが，発光管の中に水銀のほかに発光物質として種々の金属の ［(1)］ が封入されている．発光金属を［(1)］とすることにより，金属蒸気圧を［(2)］することができ，発光金属特有の発光スペクトルを得ることができる．また，発光金属がアルカリ金属の場合には，発光管の石英ガラスとの化学反応を抑えてランプ寿命を延ばすことができる．

このメタルハライドランプ中の水銀は，点灯中の［(3)］と発光管内温度を最適値に維持するための緩衝ガスの役割を果たしている．

メタルハライドランプは，種々の光色が得られる特長に加えて，効率が高く［(4)］に優れていることから，店舗など屋内照明用に広く使用されているほか，形状的に［(5)］制御が容易なことからOHPや液晶プロジェクタなど光学機器の光源としても利用されるようになってきた．

解答群

(イ) 配　光	(ロ) ランプ電流	(ハ) 高　く
(ニ) 光　色	(ホ) 始動特性	(ヘ) 酸化物
(ト) 発光特性	(チ) ハロゲン化物	(リ) 低　く
(ヌ) 演色性	(ル) 希薄に	(ヲ) 光束維持率
(ワ) ランプ電圧	(カ) 調　光	(ヨ) アルカリ化合物

ー攻略ポイントー

メタルハライドランプはじめ，よく使われるランプの特徴を整理して頭に入れておく．詳細解説で，光源の性能に関する評価を説明する．

解説　(1)～(5)　メタルハライドランプは，構造的に高圧水銀ランプと類似している．メタルハライドランプは，水銀ランプの発光管内に，水銀，アルゴン以外に，数種類の**ハロゲン化金属**（ナトリウム，タリウム，インジウムなどのヨウ化物）を封入し，水銀の発光スペクトルに金属の発光スペクトルを加えたものである．このランプは，発光金属を**ハロゲン化物**とすることにより，金属蒸気圧を**高く**することができ，発光金属特有の発光スペクトルを得ることができる．このメタルハライドランプ中の水銀は，点灯中の**ランプ電圧**と発光管内温度を最適に維持するための緩衝ガスの役割を果たしている．最近は，発光管に透光性セラミックを使用し，効率や演色性の向上，長寿命化を図ったランプも開発されている．

メタルハライドランプは，透明水銀ランプよりも白色光に近く，色温度は4 000～6 000 K，効率は70～120 lm/W，寿命は6 000～12 000時間である．HID（High Intensity Discharge Lamp）ランプである．

メタルハライドランプは，種々の光色が得られる特長に加えて，効率が高く，**演色性**が優れていることから，店舗など屋内照明に広く使用されているほか，形状的に**配光**制御が容易なことからOHPや液晶プロジェクタなど光学機器の光源としても利用されるようになってきた．

解答　(1) (チ)　(2) (ハ)　(3) (ワ)　(4) (ヌ)　(5) (イ)

詳細解説3　光源の性能に関する評価

(1) ランプ効率（光源効率）

光源（ランプ）の効率を評価する指標であり，**発光効率**ともいう．光源が発する全光束を光源の入力電力で割った値で表し，単位は〔lm/W〕を用いる．

(2) 総合効率

光源の全光束をそのランプと点灯装置も含めた全入力電力で割ったものである．単位は〔lm/W〕を用いる．

(3) 演色性

ある光で物を照らしたとき，その物体の色の見え方を**演色性**といい，試料光源と基準光源で照明したときの色の見え方を比較し，色ずれの程度で評価する．演色性は，平均演色評価数 R_a と特殊演色評価数によって表す．代表的な平均演色評価数は，色の異なる数枚の演色評価色票を用いて色ずれを評価し，その平均値を求めたものである．R_a100が基準光と同じで，100に近いほど演色性がよく，数値が小さいほど色ずれが大きい．物の色をどれだけ自然に見せるかという観点から評価するものと言える．

(4) グレア

グレアとは，不快感や物の見えづらさを生じさせるようなまぶしさのことをいう．グレアは，光源とその周辺の明るさのバランス，直接光や間接光の違い，視線の方向と光源のなす角度などに依存する．

(5) 寿命

点灯不能（電極寿命）または光束維持率が規定値以下に低下（光束寿命）するまでの時間のうち，短い方の時間をいう．定格寿命とは，多数の光源を標準条件下で点灯したときの平均寿命をいう．

(6) 始動特性

光源の始動特性は，電源スイッチを入れてから光源が定常状態になるまでの時間で表す．蛍光ランプのラピッドスタート形は約1秒で点灯するが，水銀ランプでは数分を要する．

3 照明設計

問題 12 机上面の平均照度と照明率 (H28-B6)

次の文章は，机上面の平均照度と照明率の算出に関する記述である．

図に示すように1辺1.26 mの正方形の机があり，その中央上の高さ0.84 mに点光源が1灯設置されている．点光源の光度は，全ての方向に70 cd である．

この条件において，以下の手順で机上面の平均照度及び照明率の算出を行う．

a 机上面中央A点の水平面照度を求めると (1) 〔lx〕になる．

b 机上面サイドライン中央B点の水平面照度を求めると (2) 〔lx〕になる．

c 机上面の平均照度を5点法で求めると (3) 〔lx〕になる．

d 点光源の全光束を計算すると (4) 〔lm〕が求まる．

e 点光源の机上面に対する照明率は，全光束と平均照度とから (5) となる．

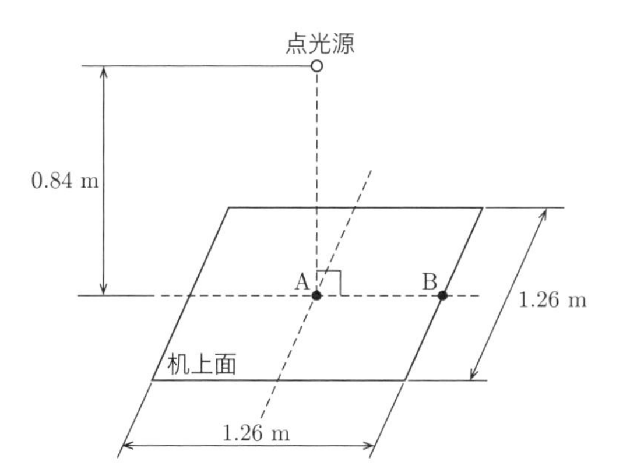

解答群

(イ) 0.11	(ロ) 0.12	(ハ) 0.14	(ニ) 51	(ホ) 60
(ヘ) 63	(ト) 67	(チ) 70	(リ) 75	(ヌ) 79
(ル) 83	(ヲ) 99	(ワ) 220	(カ) 440	(ヨ) 880

—攻略ポイント—

水平面照度は基本的な計算であるから，容易に解けるであろう．5点法による机上面の平均照度の求め方を知っているかどうかが鍵である．

解説　(1) 机上面中央A点の水平面照度E_Aは，解図(b)および式(6･5)や式(6･6)より

$$E_A = \frac{I}{l_A{}^2} = \frac{70}{0.84^2} \fallingdotseq 99.206 \fallingdotseq \mathbf{99}\ \mathrm{lx}$$

(2) 点光源からB点までの直線距離l_Bは三平方の定理より$l_B = \sqrt{0.84^2 + (1.26/2)^2} = 1.05$ m となるから，水平面照度E_Bは，解図(b)および式(6･6)より

$$E_B = \frac{I}{l_B{}^2}\cos\theta = \frac{70}{1.05^2} \times \frac{0.84}{1.05} \fallingdotseq 50.794 \fallingdotseq \mathbf{51}\ \mathrm{lx}$$

(3) 5点法による机上面の水平面照度は，解図のA～Eの5点の水平面照度から求める．具体的には，机上面中央のA点の照度の2倍と他の4点（B，C，D，E点）の照度を足して6で割って求める．そして，題意より，点光源の光度はすべての方向に一定であるから，幾何学的な配置より，B，C，D，E点の照度は等しい．したがって，机上面の平均照度E_{av}は

$$E_{av} = \frac{1}{6}(2E_A + 4E_B) = \frac{1}{6}(2 \times 99.206 + 4 \times 50.794) \fallingdotseq 66.931 \fallingdotseq \mathbf{67}\ \mathrm{lx}$$

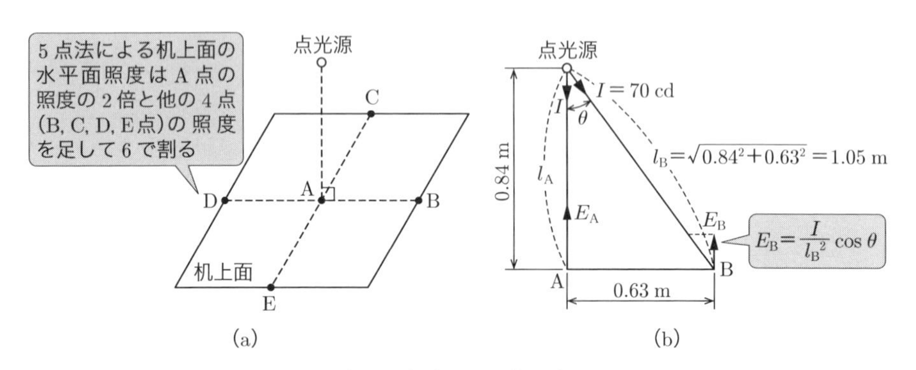

解図　机上面の平均照度

(4) 点光源の光度Iが一定であり，全方位の立体角は4πであるから，式(6･3)より

$$\Phi = 4\pi I = 4\pi \times 70 \fallingdotseq 879.65 \fallingdotseq \mathbf{880}\ \mathrm{lm}$$

(5) 点光源の机上面に対する照明率 U は，机上面積 $S=1.26^2\ \mathrm{m}^2$ より

$$U=\frac{E_{\mathrm{av}}S}{\Phi}=\frac{66.931\times1.26^2}{879.65}\fallingdotseq 0.120\,80 \quad\rightarrow\quad \mathbf{0.12}$$

なお，考え方は詳細解説に示す．

解答　(1) (ヲ)　(2) (ニ)　(3) (ト)　(4) (ヨ)　(5) (ロ)

詳細解説4　照明設計

(1) 照明率

室内を一様に照明する方法が**全般照明**である．室内に生ずる照度は，光源からの直接光束による直接照度と天井・壁・床からの反射光束による間接照度の和となる．そこで，両者の光束を考慮して**照明率** U が用いられ，次式で定義される．

$$U=\frac{\text{被照面へ達する光束}}{\text{光源の光束}} \tag{6・19}$$

照明率は，照明器具の配光や効率，室の形状や寸法から決まる室指数，室の反射率などをもとに，メーカのカタログ（照明率表）から求める．

(2) 保守率

保守率は，新設時の平均照度に対する，ある一定期間使用した後の平均照度の比である．ランプは使用しているうちに光束が次第に減少し，照明器具は汚れによって器具効率が低下する．このため，設計の際に光束にあらかじめ余裕を持たせておくための係数である．

(3) 室内の全般照明における設計

図6・10のように，平均照度を E，光源の灯数を N，床面積を A，光源の光束を Φ，照明率を U，保守率を M とするとき，被照面（床面，作業面：床上85 cmが標準）へ入射する光束は $N\Phi UM$〔lm〕であり，被照面の所要光束は EA〔lm〕であるから，この両者が等しくなればよい．すなわち，$N\Phi UM=EA$ である．

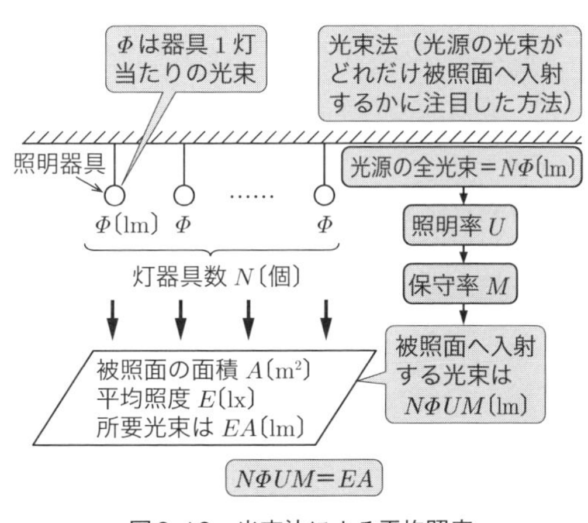

図6・10　光束法による平均照度

$$E = \frac{N\Phi UM}{A} \tag{6・20}$$

この式を用いて平均照度または所要照明器具台数を求める方法を**光束法**という．

問題 13　蛍光ランプと LED ランプの比較　(H24-B6)

次の文章は，ある事務室の照明を蛍光ランプから LED ランプに改修しようとするために両者を比較した記述である．

蛍光ランプ 40 形（消費電力 41 W，光束 3 450 lm，32 本）で，作業面で平均照度 750 lx を維持している事務室（8.0 m×10.0 m，天井高さ 2.7 m）がある．この照明設備を LED ランプ（消費電力 28 W，光束 2 300 lm）に改修したい．

光束法の計算式を基に，蛍光ランプを用いた場合の照明率を手掛かりとして，LED ランプを用いた場合の平均照度等を以下の手順で求めて比較する．ただし，作業面は事務室の床面と同じ面積とする．保守率は，蛍光ランプ及び LED ランプとも 0.75 とする．また，LED ランプを用いた場合の照明率は，照明器具内での光損失が減少するため，蛍光ランプを用いる場合より 8 %改善され 1.08 倍になるものとする．

a.　平均照度 750 lx を維持するために必要な作業面への入射光束は (1) 〔lm〕である．

b.　蛍光ランプを用いた場合の照明率は，作業面への入射光束と蛍光ランプの総光束との関係から (2) が求まる．

c.　この照明率を手掛かりに，蛍光ランプと同数量の LED ランプを用いた場合の平均照度を計算すると (3) 〔lx〕になる．

d.　また，この作業面を LED ランプで照明し，蛍光ランプと同等の平均照度 750 lx を維持するには，LED ランプが (4) 〔本〕必要になる．

e.　この作業面で平均照度 750 lx を維持するのに必要な総消費電力は，蛍光ランプに対し，LED ランプでは約 (5) 〔%〕になる．

解答群

(イ) 0.54　(ロ) 0.72　(ハ) 0.87　(ニ) 42　(ホ) 45
(ヘ) 48　(ト) 90　(チ) 96　(リ) 105　(ヌ) 405
(ル) 500　(ヲ) 540　(ワ) 40 000　(カ) 60 000
(ヨ) 80 000

—攻略ポイント—

詳細解説 4 で説明した照明率，保守率，光束法についてきちんと理解しているかどうかがポイントである．

解 説　(1) 詳細解説 1 の式(6･4)より，平均照度 E を維持するために必要な作業面への入射光束 Φ_{R} は

$$\Phi_{\mathrm{R}} = EA = 750 \times 8 \times 10 = \mathbf{60\,000}\ \mathrm{lm}$$

(2) 蛍光ランプの総光束 Φ_{S} は，保守率が 0.75 であるから

$$\Phi_{\mathrm{S}} = 3\,450 \times 32 \times 0.75 = 82\,800\ \mathrm{lm}$$

したがって，蛍光ランプを用いた場合の照明率 U は，詳細解説 4 の式(6･19)より

$$U = \frac{\Phi_{\mathrm{R}}}{\Phi_{\mathrm{S}}} = \frac{60\,000}{82\,800} \fallingdotseq 0.724 \fallingdotseq \mathbf{0.72}$$

(3) LED ランプを蛍光ランプと同数量の 32 本用いる場合で，保守率が 0.75，照明率は蛍光ランプの照明率の 1.08 倍であるから，LED による作業面の平均照度 E_{R} は，式(6･20)より

$$E_{\mathrm{R}} = 2\,300 \times 32 \times 0.75 \times 0.724 \times 1.08 \times \frac{1}{8 \times 10} \fallingdotseq 539.52 \fallingdotseq \mathbf{540}\ \mathrm{lx}$$

(4) LED ランプを x 本用いて作業面の平均照度を 750 lx 維持するには

$$2\,300 \times x \times 0.75 \times 0.724 \times 1.08 \times \frac{1}{8 \times 10} \geqq 750$$

$$\therefore\quad x \geqq 44.48 \qquad\qquad \therefore\quad \mathbf{45}\ 本$$

(5) 蛍光ランプを用いた場合の総消費電力が $41 \times 32 = 1\,312$ W であるのに対し，LED ランプを用いた場合の総消費電力は $28 \times 45 = 1\,260$ W である．したがって，求める比率は

$$\frac{1\,260}{1\,312} \times 100 \fallingdotseq 96.04 \fallingdotseq \mathbf{96}\ \%$$

(1)（カ）　(2)（ロ）　(3)（ヲ）　(4)（ホ）　(5)（チ）

問題 14　光束法による照明器具台数と平均照度　(H30–B6)

次の文章は，光束法による照明器具台数及び平均照度の計算に関する記述である．

間口 $X = 7.0\ \mathrm{m}$，奥行 $Y = 14.0\ \mathrm{m}$，天井高さ $H = 2.7\ \mathrm{m}$，室各面の反射率が天井 70 %，壁 50 %，床空間 30 %の室がある．その床上 $h = 0.85\ \mathrm{m}$ 全体を作業面とし，定格光束 $\Phi = 3\,000\ \mathrm{lm}$ のランプが 2 本入った照明器具を天井面に埋め込んで，作業面を平均照度 $E = 500\ \mathrm{lx}$ で照明したい．以下の説明に沿って，必要な照明器具台数を求め，新設時（初期）の平均照度を求める．

光束法の照明計算は，照度の定義が「単位面積当たりに入射する光束」であることに基づいている．ここでは，面に入射する光束を求める方法として，照明器具ごとにあらかじめ作成されている照明率表（表参照）を用いる．この照明率 U は，照明器具が天井空間に均等配置された条件下において，室各面の相互反射後，最終的に作業面に到達する光束の [(1)] に対する比である．表の照明率は，作業面と照明器具との間の室部分の形状を数値化した室指数 K_r と呼ばれる値と室各面の反射率に対して与えられる．室指数は①式で求まる．

$K_r =$ [(2)] ……………………………………… ①

①式から K_r を算出し，表から照明率を求めると $U = 0.59$ となる．

表　使用する照明器具の照明率

反射率〔%〕 天井	80						70						50			
壁	70		50		30		70		50		30		50		30	
室指数 K_r ＼ 床	30	10	30	10	30	10	30	10	30	10	30	10	30	10	30	10
0.60	0.42	0.39	0.35	0.34	0.32	0.31	0.41	0.38	0.35	0.33	0.31	0.30	0.34	0.33	0.31	0.30
0.80	0.49	0.45	0.43	0.41	0.39	0.38	0.48	0.44	0.43	0.40	0.39	0.37	0.42	0.40	0.38	0.37
1.00	0.53	0.47	0.47	0.44	0.43	0.41	0.52	0.47	0.46	0.43	0.43	0.41	0.45	0.43	0.42	0.40
1.25	0.57	0.50	0.51	0.47	0.47	0.44	0.55	0.50	0.50	0.46	0.47	0.44	0.48	0.46	0.45	0.43
1.50	0.59	0.52	0.54	0.49	0.50	0.46	0.57	0.51	0.53	0.48	0.49	0.46	0.51	0.48	0.48	0.46
2.00	0.62	0.54	0.58	0.52	0.55	0.50	0.61	0.54	0.57	0.51	0.54	0.50	0.54	0.51	0.52	0.49
2.50	0.64	0.55	0.61	0.53	0.57	0.52	0.62	0.55	0.59	0.53	0.56	0.51	0.56	0.52	0.54	0.51
3.00	0.66	0.56	0.62	0.55	0.60	0.53	0.64	0.56	0.61	0.54	0.58	0.53	0.58	0.53	0.56	0.52
4.00	0.67	0.57	0.65	0.56	0.62	0.55	0.65	0.57	0.63	0.55	0.61	0.54	0.59	0.54	0.58	0.53
5.00	0.68	0.58	0.66	0.57	0.64	0.56	0.66	0.57	0.64	0.56	0.62	0.55	0.60	0.55	0.59	0.54

(表上部見出し：照明率 U)

一方，ここで得ようとする平均照度 $E=500$ lx（JIS の推奨照度）は，一定期間使用した後において維持しなければならない値である．このため，維持しなければならない平均照度の新設時（初期）の平均照度に対する比として （3） を見込む．ここではこの値を 0.75 とする．

以上から，平均照度 500 lx を得るため必要な台数は （4） 台となる．

いま，実際の施工を考慮して，照明器具台数 N を 4 行 6 列配置の 24 台とすると，この場合の照明器具新設時（初期）の平均照度は，約 （5） lx になる．

解答群

（イ）光束維持率　（ロ）$\dfrac{X\cdot Y}{(H-h)(X+Y)}$

（ハ）照明器具光束の総和　（ニ）19　（ホ）ランプ定格光束の総和

（ヘ）680　（ト）760　（チ）23

（リ）ランプ定格光束　（ヌ）21　（ル）$\dfrac{(H-h)(X+Y)}{\sqrt{H\cdot X\cdot Y}}$

（ヲ）$\dfrac{X\cdot Y}{H\cdot(X+Y)}$　（ワ）870　（カ）保守率

（ヨ）減光補償率

―攻略ポイント―

詳細解説 4 の中で説明した光束法の式(6・20)を理解して適用することがポイントである．また，室指数は，作業面から器具面（天井面）までの壁面積の 1/2 に対する床面積（＝天井面積）の比で表す．

解説　(1) 詳細解説 4 における式(6・19)に示すように，照明率は，最終的に作業面に到達する光束の**ランプ定格光束の総和**に対する比である．

(2) 解図に示すように，床上 $h=0.85$ m 全体を作業面とし，照度計算を行う．作業面から光源（天井面）までの高さは $H-h$ であるから，室指数 K_r は

$$\boldsymbol{K_r=\frac{XY}{(H-h)(X+Y)}} \quad \cdots\cdots ①$$

式①に題意の数値を代入して

$$K_r=\frac{7.0\times14.0}{(2.7-0.85)(7.0+14.0)}\fallingdotseq 2.522\fallingdotseq 2.5$$

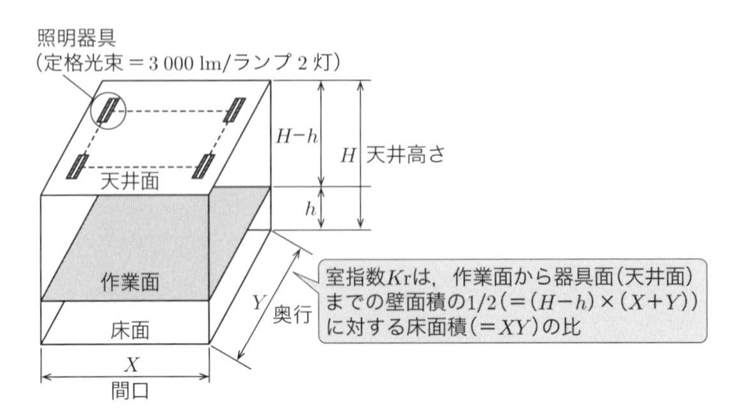

解図　光束法計算の前提

となる．問題文の表から，室指数 2.5，天井反射率 70 %，壁 50 %，床空間 30 % に対する照明率 U を読み取ると 0.59 である．

(3) 詳細解説４に示すように，**保守率**は，新設時の平均照度に対する，ある一定期間使用した後の平均照度の比である．

(4) 詳細解説中４の光束法の式(6･20)を活用すればよい．照明器具の必要台数 N は，題意の数値を代入し

$$N=\frac{EXY}{\Phi UM}=\frac{500\times7\times14}{3\,000\times2\times0.59\times0.75}\fallingdotseq18.456\quad\rightarrow\quad\mathbf{19}\text{ 台}$$

(5) 実際の施工を考慮して $N'=24$ 台とし，照明器具新設時（初期）の平均照度 E' は，保守率 $M=1.0$ として式(6･20)を活用すれば

$$E'=\frac{N'\Phi UM}{A}=\frac{24\times3\,000\times2\times0.59\times1.0}{7\times14}\fallingdotseq866.9\fallingdotseq\mathbf{870}\text{ lx}$$

解答　(1)（ホ）　(2)（ロ）　(3)（カ）　(4)（ニ）　(5)（ワ）

4　電気加熱・加工

問題15　赤外加熱　(H29-B6)

次の文章は，赤外加熱に関する記述である．

赤外加熱は，塗装や印刷の乾燥のほか，食品，電子部品，半導体などの製造工程においても用いられている．赤外加熱に用いられる赤外放射源は，電熱線によって加熱されたセラミックスや，通電によって高温になったフィラメントなどである．放射源であるこれらの物質表面の単位面積から放射される分光放射パワー（波長成分ごとの放射パワー）は，[(1)] とプランクの放射則とで決まる．

[(1)] が波長及び温度に関係なく一定とすれば，物質表面から放射される全放射パワーは [(2)] で表した表面温度の [(3)] に比例する．また，放射パワーがピークとなる波長は [(2)] で表した表面温度に [(4)]．

一方，被加熱物の表面に照射された赤外放射の一部は表面で反射されるが，残りは被加熱物内部に浸透し，浸透する過程で被加熱物に吸収され，被加熱物自体が発熱して加熱される．被加熱物の吸収係数が大きいほど赤外放射は被加熱物の [(5)] で吸収される．

解答群

(イ)	表　層	(ロ)	2　乗	(ハ)	中間層
(ニ)	3　乗	(ホ)	無関係である	(ヘ)	比例する
(ト)	深　層	(チ)	分光放射率	(リ)	摂氏温度
(ヌ)	反比例する	(ル)	絶対温度	(ヲ)	分光反射率
(ワ)	分光透過率	(カ)	4　乗	(ヨ)	華氏温度

ー攻略ポイントー

赤外加熱や熱放射に関する諸法則を問う問題である．基本事項を含めて解説に示したので，基本だけはしっかりとおさえておこう．

解説　(1)～(4) 赤外加熱は，波長 0.78 μm～1 mm の電磁波が被加熱物質に吸収されると，それによって被加熱物質の分子・原子が振動励起し，吸収したエネルギーを熱エネルギーに変換して物質を加熱する方式である．赤外加熱の被加熱物としては誘電性のものが適している．赤外線の波長は可視光線の波長より長く，近赤外放射（0.78〜2 μm），中赤外放射（2〜4 μm），遠赤外放射（4 μm〜1 mm）の3波長領域に区分されているが，産業分野で主に用いられている波長領域は2〜25 μmである．赤外加熱の特徴としては，①放射の形式で直接行われるので加熱効率は高いこと，②赤外放射は高い周波数域にあるため，誘電性物質の表面層部分の加熱に適していること，③温度制御が容易でその応答性も良いこと，④物質は赤外放射に対してそれぞれ固有の分光吸収特性をもつので，これに適合した特性の放射源の選択利用が効果的であることなどが挙げられる．

放射源である物質表面の単位面積から放射される分光放射パワー（波長成分ごとの放射パワー）は分光放射発散度であり，**分光放射率**とプランクの放射則とで決まる．放射率とは，放射体の放射発散度とその放射体と同温度の黒体の放射発散度との比である．さらに，分光放射率とは，放射率を各波長（または振動数）成分の関数として表したものになる．

物体を高温にすると，原子，分子などの熱振動によりエネルギーが放出される．すべての物体は約500℃を超えると可視光を放射する．そして，温度を上げるとその温度に応じた発光をする．これを温度放射という．温度放射をするもののうち，黒体（完全放射体）とは，投射された放射を全部吸収すると仮定した仮想的な物体で，すべての波長において最大限の熱放射をする．黒体による放射を黒体放射という．炭素や白金黒が黒体に近い物体である．放射体の単位面積当たり発する放射束を放射発散度 M_e といい，波長 λ における放射束を分光放射発散度 $M_e(\lambda)$ という．黒体の温度 T，波長 λ における分光放射発散度 $M_e(\lambda, T)$ は次式で与えられる．これをプランクの放射則という．

$$M_e(\lambda, T) = c_1 \lambda^{-5}\left(\exp\frac{c_2}{\lambda T} - 1\right)^{-1} \text{〔W/(m}^2\cdot\mu\text{m)〕} \cdots\cdots ①$$

ウィーンの放射則の式②は式①の分母の−1を無視したもの

$$c_1 = 2\pi c^2 h = 3.74\times10^8\ \text{W}\cdot\mu\text{m}^4/\text{m}^2$$

$$c_2 = \frac{ch}{k} = 1.439\times10^4\ \mu\text{m}\cdot\text{K}$$

ここで，λ：波長〔μm〕，T：黒体の絶対温度〔K〕，h：プランク定数 6.6261×10^{-34} J･s，k：ボルツマン定数 1.3806×10^{-23} J/K，c：真空中の光の速度 2.9979×10^8 m/s である．

ウィーンは，狭い波長領域において，式①の記号（λ，T，c_1，c_2）と同じ意味とすれば

$$M_e(\lambda, T) = c_1\lambda^{-5}\left(\exp\frac{-c_2}{\lambda T}\right)\text{〔W/(m}^2\cdot\mu\text{m)〕} \quad ②$$

となることを発見した．これがウィーンの放射則である．

熱放射をする黒体の表面から出る各波長のエネルギーのうち，最大エネルギーとなる波長 λ_m は，**絶対温度**で表した表面温度に**反比例する**．すなわち，分光放射発散度 $M_e(\lambda, T)$ を最大とする波長を λ_m，絶対温度を T〔K〕とすれば

$$\lambda_m T = 2\,898\ \mu\text{m}\cdot\text{K} \quad ③$$

となる．これをウィーンの変位則という．

黒体から放射される全放射発散度 M_e は，プランクの式①を全波長範囲にわたって積分し

$$M_e = \int_0^{\infty} M_e(\lambda, T)\,d\lambda = \sigma T^4\ \text{〔W/m}^2\text{〕} \quad ④$$

となる．上式において，σ：ステファン・ボルツマン定数 5.670×10^{-8} W/(m^2・K^4) である．これは，黒体から発する全放射エネルギーは，**絶対温度**で表した表面温度 T〔K〕の**4乗**に比例することを示している．これがステファン・ボルツマンの法則である．

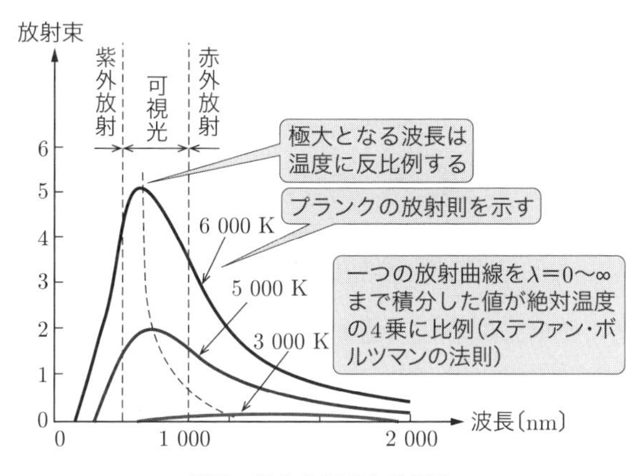

解図　黒体の温度と放射束

(5) 被加熱物の表面に照射された赤外放射の一部は表面で反射されるが，残りは被加熱物内部に浸透し，浸透する過程で被加熱物に吸収され，被加熱物自体が発熱して加熱される．被加熱物の吸収係数が大きいほど赤外放射は被加熱物の**表層**で吸収される．

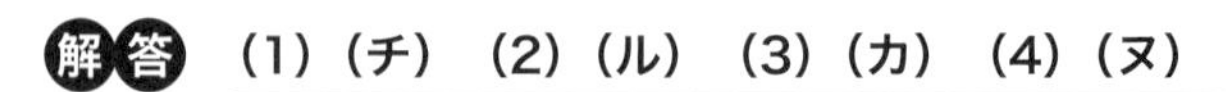

解答　(1)（チ）　(2)（ル）　(3)（カ）　(4)（ヌ）　(5)（イ）

詳細解説 5　誘導加熱と誘電加熱

誘導加熱や誘電加熱は電験2種でよく出題されるため，1種ではあまり出題されていないが，平成21年に誘電加熱が電気加熱の一部として出題されている．基本事項だけまとめておく．

(1) 誘導加熱の原理と特徴

図6･11に示すように，導電性の被加熱物を交番磁束内におくと，被加熱物内に誘導起電力が生じ，うず電流が流れる．**誘導加熱**は，このうず電流によって生じるジュール熱（うず電流損）によって被加熱物自体が発熱して加熱される方式である．抵抗率の低い被加熱物は相対的に加熱されにくく，銅，アルミよりも，鉄，ステンレスの方が加熱されやすい．

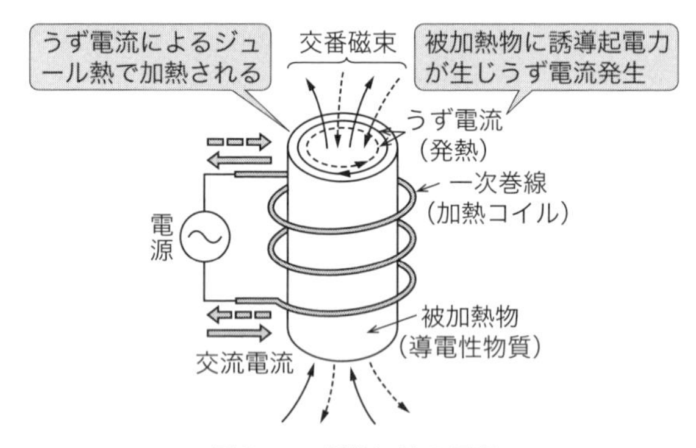

図6･11　誘導加熱の原理

うず電流損として単位時間当たりに被加熱物に発生する熱量は，交番磁束の大きさの2乗に比例する．また，その熱量は，交番磁束の周波数のほか，被加熱物の抵抗率や透磁率にも依存する．さらに抵抗率や透磁率は加熱昇温中に変化する場合がある．被加熱物の透磁率が高いものほど被加熱物の磁束密度が大きくなり，大きなうず電流が流れるため，加熱されやすい．

交番磁束は**表皮効果**によって被加熱物の表面近くに集まるため，図6･12に示すように，うず電流も被加熱物の表面付近に集中する．この電流の表面集中度を示す指標として**電流浸透深さ** δ が用いられる．これは，次式の通り，透磁率と導電率の積の平方根に反比例する．

$$\delta = 5.03\sqrt{\frac{\rho}{\mu f}} \text{〔cm〕} \quad (6\cdot21)$$

ここで，ρ：抵抗率〔$\mu\Omega\cdot$cm〕，μ：被加熱物の比透磁率，f：周波数〔Hz〕

式(6・21)から，抵抗率が低いほど，透磁率が大きいほど，また周波数が高いほど，浸透深さは浅い．浸透深さが浅くなると，被加熱物の表面に近い部位がより強く加熱され，表面加熱に近い様相を呈する．したがって，被加熱物を適正に加熱するためには，加熱されるべき部位と達成すべき昇温温度に応じた交番磁束の周波数と大きさの選択が重要である．このため，被加熱物の深部まで加熱したい場合には，交番磁束の周波数は低い方が適する．

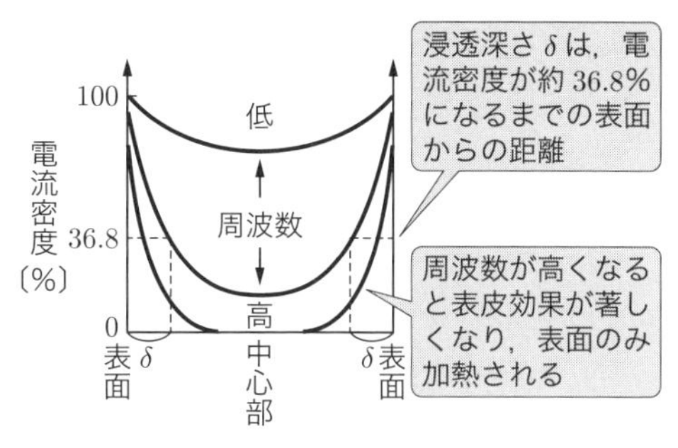

図6・12　被加熱物の電流分布

誘導加熱の分類としては，**誘導式全体加熱**と，高周波焼入れ（表面焼入れ）のように被加熱物の表層部だけを局部的に加熱する**誘導式表面加熱**とがある．また，使用周波数によって，商用電源を用いる**低周波誘導加熱**と，高周波電源を利用する**高周波誘導加熱**に分けられる．誘導加熱の応用としては，工業用に使われる誘導炉がある．

(2) 誘電加熱の原理と特徴

誘電加熱は，誘導加熱とは異なり，誘電体（絶縁物）を加熱するための方法で，被加熱物である誘電体を交番電界中に置くことによって誘電体自身が発熱する現象を利用した加熱法である．この発熱を**誘電体損**という．

誘電体は，分子が電気的にプラスとマイナスに分極している**電気双極子**からなる．図6・13のように，誘電体に電界が印加されると，誘電体内に**誘電分極**を生じる．交番電界の場合には，電界の交番に伴って，誘電分極の方向も変化する．交番電界の周波数を上げていくと，交番電界の時間変化に誘電分極が追いつかなくなり，遅れが生じ始める．この遅れによって誘電体損

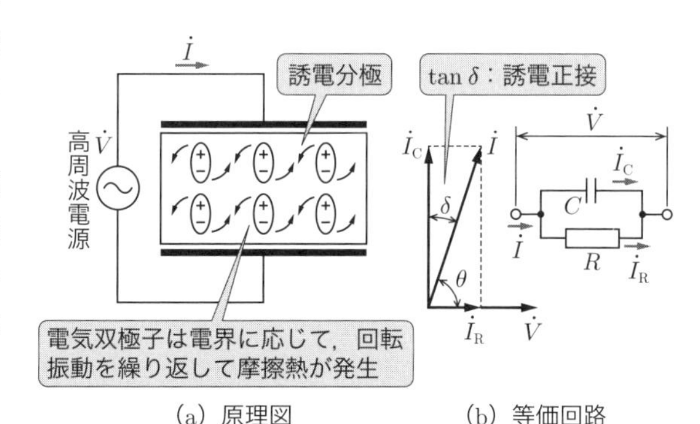

(a) 原理図　(b) 等価回路

図6・13　誘電加熱の原理

が生じ，その熱によって誘電体自身の温度が上昇する．図6・13(b)のように，誘電体の電気的等価回路は抵抗 R と静電容量 C の並列回路で表される．R および C を流れる電流をそれぞれ I_R，I_C とすると $\tan\delta = \dfrac{I_R}{I_C}$ と表され，$\tan\delta$ は**誘電正接**と呼ばれる．

誘電体損を P〔W〕，印加する電界を E〔V/m〕，電極板間にかかる電圧を V〔V〕，周波数を f〔Hz〕，誘電体の静電容量を C〔F〕とすると，$P = VI_R = VI_C\tan\delta = 2\pi fCV^2\tan\delta$〔W〕である．

電極板面積を S〔m²〕，電極板間距離を d〔m〕，ε_0 を真空誘電率，ε_r を誘電体の比誘電率とすれば $C = \varepsilon_0\varepsilon_r\dfrac{S}{d}$，$V = Ed$ より，$P = 2\pi f\varepsilon_0\varepsilon_r\dfrac{S}{d}(Ed)^2\tan\delta = 2\pi f\varepsilon_0 SdE^2\varepsilon_r\tan\delta$ となる．ここで，$S\times d$ は体積を表すので，単位体積あたりの誘電体損 P_d は $\varepsilon_0 = 1/(4\pi\times 9\times 10^9)$ より

$$P_d = \frac{P}{Sd} = 2\pi\varepsilon_0 fE^2\varepsilon_r\tan\delta = \frac{5}{9}f\varepsilon_r E^2\tan\delta\times 10^{-10}\ \text{〔W/m}^3\text{〕} \quad (6.22)$$

となる．

ここで，$\varepsilon_r\tan\delta$ は**誘電損失係数**または**誘電損率**と呼ばれ，誘電加熱の容易さを判断する目安となる．この値が大きいものほど誘電加熱がしやすく，0.01程度以下の物質については誘電加熱が困難である．

このように誘電加熱は被加熱物自身が発熱することから，①急速かつ均一な加熱が可能，②加熱効率が良い，③加熱のレスポンスが良い，④発熱が物質自体の特性（$\varepsilon_r\tan\delta$）に依存するため選択加熱が可能，⑤無線通信電波に近い周波数を使用するため機器のシールドが必要などの特徴がある．誘電加熱は，周波数帯によって**高周波誘電加熱**と**マイクロ波加熱**に分けられる．

問題16　アーク加熱　(R1-A4)

次の文章は，アーク加熱に関する記述である．

アーク加熱はアーク放電によって生じるアークプラズマの熱によって被加熱物を加熱する方式である．燃焼によって得られる温度は高くても3 000℃程度であるが，アーク加熱ではこの温度 (1) 高温が得られる．

アーク放電において，放電電極間の距離（アーク長）を一定とすると，アーク放電路（アーク陽光柱）の電圧（アーク電圧）は，電流が小さい領域では，電流が増えるにつれて (2) する特性をもつ．さらに電流が増えて

大電流の領域になると，アーク電圧は，電流に依存せず，ほぼ一定となる．この領域では，アーク電圧はアーク長に　(3)　．

このような大電流アークを用いた代表的な電炉として，鉄鋼スクラップを溶解する製鋼用アーク炉がある．電極には　(4)　を用い，被加熱物の鉄鋼スクラップが通電経路の一部となっている．電極は可動式でアーク長を調整する．アーク長とアーク電流を制御することで，鉄鋼スクラップへの投入熱量を制御している．

また，アーク炉に電力を供給する電力系統の短絡容量が比較的小さい場合には，　(5)　を生じやすい．そのための対策には無効電力補償装置が広く用いられている．

解答群

(イ)　ほぼ反比例する	(ロ)　銅	(ハ)　よりも数十倍高い
(ニ)　高調波電流の流出	(ホ)　不規則に変化	(ヘ)　タングステン
(ト)　低　下	(チ)　黒　鉛	(リ)　周波数低下
(ヌ)　電圧フリッカ	(ル)　よりも数倍高い	(ヲ)　上　昇
(ワ)　無関係である	(カ)　ほぼ比例する	(ヨ)　よりも数百倍高い

— 攻略ポイント —

アーク加熱に関する原理と特性，製鋼用アーク炉の原理や系統に与える影響を理解しておく必要がある．これらに関する重要事項を解説にまとめているので，よく学習する．

解説　(1) アーク加熱は，電極間または電極と被加熱物との間に発生するアーク放電の熱を利用して加熱を行う．アークの熱を利用する放電は5 000～11 000 ℃程度の高温加熱が可能である．したがって，燃焼によって得られる温度は高くても3 000 ℃なので，この温度**よりも数倍高い**高温が得られる．アーク加熱は，直接アーク加熱と間接アーク加熱に大別できる．アーク加熱に用いられる電極は，黒鉛電極である．直接アーク加熱は，解図1(a)のように，電極と被加熱物との間で発生するアーク熱によって加熱する方式である．この方式は，大電力を集中して供給できるため，高温加熱，急速加熱が容易である．一方，間接アーク加熱は，解図1(b)のように，電極間にアークを発生させ，その放射・伝導熱によって被加熱物を加熱する方式である．

(2) (3) 解図1(c)のように，アーク放電において，放電電極間の距離（アーク

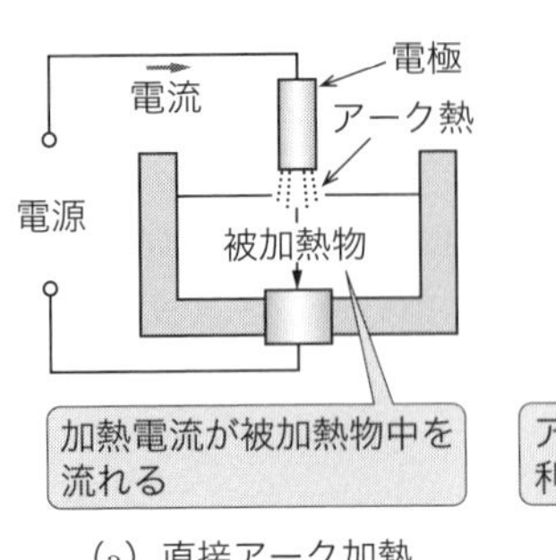

(a) 直接アーク加熱

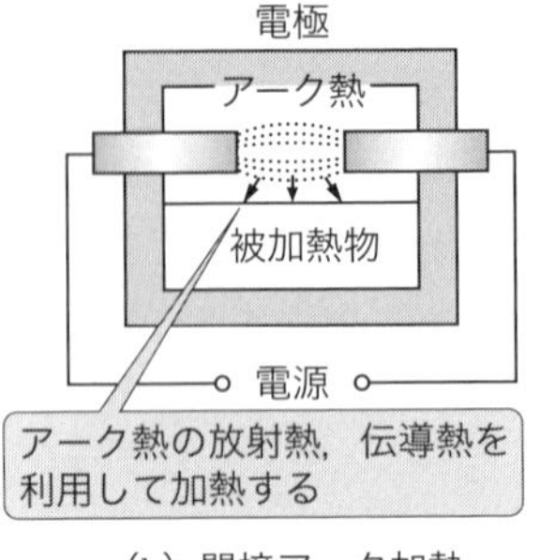

(b) 間接アーク加熱

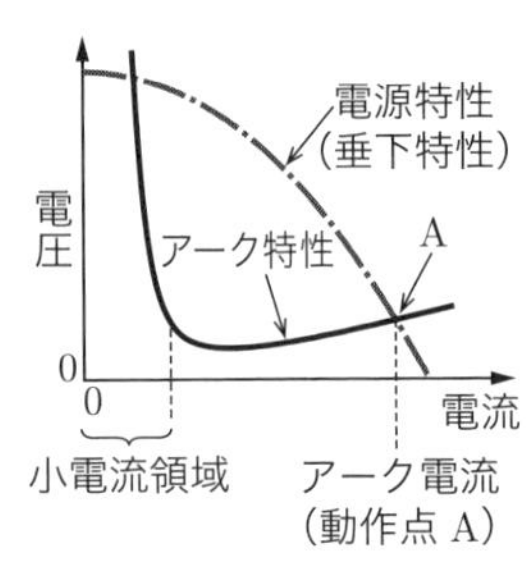

(c) アークの電圧－電流特性

解図１　アーク加熱の原理およびアークの電圧-電流特性

長）を一定とすると，アーク放電路の電圧（アーク電圧）は，電流が小さい領域では，電流が増えるにつれて**低下**する特性をもつ．さらに，電流が増えて大電流の領域になると，アーク電圧は，電流に依存せず，ほぼ一定となる．この領域では，アーク電圧はアーク長に**ほぼ比例する**．

(4)（5）アーク加熱の応用としては，直接アーク加熱を用いる直接式アーク炉，間接アーク加熱を用いる間接式アーク炉がある．直接式アーク炉としては製鋼用アーク炉（エルー炉）が代表的であり，間接式アーク炉には揺動式アーク炉がある．

製鋼用アーク炉は，解図２に示すように，炉体内に三相変圧器の二次側に接続された**黒鉛電極**３本を上部から挿入し，電極から被加熱物に向かってアークを発生させる．この炉では，電圧は数百Ｖ程度，電流は数千Ａから数万Ａ以上のアークを黒鉛電極と被加熱物である鉄くずや還元鉄との間に発生させて加熱・溶解する．大容量の電気負荷であるため，その負荷変動や波形ひずみが**電圧フリッカ**や高調波等の障害の発生源となるので，対策が必要な場合がある．

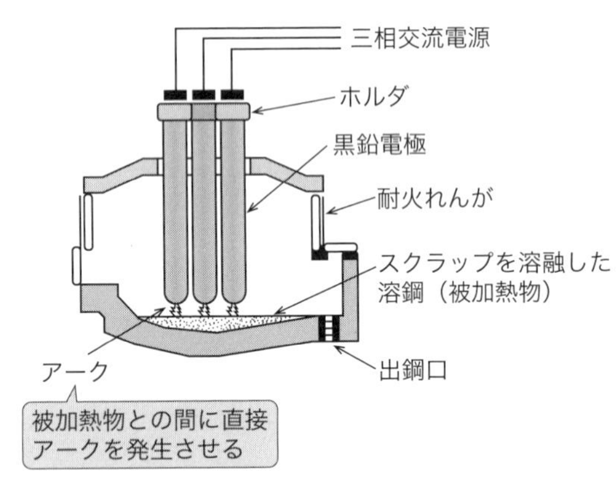

解図２　製鋼用アーク炉

交流アーク炉では，炉用変圧器二次側の電極までの三相回路のリアクタンスが不平衡であるとアーク電圧に高低を生じ，局地的に高温となって炉壁を損傷するため，各相導体の三角配列などによってアーク電圧の不平衡を解消する必要がある．

最近は，黒鉛電極が1本で電極調整がしやすい直流アーク炉が主流になっている．直流アーク炉では，直流母線に流れる電流が作る磁場によってアーク偏向が発生することで，被溶解物の不均一溶解や炉内にホットスポットを生成する原因となり，母線の配置には工夫が必要となる．直流アーク炉は電源系統に与える影響が交流アーク炉よりも小さく，同一定格容量の場合，弱小電源系統への接続が比較的容易である．

解答　(1)(ル)　(2)(ト)　(3)(カ)　(4)(チ)　(5)(ヌ)

問題 17　製鋼用アーク炉　(H18-A3)

次の文章は，製鋼用アーク炉設備に関する記述である．

製鋼用アーク炉はアーク加熱応用の代表的な例であり，商用周波の三相交流電力をそのまま用いる交流アーク炉と整流装置を用いた直流アーク炉がある．両者共に電圧は数百ボルト程度，電流は数千アンペアから数万アンペア以上のアークを (1) と被溶解物である鉄くずや還元鉄の間に発生させ，これにより溶解し鋼を作る炉である．

炉内でのアーク長を一定に保つように機械的な制御装置が設けられているが，炉内のアーク長の変化は急しゅんで，機械的な制御装置ではこの急しゅんな変動への十分な応答は困難である．

交流炉の単純化された電気的等価回路は，アーク抵抗と給電回路のリアクタンスが直列接続されたものと表現できる．この回路で，抵抗に相当するアークが炉内での短絡からアークの消滅までを変動すると考えると，基本的には有効—無効電力の変動軌跡は (2) を描く．一方，直流炉における交流側での両電力の変動軌跡は，整流装置の電流制御機能により (3) となる．このように電力動揺の範囲は直流炉では交流炉の (4) 〔%〕程度となることから，同一電気定格容量の場合，弱小の電源系統への接続が比較的容易といわれている．

直流アーク炉では，直流母線に流れる電流が作る磁場により，アークに電磁力が作用し，アーク (5) が発生することで被溶解物の不均一溶解や炉内にホットスポットを生成する原因となる．これを抑制するために直流母線の配置には工夫が必要となる．

解答群

(イ)　ピンチ効果	(ロ)　33	(ハ)　楕　円	(ニ)　黒鉛電極
(ホ)　直　線	(ヘ)　円	(ト)　50	(チ)　2乗曲線
(リ)　半　円	(ヌ)　金属電極	(ル)　偏　向	(ヲ)　20
(ワ)　1/4円	(カ)　不平衡	(ヨ)　銅合金電極	

―攻略ポイント―

問題16の解説において，製鋼用アーク炉を説明しているので，参照する．(2)～(4)の系統技術計算を通じ，交流アーク炉，直流アーク炉の特性を理解する．

解説　(1) 問題16の詳細解説に示すように，正答は**黒鉛電極**である．

(2) 題意より，交流炉の単純化された電気的等価回路は，アーク抵抗Rと給電回路のリアクタンスXが直列接続されたものと表現できるため，解図1のように表すことができる．抵抗Rに相当するアークが炉内での短絡からアークが消滅するまでを変動すると考えるとき，その有効電力Pと無効電力Qは，遅れ無効電力を正にすれば

$$P+jQ=\dot{V}\bar{\dot{I}}=V^2\frac{1}{R-jX}=\frac{V^2R}{R^2+X^2}+j\frac{V^2X}{R^2+X^2}$$

$$\therefore\quad P=\frac{V^2R}{R^2+X^2},\quad Q=\frac{V^2X}{R^2+X^2}$$

$$\therefore\quad P^2+Q^2=\frac{V^4(R^2+X^2)}{(R^2+X^2)^2}=\frac{V^4}{R^2+X^2}=\frac{Q}{X}V^2$$

$$\therefore\quad P^2+\left(Q-\frac{V^2}{2X}\right)^2=\left(\frac{V^2}{2X}\right)^2$$

これは，中心が$(0, V^2/(2X))$で半径が$V^2/(2X)$の円であるが，有効電力$P>0$，無効電力$Q>0$より，解図1 (b)の**半円**となる．

(3) 直流炉では，その電流をI_{DC}，交流側の皮相電力をK，力率を$\cos\phi$とすれば

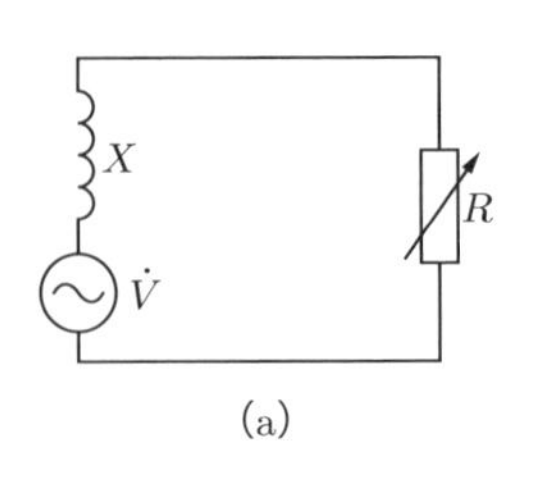

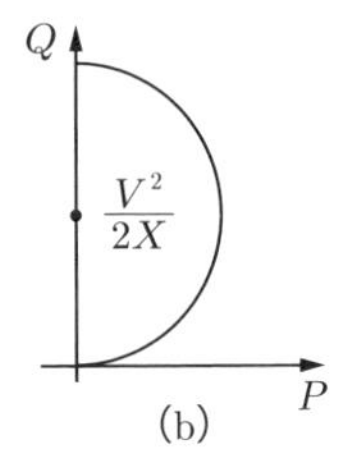

解図1　交流炉における電力特性

$P = I_{DC}{}^2 R = K \cos\phi$,

$K = \sqrt{P^2 + Q^2}$,

$Q = K \sin\phi$

という関係が成り立つ．そして，直流炉における交流側での有効電力・無効電力の変動軌跡は，整流装置の電流制御機能によりアーク電流が一定に制御されるので，**1/4円**となる．

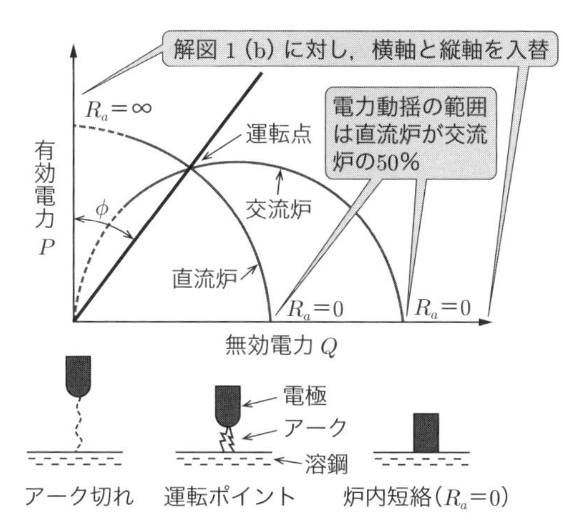

解図2　直流炉における電力特性

(4) 解図2より，電力動揺の範囲は直流炉では交流炉の **50 %** 程度となるため，同一電気定格容量の場合，弱小の電源系統への接続が比較的容易といわれている．

(5) 問題16の詳細解説に示すように，正答はアーク**偏向**である．

(1)(ニ)　(2)(リ)　(3)(ワ)　(4)(ト)　(5)(ル)

問題18　電気加工　(H17-B6)

次の文章は，電気加工装置に関する記述である．

a.　レーザビーム加工は非接触で，特に使用環境を問わず精密・高速の加工ができることが特長である．レーザビーム加工を現象面で分けると，除去加工，接合加工，改質加工に分類される．産業用途に最もよく利用されている加工用レーザは CO_2 レーザ，YAG レーザ，[(1)] レーザ等である．[(1)] レーザは半導体製造用ステッパ装置の光源としても用いられ，集光性が高いので，水銀ランプによる紫外線応用領域を超える $0.2\ \mu$m 以下の微細加工の対応が可能となっている．

b.　放電加工は，水や油などの高い絶縁性を有する加工液中で，工具である電極と鋼などの工作物の間に，[(2)] の放電を発生させて，工作物を溶融除去する加工法である．大別して二つの方式があり，一つは総型の電極を転写加工する型彫放電加工であり，もう一つは電極を走行させながら工作物を糸のこ式に加工する [(3)] 放電加工である．[(3)]

の加工法は主にプレス抜型，焼結金型，押出金型などの二次元形状の金型製作に使用されている．

c.　ビーム加工には電子ビーム加工，イオンビーム加工等がある．高電界によって高速に加速された電子ビームを［ (4) ］によって集束すると，10^6 W/cm 以上の高いパワー密度が得られる．このビームを加工物に照射すると，その運動エネルギーの大部分が熱に変わり，加工物に吸収される．これにより加工物には溶融，沸騰，蒸発飛散の一連の現象が発生して，細穴が形成される．

高分子膜であるレジストに電子ビームを照射すると，与えられたエネルギーによってレジストの高分子が選択的に［ (5) ］又は分解する．このレジストを現像液に浸すと低分子量部分のみが除去され極微細パターンができるので，LSI 用ホトマスクの作成に応用されている．

解答群

(イ)　蒸　発	(ロ)　ワイヤ	(ハ)　パラボラ
(ニ)　パルス状	(ホ)　アルゴン	(ヘ)　重　合
(ト)　交　流	(チ)　加水分解	(リ)　エキシマ
(ヌ)　直　流	(ル)　グロー	(ヲ)　銅蒸気
(ワ)　光学レンズ	(カ)　針　状	(ヨ)　電磁界

— 攻略ポイント —

電気加工の分野は平成 17 年の本問のほかに，平成 27 年に加工用レーザ（エキシマレーザ，YAG レーザ，CO_2 レーザ）が出題されている．これらを踏まえ，本問の解説には，基本的事項，重要事項を示すので，基本だけはおさえておく．

解説　(1) まず，**レーザビーム加工**の重要事項について説明する．レーザ発振器は，炭酸ガスなどのレーザ媒質に外部からエネルギーを加えて光を発生させ，この光が両端に設置された反射ミラー（この二つのミラーを共振器という）で繰り返し反射され，レーザ媒質の励起された原子を刺激し，位相のそろった単色性の光を放出する．この光がレーザであり，この現象を誘導放出という．レーザ (Laser; Light Amplification by Stimulated Emission of Radiation：誘導放出による光増幅) の名前のとおりである．炭酸ガスレーザ加工は，解図 1 に示すように，レーザ媒質中の CO_2 分子をグロー放電により励起して波長 10.6 μm の遠赤外光を発振する．そして，共振器内で増幅されたレーザ光を大気中にビームとして取り

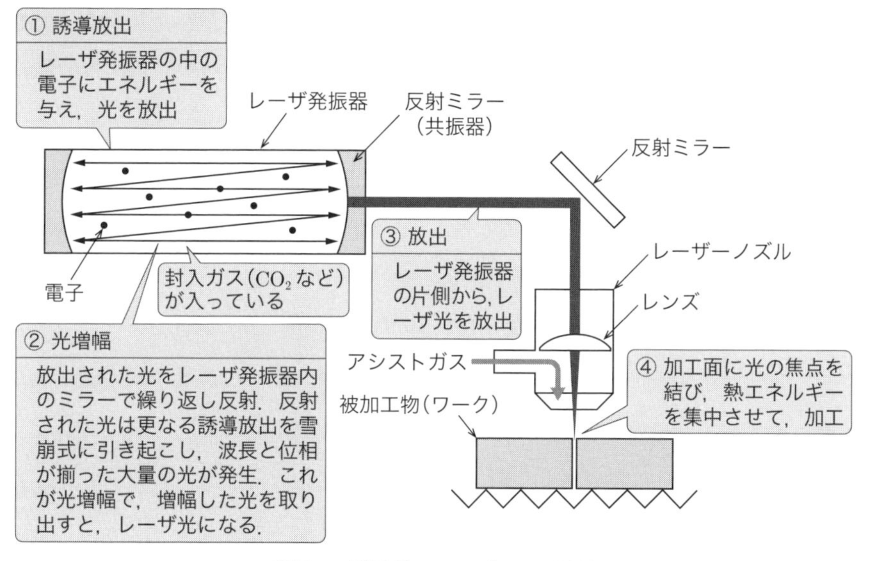

解図1　炭酸ガスレーザ加工の原理

出し，方向制御した後，被加工物に照射して加熱・加工する．レーザ加工では，加工材料である金属にレーザビームを照射すると，一部は表面で反射され，残りは内部を透過しながら吸収される結果，光エネルギーが熱エネルギーに変換される．赤外域の光の金属への吸収率は導電率の平方根に反比例し，一般的には温度上昇によって導電率が低下するので吸収率が増加することになり，加熱が加速される．

レーザ加工は使用環境を問わず，非接触で精密かつ高速の加工ができることが特徴である．また，集光性に優れるので，高いエネルギー密度が得られる．そして，レーザ加工では照射による材料からのX線の発生がないので，大気中での加熱加工が可能である．産業用途によく利用されている加工用レーザは，赤外域の波長をもつ CO_2 レーザ（波長 10.6 μm），YAG レーザ（波長 1.06 μm），エキシマレーザ（波長 193，248，308，351 nm）などがある．レーザ加工は，高精度穴あけ加工・切断，電子部品の微細加工や表面物質の除去加工，溶接などに利用されている．

エキシマレーザは，**希ガス**とハロゲンガスとの混合ガスを用いる気体レーザであり，**紫外域のパルス光**を発生する．エキシマレーザは半導体製造工程における露出装置の光源などに用いられる．

YAGレーザやCO_2レーザは，金属などの穴あけ，切断，溶接，微細な表面加工などに用いられている．**YAGレーザは，赤外光を発生する固定レーザ**であり，発生する**光の波長はCO_2レーザの波長よりも短く**，集光スポット径をより小さくできる．このため，より微細な加工が可能である．しかし，非金属物質を対象とする場合には，多くの物質においてその波長における光エネルギーの**吸収率**が低いため，加工対象物の種類は限られる．

一方，**CO_2レーザ**は，加工対象物の種類が多く，**YAGレーザよりも出力の大きな連続した光を得る**ことができるため，厚板の切断や溶接により適している．

(2)（3）**放電加工**の原理は，解図2のように，脱イオン水や油などの高い絶縁性をもつ加工液中で被加工物と加工電極間に**パルス状**の**アーク放電**を繰り返し発生させることによって加工することである．放電加工は，複雑な形状の加工が容易であり，加工精度が高く自動化しやすいメリットがある一方で，機械加工に比べて加工速度が遅く加工電極が消耗するデメリットもある．放電加工には大別して二つの方式がある．一つは総型の電極を転写加工する型彫放電加工であり，もう一つはワイヤ電極を走行させながら工作物を糸のこ式に加工する**ワイヤ**放電加工である．

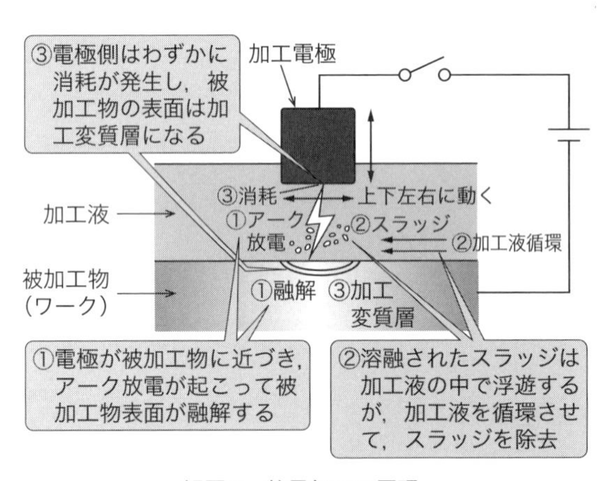

解図2　放電加工の原理

(4) **電子ビーム加工**は，金属が高温に加熱されると，電子は金属固有のポテンシャルバリアを超えるエネルギーを得て，**熱電子**として放出される．解図3のように，真空容器中で陰極（フィラメント）より放出された熱電子を陰極・陽極間に印加された電界で加速すると，高い運動エネルギーをもつ電子ビームが得られ

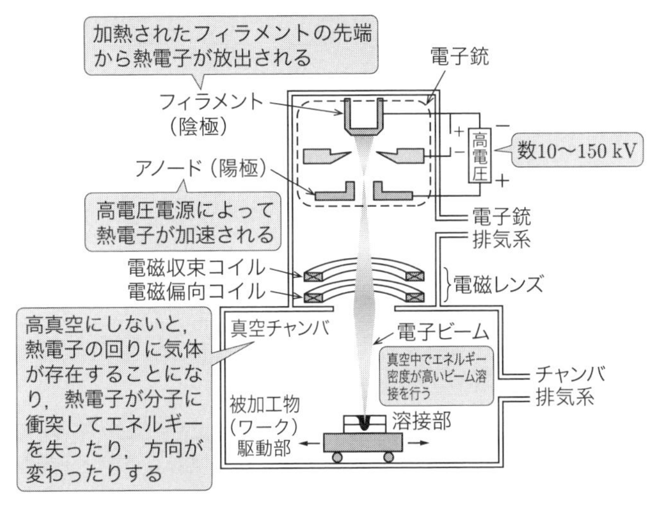

解図3　電子ビーム加工の原理

る．電子ビームの発生源には金属中の自由電子などがあり，金属が高温に加熱されるとこの電子が熱電子として外部に放出され，適当な分布をもつ電界によって一定方向に集中・加速されて指向性に優れたビームになる．飛行する電子の1個当たりのエネルギーEは，電子の電荷をe，加速電圧をVとすると$E=eV$のように表される．このビームが電磁レンズを用いることによって収束や方向転換など空間的に制御されて（すなわち，**電磁界**によって集束すると）被加工物に照射され，加熱加工ができる．電子ビーム加工は，電子ビームを絞ることにより微細加工が可能で局所過熱ができるため，高融点材料の加工が可能である．電子ビーム加工は電子ビームの運動エネルギーのほとんどが熱エネルギーに変換されるものの，真空作業のため作業性が悪く，加工部周辺では熱による変質が起こる．

電子ビームを化学反応に利用する電子ビーム露光では，高分子膜であるレジストに電子ビームを照射すると，与えられたエネルギーによってレジストの高分子が選択的に**重合**または分解する．このレジストを現像液に浸すと低分子量部分のみが除去され極微細パターンができるので，LSI用ホトマスクの作成に応用されている．

解答　(1)(リ)　(2)(ニ)　(3)(ロ)　(4)(ヨ)　(5)(ヘ)

問題 19　ヒートポンプ　(R3-B7)

次の文章は，ヒートポンプに関する記述である．

ヒートポンプは，外部から機械的な仕事を加えることによって低温熱源から熱を吸収し，高温熱源へ放出する熱機関である．冷暖房，冷凍，給湯などの熱源機として広く用いられている．ヒートポンプの熱サイクルにおいて，熱の輸送を担う物質は冷媒と呼ばれ，ハイドロフルオロカーボン，[(1)]，アンモニアなどが用いられている．冷媒にはヒートポンプにおける良好な熱輸送特性のほか，環境問題から地球温暖化係数や[(2)]が小さいことが求められている．

ヒートポンプの熱サイクルの基本サイクルは[(3)]と呼ばれる．冷媒は，低温熱源側に設置した蒸発器において，低温熱源から熱を吸収して蒸発する．その後，外部動力によって駆動する圧縮機において高温，高圧となり，高温熱源側に設置した[(4)]に送り込まれる．そこで冷媒は熱を高温熱源に放出する．その後，[(5)]によって低温，低圧となり，再び蒸発器に戻される．

ヒートポンプの性能を示す指標の一つにCOP（成績係数）がある．低温熱源の温度をT_1〔K〕，高温熱源の温度をT_2〔K〕，とすると，加熱の場合のCOPの理論上の最高値は[(6)]となる．また，蒸発器で吸収した熱量をQ_L〔J〕，ヒートポンプを動かすために使った仕事をW〔J〕として，熱損失などを無視すると加熱の場合のCOPは[(7)]で与えられる．

解答群

(イ) $\dfrac{Q_L}{W}$	(ロ) 逆カルノーサイクル	
(ハ) 凝縮器	(ニ) 水	(ホ) $\dfrac{Q_L+W}{W}$
(ヘ) $\dfrac{T_2-T_1}{T_2}$	(ト) $\dfrac{Q_L-W}{W}$	(チ) $\dfrac{T_2}{T_1}$
(リ) 復水器	(ヌ) 膨張弁	(ル) カルノーサイクル
(ヲ) 過熱器	(ワ) エンタルピー	(カ) $\dfrac{T_2}{T_2-T_1}$
(ヨ) 四方弁	(タ) オゾン破壊係数	(レ) ナトリウム

（ソ）　二酸化炭素　　（ツ）　加減弁　　　　　　（ネ）　ランキンサイクル

一攻略ポイント一

ヒートポンプの原理を問う出題である．冷媒に使われるハイドロフルオロカーボンの採用理由，逆カルノーサイクルをよく理解しておくことがポイントである．

解説　(1)(2) ヒートポンプの冷媒としては，良好な熱輸送特性とともに，環境問題から地球温暖化係数や**オゾン破壊係数**が小さいことが求められている．当初，クロロフルオロカーボン（CFC），ハイドロクロロフルオロカーボン（HCFC）などのフルオロカーボン（通称フロン）が熱輸送特性に優れるため用いられていたが，**オゾン破壊係数**が大きいことから，近年ではハイドロフルオロカーボン（HFC）が主流になっている．このほかの冷媒としては，アンモニア，炭化水素，**二酸化炭素**など，ノンフロン技術による冷媒が用いられることもある．

(3)～(5) ヒートポンプは，熱を低温部から高温部へポンプのように汲み上げることができる装置であり，**逆カルノーサイクル**を行うものである．逆カルノーサイクルは，低温の熱源から高温の熱源へ熱を移動させるが，このとき，外部から仕事を受け取ることが必要である．この点において，外部に仕事をするカルノーサイクルとは逆である．ヒートポンプと冷凍機は同じ原理を用いるもので，放熱作用を利用するのがヒートポンプであり，吸熱作用を利用するのが冷凍機である．ヒートポンプサイクルを解図1に，その p-h（モリエル）線図を解図2に示

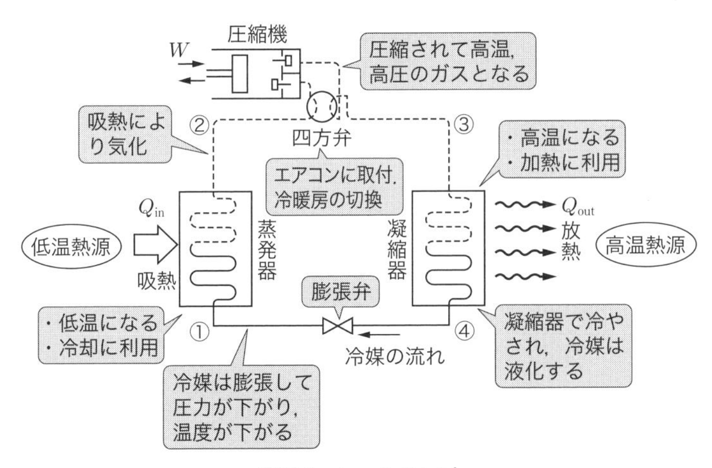

解図1　ヒートポンプ

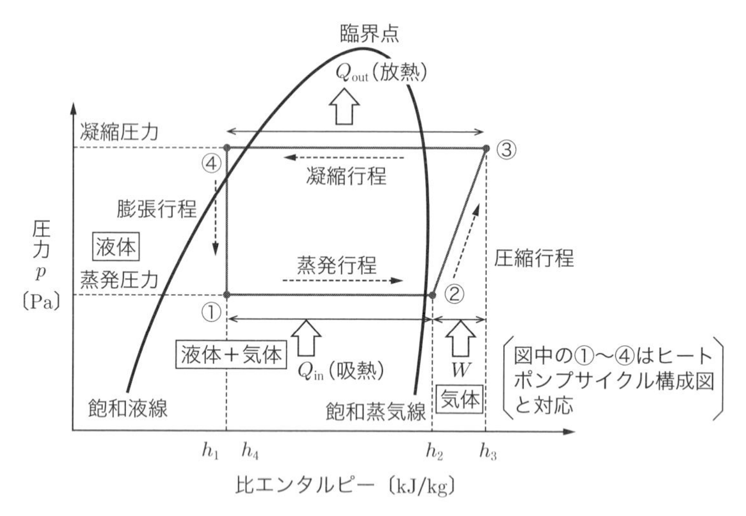

解図２　ヒートポンプサイクルの p-h（モリエル）線図

す．

a.　蒸発行程〔①→②〕

冷媒は，低温熱源側に設置した蒸発器において，低温熱源から熱を吸収して蒸発し，低温低圧のガスとなる．

b.　圧縮行程〔②→③〕

外部からの動力 W によって圧縮機を動作させる．低温低圧の冷媒（作動媒体）ガスは圧縮され，高温高圧の冷媒ガスとなり，高温熱源側に設置した**凝縮器**に送り込まれる．

c.　凝縮行程〔③→④〕

凝縮器において，高温高圧となった冷媒ガスを水や空気と熱交換することによって熱を外部へ放出する．このとき，冷媒は高圧下で凝縮されて液化する．

d.　膨張行程〔④→①〕

高圧の冷媒は**膨張弁**で減圧され，断熱膨張し，低温低圧の液体・ガスの二相状態になる．

エアコンや家庭用給湯器のエコキュートはこのヒートポンプとして動作している．エアコンの場合，四方弁を取り付けて 90 度回転させると，冷媒が逆に流れるので蒸発器と凝縮器が入れ替わり，冷房と暖房の切り換えができる．

ヒートポンプを冷房運転する場合，蒸発器の蒸発行程で吸収する熱量 Q_{in} によって水や空気を冷却し，凝縮器で冷媒の凝縮熱 Q_{out} を冷却水や外気に放熱する．一方，暖房運転では，この凝縮器の放熱 Q_{out} を利用する．

(6)（7）解図 1 において，蒸発器の吸熱量 Q_{in} および圧縮機にかける仕事量 W と凝縮器の放熱量 Q_{out} は等しいので，次の関係がある．

$$Q_{\text{out}} = Q_{\text{in}} + W \quad \cdots\cdots ①$$

冷房時の成績係数 COP_{C} と暖房時の成績係数 COP_{H} は，次式となる．

$$\text{COP}_{\text{C}} = \frac{\text{冷房熱量}}{\text{入力}} = \frac{Q_{\text{in}}}{W} \quad \cdots\cdots ②$$

$$\text{COP}_{\text{H}} = \frac{\text{暖房熱量}}{\text{入力}} = \frac{Q_{\text{out}}}{W} = \frac{Q_{\text{in}} + W}{W} = 1 + \text{COP}_{\text{C}} \quad \cdots\cdots ③$$

そこで，蒸発器で吸収した熱量を Q_{L}〔J〕，ヒートポンプを動かすために使った仕事を W〔J〕とすれば，式③より，加熱の場合の COP は $\boldsymbol{(Q_{\text{L}}+W)/W}$ で与えられる．

また，熱量が熱容量と温度の積なので，低温熱源の温度を T_1，高温熱源の温度を T_2 として

$$\text{COP}_{\text{C}} = \frac{T_1}{T_2 - T_1} \quad \cdots\cdots ④ \qquad \boldsymbol{\text{COP}_{\text{H}} = \frac{T_2}{T_2 - T_1}} \quad \cdots\cdots ⑤$$

と表すこともできる．

成績係数（COP：Coefficient Of Performance）は，通常，3～7 程度の値で，高温部と低温部との温度差にも影響され，温度差が小さいほど大きな値となる．

他方，解図 2 の比エンタルピーを用いれば，冷房時の成績係数 COP_{C}，暖房時の成績係数 COP_{H} は

$$\text{COP}_{\text{C}} = \frac{Q_{\text{in}}}{W} = \frac{h_2 - h_1}{h_3 - h_2} \quad \cdots\cdots ⑥$$

$$\text{COP}_{\text{H}} = \frac{Q_{\text{out}}}{W} = \frac{h_3 - h_4}{h_3 - h_2} = \frac{(h_3 - h_2) + (h_2 - h_1)}{h_3 - h_2} = 1 + \text{COP}_{\text{C}} \quad \cdots\cdots ⑦$$

となる．ヒートポンプの COP_{C} を大きくするためには，Q_{in} を大きくすればよいから，冷媒の蒸発温度を上げる方が良い．しかし，蒸発温度をあまり上げすぎると，除湿効果が低下して室内環境の快適性が失われる．

(1)（ソ）　(2)（タ）　(3)（ロ）　(4)（ハ）
(5)（ヌ）　(6)（カ）　(7)（ホ）

第 7 章

電気化学

[学習のポイント]

○電気化学の分野は，選択問題として出題されていることが多い．この分野は，電験２種レベルの内容とそれほど変わらないため，得点しやすい分野といえる．

○電気化学の重要分野のうち，一次電池ではマンガン乾電池，リチウム電池，アルカリマンガン乾電池，二次電池では鉛蓄電池，リチウムイオン電池，レドックスフロー電池，NaS 電池をおさえておきたい．いずれも問題の解説または詳細解説を通じて，重要事項を示している．

○燃料電池は，りん酸形燃料電池，固体高分子形燃料電池，溶融炭酸塩形燃料電池，固体酸化物形燃料電池の原理と特徴を整理しておく．詳細解説にまとめている．

○電解では，代表的な水電解，食塩電解，銅の電解精錬，亜鉛の電解採取を取り上げ，問題の解説中に重要事項を示している．電気分解に関するファラデーの法則を使いこなせるよう，理解を深めておく．

1　電池

問題 1　電気化学システム　(H19–B6)

次の文章は，電気化学システムに関する記述である．

電池，電気分解で用いられている電気化学システムは，基本的に二つの電極と [(1)] である電解質から構成されている．電解質としては酸あるいはアルカリの水溶液がよく知られているが，アルカリ乾電池では電解質として [(2)] が用いられている．食塩電解においては食塩水が電解質となる．100 ℃以上の高温では水溶液は使用できず，イオン性融体である [(3)] 塩が電解プロセスに利用されることがある．アルミニウムを製造するには電解プロセスが欠かせない．このアルミニウム電解製造は 1 000 ℃ほどの高温で行われるが，ここで主たる電解質として [(4)] が用いられている．

電気化学システムでは，二つの電極は短絡すると電気化学作用を示すことはできない．また，二つの電極系は混じり合うと副反応等が起こり，得られる目的製品が理論通りに得られないことがある．これらを防ぎ，二つの電極系を分離するために [(5)] が用いられることもある．

二つの電極系とは，そこで起こる電気化学反応の特性を考えて，アノードと [(6)] に分けられる．このうち，アノードでは [(7)] 反応が起こる．電池において，電池反応に直接関与する物質が活物質と呼ばれる．アルカリ乾電池を考えた場合，アノードには [(8)] が活物質として利用されている．

解答群

(イ)　中　和	(ロ)　溶　融	(ハ)　塩化ナトリウム
(ニ)　アノライト	(ホ)　酸　化	(ヘ)　空　気
(ト)　硫　酸	(チ)　亜　鉛	(リ)　固体電解質
(ヌ)　還　元	(ル)　電子伝導体	(ヲ)　基準電極
(ワ)　氷晶石	(カ)　電極活性	(ヨ)　水酸化カリウム
(タ)　アノード	(レ)　食	(ツ)　ボーキサイト
(ネ)　カソード	(ナ)　炭　素	(ム)　セパレータ
(ウ)　カソライト	(ノ)　マンガン	(オ)　イオン伝導体

―攻略ポイント―

本問は，電気化学システムの基本，アルカリ乾電池，溶融塩電解，アルミニウム電解と幅広い内容を出題している．内容的には基礎的な知識を問うている．

解 説 (1) (5)～(7) 電気エネルギーと化学エネルギーは相互に直接変換できる．これを行うのが電気化学システムである．電池や電気分解で用いられる電気化学システムは，解図1のように，基本的には二つの電極（アノード，**カソード**），**イオン伝導体**である電解質，セパレータ（隔膜）および外部回路から構成されている．電極と外部回路は電子伝導体であり，電荷の移動は電子によって行われる．電極のうち，脱電子反応が起こる電極をアノード電極といい，受電子反応が起こる電極をカソード電極という．また，水その他の溶媒に溶解し，イオンになることを電離というが，電離する物質を電解質という．電解質はイオン伝導体であり，電荷の移動はイオンによって行われる．この電子伝導体とイオン伝導体の界面つまり電極表面でイオンと電子との間で電気のやり取りが行われ，電気化学反応（酸化反応，還元反応）が起こる．アノードでは，外部回路に電子が流出し，**酸化**反応が起こる．カソードでは，外部回路から電子が流入し，還元反応が起こる．他方，二つの電極の間に設ける**セパレータ**（隔膜）の役割は，二つの電極の接触や生成物の混合を防止することである．

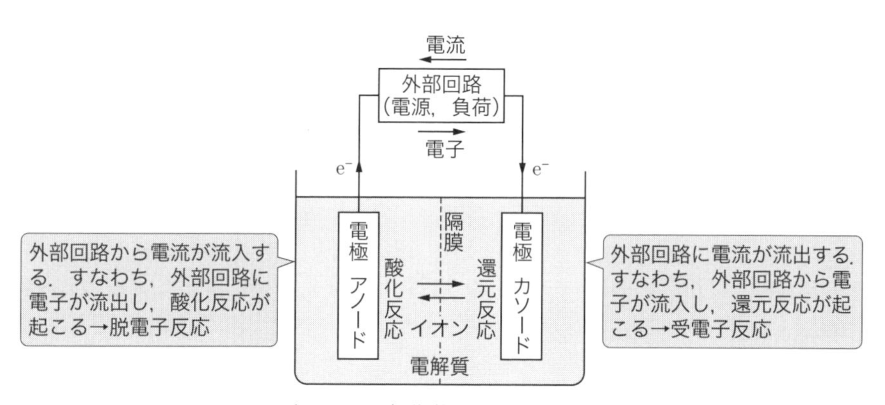

解図1　電気化学システムの構成

(2) (8) アルカリマンガン乾電池は，マンガン乾電池の欠点を補うために開発され，電解液として**水酸化カリウム水溶液**などのアルカリ水溶液を用いる．アルカリ電池と呼ばれて市販されている．強アルカリ性の水溶液を用いるため，電解液の抵抗が少なく，大きい電流密度で放電してもpHの変化が少なく，放電反応を妨害する物質が生成しにくいので，電池性能が向上する．マンガン乾電池より高価であるが，性能が優れているため，用途を拡大している．電池の表示法では

$$\ominus \mathrm{Zn}|\mathrm{KOH, ZnO, H_2O}|\mathrm{MnO_2}\oplus \qquad ①$$

となる．電池内の化学反応は次式となる．

アノード：$Zn + 2OH^- \rightarrow Zn(OH)_2 + 2e^-$

カソード：$2MnO_2 + 2H_2O + 2e^- \rightarrow 2MnOOH + 2OH^-$

全体　　：$Zn + 2MnO_2 + 2H_2O \rightarrow 2MnOOH + Zn(OH)_2$

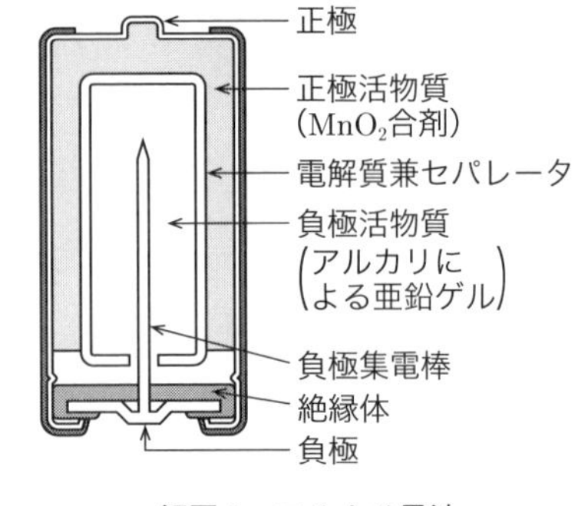

解図2　アルカリ電池

アルカリ電池では，反応式に示すようにアノードには**亜鉛**が活物質として利用されている．公称電圧はマンガン乾電池と同様に，1.5 V程度である．作動電圧が安定でエネルギー密度が大きい．

(3)（4）ほとんどの固体電解質は，加熱すると溶解して液体となる．この状態を**溶融塩**という．そして，**溶融塩電解**とは，イオン性の固体を高温にして溶融させ，これを電気分解する方法である．溶融塩を電解質として用いると，高温の電解システムが可能となり，反応が容易に進むとともに，電極触媒に対する負担が小さいというメリットがある．他方，高温で使用されるため，装置材料に制約がある．

溶融塩電解の例として，電力分野でも広く使われるものの自然界には単独で存在しないアルミニウムの製造があげられる．アルミニウムの原料はボーキサイトという鉱石である．これを精錬するとアルミナ（酸化アルミニウム；Al_2O_3）を生じる．アルミナの融点は非常に高いので，融点を下げるために**氷晶石**（Na_3AlF_6）を添加し，約1 000 ℃の溶融塩とする．これを両極に炭素を用いたアルミニウム電解炉で電解し，カソードにアルミニウムを液体で析出させ，一定時間ごとに取り出す．この反応式は次式のとおりである．

アノード（正極）：$3C + 6O^{2-} \rightarrow 3CO_2 + 12e^-$

カソード（負極）：$4Al^{3+} + 12e^- \rightarrow 4Al$

全反応　　　　　：$2Al_2O_3 + 3C \rightarrow 4Al + 3CO_2$

上式を見れば，カソードではアルミニウムイオンが電子を受け取り，アルミニウム原子になっていることから，これを回収し加工してアルミニウムを製造でき

ることがわかる．一方，アノードでは，酸化物イオンが極の材料である炭素と反応し，二酸化炭素が発生する．アノードの炭素は電気化学的に消耗しながら反応するので，アルミニウム 1 t の製造につき 400〜450 kg 程度の炭素が消費される．

(1)（オ） (2)（ヨ） (3)（ロ） (4)（ワ）
(5)（ム） (6)（ネ） (7)（ホ） (8)（チ）

問題 2 リチウム電池とマンガン乾電池 (H21-B6)

次の文章は，電池に関する記述である．ただし，リチウムの原子量は 6.94，亜鉛の原子量は 65.4 とする．

電池には一次電池と二次電池がある．このうち充電しない一次電池の代表はマンガン乾電池である．近年では，一次電池にもエネルギー密度の高いリチウムを利用した電池が数多く利用されるようになってきた．このリチウム一次電池では金属リチウムが負極として利用され，そこでは金属リチウムが (1) され，リチウムイオンとなる．マンガン乾電池では負極に亜鉛が利用される．負極の単位質量当たりで比べると，得られるリチウム一次電池とマンガン乾電池での電気量比は，理論的にリチウム/亜鉛で (2) 倍となる．すなわち，リチウム電池が圧倒的に大きな電気量が得られることになる．リチウムは金属の中でも酸化還元電位が最も卑な金属である．したがって，正極に二酸化マンガンを利用するリチウム電池は，マンガン乾電池公称電圧の (3) 〔V〕に比べて高い電圧が得られる．電解液としては水溶液を用いることはできないので，炭酸プロピレン（プロピレンカーボネート）のような (4) 溶媒に過塩素酸リチウムを加えたものが多く利用されている．

マンガン乾電池では電解液として塩化アンモニウム，水酸化カリウム等の水溶液が用いられる．ここで亜鉛は水素に比べると (5) の大きいことが，電圧を決めるとともに，亜鉛負極の腐食問題に大きく関係している．

―攻略ポイント―

一次電池としては，マンガン乾電池，リチウム電池，問題 1 で解説したアルカリマンガン乾電池をおさえておく．

 (1) (4) リチウム一次電池は，負極活物質に金属リチウム，正極活物質

にはふっ化炭素や二酸化マンガン，電解液には塩を溶かしやすくリチウムと反応しにくい非プロトン性**有機**溶媒にテトラフルオロほう酸リチウム（$LiBF_4$）や過塩素酸リチウム（$LiClO_4$）などを溶解したものが用いられる．電池の表示法では

⊖$Li|LiBF_4|(CF)_n$⊕　または　⊖$Li|LiClO_4|MnO_2$⊕

となる．電池の反応は，全体として次式となる．

負極　：$Li \rightarrow Li^+ + e^-$

正極　：$(CF)_n + e^- \rightarrow (CF)_{n-1} + C + F^-$

全反応：$Li + (CF)_n \rightarrow (CF)_{n-1} + Li^+ + C + F^-$

一方，正極にMnO_2を用いるリチウム電池（一次電池）の反応は次式となる．

負極　：$Li \rightarrow Li^+ + e^-$

正極　：$Mn^{(IV)}O_2 + Li^+ + e^- \rightarrow Mn^{(III)}O_2(Li^+)$

全反応：$Li + Mn^{(IV)}O_2 \rightarrow Mn^{(III)}O_2(Li^+)$

この反応において，負極では金属リチウムが**酸化**され，リチウムイオンとなる．公称電圧は３Ｖと高く，従来の乾電池の２〜３倍の高いエネルギー密度をもつ長寿命の一次電池である．但し，高負荷放電には向いていない．

(3) マンガン乾電池は，負極活物質に亜鉛（Zn），正極活物質に二酸化マンガン（MnO_2），電解液に塩化アンモニウム・塩化亜鉛水溶液を用いる．

電池の表示法を用いると

⊖$Zn|NH_4Cl, ZnCl_2, H_2O|MnO_2(C)$⊕

と表される．マンガン乾電池の構造を解図に示す．

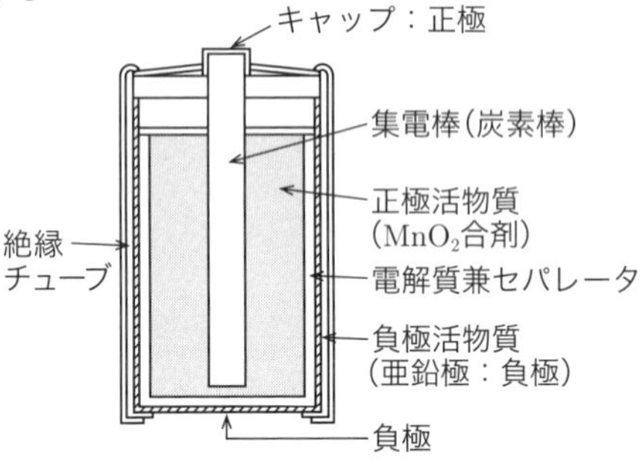

電池内の化学反応は次式となる．

負極　　：$Zn \rightarrow Zn^{2+} + 2e^-$

電解液中：$2NH_4Cl + Zn^{2+} \rightarrow Zn(NH_3)_2Cl_2 + 2H^+$

正極　　：$2MnO_2 + 2H^+ + 2e^- \rightarrow 2MnOOH$

全反応　：$Zn + 2NH_4Cl + 2MnO_2 \rightarrow Zn(NH_3)_2Cl_2 + 2MnOOH$

キャップ：正極
集電棒（炭素棒）
正極活物質（MnO_2合剤）
絶縁チューブ
電解質兼セパレータ
負極活物質（亜鉛極：負極）
負極

解図　マンガン乾電池

公称電圧は**1.5 V**であるが，放電初期は1.7 Vを超え，その後，開路電圧は1.5 Vに落ち着く．高負荷放電時は分極作用が大きく，利用率も悪い．放電に伴って$Zn(NH_3)_2Cl_2$が電解液相中に析出して抵抗が高くなり，電圧が低下する．また，零度以下では，常温に比べ，取り出せる電力量が60％以下に減少する．

(2) リチウム一次電池とマンガン乾電池の負極の単位重量当たりの電気量を 1 kg の負極活物質で生じる電気量〔C/kg〕で評価する．

リチウム一次電池の場合，負極の反応式から，リチウムは 1 mol で 1 F の電気量を生み出すので，単位重量当たりの電気量は，ファラデー定数を 9.65×10^4 C/mol として

$$\frac{1\times10^3\times9.65\times10^4}{6.94}\fallingdotseq1.390\,49\times10^7\ \text{C/kg}$$

一方，マンガン乾電池の場合，負極の反応式から，亜鉛は 1 mol で 2 F の電気量を生み出すので，単位重量当たりの電気量は，

$$\frac{1\times10^3\times2\times9.65\times10^4}{65.4}\fallingdotseq0.295\,11\times10^7\ \text{C/kg}$$

そこで，単位重量当たりの電気量比（リチウム/亜鉛）は $1.390\,49\times10^7/(0.295\,11\times10^7)\fallingdotseq\mathbf{4.71}$

(5) **イオン化傾向**の大きい金属になるほど化学的性質が活発で化合物を作りやすい．イオン化傾向の大きい順に並べると，Li＞K＞Ca＞Na＞Mg＞Al＞Zn＞Fe＞Ni＞Sn＞Pb＞H_2＞Cu＞Hg＞Ag＞Pt＞Au である．高校時代に語呂合わせで「リッチに貸そうかな　まああてにすんな　ひどすぎる借金」と覚えたものである．そして，イオン化傾向の大きいものほど，標準単極電位の負値が小さい．すなわち，金属リチウムを負極として用いると，亜鉛より正極との電位差が開き，高い電圧が得られる．

(1) 酸化　(2) 4.71　(3) 1.5　(4) 有機　(5) イオン化傾向

問題 3　一次電池の物質消費量と発生電気量の計算　(H23-B6)

次の文章は，一次電池に関する記述である．

ただし，亜鉛，マンガン，酸素，水素の原子量はそれぞれ 65，55，16，1 とし，ファラデー定数は 27 A･h/mol とする．

マンガン乾電池は一次電池として最も広く利用されている．その負極活物質は亜鉛であり，正極活物質は二酸化マンガンである．この正極では還元反応が起こり，塩基性酸化マンガンが生成する．ここではマンガン 1 原子当たり (1) 電子反応が起こっている．負極では亜鉛が酸化反応を起こす．ここでは亜鉛 1 原子当たり (2) 電子反応が起こっている．

いま，この電池が放電して負極の亜鉛4.1 gを消費したとき，得られる電気量は［(3)］〔A･h〕となる．また，正極の二酸化マンガン7.1 gを消費したとき，得られる電気量は［(4)］〔A･h〕となる．

このマンガン乾電池の二酸化マンガンの代わりに空気中の酸素の反応を利用する空気電池がある．この電池の放電に際し6.5 gの亜鉛が消費したとき，理論的に消費する酸素の質量は［(5)］〔g〕となる．

解答群

(イ)　0.8	(ロ)　1	(ハ)　1.2	(ニ)　1.4	(ホ)　1.6
(ヘ)　1.8	(ト)　2	(チ)　2.2	(リ)　2.4	(ヌ)　2.6
(ル)　2.8	(ヲ)　3	(ワ)　3.2	(カ)　3.4	(ヨ)　3.6
(タ)　3.8	(レ)　4	(ソ)　4.2		

―攻略ポイント―

マンガン乾電池の反応式は問題2の解説中に示しているが，それに基づいて計算すればよい．亜鉛1原子当たり2電子反応が起こることに留意する．

解説　(1)(2)問題2の解説に示したマンガン乾電池の反応式を再掲すると，次の通りである．

負極　：$Zn + 2NH_4Cl \rightarrow Zn(NH_3)_2Cl_2 + 2H^+ + 2e^-$

正極　：$2MnO_2 + 2H^+ + 2e^- \rightarrow 2MnOOH$

全反応：$Zn + 2NH_4Cl + 2MnO_2 \rightarrow Zn(NH_3)_2Cl_2 + 2MnOOH$

この反応式から，正極では$2MnO_2$と$2e^-$が反応するから，マンガン1原子当たり**1**電子反応が起こる．負極では，Znから$2e^-$が発生するから，**2**電子反応が起こっている．

(3) 亜鉛4.1 gを消費したとき，ファラデー定数が27 Ah/molであるから，得られる電気量は$27 \times 2 \times 4.1/65 \fallingdotseq$ **3.4** Ahである．

(4) 二酸化マンガンMnO_2の原子量は$55 + 16 \times 2 = 87$だから，二酸化マンガン7.1 gを消費したとき，得られる電気量は，$27 \times 1 \times 7.1/87 \fallingdotseq$ **2.2** Ahである．

(5) 亜鉛6.5 gを消費するときに得られる電気量は$27 \times 2 \times 6.5/65 = 5.4$ Ahである．酸素の原子量は16で$2e^-$発生することから，消費する酸素の質量をx〔g〕とすれば

$$27 \times 2 \times \frac{x}{16} = 5.4 \qquad \therefore \quad x = \mathbf{1.6}\ \mathrm{g}$$

解答 (1)(ロ) (2)(ト) (3)(カ) (4)(チ) (5)(ホ)

問題4 電力貯蔵用電池 (H28-A4)

次の文章は，電力貯蔵用電池に関する記述である．

風力や太陽光などの再生可能エネルギーは需要と無関係に変動するため，発電電力の平準化のためには蓄電が必要であると考えられている．この中で，(1) は大型の電力貯蔵用電池として注目されている．この電池は陽イオン交換膜を用い，硫酸酸性でバナジウムを含む水溶液電解質を正極，負極にそれぞれ供給し，放電時に正極では (2) のバナジウムが還元，負極では (3) のバナジウムが酸化される．充電時には正極でバナジウムが酸化，負極でバナジウムが還元される．開路電圧は約 (4) である．充電中には，負極のバナジウムの還元反応と並行して，硫酸酸性の水溶液が分解して (5) が発生すると，放電に必要な (3) のバナジウムが生成しないため，充放電のエネルギー効率の損失につながる．

解答群

(イ) 水　素　(ロ) 5　価　(ハ) 4　価　(ニ) 2.1 V
(ホ) 1.4 V　(ヘ) 酸　素　(ト) 2　価
(チ) リチウムイオン電池　(リ) 鉛蓄電池　(ヌ) 3　価
(ル) 硫化水素　(ヲ) レドックスフロー電池　(ワ) 3.6 V
(カ) 0　価　(ヨ) 7　価

―攻略ポイント―

本問はレドックスフロー電池を扱っている．二次電池としては，鉛蓄電池，リチウムイオン電池，ナトリウム硫黄電池も学習しておく．詳細解説1で説明する．

解説 (1)～(4) 問題文から，正答は**レドックスフロー電池**である．この電池を解図に示す．

レドックスフロー電池は，正負極での還元反応（Reduction）と酸化反応（Oxidation）を循環させる（Flow）構造の電池で，名称もこれらの下線からとっている．この電池は，当初，正極に鉄イオン，負極にクロムイオンを使うFe/Cr系の開発が中心であったが，その後，正負極ともにバナジウムイオンを使うバナ

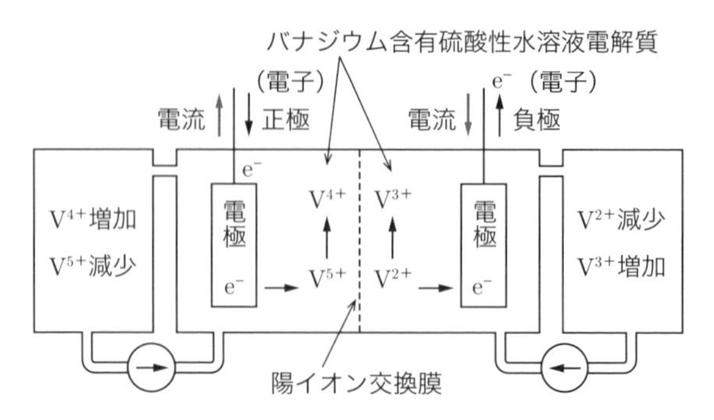

解図　レドックスフロー電池の構成（放電時）

ジウム系レドックスフロー電池が実用化され，性能が大きく向上した．この電池では，陽イオン交換膜を用い，硫酸酸性でバナジウムを含む水溶液電解質を正極，負極にそれぞれ供給し，放電時に，正極では**5価**のバナジウムが還元，負極では**2価**のバナジウムが酸化される．

負極：$V^{2+} \underset{充電}{\overset{放電}{\rightleftarrows}} V^{3+} + e^-$

正極：$V^{5+} + e^- \underset{充電}{\overset{放電}{\rightleftarrows}} V^{4+}$

一方，充電時は上記と逆の反応となる．

［レドックスフロー電池の特徴］

①電解液のみが化学変化するため，電極の劣化が少なく，長寿命である．
②構造が簡単であり，安全性は高い．
③単セルでの開路電圧が**1.4 V**と小さい．
④電解液タンクの大きさで電池容量を決めることができる．
⑤出力（kW）に対して電力量（kWh）の大きな長時間の充放電を行う用途に適する．

(5) 充電すると，正極では酸化により5価のバナジウムが増加し，負極では還元により2価のバナジウムが増加する．硫酸酸性の水溶液を電気分解すると，下記の式に示すように，負極で**水素**が発生し，放電に必要な**2価**のバナジウムが生成しないため，充放電のエネルギー効率の低下につながる．

〔充電中の負極における硫酸酸性の水溶液分解の反応式〕

負極：$2H^+ + 2e^- \rightarrow H_2$

正極：$2H_2O \rightarrow O_2 + 4H^+ + 4e^-$

解答　(1)（ヲ）　(2)（ロ）　(3)（ト）　(4)（ホ）　(5)（イ）

詳細解説 1　二次電池

二次電池は，一次電池と同様に，起電力が高く，内部抵抗が小さく，単位重量・体積当たりのエネルギー密度が大きく，自己放電ができる限り小さいことが望まれる．加えて，大きな電流で充電でき，そのときの電圧と放電時の電圧の差が小さいことが要求される．また，充放電を繰り返したときの電圧や容量の低下が小さいことが必要になる．これまで鉛蓄電池やニッケル・カドミウム電池がよく用いられてきたが，近年，リチウムイオン二次電池が急速に普及してきている．また，電力貯蔵用として，ナトリウム硫黄電池やレドックスフロー電池も注目されてきている．

(1) 鉛蓄電池

鉛蓄電池は，**負極活物質に金属鉛，正極活物質に二酸化鉛（PbO_2），電解液に硫酸**を用いる．電池の表示法は次式となり，構造は図7・1となる．

$$\ominus Pb|H_2SO_4|PbO_2\oplus \qquad (7\cdot1)$$

電池の反応は次式で表される．

$$\left.\begin{array}{ll}\textbf{負極} & :Pb+SO_4^{2-} \underset{\text{充電}}{\overset{\text{放電}}{\rightleftarrows}} PbSO_4+2e^- \\ \textbf{正極} & :PbO_2+4H^++SO_4^{2-}+2e^- \underset{\text{充電}}{\overset{\text{放電}}{\rightleftarrows}} PbSO_4+2H_2O \\ \textbf{全反応} & :Pb+PbO_2+2H_2SO_4 \underset{\text{充電}}{\overset{\text{放電}}{\rightleftarrows}} 2PbSO_4+2H_2O\end{array}\right\} \qquad (7\cdot2)$$

鉛蓄電池では，放電が進行するにしたがい，硫酸が減って水ができるので，この電

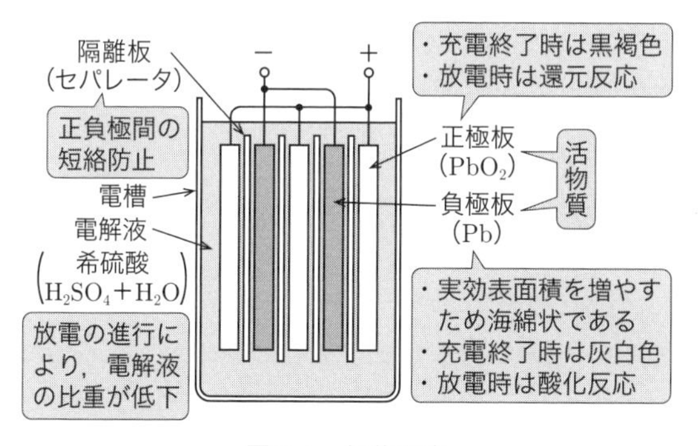

図7・1　鉛蓄電池

解液の比重が低下する．これを測ることにより，電池の残存容量を推定することができる．鉛蓄電池は自動車の始動用，非常用予備電源用をはじめ，広く利用されている二次電池である．

［鉛蓄電池の特徴］

①鉛蓄電池の単セルの**公称電圧は２V**である．高圧が必要な場合は直列に連結するが，各単セルの電解液は隔離する．

②放電中の電圧変化が少なく，比較的大電流の放電にも耐える．

③サルフェーションや自己放電があるので，取り扱いに注意を要する．**サルフェーション**とは，過放電の場合や高温で長期間放置した場合，電極面上に白色の硫酸鉛を析出する現象で，電極は導電性の悪い膜で覆われ，充放電反応は著しく阻害され，容量は激減する．

④電解液の温度が上昇すると，電池の端子電圧が上昇，取り出せる電気量も増加，自己放電量も増加する．

（2）リチウムイオン電池

リチウムイオン電池は，**負極活物質にリチウムを層間に含んだグラファイト**が用いられる．これは，負極活物質にリチウム金属を用いると充電時にリチウムが樹枝状に成長し，正極にまで達してショートするためである．そして，**正極にはコバルト酸リチウム** $LiCoO_2$ といった**リチウム遷移金属酸化物**が用いられているが，資源コスト面で課題があり，酸化ニッケルリチウムや酸化マンガンリチウムなどが研究されている．**電解液には，非プロトン性有機溶媒にテトラフルオロほう酸リチウム（$LiBF_4$）や過塩素酸リチウム（$LiClO_4$）のような塩を溶解したもの**が用いられる．電池の表示は

$$\ominus LiC_6|LiBF_4 \quad \text{または} \quad LiClO_4|LiCoO_2\oplus \tag{7・3}$$

となる．電池の反応は次式となる．

$$\left.\begin{array}{ll} \text{負極} & :LiC_6 \underset{\text{充電}}{\overset{\text{放電}}{\rightleftarrows}} C_6+Li^++e^- \\ \text{正極} & :CoO_2+Li^++e^- \underset{\text{充電}}{\overset{\text{放電}}{\rightleftarrows}} LiCoO_2 \\ \text{全反応} & :LiC_6+CoO_2 \underset{\text{充電}}{\overset{\text{放電}}{\rightleftarrows}} LiCoO_2+C_6 \end{array}\right\} \tag{7・4}$$

［リチウムイオン電池の特徴］

①**公称電圧が約 3.7 V と高い起電力**を得られ，単位体積当たりのエネルギー密度，単位重量当たりのエネルギー密度が高く，鉛蓄電池の数倍程度，ニッケル水素電池の２倍以上の電力を貯蔵できる．このため，小形・軽量化を実現できる．

②充放電時の効率も非常に高く，大電流放電時の電圧低下も少ない．
③優れたサイクル性で，毎日充放電する用途でも10年以上の長寿命である．
④他の二次電池のようなカドミウムや鉛等の有害物質を含まない．
⑤ニッケル系二次電池の短所であるメモリ効果（浅い充放電を繰り返すと容量が減少）がない．
⑥リチウムイオン電池は，ナトリウム硫黄電池に比べ，Cレートを高くとることができるため，比較的小さい電池容量（kWh）で大きな出力（kW）を得ることができる．

(3) ナトリウム—硫黄電池（NaS電池）

ナトリウム—硫黄電池（NaS電池）の構造は，図7･2に示すように，**負極活物質に溶融ナトリウム（Na），正極活物質に溶融硫黄または多硫化ナトリウム，電解質にβ-アルミナを利用した二次電池で作動温度は約300～350℃である．**

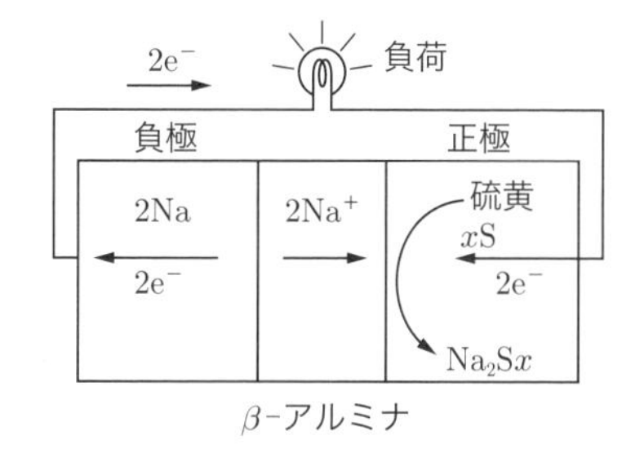

図7･2 NaS電池の原理（放電時）

放電においては，負極のナトリウムがアルミナ界面で電子を放出してナトリウムイオンとなり，電解質内を通過して正極に移動する．電子は電池の外に出て負荷を通り正極側に移動する．正極側では，ナトリウムイオン，硫黄，電子が反応して多硫化ナトリウムになる．

$$\left.\begin{aligned}&\textbf{負極}：2\mathrm{Na} \underset{\text{充電}}{\overset{\text{放電}}{\rightleftarrows}} 2\mathrm{Na}^+ + 2\mathrm{e}^- \\ &\textbf{正極}：x\mathrm{S} + 2\mathrm{Na}^+ + 2\mathrm{e}^- \underset{\text{充電}}{\overset{\text{放電}}{\rightleftarrows}} \mathrm{Na_2S}x\end{aligned}\right\} \qquad (7･5)$$

一方，充電は放電と逆の反応である．すなわち，正極で多硫化ナトリウムが電子を放出しながらナトリウムイオンと硫黄に分かれる．ナトリウムイオンは電解質内を移動して負極のアルミナ界面で電子を受け取ってナトリウムを生成する．電池の充放電反応は次式である．

$$2\mathrm{Na} + x\mathrm{S} \underset{\text{充電}}{\overset{\text{放電}}{\rightleftarrows}} \mathrm{Na_2S}x \qquad (7･6)$$

[NaS電池の特徴]

①電池単体の開路電圧は約2.1 V，350℃の理論エネルギー密度は780 Wh/kg程度で，鉛蓄電池の約3～4倍の高密度を有する．したがって，コンパクトに多量の電気エ

ネルギーを貯蔵できる．
②充放電効率は 87 %以上と高く，電解質がセラミックスなので，自己放電がない．
③充放電が 2 000〜4 500 サイクル程度可能で，長期耐久性に優れる．
④実際の NaS 電池は，多重形円筒構造の単電池を多く集めて断熱容器に収納したモジュール構造としている．断熱容器内には砂が詰められている．メンテナンスフリー構造としているものの，ナトリウムや硫黄といった危険物も扱っているため，取り扱いには注意を要する．

2 燃料電池

問題 5　燃料電池の原理と理論電圧・理論電気量　(H24-A4)

次の文章は，燃料電池に関する記述である．

水素エネルギーはクリーンなエネルギーとして期待されている．この水素エネルギーを有効に利用できるものが燃料電池である．燃料電池では水素を燃料とし，酸化剤としては空気中の酸素とするものが最も多い．ここでは電気化学システムが用いられ，これは2本の電極と，その間に介在する[(1)]伝導体である電解質とから成り立っている．2本の電極のうち水素は[(2)]に供給され，ここでは酸化反応が起こる．

ここで得られる理論電圧はこの反応のギブズエネルギー変化によって決まる．水素と酸素から水ができる反応は発熱反応であり，高温では理論電圧は[(3)]なる．また，得られる理論的な電気量はファラデーの法則から決まるが，具体的には消費する気体の[(4)]に比例する．また，電気化学反応に関与する電子数も重要な要素であるが，水素1分子では2電子，酸素1分子では[(5)]電子が関与する反応となる．

解答群

(イ) 2	(ロ) 低　く	(ハ) 変化しなく
(ニ) 1	(ホ) 4	(ヘ) 酸化還元電位
(ト) イオン	(チ) 高　く	(リ) アノード
(ヌ) 体　積	(ル) 金　属	(ヲ) 正　極
(ワ) カソード	(カ) 電　子	(ヨ) イオン化エネルギー

— 攻略ポイント —

燃料電池の原理，ファラデーの法則に関する理解を問う問題である．燃料電池は原理だけでなく，各種の燃料電池の特徴もおさえておきたい．詳細解説2で説明する．

解説　(1)(2) 燃料電池は，一次燃料を水素に改質し，その水素と酸素の電気化学反応により直接電気エネルギーを発生させるものである．すなわち，水の電気分解を逆に行うものである．解図は，りん酸型燃料電池の原理を示す．

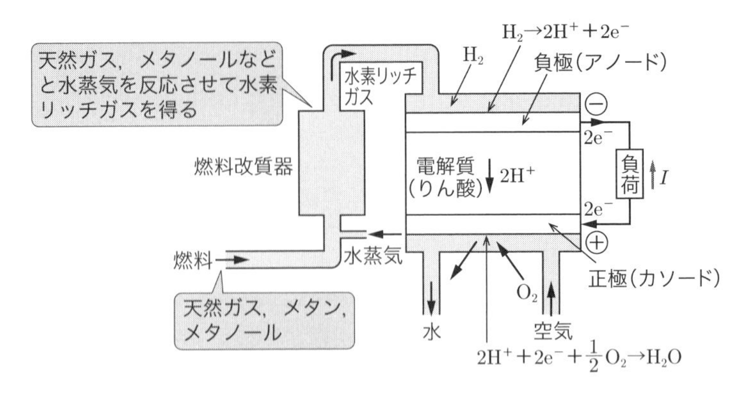

解図　りん酸形燃料電池の原理

燃料電池の構造は，正電極，負電極，**イオン**伝導体である電解質によって構成される．天然ガスやメタノール等の一次燃料を供給し，改質器で水素を取り出すと，水素は負極（燃料極，**アノード**）に供給され，そこでは式①のように水素が水素イオンと電子に解離する．そして，電子が外部回路，水素イオンは正極（空気極，カソード）に移動するため，両極間に負荷を接続すれば負極側から正極側に電子が流れ，電気エネルギーが供給される．つまり，燃料電池は，下記の反応のギブズ自由エネルギーを電気エネルギーに直接変換する．

$$\left.\begin{array}{l}\text{負極（燃料極）}：H_2 \rightarrow 2H^+ + 2e^- \\ \text{正極（空気極）}：2H^+ + 2e^- + \dfrac{1}{2}O_2 \rightarrow H_2O\end{array}\right\} \cdots\cdots ①$$

これらの反応を起こさせる一組の電池をセルといい，発生する電圧は，通常1V弱である．したがって，大出力を得るためには，セルを何層にも積層して高電圧を得るスタックを構成して用いる．スタックの出力は全体の電圧と電極面積に比例する電流との積によって決まる．

(3) 燃料電池の理論電圧は，式①の反応のギブズエネルギー変化によって決まる．水素と酸素から水ができる反応は発熱反応なので，高温になると反応が遅くなり，理論電圧は**低く**なる．

(4) 電気化学反応におけるファラデーの法則は次の通りである．

a. 電池の正極および負極で反応する物質の質量は流れた電気量に比例する．

b. 同じ電気量により反応する正極および負極の物質の質量は，その物質の化学当量に比例する．

すなわち，得られる理論的な電気量は，消費する気体の質量に比例する．標準状態の気体の体積は 1 mol 当たり 22.4 L であり，圧力に反比例，絶対温度に比例するので，どの状態を考えても質量は体積に比例する．したがって，電気量は，消費する気体の**体積**に比例する．

(5) 電気化学反応に関与する電子数は重要な要素であるが，水素の原子価は 1 なので水素 1 分子 H_2 では 2 電子，酸素の原子価は 2 なので酸素 1 分子 O_2 では **4** 電子が関与する．

解答　(1) (ト)　(2) (リ)　(3) (ロ)　(4) (ヌ)　(5) (ホ)

詳細解説 2　燃料電池の種類と特徴

燃料電池は，作動温度によって**低温形（常温～200℃程度）**と**高温形（500～1 000℃程度）**に分けることができる．低温形には，**りん酸形燃料電池**（PAFC）と**固体高分子形燃料電池**（PEFC）がある．また，高温形には，**溶融炭酸塩形燃料電池**（MCFC）と**固体酸化物形燃料電池**（SOFC）がある．

表 7･1 は燃料電池の種類と特徴を示す．

表 7･1　燃料電池の種類と特徴

	PAFC	PEFC	MCFC	SOFC
電解質	りん酸（H_3PO_4）	パーフルオロスルホン酸膜	炭酸リチウム（Li_2CO_3） 炭酸ナトリウム（Na_2CO_3）	安定化ジルコニア（$ZrO_2+Y_2O_3$）
イオン伝導	H^+（水素イオン）	H^+（水素イオン）	CO_3^{2-}（炭酸イオン）	O^{2-}（酸素イオン）
作動温度	200 ℃	80 ℃	600～700 ℃	800～1 000 ℃
使用形態	マトリックスに含浸	膜	マトリックスに含浸	薄膜状
燃料極	$H_2 \rightarrow 2H^+ + 2e^-$	$H_2 \rightarrow 2H^+ + 2e^-$	$H_2 + CO_3^{2-}$ $\rightarrow H_2O + CO_2 + 2e^-$	$H_2 + O^{2-} \rightarrow H_2O + 2e^-$ $CO + CO_3^{2-}$ $\rightarrow 2CO_2 + 2e^-$
空気極	$(1/2)O_2 + 2H^+$ $+ 2e^- \rightarrow H_2O$	$(1/2)O_2 + 2H^+$ $+ 2e^- \rightarrow H_2O$	$(1/2)O_2 + CO_2 + 2e^-$ $\rightarrow CO_3^{2-}$	$(1/2)O_2 + 2e^- \rightarrow O^{2-}$
燃料（反応物質）	水素（炭酸含有は可能）	水素（炭酸含有は可能）	水素，一酸化炭素	水素，一酸化炭素
発電効率	35～45 %	35～45 %	45～60 %	45～60 %

①りん酸形燃料電池（PAFC）

りん酸形燃料電池は，電解質として濃りん酸水溶液を使用し，作動温度は 200 ℃程度である．運転実績が多く，最も古くから使われている．熱を冷暖房や給湯に利用するコジェネレーションシステムを採用することにより，総合効率を高くすること（80 %程度）ができる．

②固体高分子形燃料電池（PEFC）

固体高分子形燃料電池の長所は，**作動温度が 80 ℃程度で低く，起動・停止や負荷変動が容易**であることである．このため，家庭用給湯器として実用化されており，燃料電池自動車用としても研究開発されている．また，**電解質が高分子膜（イオン交換膜）で固体**であることから，電解液の飛散等の問題がなく，小形軽量で高出力である．一方，短所としては，**触媒である白金が高価**であること，白金触媒を不活性化させる原因となる一酸化炭素等の不純物を取り除く必要があることなどである．

③溶融炭酸塩形燃料電池（MCFC）

溶融炭酸塩形燃料電池は，**混合炭酸塩（炭酸リチウムと炭酸ナトリウムの混合物）を溶融させたものを電解質として使用**する．**作動温度が 600〜700 ℃と高い**．MCFC では，空気極（カソード；正極）に炭酸ガス（CO_2）を供給することが必須条件である．燃料極（アノード；負極）にはニッケルが用いられる．また，一酸化炭素は水蒸気と反応し，水素と炭酸ガスになるので，一酸化炭素も直接燃料として使用できる．このため，石炭ガス化ガス等も直接使用することができる．コジェネレーションを構成して排熱を利用することができる．

④固体酸化物形燃料電池（SOFC）

電解質には，**セラミックスとしてジルコニア**が使われる．**固体電解質形燃料電池**ともいう．**作動温度は 800〜1 000 ℃と高い**．燃料極（負極）にはニッケルとジルコニアの混合体，空気極（正極）にはランタンマンガナイトが用いられる．SOFC の特徴としては，セラミックスを用いた全固体での電池構成が可能で様々な電池形状のものができること，コジェネレーションを構成して高温の排熱を利用することにより高い総合エネルギー効率（75〜85 %程度）が期待できること，高価な貴金属触媒を使う必要がないこと，燃料に一酸化炭素を含んでも問題ないために燃料の改質も容易であることなどがあげられる．

問題 6　燃料電池とコジェネレーション　（R2-B6）

次の文章は，燃料電池に関する記述である．

燃料電池は水素やアルコールなどの燃料をアノードで電気化学的に (1) し，取り出した電子を，外部回路を通じてカソードに供給し，カソードでの反応に用いる．反応の過程で化学エネルギーを直接電気エネルギーに変換するため熱機関のような (2) の制約を受けない．

電解質に (3) を用いる燃料電池を固体高分子形燃料電池といい，燃料電池自動車や家庭用コジェネレーションシステムで実用化されている．家庭用コジェネレーションシステムの発電効率が 40 %であるとすると，発熱量 45 MJ/Nm^3 の燃料の体積 1 Nm^3 から (4) kW･h の電力が得られる．電力と熱として利用できる全エネルギーの，燃料の持つ化学エネルギーに対する割合である総合効率が 97 %で，燃料電池から得られる熱を用いて 20 ℃の水を加熱する場合， (5) L の 60 ℃の温水が得られる．

ただし，水の比熱容量は 4.18×10^3 J･kg^{-1}･K^{-1}，比重は 1 000 kg･m^{-3} とする．

解答群

(イ) テフロン膜	(ロ) 還　元	(ハ) エネルギー保存則
(ニ) イオン交換膜	(ホ) 15.3	(ヘ) 10
(ト) 1	(チ) 中　和	(リ) 5
(ヌ) 76.5	(ル) ファラデー効率	(ヲ) 153
(ワ) ポリスルフォン膜	(カ) カルノー効率	(ヨ) 酸　化

―攻略ポイント―

燃料電池のコジェネレーション利用において，電力量と熱量の換算に 1 kWh = 3 600 kJ の関係式を活用する．

解説 (1) 問題 5 の解説中の解図や式①に示すように，燃料電池では，水素やアルコールなどの燃料をアノードで電気化学的に**酸化**し，取り出した電子を，外部回路を通じてカソードに供給し，カソードでの反応に用いる．

(2) 反応の過程で化学エネルギーを直接電気エネルギーに変換するため，熱機関のような**カルノー効率**の制約を受けないので，高い変換効率を実現することができる．

(3) 詳細解説 2 の固体高分子形燃料電池に示すように，電解質は**イオン交換膜**である．

(4) 燃料電池の全発熱量 Q は，発熱量 45 MJ/Nm^3 と燃料の体積 1 Nm^3 から，Q

$= 45 \times 1 = 45$ MJ となる．家庭用コジェネレーションシステムの発電効率が 40 % だから，電力として得られる発熱量 Q_P は $Q_P = 45 \times 10^3 \times 0.4 = 18\,000$ kJ である．したがって，電力 W は，1 kWh = 3 600 kJ だから，$W = 18\,000/3\,600 =$ **5** kWh である．

(5) 電力と熱として利用できる全エネルギーの，燃料の持つ化学エネルギーに対する割合である総合効率が 97 % であるから，燃料電池から得られる熱量 Q_H は $Q_H = 45 \times (0.97 - 0.4) = 25.65$ MJ である．20 ℃の 1 L の水から 60 ℃の温水を得るために必要な熱量 Q_W は，1 L = 1×10^{-3} m^3 なので，$Q_W = 4.18 \times 10^3 \times 1\,000 \times 1 \times 10^{-3} \times (60 - 20) = 167.2 \times 10^3$ J/L

したがって，温水の量 V は $V = Q_H/Q_W = 25.65 \times 10^6/(167.2 \times 10^3) =$ **153** L

(1)（ヨ）　(2)（カ）　(3)（ニ）　(4)（リ）　(5)（ヲ）

3　電解

問題 7　水電解　(R4-B6)

次の文章は，水電解に関する記述である．

電気分解では，電解質に2本の電極を入れ，直流電流を流して反応を起こす．2本の電極のうちの陰極では，最も反応しやすい物質が電子を［(1)］反応が起こる．電気分解の中でも，太陽光発電や風力発電を用いた水素製造にも適用されているアルカリ水電解は水酸化カリウム（KOH）水溶液を電解質とするものである．

［陰極］　$2H_2O + 2e^- \rightarrow H_2 + 2OH^-$

［陽極］　［(2)］$OH^- \rightarrow O_2 + 2H_2O +$［(2)］$e^-$

陰極又は陽極で変化する物質の量は，流した電気量に比例することをファラデーの電気分解の法則，電子1 molのもつ電気量の大きさをファラデー定数：Fといい，

$$F = 9.65 \times 10^4 \text{ C/mol}$$

である．

ここでは，二つの電解セルを直列に接続した電解槽について考える．電流効率100 %のときに1 000 Aで1時間通電して得られる水素の量はファラデーの電気分解の法則を用いると［(3)］molであることがわかる．このとき，同時に発生する酸素の体積は水素の体積の［(4)］倍である．この電解槽の一つの電解セルの電圧が1.80 Vで電流効率が97 %のとき，上と同じ量の水素を製造するために必要な電気量は［(5)］kA･h，電力量は［(6)］kW･hである．

解答群

(イ)　4	(ロ)　$\frac{1}{4}$	(ハ)　3	(ニ)　3.71
(ホ)　受け取る還元	(ヘ)　1	(ト)　74.6	(チ)　2
(リ)　放出する還元	(ヌ)　$\frac{1}{2}$	(ル)　18.7	(ヲ)　3.49
(ワ)　受け取る酸化	(カ)　37.3	(ヨ)　3.60	(タ)　1.03

（レ）　0.97　　　　（ソ）　1.85

― 攻略ポイント ―

電気化学における酸化還元反応をよく理解するとともに，mol 単位で表した物質量の取り扱いや考え方にも慣れておく．

解説　(1) 電解質に2本の電極を入れ，外部電源により電圧を加えて直流電流を流し，その電気エネルギーにより強制的に酸化還元反応を起こすのが電気分解である．電流が解図1のように流れているとき，電子は，その逆向きに，陽極から流出し，陰極に流入する．電子を放出する反応は酸化反応，電子を受け取る反応は還元反応という定義であるから，陰極では最も反応しやすい物資が電子を**受け取る還元反応**が起こっている．一方，陽極では，酸化反応が起こっている．

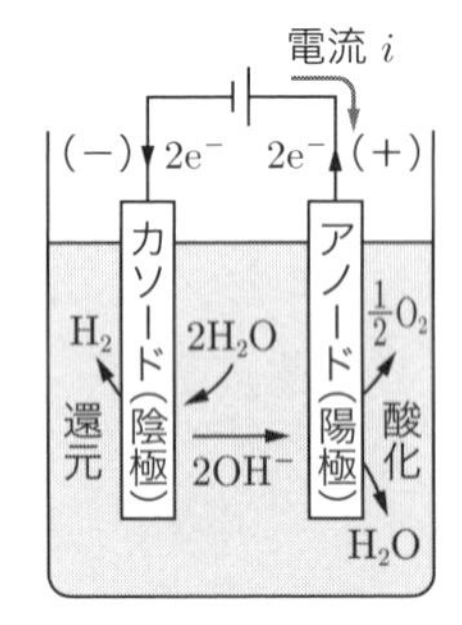

解図1　電気分解の原理

水電解の電解質としては，固体高分子イオン交換膜を利用するものも開発されているが，古くからアルカリ水溶液を用いるものが工業的に実施されている．水の電気分解を行うときに最低限必要な電圧を理論分解電圧というが，25℃で約1.2Vである．ただし，実際には電解槽電圧はこの値より高く設定される．電気化学における過電圧は，熱力学的に求められる理論電圧と，実際に反応が進行するときの電極の電圧との差をいう．

現状工業用で使われているアルカリ水電解のエネルギー変換効率は，エンタルピー（燃焼熱）基準で70〜80％である．電解質として，アルカリ水溶液の代わりに，水素イオン伝導体であるふっ素系高分子固体電解質を用いた電解法は固体高分子形水電解と呼ばれるが，このエネルギー変換効率は95％を超えるレベルとなっている．

(2) イオン反応式では，原子の種類と数，電荷の総和を等しくすればよい．陽極側の反応式に着目すると，反応後の酸素原子は O_2 と $2H_2O$ の合計で4つとなるため，反応前の酸素原子も水酸化イオン OH^- で4つにならなければならないので，**$4OH^-$** と分かる．そして，反応前の電荷の総和は負電荷 e^- が4つであり，反応後は O_2 と $2H_2O$ が中性なので，**$4e^-$** となることが分かる．

(3) 電流1000Aを1時間（3600秒）通電したときの電気量 Q は $Q = 1\,000 \times 3\,600 = 3.6 \times 10^6$ C である．水素が発生する陰極の反応式から，2molの電気量を通電すると 1 mol の水素が得られる．本問は二つの電解槽を直列に接続しており，二つ合わせて水素は 2 mol 生成される．

$$n=\frac{Q}{F}=\frac{3.6\times10^{6}}{9.65\times10^{4}}\fallingdotseq\mathbf{37.3}\ \mathrm{mol}$$

(4) 陽極と陰極の反応式に関して，電子の数を一致させて表記すれば，次式となる．

陰極：$4H_2O+4e^- \rightarrow 2H_2+4OH^-$

陽極：$4OH^- \rightarrow O_2+2H_2O+4e^-$

これらの反応式から，両極に等しく 4 mol の電気量が通電すれば，水素 2 mol，酸素 1 mol 分だけ発生するから，同時に発生する酸素の体積は水素の体積の **1/2** 倍である．

(5) 題意より，二つの電解セルを直列に接続した電解槽について考えているため，解図 2 の構成となっている．

ここで，(3) で求めた 37.3 mol 分の電子を発生させるのに必要な電気量を求める．電流効率が 100 %のときには電気量が 1 kA × 1 h であるが，電流効率が 97 %だから

解図2　二つの電解セルの直列接続

$$\frac{1\ \mathrm{kA}\times1\ \mathrm{h}}{0.97}=\mathbf{1.03}\ \mathrm{kA\cdot h}$$

(6) 解図 2 のように，電源電圧は 2 セルあわせて 3.6 V であるから

$$3.6\ \mathrm{V}\times\frac{1\ \mathrm{kA}\times1\ \mathrm{h}}{0.97}\fallingdotseq\mathbf{3.71}\ \mathrm{kWh}$$

(1)（ホ）　(2)（イ）　(3)（カ）　(4)（ヌ）　(5)（タ）　(6)（ニ）

問題 8　食塩電解　(H25–B6)

次の文章は，食塩電解に関する記述である．

食塩電解は，水溶液を利用する電解工業として，世界的に最も大きな産業である．最近では水銀法及び隔膜法に代わりイオン交換膜法が用いられており，この技術では我が国が世界をリードしている．この電解では次の反応が

利用される.

$$2NaCl+2H_2O \rightarrow Cl_2+H_2+2NaOH$$

ここでイオン交換膜は，アノード室とカソード室との分離とともにイオンが選択的に移動する機能をもっている．食塩電解においてはイオン交換膜中を (1) イオンがアノード室からカソード室に選択的に移動することによって反応が進む．また，アノードでは (2) 反応が起こり，生成するものは化学式で書くと (3) となる．このアノードで生成する物質１分子が生成するのに関与する電子数は (4) 電子である．また，両極で気体が生成する．生成する気体の単位電気量当たりに得られる体積を比べると (5) なる．

この生産方法のエネルギー原単位は水銀法をしのいでおり，省エネルギー技術としても普及が進んでいる．

解答群

(イ) 中　和　(ロ) NaOH　(ハ) 3　(ニ) Cl_2
(ホ) ナトリウム　(ヘ) アノードで大きく　(ト) H_2
(チ) 塩化物　(リ) 還　元　(ヌ) カソードで大きく
(ル) 酸　化　(ヲ) 1　(ワ) 両極で同じに
(カ) 水酸化物　(ヨ) 2

―攻略ポイント―

食塩電解，電気化学の基本事項を問う出題である．食塩電解で習得すべき基本事項は解説にまとめているので，よく学習する．

解説　(1)～(5) 食塩水を電気分解して，陽極に塩素（Cl_2）ガス，陰極に水酸化ナトリウム（NaOH：苛性ソーダ）と水素（H_2）を得るプロセスは食塩電解と呼ばれる．食塩電解の工業プロセスとして，現在，わが国で採用されているものは，ふっ素樹脂系高分子のイオン交換膜を用いるイオン交換膜法である．この食塩電解法では，アノード（陽極）側とカソード（陰極）側を仕切る膜に陽イオンだけを選択的に透過する密隔膜が用いられている．外部電源から電流を流すと，陽極側にある食塩水と陰極側にある水との間で電気分解が生じてイオンの移動が起こる．アノード（陽極）側で生じた**ナトリウム**イオンが密隔膜を通してカソード（陰極）側に入り，NaOH となる．

イオン交換膜法における陽極と陰極の反応式は以下の通りである．

アノード（陽極）：$2Cl^- \rightarrow Cl_2 + 2e^-$
カソード（陰極）：$2Na^+ + 2H_2O + 2e^- \rightarrow 2NaOH + H_2$
全反応　　　　　：$2NaCl + 2H_2O \rightarrow 2NaOH + H_2 + Cl_2$

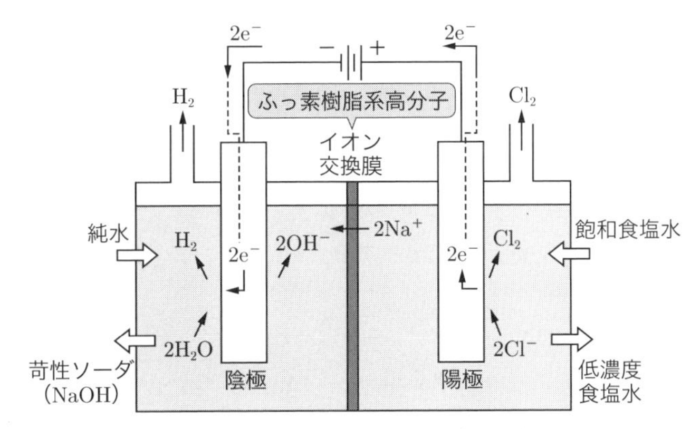

解図　イオン交換膜法による食塩電解

上記の反応式から，アノードでは，**酸化**反応が起こり，生成するものは $\mathbf{Cl_2}$ である．塩素ガス1分子が生成するのに関与する電子数は **2** 電子である．カソードでは，反応式から，水素ガス1分子が生成するのに関与する電子数も2である．このため，生成する気体の単位電気量当たりに得られる体積を比べると，**両極で同じ**になる．

水電解では，理論分解電圧は 2.2 V（80℃），理論電気量は塩素 1 t 当たり 756 kA·h，水酸化ナトリウム 1 t 当たり 670 kA·h である．

アノード材料としては，かつては黒鉛を使用したが，現在は金属電極に置き換わっている．カソード材料は，ニッケルをベースに活性化処理した活性陰極である．

解答　(1)（ホ）　(2)（ル）　(3)（ニ）　(4)（ヨ）　(5)（ワ）

問題9　銅の電解精錬　(R1–B7)

次の文章は，銅の電解精錬に関する記述である．

銅鉱石を乾式精錬で純度 99 %程度にした粗銅には亜鉛，鉄，銀，金などの不純物が含まれている．粗銅を [(1)]，純銅を [(2)]，電解液に酸を加えた［(3)］水溶液を用いて電気分解すると［(4)］は［(1)］の下に沈殿し，その他の金属は［(5)］イオンとして溶出する．溶出した金属のうち，銅だけが［(2)］に析出して純度が 99.99 %以上になる．

この銅の電解精錬の主反応の理論電圧は［(6)］V である．精錬できる銅の量は電解時の通電電気量に比例する．精錬可能な銅の量はファラデーの法則で推算することができる．電子の物質量当たりの電荷の絶対値をファラデー定数といい，96 485 C/mol である．電気分解では電気量の単位を A･h で表すと便利であり，その値は［(7)］A･h/mol である．ファラデーの法則を用いて 1 t の銅を精錬するために必要な電気量を求めると，［(8)］kA･h となる．なお，銅の原子量を 63.55 とする．

解答群

(イ)	26.80	(ロ)	0	(ハ)	陰	(ニ)	13.40
(ホ)	1 687	(ヘ)	金や亜鉛	(ト)	銀や鉄	(チ)	塩化銅
(リ)	カソード	(ヌ)	53.60	(ル)	金や銀	(ヲ)	陽
(ワ)	水酸化銅	(カ)	空気極	(ヨ)	中　性	(タ)	アノード
(レ)	1.2	(ソ)	硫酸銅	(ツ)	421.7	(ネ)	843.4

―攻略ポイント―

銅の電解精錬の反応や特徴は実用上も重要なので，確実におさえておく．電験2種でも出題される分野なので，1種受験生にもなじみが多いが改めて学習する．

解説　(1)～(5) 電解精錬とは，鉱石を精錬して得られた粗金属をアノードとし，目的金属と同一の金属塩を含む浴を電解液として電解し，カソード上に純金属を析出させることである．電解精錬は，銅，銀，金，白金，鉛，ニッケルなどに応用されているが，銅が代表的である．

銅の電解精錬では，解図のように，粗銅を**アノード**，純銅を**カソード**，電解液に酸を加えた**硫酸銅**水溶液を用いて電気分解すると，**金や銀**はアノードの下に沈殿し，その他の金属は**陽**イオンとして溶出する．溶出した金属のうち，銅だけがカソードに析出して純度が 99.99 %以上になる．つまり，アノードの粗銅からは，銅および銅よ

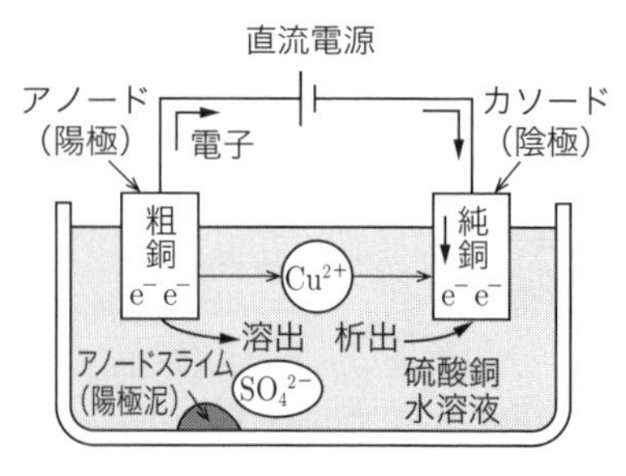

解図　銅の電解精錬

りイオン化傾向が大きい亜鉛，鉄などは電子を放出して水溶液に陽イオンとして溶出し，銅よりもイオン化傾向が小さい金や銀はイオン化せずに陽極の下にアノードスライムとして沈殿する．溶出した金属のうち，イオン化傾向が小さい銅だけがカソードに析出し，高純度の銅が得られる．

(6) 銅の電解精錬の反応式は，次の通りである．

アノード（陽極）：$Cu \rightarrow Cu^{2+} + 2e^-$

カソード（陰極）：$Cu^{2+} + 2e^- \rightarrow Cu$

電気化学平衡時の標準電極電位は $Cu^{2+} + 2e^- = Cu + 0.34$ V であるから，理論電圧＝陽極の電位－陰極の電位＝$+0.34-(+0.34)=$ **0** V である．なお，実際には，理論電圧よりも大きな電圧が必要になる．反応速度，生成物の純度，電流効率などを考慮し，0.3 V 程度の直流電源が使用される．

(7) ファラデー定数 96 485 C/mol の単位を Ah/mol にするためには，1 C＝1 As＝1/3 600 Ah であるから，1 mol 当たりの通電電気量＝96 485/3 600＝**26.80** Ah/mol

(8) 電気分解に関するファラデーの法則より，電極に析出する量 w〔g〕，通電電流 I〔A〕，通電時間 t〔h〕，原子量 m，原子価 n，ファラデー定数 $F = 26.8$ Ah/mol，電流効率 η として

$$w = \frac{1}{F} \times \frac{m}{n} \times It \times \eta \qquad \therefore \quad It = \frac{wFn}{m\eta}\,〔\mathrm{Ah}〕 = \frac{wFn}{m\eta} \times 10^{-3}\,\mathrm{kAh}$$

これに数値を代入すれば

$$Q = It = \frac{10^6 \times 26.80 \times 2}{63.55 \times 1} \times 10^{-3} = \mathbf{843.4}\,\mathrm{kAh}$$

(1)（タ）　(2)（リ）　(3)（ソ）　(4)（ル）
(5)（ヲ）　(6)（ロ）　(7)（イ）　(8)（ネ）

問題 10　電解採取　（R5-B6）

次の文章は，電解採取に関する記述である．

亜鉛，コバルト，マンガン，クロムなどの金属は，必要に応じて予備処理を行った原鉱石から，［(1)］などの適当な溶媒を用いて目的金属を抽出し，不純物を分離，精製したものを電解浴に入れ，電気分解を行い，［(2)］上に目的金属を析出させて電解採取する．目的金属よりイオン化傾向が

(3) 金属イオンはなるべく分離しておかないと製品の純度が低くなる．亜鉛の電解精錬の電流効率は約90％で金属亜鉛を生成する．このとき，亜鉛の酸化還元（$Zn^{2+}+2e^{-} \rightleftarrows Zn$）の標準水素電極基準の標準電極電位は$-0.763$ Vで水素発生反応よりも熱力学的には (4) ．また，電流効率90.0％で亜鉛を1t精錬するために必要な電気量は (5) kA･h/tである．なお，亜鉛の原子量を65.4，ファラデー定数を26.8 A･h/molとする．

解答群

(イ) エタノール	(ロ) 小さい	(ハ) 有利である
(ニ) 大きい	(ホ) アノード	(ヘ) 大差ない
(ト) 911	(チ) 硫酸水溶液	(リ) 不利である
(ヌ) ほぼ同じ	(ル) 820	(ヲ) アルカリ水溶液
(ワ) 455	(カ) カソード	(ヨ) 正　極

―攻略ポイント―

電解採取の原理をよく理解するとともに，電気分解に関するファラデーの法則を十分に使いこなせるようにしておく．

解説　(1) 電解採取とは，解図のように，原鉱石を必要に応じて予備処理を行ってから，**硫酸水溶液**などの適当な溶媒を用いて目的金属を抽出し，不純物を分離・精製したものを電解浴に入れ，電気分解にてカソード上に目的金属を析出させ採取する方法である．工業的には電解質は水溶液か溶融塩（硫酸塩）に限定される．電解採取するものとしては，亜鉛，カドミウム，ニッケル，コバルト，マンガン，クロムが主なもので，亜鉛の規模が大きい．

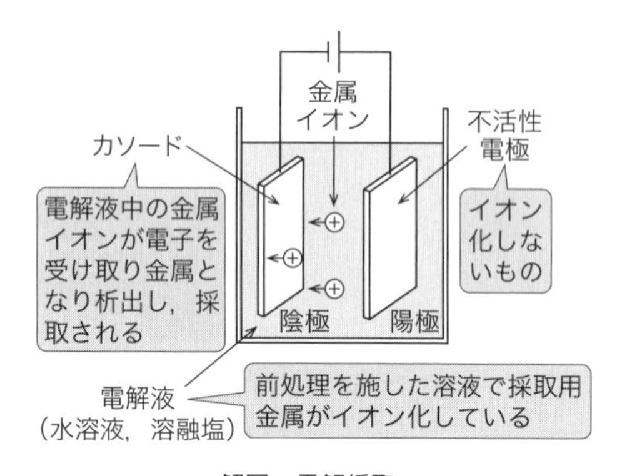

解図　電解採取

(2) 解図に示すように，アノード（陽極）はイオン化しない不活性電極を用い，**カソード**（陰極）では，電解液中の金属イオンが電子を受け取り金属となって析出し，採取される．

(3) 金属が陽イオンになろうとする性質が金属のイオン化傾向なので，イオン化傾向の大きい金属ほど，水溶液中にイオンとして残りやすい．したがって，外部電源から電子が供給される陰極では，イオン化傾向の小さい金属でも析出しやすい．このため，水溶液中に目的金属よりイオン化傾向が**小さい**金属が含まれていると，陰極に不純物として混ざり，製品の純度が低くなるため，事前に分離しておく必要がある．

(4) 熱力学で用いられるギブズエネルギー変化ΔGとは，エネルギーを有効な仕事として移動しうる潜在的能力である．そして，電池では，このΔGは，電位差Eと移動した電荷総量nF（nは電池反応に関係する電子数，Fはファラデー定数）より，$\Delta G = -nFE$と示される．このように化学変化におけるギブズエネルギー変化は，電位差として測定できる．題意より，亜鉛の標準電極電位は-0.763 Vなので，水素よりも低い電位となる．したがって，ギブズエネルギー変化の観点から，水素発生反応よりも熱力学的には**不利である**.

亜鉛は水素よりもイオン化傾向が大きく，カソードに析出した亜鉛が再び溶解してしまう可能性があるので，熱力学的には**不利である**．要するに，標準電極電位（標準状態での電極電位）を順番に並べたものがイオン化傾向であり，標準電極電位は電圧がマイナスであるほど反応がしやすく不安定（不利）となる．

(5) 電気分解に関するファラデーの法則より，電極に析出する量w〔g〕，通電電流I〔A〕，通電時間t〔h〕，原子量m，原子価n，ファラデー定数$F = 26.8$ Ah/mol，電流効率ηとして

$$w = \frac{1}{F} \times \frac{m}{n} \times It \times \eta \qquad \therefore \quad \frac{It}{w} = \frac{Fn}{m\eta}〔\mathrm{Ah/g}〕 = \frac{Fn \times 10^{-3} \times 10^{6}}{m\eta}〔\mathrm{kAh/t}〕$$

これに数値を代入すれば

$$\frac{It}{w} = \frac{26.80 \times 2 \times 10^{-3} \times 10^{6}}{65.4 \times 0.90} \fallingdotseq 910.6 \fallingdotseq \mathbf{911}\ \mathrm{kAh/t}$$

解答　(1)（チ）　(2)（カ）　(3)（ロ）　(4)（リ）　(5)（ト）

第 8 章

自動制御とメカトロニクス

[学習のポイント]

○本章では，自動制御とメカトロニクスを取り上げている．まず，自動制御の分野は，二次試験の「機械・制御」科目で出題されるため，一次試験では出題数が非常に少ない．このため，出題数としては，センサやメカトロニクスの分野が多い．そして，センサやメカトロニクスに関する出題は選択問題として出されている．

○自動制御では，一次試験の出題数は少ないものの，過去問題では，制御系の安定性，ラウス配列，定常位置偏差などが問われている．二次試験への肩慣らしとして，復習しておこう．また，電験 2 種には出題されない根軌跡法が出題されているため，詳細解説において詳しく説明している．

○センサ，メカトロニクスは，ストレインゲージセンサ，光応用センサ，アクチュエータ，メカトロニクスのデジタル制御，生産ラインの自動化技術に関する過去問題を取り上げ，詳しく解説している．

1　自動制御

問題1　閉ループ制御系と定常位置偏差　(H18-A4)

次の文章は，図のような閉ループ制御系に関する記述である．

図のブロック線図で，$R(s)$は目標値，$Y(s)$は制御量，$E(s)$は偏差を表す．この制御系の制御対象自体は［(1)］系であるが，コントローラのゲインKを［(2)］$<K<$［(3)］の範囲に選ぶことにより，閉ループ伝達関数のすべての極をs平面の左半面に移すことができる．このKの範囲では，単位ステップ関数状の目標値$R(s)$に対して，制御系の定常位置偏差は［(4)］となる．また，$K=$［(3)］のときには，角周波数が［(5)］〔rad/s〕の持続振動が生じる．

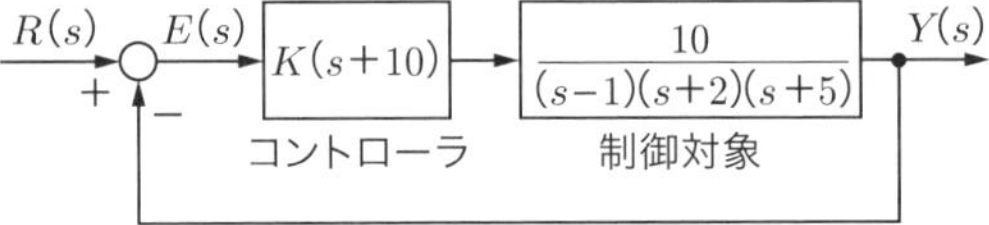

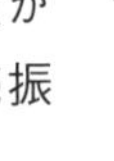

解答群

(イ)　$\sqrt{10}$　(ロ)　漸近安定　(ハ)　$\dfrac{1}{1-10K}$　(ニ)　7

(ホ)　6　(ヘ)　$\dfrac{1}{1+10K}$　(ト)　1　(チ)　0.7

(リ)　安　定　(ヌ)　2.8　(ル)　$\sqrt{60}$

(ヲ)　不安定　(ワ)　$\dfrac{1}{10(K+1)}$　(カ)　$\sqrt{6}$　(ヨ)　0.1

—攻略ポイント—

本問は，閉ループ制御系の伝達関数，ラウス配列，定常位置偏差，ラプラス変換の最終値の定理を使うが，電験2種受験時に学んだ知識で解くことができるだろう．

解説　(1)　与えられた制御対象の特性方程式は$(s-1)(s+2)(s+5)=0$であり，その根は$s=1$，-2，-5である．特性方程式の根に正の値を含むため，この制御対象は**不安定**系である．

(2)　コントローラ，制御対象の伝達関数を$G(s)$，$H(s)$とすれば，制御系全体の

閉ループ伝達関数 $T(s)$ は図8･1と式(8･1)より次式となる．

$$T(s)=\frac{Y(s)}{R(s)}=\frac{G(s)H(s)}{1+G(s)H(s)}=\frac{K(s+10)\cdot\dfrac{10}{(s-1)(s+2)(s+5)}}{1+K(s+10)\cdot\dfrac{10}{(s-1)(s+2)(s+5)}}$$

$$=\frac{10K(s+10)}{s^3+6s^2+(10K+3)s+100K-10}\quad\cdots\cdots\text{①}$$

したがって，閉ループ伝達関数 $W(s)$ の特性方程式は，式①の分母 $=0$ とすればよいから

$$s^3+6s^2+(10K+3)s+100K-10=0$$

となる．この制御系が安定であるかどうかを判別するために，ラウスの安定判別法を適用する．ラウスの安定判別法では，安定条件が，（Ⅰ）特性方程式のすべての次数が存在し，かつその係数が正であること，（Ⅱ）ラウスの配列で第1列目の要素がすべて正であること，である．そこで，まず，安定条件（Ⅰ）から，次式が成り立たなければならない．

$$10K+3>0\quad\text{かつ}\quad 100K-10>0\qquad\therefore\ K>0.1\quad\cdots\cdots\text{②}$$

次に，条件（Ⅱ）に関して，ラウスの配列を作れば

$$\begin{array}{c|cc} s^3 & 1 & 10K+3 \\ s^2 & 6 & 100K-10 \\ s^1 & \dfrac{6(10K+3)-100K+10}{6} & \\ s^0 & 100K-10 & \end{array}$$

が得られる．ここで，ラウス配列において第1列目の要素がすべて正であるから

$$\frac{6(10K+3)-100K+10}{6}>0\quad\text{かつ}\quad 100K-10>0$$

$$\therefore\ 0.1<K<0.7\quad\cdots\cdots\text{③}$$

したがって，式②，式③から，コントローラのゲイン K が $\mathbf{0.1}<K<\mathbf{0.7}$ のとき，制御系は安定である．このとき，閉ループ伝達関数のすべての極を s 平面の左半面に移すことができる．

(4)　この制御系の偏差 $E(s)$ は次式となる．

$$E(s)=\frac{1}{1+G(s)H(s)}R(s)=\frac{1}{1+K(s+10)\cdot\dfrac{10}{(s-1)(s+2)(s+5)}}R(s)$$

$$= \frac{(s-1)(s+2)(s+5)}{(s-1)(s+2)(s+5)+10K(s+10)} R(s)$$

単位ステップ関数状の目標値 $R(s)=1/s$ に対する制御系の定常位置偏差 ε は，ラプラス変換の最終値の定理から，次式のように求めることができる．

$$\varepsilon = \lim_{s\to 0} sE(s) = \lim_{s\to 0} s\frac{(s-1)(s+2)(s+5)}{(s-1)(s+2)(s+5)+10K(s+10)}\cdot\frac{1}{s}$$

$$= \frac{-10}{-10+100K} = \mathbf{\frac{1}{1-10K}}$$

(5) $K=0.7$ のときの閉ループ伝達関数 $T(s)$ は

$$T(s) = \frac{10\times 0.7\times(s+10)}{s^3+6s^2+(10\times 0.7+3)s+100\times 0.7-10} = \frac{7(s+10)}{(s+6)(s^2+10)}$$

$$= \frac{7(s+10)}{(s+6)(s+j\sqrt{10})(s-j\sqrt{10})} \quad \cdots\cdots ④$$

したがって，式④から，持続振動となるのは，$s=\pm j\sqrt{10}$ の極によるものであり，$\omega=\sqrt{\mathbf{10}}$ rad/s となる．

解答　**(1) (ヲ)　(2) (ヨ)　(3) (チ)　(4) (ハ)　(5) (イ)**

詳細解説１　制御系の安定性

(1) フィードバック制御系の特性方程式と安定条件

図8･1のフィードバック制御系において，総合伝達関数（閉ループ伝達関数）$T(s)$ は

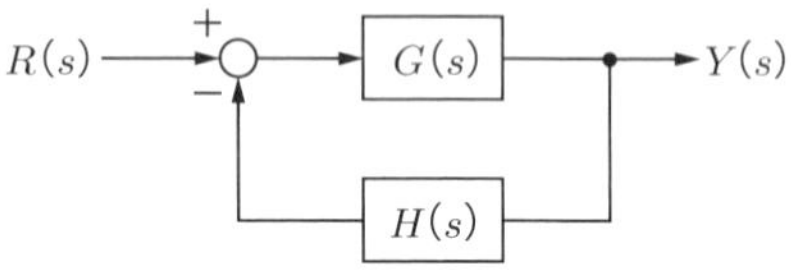

図8･1　フィードバック制御系

$$T(s) = \frac{Y(s)}{R(s)} = \frac{G(s)}{1+G(s)H(s)}$$

$$= \frac{b_m s^m + b_{m-1}s^{m-1}+\cdots+b_1 s+b_0}{a_n s^n + a_{n-1}s^{n-1}+\cdots+a_1 s+a_0} \qquad (8\cdot1)$$

となる．式(8･1)の分母に関して

$$D(s) = 1+G(s)H(s) = a_n s^n + a_{n-1}s^{n-1}+\cdots+a_1 s+a_0 = 0 \qquad (8\cdot2)$$

を**特性方程式**といい，この根を**特性根**（**極**ともいう）と呼ぶ．**フィードバック制御系が安定であるための必要十分条件は「特性根の実数部がすべて負であること」**である．したがって，実数部が正の特性根が一つでもあれば不安定ということになる．ここで，特性根（極）の一つが $s=\alpha+j\beta$ とすれば，制御系の過渡応答は

$$e^{(\alpha+j\beta)t} = e^{\alpha t}\cdot e^{j\beta t} \tag{8・3}$$

という過渡項を含むことになる．式(8・3)で，$e^{\alpha t}$は出力の大きさを表し，$e^{j\beta t}$は角周波数βの振動が生じることを表している．したがって，α（実数部）が負であれば，出力の大きさは時間tとともに小さくなって減衰する．一方，αが正であれば，時間tとともに出力の大きさは大きくなって発散する．$\alpha = 0$のときは，大きさが1で持続振動する．

特性方程式による安定判別は，図8・2に示すように，式(8・2)のすべての特性根（$s = \alpha + j\beta$）をs平面（複素平面）上にプロットし，すべてが複素平面の左半面に存在する，すなわち，すべての特性根の実数部が負であればその系は安定であるということである．

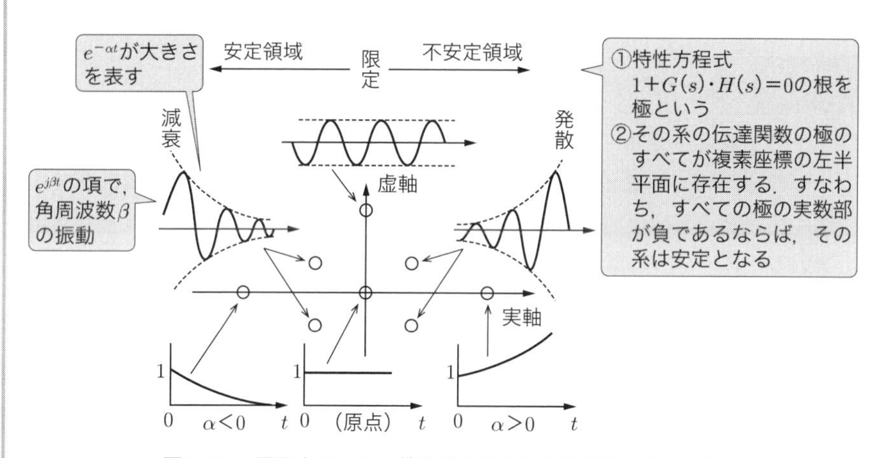

図8・2　s平面上における特性根の分布と応答波形のイメージ

ここで，式(8・2)の特性方程式の特性根を求めることが容易な場合には制御系の安定性を判別しやすい．しかし，一般的に特性方程式はsの高次式であり，その解を求めることは容易でない．このため，特性根を直接求めず，制御系の安定性を判別する手法として，ラウスの安定判別法，フルビッツの安定判別法，ナイキストの安定判別法，ボード線図による安定判別法がある．

(2) ラウスの安定判別法

ラウスの安定判別法を表8・1に示す．安定条件は次のとおりである．

①特性方程式のすべての次数が存在し，かつその係数が正であること

②ラウスの配列で第1列目の要素（表8・1のa_n，a_{n-1}，A_1，B_1，C_1…）がすべて正であること

表８･１　ラウスの安定判別法

特性方程式　$a_n s^n + a_{n-1} s^{n-1} + \cdots\cdots + a_1 s + a_0 = 0$			
1)	a_n	a_{n-2}	a_{n-4}　$\cdots$
2)	a_{n-1}	a_{n-3}	a_{n-5}　$\cdots$
3)	$A_1 = \dfrac{a_{n-1}a_{n-2} - a_n a_{n-3}}{a_{n-1}}$	$A_2 = \dfrac{a_{n-1}a_{n-4} - a_n a_{n-5}}{a_{n-1}}$	$\cdots$
4)	$B_1 = \dfrac{A_1 a_{n-3} - a_{n-1} A_2}{A_1}$	$B_2 = \dfrac{A_1 a_{n-5} - a_{n-1} A_3}{A_1}$	$\cdots$
5)	$C_1 = \dfrac{B_1 A_2 - A_1 B_2}{B_1}$	$\vdots$	

問題２　閉ループ制御系の根軌跡法　（H17−A4）

次の文章は，閉ループ制御系の根軌跡に関する記述である．

図の閉ループ制御系において根軌跡とは，ゲインKが零から無限大まで変化したときの［(1)］の軌跡を描いたものである．根軌跡は，開ループ伝達関数の［(2)］から出発するが，Kがある値以上になると図の閉ループ系は不安定となる．この安定限界を与えるKの値は［(3)］となり，このとき根軌跡と虚軸との交点は［(4)］となる．さらに，Kを大きくすると，無限遠方に向かう根軌跡は，ある漸近線に近づくが，その漸近線の実軸と交わる角度は［(5)］〔rad〕である．

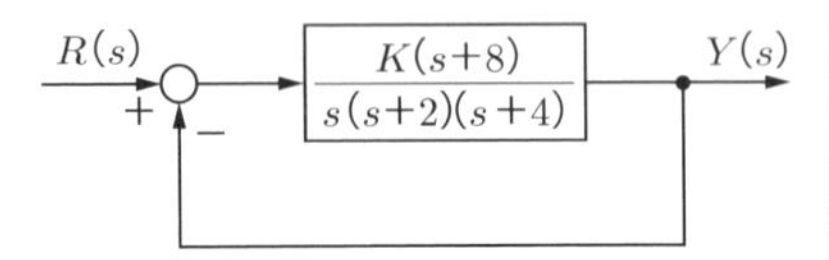

なお，開ループ伝達関数の極，零点の数を，それぞれn，mとすれば，漸近線の実軸と交わる角度αは次式で与えられる，

$$\alpha = \frac{(2k+1)\pi}{n-m},\quad k = 0, 1, 2, \cdots, n-m-1$$

解答群

（イ）特性根　（ロ）$\pm j4$　（ハ）無限遠方　（ニ）12

（ホ）$\pm j4\sqrt{2}$　（ヘ）開ループ極　（ト）$\pm\dfrac{\pi}{3}$　（チ）極

（リ）$\pm\dfrac{\pi}{4}$　（ヌ）24　（ル）ナイキスト　（ヲ）$\pm\dfrac{\pi}{2}$

（ワ）零　点　　（カ）$\pm j4\sqrt{3}$　　（ヨ）48

―攻略ポイント―

ラウスの安定判別は電験2種でも出題されるが，根軌跡法は電験1種の範囲なので，詳細解説2にその考え方を説明する．

解説　(1) 詳細解説2に示すように，正答は**特性根**である．

(2) 詳細解説2に示すように，正答は**極**である．

(3) 与えられた制御系の開ループ伝達関数 $G(s)$ は

$$G(s)=\frac{K(s+8)}{s(s+2)(s+4)} \quad \cdots\cdots ①$$

であるから，式①の極は，$s=0,\ -2,\ -4$ であり，零点は -8 である．

次に，与えられた制御系の閉ループ伝達関数 $T(s)$ は

$$T(s)=\frac{Y(s)}{R(s)}=\frac{G(s)}{1+G(s)}=\frac{\dfrac{K(s+8)}{s(s+2)(s+4)}}{1+\dfrac{K(s+8)}{s(s+2)(s+4)}}$$

$$=\frac{K(s+8)}{s^3+6s^2+(8+K)s+8K} \quad \cdots\cdots ②$$

したがって，式②の特性方程式は

$$s^3+6s^2+(8+K)s+8K=0 \quad \cdots\cdots ③$$

である．ここで，ラウス配列を作れば，次のようになる．

$$\begin{array}{c|cc} s^3 & 1 & 8+K \\ s^2 & 6 & 8K \\ s^1 & \dfrac{6(8+K)-8K}{6} & \\ s^0 & 8K & \end{array}$$

ラウスの安定判別法では，安定条件が，（Ⅰ）特性方程式のすべての次数が存在し，かつその係数が正であること，（Ⅱ）ラウスの配列で第1列目の要素がすべて正であること，であるから，次式が成り立たなければならない．

$$8+K>0 \quad かつ \quad 8K>0 \quad かつ \quad \frac{6(8+K)-8K}{6}>0 \qquad \therefore \quad 0<K<24$$

したがって，安定限界を与える K の値は **24** となる．

(4) 根軌跡と虚軸との交点は，式③の特性方程式に $s = j\omega$ を代入して実数部が 0 になる ω を求めればよい．

$$8K - 6\omega^2 + j\omega\{(8+K) - \omega^2\} = 0 \cdots\cdots ④$$

式④に安定限界を与える $K = 24$ を代入すれば

$$8\times 24 - 6\omega^2 + j\omega(32 - \omega^2) = 0 \cdots\cdots ⑤$$

したがって，式⑤の実数部を 0 にする ω は

$$192 - 6\omega^2 = 0 \qquad \therefore\ \omega^2 = 32 \qquad \therefore\ \omega = \pm 4\sqrt{2}$$

ゆえに，根軌跡と虚軸との交点は $\boldsymbol{\pm j4\sqrt{2}}$ である．

(5) 根軌跡の漸近線の角度は，題意で与えられた α の式に，$n = 3$，$m = 1$，$k = 0, 1$ を代入すればよい．したがって，$k = 0$ のとき，$\alpha = \pi/2$，$k = 1$ のとき，$\alpha = 3\pi/2$ すなわち $3\pi/2 - 2\pi = -\pi/2$ となる．つまり，漸近線の実軸と交わる角度は $\boldsymbol{\pm\pi/2}$ rad である．

解答　**(1)（イ）　(2)（チ）　(3)（ヌ）　(4)（ホ）　(5)（ヲ）**

詳細解説２　根軌跡法

根軌跡法は，比較的低次の系に対して，開ループ伝達関数の極と零点の配置から特性方程式の特性根を作図的に求めようとする方法である．

図８･３のフィードバック制御系において，制御対象 $G_p(s)$ と補償器 $C(s)$ は与えられており，K はパラメータである．$C(s)G_p(s) = G(s)$ とおけば，制御系の伝達関数は次式となる．

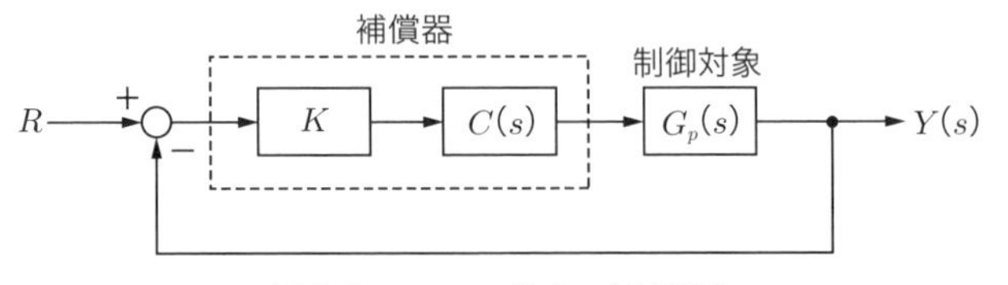

図８･３　フィードバック制御系

$$T(s) = \frac{Y(s)}{R(s)} = \frac{KG(s)}{1 + KG(s)} \tag{8･4}$$

したがって，制御系の特性方程式は次式となる．

$$1 + KG(s) = 0 \tag{8･5}$$

$$G(s) = \frac{(s - z_1)\cdots(s - z_m)}{(s - q_1)\cdots(s - q_n)} \quad (m \leqq n) \tag{8･6}$$

とすれば，式(8･5)は次式のように変形することができる．

$$G(s) = -\frac{1}{K} \tag{8･7}$$

そして，式(8･7)は次の二つの条件として表現することもできる．

Ⅰ　ゲイン条件：$|G(s)| = \dfrac{1}{|K|}$　　(8･8)

Ⅱ　位相条件　：$\left.\begin{array}{l}\angle G(s) = (2k+1)\pi \quad (K>0) \\ \angle G(s) = 2k\pi \quad (K<0)\end{array}\right\}(k = 0, \pm 1, \pm 2, \cdots)$　　(8･9)

K を 0〜∞まで変化させたときの特性方程式の根（特性根，制御系の極）の軌跡が**根軌跡**である．根軌跡法は次の性質を利用して，根軌跡の外形を描く．

①**根軌跡は実軸に対して対称**である．

［解説］特性方程式は実数係数の多項式で表される．複素数の根があれば共役複素数の根ももつ．したがって，根は実軸対象となる．

② **$K=0$ のとき，根は $G(s)$ の極 $q_1, \cdots, q_n$ に一致**する．

［解説］特性方程式の式(8･5)に式(8･6)を代入すれば

$$1+KG = 1+K\frac{(s-z_1)\cdots(s-z_m)}{(s-q_1)\cdots(s-q_n)} = 0 \tag{8･10}$$

となり，これを変形すれば$(s-q_1)\cdots(s-q_n)+K(s-z_1)\cdots(s-z_m)=0$

となる．$K=0$ を代入すれば$(s-q_1)\cdots(s-q_n)=0$ となるから，q_i（$i=1, \cdots, n$）が極である．

③ **$K\to\infty$のとき，m 個の根は $G(s)$の零点 $z_1, \cdots, z_m$ へ収束し，残りの $n-m$ 個の根は無限遠点に発散**する．そして，**無限遠点に発散する根軌跡は，実軸との角度が $l\pi/(n-m)$〔rad〕（$l=1, 3, 5\cdots$）の漸近線を持つ**．また，**$n-m \geqq 2$ のとき，漸近線と実軸は交点を一つ持ち，その座標は**$\{(q_1+\cdots+q_n)-(z_1+\cdots+z_m)\}/(n-m)$で与えられる．

［解説］式(8･10)を K で割り，$K\to\infty$とすれば

$$\frac{(s-z_1)\cdots(s-z_m)}{(s-q_1)\cdots(s-q_n)} = 0$$

したがって，$z_1, \cdots, z_m$ は根となる．

さらに，$n>m$ のとき，$|s|\to\infty$とすれば，特性方程式は，$1+K\dfrac{s^m}{s^n}=0$ のように近似できるから，$s^{n-m}=-K$ となる．そこで，s^{n-m} は負の実軸上にある．

s を極座標表示し，$s=re^{j\theta}$ とおけば，$r^{n-m}e^{j\theta(n-m)}=-K$ となる．

この位相条件から，$\theta(n-m)=\pi+2\pi k$（$k=0,1,2,\cdots$）となる．したがって，

$$\theta=\frac{\pi+2\pi k}{n-m}=\frac{l\pi}{n-m}\quad(l=1,3,5,\cdots)\tag{8・11}$$

特性方程式の根を $p_1,\cdots,p_n$ とすれば，m 個の根（$p_1,\cdots,p_m$）は $G(s)$の零点に収束し，残りの根（$p_{m+1},\cdots,p_n$）は無限遠点に発散する．これらの根に対して

$$s_g=\frac{p_{m+1}+\cdots+p_n}{n-m}\tag{8・12}$$

を定義する．s_g は，$p_{m+1},\cdots,p_n$ の重心であり，漸近線と実軸との交点となる．また，$n-m\geqq2$ のとき，特性方程式$(s-q_1)\cdots(s-q_n)+K(s-z_1)\cdots(s-z_m)=(s-p_1)\cdots(s-p_n)=0$ は

$$s^n-\sum_{i=1}^{n}q_is^{n-1}+\cdots=s^n-\sum_{i=1}^{n}p_is^{n-1}+\cdots$$

となる．s^{n-1} の係数を比較すれば

$$\sum_{i=1}^{n}q_i=\sum_{i=1}^{n}p_i=(p_1+\cdots+p_m)+(p_{m+1}+\cdots+p_n)=(z_1+\cdots+z_m)+s_g(n-m)$$

$$\therefore\quad s_g=\frac{(q_1+\cdots+q_n)-(z_1+\cdots+z_m)}{n-m}\tag{8・13}$$

④実軸上の点の右側に $G(s)$の実極と実零点が重複度含めて合計で奇数個あれば，その点は根軌跡上の点である．

［解説］特性方程式の式(8・10)から，次式を得る．

$$\frac{(s-z_1)\cdots(s-z_m)}{(s-q_1)\cdots(s-q_n)}=-\frac{1}{K}$$

ここで，上式のゲイン条件と位相条件を満たす s が根となるが，ゲイン条件は K を指定して常に満たすことができるので，位相条件だけ調べる．位相条件は

$$\sum_{i=1}^{m}\angle(s-z_i)-\sum_{i=1}^{n}\angle(s-q_i)=(2k+1)\pi\quad(k=0,\pm1,\pm2,\cdots)$$

となるから，実軸上の s の右側に z_i と q_i が合計で奇数個あれば位相条件を満たす．

⑤軌跡の実軸上の分岐点（または合流点）は $\dfrac{d}{ds}\left(\dfrac{1}{G(s)}\right)=0$ を満たす．但し，逆は成立しない．

［解説］$K<\infty$のとき，根は $G(s)$の零点 z_i に一致しないので，$G(s)\neq0$ である．したがって，特性方程式の式(8・10)から

$$\frac{1}{G(s)} + K = 0$$

となる．この方程式が重根をもつ条件として，次式を得る．

$$\frac{d}{ds}\left(\frac{1}{G(s)}\right) = 0 \tag{8・14}$$

実軸上の分岐点（合流点）は重根であるが，逆は成立しないので，式(8・14)は必要条件である．

2　センサおよびメカトロニクス

問題３　メカトロニクスの圧力センサ　（H24–B7）

次の文章は，メカトロニクスのセンサに関する記述である．

メカトロニクス分野で多用されている圧力センサとして，ストレインゲージが挙げられる．これは，素子のひずみで抵抗値が変化することを利用したセンサである．

ストレインゲージは，次のような特徴をもつ２種類の素子で分類される．特に抵抗変化率 $\frac{\Delta R}{R}$ のひずみ ε に対する比 $K\left(=\frac{\Delta R/R}{\varepsilon}\right)$ は［(1)］と呼ばれ，この値はストレインゲージの素子によって大きく異なる．

金属ストレインゲージ：

ひずみが発生すると，金属の長さが変化し，素子の電気抵抗が変化する性質を利用したものである．上記の K が２程度であり，抵抗の変化量が小さい．

［(2)］ストレインゲージ：

ひずみが発生すると，キャリア密度や移動度が変化する［(3)］によって素子特性そのものの抵抗率が変化する性質を利用しており，K も 100〜300 と大きく，広く普及してきている．また，この電気抵抗の温度特性は，金属と異なり，温度が高くなると電気抵抗が［(4)］なる性質がある．

これらのひずみゲージの微小な抵抗変化を測定するため，一般的には，測定抵抗を含んで四つの抵抗をブリッジ状に配置して，中間点の電位差を測定する［(5)］回路が利用される．

解答群

（イ）吸着効果　（ロ）誘電体　（ハ）膨張率　（ニ）高　く
（ホ）はしご　（ヘ）ピエゾ抵抗効果　（ト）拡散効果
（チ）一定と　（リ）低　く　（ヌ）磁性体　（ル）半導体
（ヲ）中　間　（ワ）ホイートストンブリッジ　（カ）弾性率
（ヨ）ゲージ率

一攻略ポイント一

メカトロニクスのセンサとしては，温度センサ，圧力センサ，光センサ，磁気センサ，位置センサがあるが，本問はひずみゲージ形圧力センサを取り上げている．

解説　(1) ストレインゲージは，ひずみを金属または半導体の抵抗変化に直接変換するセンサである．これは，金属ストレインゲージと半導体ストレインゲージの2種類に分類できる．

まず，金属ストレインゲージは，ひずみが発生すると，金属の長さが変化し，素子の電気抵抗が変化する性質を利用したものである．長さがl，断面積がS，抵抗がRの金属素子に，長さ方向の外力を加えたとき，長さが$l+\Delta l$に伸び，断面積は$S-\Delta S$に減少し，電気抵抗は$R+\Delta R$に増加したと仮定する．ひずみ率εは，長さの相対的変化で表され，次式で定義される．

$$\varepsilon=\frac{\Delta l}{l} \cdots\cdots ①$$

ひずみが生じる前の電気抵抗Rは，抵抗率をρとして，$R=\rho\dfrac{l}{S}$であるから，

$$\Delta R=\frac{dR}{d\rho}\Delta\rho+\frac{dR}{dl}\Delta l+\frac{dR}{dS}\Delta S=\frac{l}{S}\Delta\rho+\frac{\rho}{S}\Delta l-\rho\frac{l}{S^2}\Delta S$$

両辺をRで割ると，次式の関係が得られる．

$$\frac{dR}{R}=\frac{\Delta\rho}{\rho}+\frac{\Delta l}{l}-\frac{\Delta S}{S} \cdots\cdots ②$$

金属素子の全体積を$V=Sl$とすれば，対数をとって微分することにより

$$\frac{\Delta V}{V}=\frac{\Delta S}{S}+\frac{\Delta l}{l}=\frac{\Delta S}{S}+\varepsilon \cdots\cdots ③$$

となる．金属素子の体積変化があれば，密度は変化し，抵抗率ρも変化する．

体積変化率$\Delta V/V$と抵抗率の変化率$\Delta\rho/\rho$は等しいと仮定すれば，式③から

$$\frac{\Delta\rho}{\rho}=\frac{\Delta V}{V}=\frac{\Delta S}{S}+\varepsilon \cdots\cdots ④$$

式②に式①と式④を代入すれば

$$\frac{dR}{R}=\left(\frac{\Delta S}{S}+\varepsilon\right)+\varepsilon-\frac{\Delta S}{S}=2\varepsilon$$

実際のストレインゲージでは，金属の材質が必ずしも式④の仮定が成立しないため，

$$\frac{dR}{R} = K\varepsilon \geqq 2\varepsilon$$

となる．この定数 K は $K = \dfrac{\Delta R/R}{\varepsilon}$ であり，**ゲージ率**と呼ばれる．金属ストレインゲージでは，ゲージ率 $K = 2\sim4$ 程度である．

(2)～(4) **半導体**ストレインゲージは，半導体にひずみが発生すると，キャリヤ密度や移動度が変化する**ピエゾ抵抗効果**によって素子特性そのものの抵抗率が変化する性質を利用しており，ゲージ率も100～300と大きく，広く普及してきている．半導体の電気抵抗の温度特性は，金属と異なり，温度が高くなると電気抵抗が**低く**なる性質がある．このため，半導体ストレインゲージは，金属ストレインゲージと比べ，抵抗の温度係数が大きく，直線性は良くないが，ゲージ率が大きいため，微小なひずみの測定などに用いられる．

(5) ストレインゲージを用いて微小な抵抗変化を測定するため，測定抵抗を含んで四つの抵抗をブリッジ状に配置して，中間点の電位を測定する**ホイートストンブリッジ**回路が利用される．

問題4　位置検出のための光応用センサ　(H29-B7)

次の文章は，メカトロニクスでの位置検出に用いる光応用センサに関する記述である．

自動搬送ラインにおいて，搬送物の位置検出精度を一定に維持することは，品質管理上の重要な要素となっている．その位置検出方法には，機械式や電気式など種々あるが，光学技術を応用したセンサの例として以下のものがある．

光電スイッチは投光器及び受光器をもち，搬送物を直接的に検出することができる．光電スイッチには，搬送物が光を遮ることによって動作する［(1)］式と，［(1)］式よりも透明体の検出に有利な［(2)］式とがある．一般に［(1)］式の方が，搬送物までの検出距離を大きくすることができる．

ロータリエンコーダは，回転量を検出するセンサである．コンベアなどの回転軸に設置し，その回転量から間接的に搬送物の位置を検出することができる．光学式ロータリエンコーダでは，回転ディスク上に設けられたスリットを検出するデバイスとして［(3)］を適用したものがある．また，ロータリエンコーダには機能面から［(4)］式と［(5)］式とがある．［(4)］式は，出力パルスであるA相とB相との位相が［(6)］ずれており，これを利用して回転方向も検出することができる．［(5)］式のものには，回転ディスク上のパターンを［(7)］符号として，ビット遷移時の検出動作を安定化させたものがある．

カメラによって搬送物を撮像し，画像処理で位置検出を行う方法も応用されている．背景として，固体撮像デバイスの普及に伴い，小形，軽量かつ安価な高解像度カメラが利用可能となったことが挙げられる．［(8)］イメージセンサの場合は，撮像用照明の反射光などで，スミアを生じないように留意する必要がある．

解答群

(イ)　逆　転	(ロ)　BCD	(ハ)　フォトカプラ
(ニ)　反　射	(ホ)　正　転	(ヘ)　アブソリュート
(ト)　CCD	(チ)　パリティ	(リ)　45°
(ヌ)　CMOS	(ル)　90°	(ヲ)　透　過
(ワ)　180°	(カ)　並　列	(ヨ)　フォトインタラプタ
(タ)　グレイ	(レ)　インクリメンタル	(ソ)　アイソレータ
(ツ)　直　列		

―攻略ポイント―

本問は，光センサとしてのフォトインタラプタ，位置センサとしてロータリエンコーダを組み合わせた出題になっている．専門的な内容であるが，粘り強く取り組もう．

解説　(1)(2) 光電スイッチは投光器（発光素子）および受光器（受光素子）をもち，搬送物を直接的に検出することができる．光電スイッチには，搬送物が光を遮ることによって動作する**透過**式と，透過式よりも透明体の検出に有利な**反射**式とがある．一般に，透過式の方が搬送物までの検出距離を大きくすることができる．

(3) ロータリエンコーダは，回転量を検出するセンサである．コンベアなどの回転軸に設置し，その回転量から間接的に搬送物の位置を検出することができる．光学式ロータリエンコーダでは，回転ディスク上に設けられたスリットを検出するデバイスとして，発光素子からの光を搬送物が遮るのを受光素子で検出する**フォトインタラプタ**を適用したものがある．

(4)～(6)　ロータリエンコーダには，**インクリメンタル**式と**アブソリュート**式がある．インクリメンタル式は，解図１のように，一様なスリットが入った格子円盤を用いたもので，２組の光電素子で検出された信号（A 相，B 相）が出力されるエンコーダである．出力パルスである A 相と B 相との位相差が **90°** ずれており，これを利用して回転方向も検出できる．

　インクリメンタル方式は，カウンターに接続して波形の高低の数を回転方向に応じて加減算することで回転の角度を測るので，途中に誤動作があれば，誤差はそのまま残る．

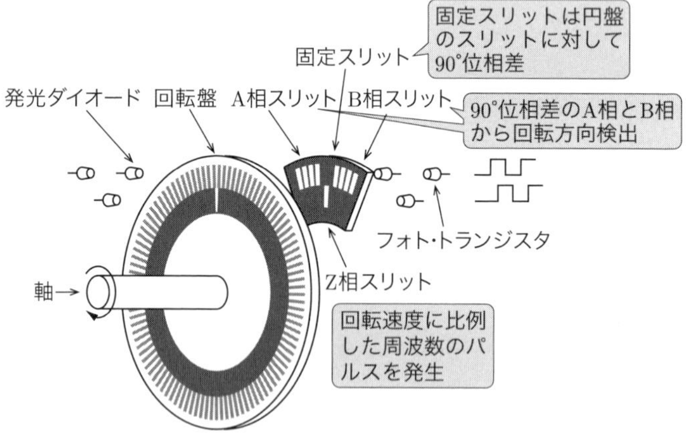

解図１　インクリメンタル式の例

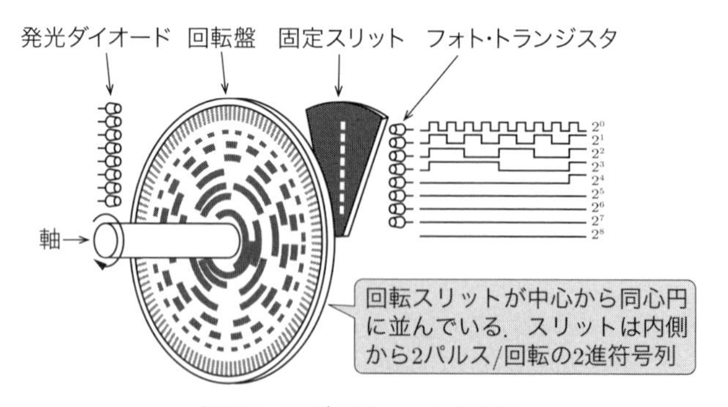

解図２　アブソリュート式の例

(7) アブソリュート式は，格子円盤のスリットに位置毎で異なる符号を割り当てたもので絶対的な角度位置を出力することができるエンコーダである．分解能を高めるためには，桁数（信号線本数）を増やさなければならない．各位置に与える符号のコード方式は，バイナリコードとグレイコードがある．ある一桁を読み間違えた場合，バイナリコードが大きく離れた位置の符号になってしまうのに対し，グレイコードはせいぜい隣の符号になるだけであるから，通常，アブソリュート形エンコーダには**グレイ**コードが使われる．

(8) カメラによって搬送物を撮像し，画像処理で位置検出を行う方法も応用されている．背景として，固体撮像デバイスの普及に伴い，小形，軽量かつ安価な高解像度カメラが利用可能となったことが挙げられる．**CCD** イメージセンサの場合は，撮像用照明の反射光などで，スミア（強い光源が画面に入った場合に，縦方向や横方向に白い光の帯が発生する現象）を生じないように留意する必要がある．ここで，**CCD**（Charge Couple Device；電荷結合素子）とは，照射された光を信号電荷に変換・蓄積するデバイスであり，カメラや検査機器などの撮影機器に使われる．CCD の特徴は画質が良いことが挙げられる．

(1)（ヲ）　(2)（ニ）　(3)（ヨ）　(4)（レ）
(5)（ヘ）　(6)（ル）　(7)（タ）　(8)（ト）

問題5　アクチュエータ　（H25-B7）

次の文章は，メカトロニクス分野でのアクチュエータに関する記述である．

メカトロニクス分野で多用されているアクチュエータの一つである (1) は，基本的には同期モータである．位置検出回路を用いず，外部からパルスが与えられたとき，そのパルスの数に対応した角度又は距離の制御を (2) ループで行うことができる．このためパルスモータとも呼ばれ，磁気回路の要素によって，次のような種類がある．

a．パーマネントマグネット形

回転子に永久磁石，その外側の固定子に鉄心及びコイルを配置したもので，コイルに電流を流すと磁界が発生し，回転子と固定子との間の磁気による吸引力及び反発力によって回転子が回転する．

b． (3)

パーマネントマグネット形の永久磁石の回転子に代わって，歯車形の高透磁率材料を用いている．固定子の配置角度と回転子の極数が異なるため，固定子の磁界によって，［(4)］が小さくなる位置まで回転子が回転する．さらに空隙面に細かな歯を切った構造のものもあり，誘導子形と呼んでいる．

c.　ハイブリッド形

上記のa，bの方式を複合した構造であり，回転子の中央に円筒形の永久磁石を配置し，その両端を歯車状の鉄心で挟み込んでいる．上記の両方式の長所を合わせもち，ステップ角を小さくとることができ，また，［(5)］トルクが得られる．

解答群

(イ)　2相サーボモータ　　(ロ)　ステッピングモータ
(ハ)　大きな　　(ニ)　電気抵抗
(ホ)　2重フィードバック　　(ヘ)　DCサーボモータ
(ト)　小さな　　(チ)　可変リラクタンス形　　(リ)　磁気抵抗
(ヌ)　クローズド　　(ル)　オープン　　(ヲ)　滑　り
(ワ)　連続形　　(カ)　可変リアクタンス形　　(ヨ)　粘性抵抗

一攻略ポイント一

アクチュエータとしてステッピングモータを取り上げている．ステッピングモータは「第5章　電気鉄道と電動機応用」の問題4の解説で詳細に説明しているので参照する．

解説　(1) アクチュエータは，入力されたエネルギーを物理的な運動へと変換する機構である．**ステッピングモータ**はアクチュエータの一つであり，同期モータである．

(2) ステッピングモータは，その原理からフィードバック制御を行わなくても十分な精度が得られるので，通常，**オープン**ループ制御で使用することが多い．

(3) (4) **可変リラクタンス形**（VR形）ステッピングモータは，「第5章　電気鉄道と電動機応用」の問題4の解説の解図2に示すように，回転子を歯車形の突極多極構造としたものである．固定子の配置角度と回転子の極数が異なるため，固定子の磁界によって**磁気抵抗**が小さくなる位置まで回転子が回転する．

(5) ハイブリッド形ステッピングモータは，パーマネントマグネット形（PM形）と可変リラクタンス（VR形）を複合した構造であり，回転子の中央に円筒形の永久磁石を配置し，その両端を歯車状の鉄心で挟み込んでいる．両方式の長所をあわせもち，ステップ角を小さくとることができ，**大きな**トルクを得ることができる．ステッピングモータのギャップ面を平面上に広げるとリニアステップモータになり，プロッタなどに用いられている．

解答 **(1)(ロ) (2)(ル) (3)(チ) (4)(リ) (5)(ハ)**

問題6 メカトロニクスのデジタル制御 (H26-B7)

次の文章は，メカトロニクスのデジタル制御に関する記述である．

メカトロニクス装置は，コンピュータやエレクトロニクスを駆使した高度化された機械である．メカトロニクスシステムの基本構成は，制御対象である連続時間システムとデジタル制御である離散時間システムとが含まれる図1に示すような構成が一般的である．このようなシステムは，デジタル制御演算器からみたモデルとして，[(1)]を用いてパルス伝達関数で表現することによって，制御対象とデジタル制御演算器とが統一的に解析できる．すなわち，図2のサンプリング周期TをもつD/A変換器で，零次ホールド要素$G_0(s)$と伝達関数$G(s)$とをカスケード結合している連続時間システムに対するパルス伝達関数$G^*(z)$は，

$$G_0(s) = \boxed{(2)}$$

であるので，

$$G^*(z) = Z[G_0(s)G(s)] = (1-z^{-1})Z\left[\frac{G(s)}{s}\right]$$

と表現できる．同様に，デジタル制御演算器に合わせて図1のA/D変換器もパルス伝達関数で表現することによって統一的な解析が可能である．

このような解析において，A/D変換器の前段では，サンプリング周波数の$\frac{1}{2}$の周波数である[(3)]周波数と呼ばれる周波数以上の成分を，急峻（きゅうしゅん）に減衰させるフィルタを設けることで[(4)]現象を防止することを前提としている．さらに，対象となるA/D変換器では，アナログ量をサンプリングして有限のビット数からなるデジタル値に変換することによる[(5)]誤差が無視できることを前提に扱われている．

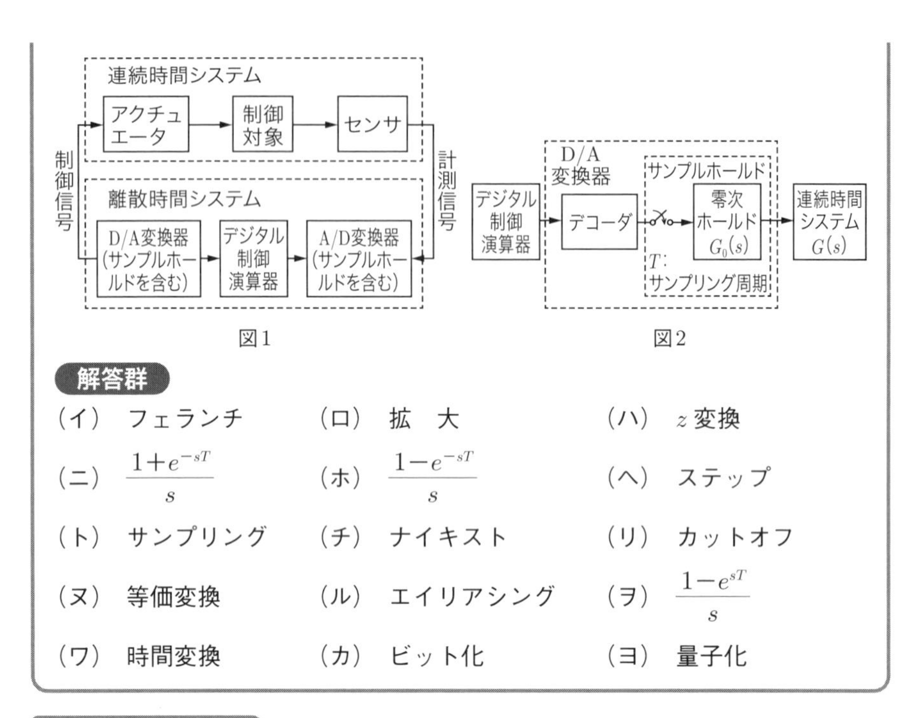

図1　　図2

解答群

(イ)　フェランチ　(ロ)　拡　大　(ハ)　z変換

(ニ)　$\dfrac{1+e^{-sT}}{s}$　(ホ)　$\dfrac{1-e^{-sT}}{s}$　(ヘ)　ステップ

(ト)　サンプリング　(チ)　ナイキスト　(リ)　カットオフ

(ヌ)　等価変換　(ル)　エイリアシング　(ヲ)　$\dfrac{1-e^{sT}}{s}$

(ワ)　時間変換　(カ)　ビット化　(ヨ)　量子化

―攻略ポイント―

z変換やパルス伝達関数は少し専門的であるが，A/D変換器，ナイキスト周波数，サンプリング定理は基本的な出題である．

解説　(1) メカトロニクスシステムの基本構成は，連続時間システムと離散時間システムとが含まれた構成となる．コンピュータを用いて制御システムを実装する場合，センサを使って情報を読み込んだり，制御器の演算を行うのに一定の時間がかかったりするため，制御動作は一定時間毎の間欠動作となる．一方，制御対象は連続時間システムである．そこで，**z変換**を用いてパルス伝達関数で表現することによって，制御対象とデジタル制御演算器とを統一的に解析できる．

(2) データをサンプリングし，そのデータがAであるとき，次のサンプリング値が得られるまでの間，Aというデータを保持するのが零次ホールドである．解図(a)のように，零次ホールドはAという信号をT時間ホールドする要素である．これは同図(b)のように，$t>T$の時間軸において$-A$という値をとるステップ関数を重畳させればよい．ラプラス変換において，ステップ関数1のs関数は$1/s$であり，推移法則は$\mathcal{L}[f(t-a)]=e^{-as}F(s)$となるからパルス伝達関数$G_0(s)$は

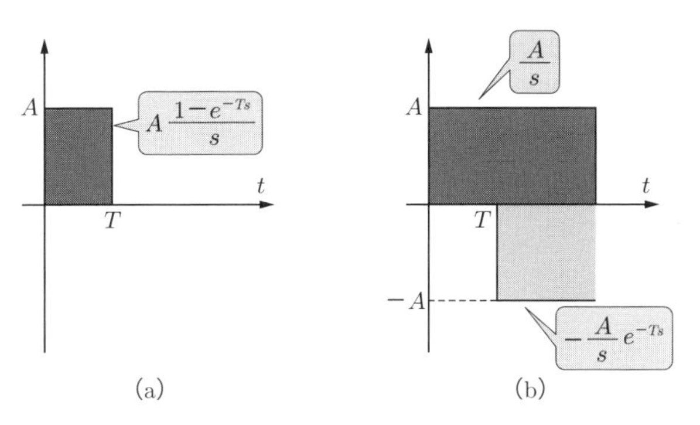

解図　零次ホールド

次式となる．

$$G_0(s) = \frac{1}{s} - \frac{1}{s}e^{-Ts} = \boldsymbol{\frac{1-e^{-Ts}}{s}}$$

(3)〜(5)　連続信号（計測信号）は，問題図 1 のように，A/D 変換によって標本化・量子化・符号化され，デジタル制御演算器で演算された後，D/A 変換器によって連続化され，アクチュエータへの制御信号となる．サンプリング周波数の 1/2 の周波数を**ナイキスト**周波数といい，A/D 変換される連続信号にはナイキスト周波数よりも高い周波数成分の信号が存在しないようにしなければならない．ナイキスト周波数よりも高い周波数成分が存在していた場合，**エイリアシング**現象によって，D/A 変換による復元が不可能になる．このエイリアシングは折り返し雑音とも呼ばれる．これがサンプリング定理（標本化定理）である．逆に言えば，標本化パルスはアナログ信号が含む最高周波数の 2 倍を超える標本化周波数で抜き取ることにより，元のアナログ信号を再現できるということである．

さらに，対象となる A/D 変換器では，アナログ量をサンプリングして有限のビット数からなるデジタル値に変換することによる**量子化**誤差が無視できることを前提に扱われている．

解答　**(1)（ハ）　(2)（ホ）　(3)（チ）　(4)（ル）　(5)（ヨ）**

問題 7　ファクトリーオートメーション　(R5-B7)

次の文章は，生産ラインにおける自動化技術に関する記述である．

コンピュータを活用して複雑な設計・製図を効率よく行えるものとして

（1） システムがある．3 次元 （1） を用いると，ディスプレイ上で設計対象物を立体的に表示でき，様々な方向から確認することができる．

（2） システムはコンピュータを活用した機械加工を中心とした生産準備の自動化システムをいい， （1） システムと連携させることで，設計対象物の加工手順を生成し，NC 制御された工作機械で加工することが可能である．

XYZ の各軸に主軸又はテーブルの回転，傾斜を加えた多軸制御の工作機械では， （1） システムの 3 次元設計データを活用して，複雑な形状や曲面を加工することができる．ただし，制御軸が増えると構造が複雑となり剛性が （3） なることや，加工時に切削工具が加工物に接触する角度や面積が変化することで （4） の変動があり，精度や表面粗さが悪化しやすくなることに注意が必要である．

（5） は，自動的に工具を交換する機能を有する NC 工作機械であり，加工内容の自由度が増え， （2） システムとの親和性が良い．

一方で，より複雑な形状を造形する方法では，3D プリンタが試作や少量生産の製品などへ利用されている．耐久性のある金属製の立体形状を作成する場合は， （6） の材料に （7） を照射して （8） させる方法がある．

生産ラインでは，各種工作機械や （5） の他，溶接，組立，塗装などを行う産業用ロボットや，無人搬送車，自動倉庫などが組み合わされて，工場全体の自動化が行われる．このようにして工場の自動化をすることを （9） という．

解答群

（イ）加工時間　（ロ）樹脂状　（ハ）切削抵抗
（ニ）マザーマシン　（ホ）高　く　（ヘ）光硬化
（ト）フリーフローライン　（チ）CAM　（リ）CAT
（ヌ）マシニングセンタ　（ル）低　く　（ヲ）CAD
（ワ）紫外線　（カ）フライス盤　（ヨ）溶　着
（タ）CAE　（レ）レーザ　（ソ）粉末状
（ツ）ファクトリーオートメーション
（ネ）フレキシブルマニュファクチャリングシステム

―攻略ポイント―

生産ラインの自動化技術，ファクトリーオートメーションを取り上げている新傾向の問題である．アンテナを高くし，生産技術の動向に関心をもつことも大事である．

解説 (1) コンピュータを活用して複雑な設計・製図を効率よく行えるものとして **CAD**（Computer Aided Design）システムがある．3次元CADを用いると，ディスプレイ上で設計対象物を立体的に表示でき，様々な方向から確認することができる．

(2) **CAM**（Computer Aided Manufacturing）システムは，コンピュータを活用した機械加工を中心とした生産準備の自動化システムをいい，CADシステムと連携させることで，設計対象物の加工手順を生成し，NC制御された工作機械で加工することが可能である．

(3) (4) XYZの各主軸で工具を前後・左右・上下の3方向に可動して3次元空間中で位置決めする3軸制御に，主軸または工作物を載せるテーブルの回転，傾斜の2軸を加えた多軸制御（5軸制御）の工作機械では，**CAD**システムの3次元設計データを活用し，複雑な形状や曲面を加工できる．一方，XYZに加えて制御軸が増えると構造が複雑になり，剛性が**低く**なる（曲げやねじりに対する変形がしやすくなる）ことや，加工時に切削工具が加工物に接触する角度や面積が変化することで**切削抵抗**の変動があり，精度や表面粗さが悪化しやすくなることに注意が必要である．ここで，切削抵抗とは，切削するときに被削材が刃物を押し戻そうとする力である．

(5) **マシニングセンタ**は，自動的に工具を交換する機能を有するNC工作機械であり，加工内容の自由度が増え，**CAM**システムとの親和性が良い．

(6)～(8) 一方で，より複雑な形状を造形する方法では，3Dプリンタが試作や少量生産の製品などへ利用されている．耐久性のある金属製の立体形状を作成する場合は，**粉末状**の材料に**レーザ**を照射して**溶着**させる方法がある．

(9) 生産ラインでは，各種工作機械や**マシニングセンタ**のほか，溶接，組立，塗装などを行う産業用ロボットや，無人搬送車，自動倉庫などが組み合わされて，工場全体の自動化が行われる．このようにして工場全体の自動化をすることを**ファクトリーオートメーション**という．

(1)（ヲ） (2)（チ） (3)（ル） (4)（ハ） (5)（ヌ）
(6)（ソ） (7)（レ） (8)（ヨ） (9)（ツ）

第 9 章

情報伝送・処理

[学習のポイント]

○情報伝送・処理の分野は，大きくコンピュータシステムとネットワークに分けることができる．この分野は，過去問題では選択問題として出題されている．

○コンピュータシステムにおいては，CPU，オペレーティングシステムといった基礎的な出題が多い．

○ネットワークに関しては，プロトコル，インターネットのサーバ機能，暗号化技術，監視制御，通信のアクセス方式，データ伝送制御などが出題されている．内容的には基礎的な出題が多いため，基本を十分に確認しておくことが重要である．

○一方，この他のテーマとして，画像データの圧縮技術など専門的な内容も出題されており，日頃からアンテナを高くしてさまざまな知識や技術動向に触れる習慣をつけておくことも大事であろう．

1　コンピュータシステム

問題１　コンピュータのCPU　(H16-B7)

次の文章は，コンピュータの中央処理装置（CPU）の動作に関する記述である．

現在使用されているコンピュータのほとんどは，その動作の命令を与えるプログラムを，あらかじめ［(1)］上に格納して，与えられたプログラムに従い処理を進めていく方式である．これは，ノイマンによって提唱されたものであり，このような方式が取られるコンピュータをノイマン型コンピュータという．コンピュータの命令は，［(2)］カウンタによって示されるアドレスの主記憶から読み出され，［(3)］に設定されてから解読され実行される．このような命令の実行は，命令取り出し段階と命令実行段階を必ず交互に行う［(4)］制御方式や，命令取り出し段階と命令実行段階を重ね合せて，同時並行的な処理を行う先行制御方式や，さらに，命令実行段階を細分化し，並行して実行できる命令数を増やし，その複数の命令の命令実行段階をずらしながら同時実行する［(5)］制御方式などがある．

―攻略ポイント―

コンピュータのCPUに関する基礎的な出題である．まずは，コンピュータの基本的な動作を復習しよう．

解説　(1)　コンピュータを構成するハードウェアは，解図のように，コンピュータの機能面から概念的に入力装置，出力装置，記憶装置（主記憶装置および補助記憶装置）および中央処理装置（制御装置および演算装置）に分類される．

①中央処理装置（CPU）

制御装置は，主記憶装置に記憶されている命令を一つひとつ順序よく取り出してその意味を解読し，それに応じて各装置に向けて必要な指示信号を出す．制御装置から信号を受けた各装置は，それぞれの機能に応じた適切な動作を行う．

算術演算，論理判断，論理演算などの機能を総称して演算機能と呼び，これらを行う装置が演算装置である．算術演算は数値データに対する四則演算である．

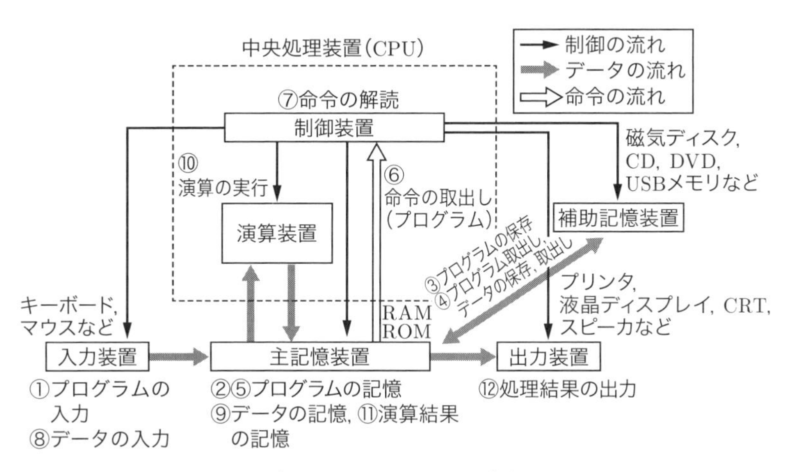

解図　コンピュータの構成

また，論理判断は二つのデータを比較してその大小を判定したり，等しいか否かを識別したりする．論理演算は，与えられた論理値に対して論理和，論理積，否定および排他的論理和などを求める演算である．

一般に，制御装置と演算装置は一体化され，CPU（中央処理装置）と呼ばれる．CPUは，制御装置，演算装置のほかに，レジスタ，クロック，バスによって構成されている．レジスタは，数ビット～数百バイトのデータを一時的に記憶する回路である．クロックは，コンピュータ内の動作のタイミングを取るため，パルス（クロック信号）を発生させる回路である．バスは各装置を結ぶ経路である．

②記憶装置

データや命令を記憶する装置であり，主記憶装置，補助記憶装置などがある．

主記憶装置は，**メインメモリ**と呼ばれ，CPUと直接データのやり取りをする装置である．補助記憶装置は，主記憶装置よりも大容量のデータを記憶する装置で，電源を切ってもデータを失わない．主記憶装置，補助記憶装置とは別の記憶装置として，緩衝記憶装置がある．互いに動作の歩調の異なる装置の間にあって，速度，時間等の調整を行い，両者を独立して動作させるための装置である．

③入力装置

コンピュータのシステムの内部では，情報は特定の形式の電気信号として表現されている．入力装置では，外部から入力されたいろいろな形式の信号を，そのコンピュータの処理に適した形式に変換した後に主記憶装置に送る．代表的なものにマウスやキーボードがある．

④出力装置

コンピュータが内部に記憶しているデータを外部に伝える働きを出力機能といい，ハードウェアのうちで出力機能を担う部分を出力装置という．出力されたデータを人間が認識できる出力装置には，プリンタ，ディスプレイ，スピーカなどがある．

現在のコンピュータ（ノイマン形コンピュータ）は，コンピュータを動かすプログラムやデータを，実行する前に補助記憶装置から主記憶装置に一度格納するプログラム内蔵方式をとっている．コンピュータの命令は，**プログラム**カウンタによって示されるアドレスの主記憶から読み出され，**命令レジスタ**に設定されてから解読され実行される．このような命令の実行は，命令取り出し段階と命令実行段階を必ず交互に行う**逐次**制御方式や，命令取り出し段階と命令実行段階を重ね合わせて同時並行的な処理を行う先行制御方式や，命令実行段階を細分化し，平行して実行できる命令数を増やし，その複数の命令の命令実行段階をずらしながら同時実行する**パイプライン**制御方式などがある．パイプライン制御方式は，CPU の命令実行過程を複数の処理ステップに分けて並列処理を行い，コンピュータの処理速度を向上させる方法である．

(1) 主記憶装置（主メモリ，メインメモリ）(2) プログラム (3) 命令レジスタ (4) 逐次 (5) パイプライン

問題２　オペレーティングシステム　(H22–B7)

次の文章は，電子計算機のオペレーティングシステムに関する記述である．A 群の文章に最も関係が深い語句を B 群の中から選びなさい．

A 群

(1)　マルチタスクの実行順序に関するタイムスケジューリングの一方式で，優先度を設定せずに，均等に CPU の実行時間をタスクに割り当て，CPU の使用権を解放されたタスクは，タスク群の最後に回って実行順序を待つ方式．

(2)　限られた格納領域をもつ主記憶装置に，プログラムやデータをロードする領域を有効に割り当てる記憶管理の一方式で，主記憶と補助記憶の内容を入れ替えながら，優先順位の高いジョブを優先的に主記憶にロードする方式．

(3)　業務処理などによって，イベントなどの逐次発生するデータを一時的に保管しておくためのファイル．

(4)　電子計算機の電源を入れたときに，オペレーティングシステムを起動するまでの処理の流れ．

(5)　時間のかかる入出力装置などの入出力処理において，一時的にデータを補助記憶装置に出力し，少しずつ処理させることで，処理効率を高める機能．

B群

(イ)　バックアップファイル	(ロ)　ブート	(ハ)　デバッグ
(ニ)　到着順	(ホ)　固定区画	(ヘ)　可変区画
(ト)　トランザクションファイル	(チ)　ラウンドロビン	
(リ)　マスタファイル	(ヌ)　スワッピング	
(ル)　リセット	(ヲ)　ログイン	(ワ)　スプール
(カ)　コーディング	(ヨ)　優先度順	

―攻略ポイント―

本問はコンピュータのオペレーティングシステムに関する出題である．電験2種でも出題される分野であるから，馴染みはあるであろう．

解説　(1) (2) (5) まず，オペレーティングシステムの目的と機能，オペレーティングシステムの処理能力向上策について説明する．オペレーティングシステム（OS）は，コンピュータを効率的に使用するため，CPU，記憶装置，入出力装置を動作させるための各種プログラムを統合したものである．代表的な例として，Windows，UNIX，MacOS等がある．オペレーティングシステムの目的は，コンピュータのハードウェアを有効に活用して処理能力の向上を図ること，コンピュータの信頼性や安全性を確保することである．

ジョブとは，ユーザーがコンピュータに依頼する仕事の単位で，一つのジョブは複数のプログラムから構成されている．ジョブステップはタスクという単位に分割できる．タスクはコンピュータから見た仕事の単位で，一つのジョブステップが多数のタスクに分割される．

狭義のオペレーティングシステムである制御プログラムの機能は，ジョブ管理，タスク管理，データ管理，記憶管理，運用管理，障害管理，入出力管理，通信管理からなる．

①ジョブ管理：ジョブを受け取り，ジョブを構成するジョブステップごとに実行を監視・制御する機能である．

②タスク管理：オペレーティングシステムは，スループットを高めるために，複数のタスクに対して，優先度に基づき CPU やメモリ，通信インタフェースなどのハードウェア資源を効率的に割り当て，システム全体の遊び時間を少なくしている．このように，タスクを管理して，ハードウェア資源を有効活用する機能をタスク管理という．タスクは，オペレーティングシステムの管理のもと，実行状態，実行可能状態，待ち状態の三つの状態を遷移しながら処理される．

タスクは生成されると，実行可能状態となる．実行状態にあるタスクから CPU の占有が解かれると，タスクディスパッチャが実行可能状態にあるタスクの中から最も優先度の高いタスクに CPU の使用権を与え，実行状態に移行させる．これをディスパッチングという．複数のタスクを切り替えて実行する場合，タスクの切替タイミングが重要となる．一例として，外部や内部の割込みにより発生する状態変化のタイミングを用いるイベントドリブン方式がある．

タスクの実行順序は，FIFO と呼ばれる構造の待ち行列にタスクを格納して処理を行う到着順方式や，処理時間の短いタスクを最初に実行する処理時間順方式がある．その他に，あらかじめタスクに優先度を付与しておき，優先順位に従って処理する方式がある．しかし，この方式では，優先度の低いタスクが実行されないスタベーションと呼ばれる現象が起こる可能性があり，動的に優先度を変更する対策等が行われる．

問題文の（1）は**ラウンドロビン**を示しており，これはプロセスを一定時間ごとに切り換える方式であり，どのプロセスにも均等に CPU の実行時間を割り当てる方式である．

③記憶管理：記憶管理には，実記憶管理と仮想記憶管理とがある．実記憶管理は，実際に存在する記憶装置を管理する．仮想記憶装置は，物理的な主記憶装置より大きな記憶空間を実現する仕組みである．仮想記憶管理（制御）とは，主記憶装置の容量に依存しない大きなアドレス空間を提供するために，プログラムやデータを大容量の補助記憶装置に配置しておき，必要に応じてそれらを主記憶装置の空き領域にロードする．そして，**スワッピング**は，主記憶装置と補助記憶装置のデータやプログラムを入れ替えながら，優先順位の高いジョブを優先的に主記憶装置にロードする方式である．

次に，オペレーティングシステムの処理能力を向上するための対策について説明する．まず，マルチタスキングとは，CPU の使用効率を向上するために，主記憶上に存在する実行可能な複数のプログラムを，1 台の CPU で見かけ上同時に実行するというものである．

割込み処理とは，緊急を要する処理が必要とされる場合，現在実行中の処理を割込みによって中断し，割込みを先行処理し，割込み処理が完了すると，中断した処理に戻るものである．

排他制御とは，あるタスクが相互干渉のあってはならない資源にアクセスする場合，処理が完了するまでは，他のタスクがその資源にアクセスできないようにすることである．

スプールとは，CPU や主記憶装置と入出力装置との処理速度の差によるスループットの低下を緩和するために，カードリーダやプリンタなどの入出力データを，高速大容量である磁気ディスク装置などの補助記憶装置に一時保存した後，入出力することである．

(3) **トランザクションファイル**が正答である．データ更新の際に必要なファイルは，マスタファイルとトランザクションファイルがある．マスタファイルは，業務処理の基本となるデータを種類別に分類して保持したファイルである．一方，トランザクションファイルは，業務処理などによって，イベントなどの逐次発生するデータを一時的に保管しておくためのファイルである．

(4) **ブート**とは，コンピュータの電源を入れたときに，オペレーティングシステムを起動するまでの処理の流れである．

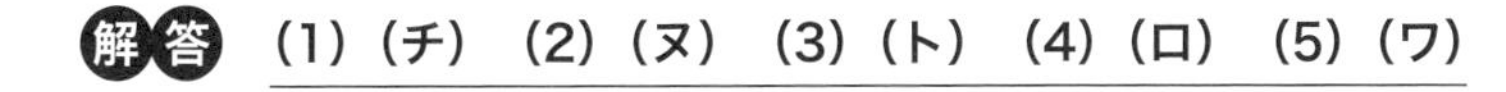
解答　(1)（チ）　(2)（ヌ）　(3)（ト）　(4)（ロ）　(5)（ワ）

問題 3　コンピュータシステムの保守・運用と稼働率　(R4-B7)

次の文章は，コンピュータシステムの保守，運用に関する記述である．

コンピュータシステムは期待された性能を安定に発揮することを求められており，その基準となる信頼性，［ (1) ］，保守容易性を RAS と称している．近年では，データを破壊から守る保全性や部外者のアクセスを制限する機密性も加えた RASIS と呼ばれる場合もある．

信頼性は，平均故障間隔（MTBF）で表され，保守容易性は，平均修理時間（MTTR）で表される．これらの指標を用いて，［ (1) ］を表す稼働率は，［ (2) ］式で求められる．

今，ある装置Xを5年間連続して稼働させたところ，故障は2回で修理の合計時間は1 200 hであった．1年間を8 760 hとすると，この装置Xの稼働率は［(3)］%である．

次に装置Yを装置Xに直列に接続して用いることを考える．このままでは装置単独で用いるよりも信頼性が低下する．よって，［(4)］に基づく設計を適用し，予備機を待機させ，障害発生時にはこの待機系に切り替えて運用できる図示のシステムZを構築することにした．このシステムを［(5)］システムという．この装置の信頼度を稼働状態と待機状態との区別なく，装置Xは0.7，装置Yは0.8とするとき，待機系への切り替え時に生じる故障や停止を無視すると，システムZの信頼度は［(6)］に改善される．

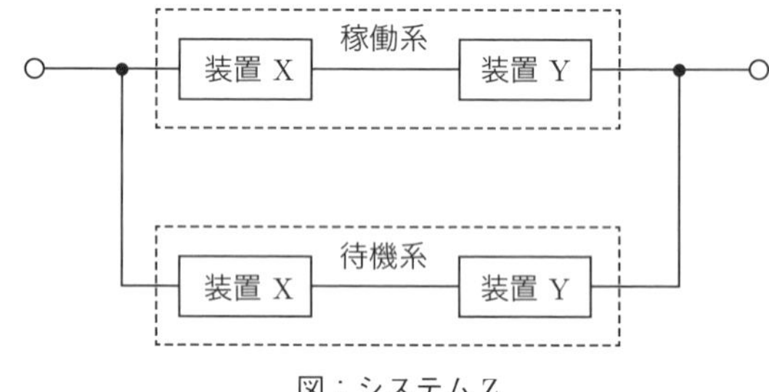

図：システムZ

解答群

(イ)　0.806	(ロ)　高速性	(ハ)　デュアル
(ニ)　0.750	(ホ)　97.3	(ヘ)　$\dfrac{\text{MTBF}}{\text{MTBF}+\text{MTTR}}$
(ト)　可用性	(チ)　$1-\dfrac{\text{MTTR}}{\text{MTBF}}$	(リ)　応答性
(ヌ)　デュプレックス	(ル)　94.7	(ヲ)　シンプレックス
(ワ)　94.4	(カ)　$\dfrac{\text{MTBF}}{\text{MTTR}}$	(ヨ)　フールプルーフ
(タ)　1.12	(レ)　フォールトトレランス	

ー攻略ポイントー

コンピュータシステムの信頼性を問う典型的な問題である．稼働率，MTBF，MTTR，デュプレックス構成とデュアル構成といったキーワードをよく理解しておく．

解説　(1) コンピュータシステムは期待された性能を安定に発揮することを求

められており，その基準となる信頼性，**可用性**，保守容易性をRAS（Reliability, Availability, Serviceabilityの頭文字）と称している．近年では，データを破壊から守る保全性（Integrity），部外者のアクセスを制限する安全性や機密性（Security）を加えて，RASISと呼ばれる場合もある．

(2) 可用性を表す稼働率は，**MTBF/(MTBF＋MTTR)** という式で求められる．

(3) 装置Xを5年間連続して稼働させた場合のMTBF＋MTTR＝8 760×5＝43 800 hである．題意より，MTTR＝1 200 hであるから，MTBF＝43 800－1 200＝42 600 hとなる．ゆえに，稼働率は

$$\text{稼働率} = \frac{\text{MTBF}}{\text{MTBF}+\text{MTTR}} \times 100 = \frac{42\,600}{43\,800} \times 100 \fallingdotseq \mathbf{97.3}\,\%$$

(4) (5) システムの信頼性を高める冗長技術が**フォールトトレランス**である．コンピュータシステムにおける信頼性を高める手法として，**デュプレックス構成**と**デュアル構成**がある．これらは，コンピュータシステムの一部に故障が生じても，システムを停止させないで正常に続行できるフェールソフトやフェールセーフに分類される代表的なシステム構成である．

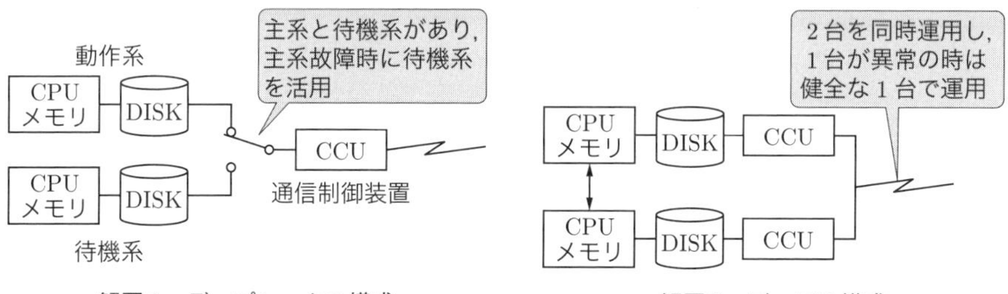

解図1　デュプレックス構成　　解図2　デュアル構成

デュプレックス構成は，健全時に1台が主系として動作し，もう1台が待機系となって，いつでも主系故障時に，主系となり得る状態を維持させるものである．一方，**デュアル構成**は，2台を同時に運用し，それぞれの処理結果を比較して異常を検知できるようにしたもので，1台が異常のときは，健全な1台のみで運用を継続させるようにしている．ちなみに，問題文のシステムZは予備機を待機させて障害時に待機系に切り替えるから，**デュプレックス**システムである．

(6) 稼働系，待機系はいずれも装置Xと装置Yの直列接続なので，信頼度R＝0.7×0.8＝0.56である．システムZは稼働系と待機系の並列接続であるから，その信頼度R_0は，稼働系と待機系が同時に故障する事象の補事象の確率と考えればよい．

$$R_0 = 1 - (1 - R) \times (1 - R) = 1 - (1 - 0.56) \times (1 - 0.56) \fallingdotseq \mathbf{0.806}$$

解答　**(1)（ト）　(2)（ヘ）　(3)（ホ）　(4)（レ）　(5)（ヌ）　(6)（イ）**

問題4　プログラム開発のプロジェクト管理　(R2-B7)

次の文章は，プログラム開発のプロジェクト管理に関する記述である．

プログラム開発のプロジェクト管理手法として，作業展開構造（WBS）を利用する方法がある．これはプロジェクトを構成する作業を分解し，構造化したもので，その作業単位をワークパッケージという．作業展開構造を詳細なレベルとすることで，リスク要因が明らかとなり，コストやスケジュールの予測が可能となる．

作業単位相互の関連性やプロダクトの流れ，リソースの有効性や外部要因の制約などを考慮した上で，全体のスケジュールを決定する．

図は，［(1)］と呼ばれるもので，作業と所要日数をグラフ状に表現したものである．破線はダミー作業で，作業B及び作業Cが完了した後，作業Eの着手可能であることを示している．ダミー作業の所要日数は0である．

図では，作業Aと作業Cに対して作業Bが並行作業であり，同様に作業Dと［(2)］に対して，［(3)］も並行作業である．

この図では，全体の作業を完了するのに必要な最小限の日数を求めることができ，この経路を［(4)］という．この図の場合，最小日数は［(5)］日間である．［(4)］において遅延が生じると作業全体が遅れることになる．

完了までの日数の予測は，開発の［(6)］段階であるほど，未知数の要因が多く，難しくなる．

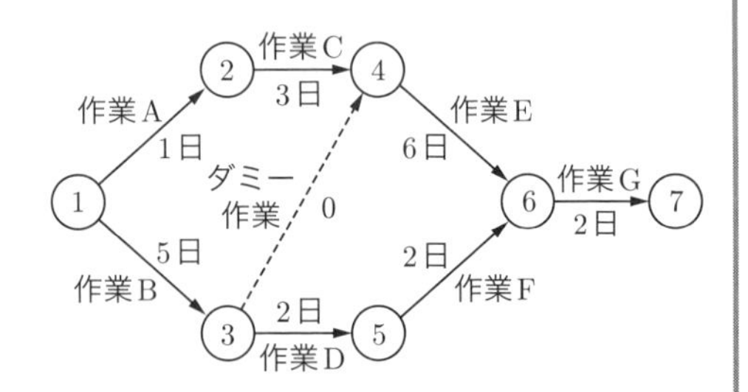

解答群

(イ)　13　　(ロ)　作業E　　(ハ)　作業G　　(ニ)　作業B
(ホ)　初　期　　(ヘ)　終　期　　(ト)　作業A　　(チ)　作業C
(リ)　クリティカルパス　　(ヌ)　トラフィック　　(ル)　12
(ヲ)　11　　(ワ)　ネットワークモデル

(カ)	作業F	(ヨ)	ガントチャート
(タ)	アローダイアグラム	(レ)	ボトルネック

―攻略ポイント―

アローダイアグラムというキーワードを認識しておく必要はあるが，それ以外の設問は問題文を丁寧に読めば常識的に解ける問題である．

解説 (1) プログラム開発のプロジェクト管理手法として，作業展開構造(Work Breakdown Structure) を利用する方法が有効である．問題図は，**アローダイアグラム**と呼ばれるもので，作業と所要日数をグラフ状に表現したものである．①，②などの丸付き数字は結合点で状態を示し，矢印は作業を示している．アローダイアグラムはPERT (Program Evaluation and Review Technique) とも呼ばれる．

(2) (3) アローダイアグラムから，作業AとCに対して作業Bが平行作業になっているのと同様に考えれば，作業Dとそれに直列になっている**作業F**に対して，**作業E**が並列になっていることは一目瞭然であろう．

(4) アローダイアグラムでは，全体の作業を完了するのに必要な最小限の日数を求めることができ，この経路を**クリティカルパス**という．

(5) 題意より，問題図において，破線はダミー作業で，作業Bおよび作業Cが完了した後，作業Eの着手が可能であることを示している．したがって，結合点①から結合点④までの合計作業日数すなわち作業Eを開始するまでの最短日数は，作業A＋作業Cの4日ではなく，作業Bで決まる5日となる．そして，作業Eを完了して結合点⑥に到達するのは，その作業日数の6日を足して11日（＝5日＋6日）となる．一方，作業Dと作業Fは，作業Eと平行作業であり，作業Dと作業Fの合計作業日数は4日で作業Eの6日よりも短い．他方，結合点⑥から，作業Gの2日を要した後，結合点⑦に至るため，全体の最小日数は**13**日間（＝11日＋2日）である．

(6) プログラム開発の完了までの日数の予測は，開発の**初期**段階であるほど，未知数の要因が多く，難しくなる．

 **(1)（タ） (2)（カ） (3)（ロ） (4)（リ） (5)（イ） (6)（ホ）**

2　ネットワーク

問題５　IP ネットワーク　(H27-B7)

次の文章は，IP ネットワークに関する記述である．

電力用通信網では，従来の専用線通信網に加え，IP（Internet Protocol）によってデータの送受信を実現する IP ネットワークの導入が進んできている．IP は，ネットワーク機器の IP アドレスを基にして，複数のネットワークをつなぎ，相互に通信可能にするプロトコルである．また，IP が位置する階層の上位層である (1) 層で代表的なインターネット・プロトコル・スイートである (2) は，アプリケーション間の仮想的な通信路（コネクション）を確立し，送信側と受信側との確実なデータ通信を実現するプロトコルである．その反面，ブロードキャストやマルチキャスト通信などには対応できない．さらに，アプリケーション層において，インターネットや LAN などで使用される代表的なプロトコルとして，以下のようなものがある．

HTTP：Web サーバとブラウザ間で (3) などのコンテンツを受け渡すプロトコルである．

POP：メールサーバにアクセスし，電子メールを (4) するプロトコルである．

(5) ：ネットワーク上で稼働する機器の稼働状況を監視し，制御するための情報の通信方法を定めるプロトコルで，管理する側のマネージャ及び管理される側のエージェントの二つによってフレームワークが構成される．

解答群

(イ)　SNMP	(ロ)　トランスポート	(ハ)　送受信
(ニ)　受　信	(ホ)　FTP	(ヘ)　PPP
(ト)　TCP	(チ)　TELNET	(リ)　送　信
(ヌ)　UDP	(ル)　データリンク	(ヲ)　HTML
(ワ)　インターネット	(カ)　SMTP	(ヨ)　MAC

ー攻略ポイントー

通信プロトコルに関する重要かつ基礎的な出題である．TCP/IP，OSI 参照モデル，アプリケーション層におけるプロトコルなどをよく理解しておく必要がある．

解説 (1) (2) 複数のコンピュータを接続して形成されるコンピュータネットワークにおいて通信を行うとき，次の3つの要素が重要である．

①プロトコル

プロトコル（通信規約）は，コンピュータ等の機器同士でネットワークを通じて通信を行うために取り決められた手順や規格をいう．プロトコルにはいくつかの種類があるが，インターネットを含む多くのネットワークで主流になっているのがTCP/IPという体系である．

② TCP/IP プロトコル

TCP（Transmission Control Protocol）は，送信元から送信したデータが送信先に届いたかを都度確認しながら通信する規約である．**TCP** は，OSI 参照モデルにおいてネットワーク層より上位の**トランスポート**層にあたるプロトコルで，インターネット等で利用される．信頼性は高いが，転送速度が低いという特徴がある．IP アドレス（Internet Protocol Address）は，わかりやすく言えば，ネットワークに接続されたコンピュータに付いている住所のことである．ネットワーク上で送信元と送信先を識別するために，デバイスごとに付与されている．

③ OSI 参照モデル

OSI（Open Systems Interconnection）参照モデルとは，異なるメーカの製品でも通信できるよう，通信機能を定義するISO（国際標準化機構）によって作られた世界標準モデルのことである．OSI 参照モデルは，解表のように，ネットワークを7つの階層に分けて定義している．

(3)～(5) 解表に示すように，アプリケーション層において，インターネットやLANなどで使用される代表的なプロトコルとして，HTTP，POP，SNMPなどがある．HTTP（Hypertext Transfer Protocol）はWebサーバとブラウザ間で**HTML**などのコンテンツの送受信に用いられるプロトコルである．POP（Post Office Protocol）は，メールサーバにアクセスし，電子メールを**受信**するプロトコルである．**SNMP**（Simple Network Management Protocol）は，ネットワーク上で稼働する機器の稼働状況を監視し，制御するための情報の通信方法を定めるプロトコルである．

参考までに，トランスポート層の通信プロトコルにおいて，TCPはホスト間で

解表　OSI参照モデル

階層	階層名	役割
7層	アプリケーション層	ユーザが直接操作するインターフェースで，アプリケーションで実行するアクションを実現する通信手順を規定．代表的な通信プロトコルはHTTP，SNMP，POPである．
6層	プレゼンテーション層	データの表現形式を定義（文字コード，圧縮，暗号化等）
5層	セッション層	通信の開始から終了までの手順を規定
4層	トランスポート層	データ通信の信頼性を確保する方式を規定．データを確実に伝送するためのデータ圧縮，再送制御等を実施．通信プロトコルはTCP，UDPである．
3層	ネットワーク層	異なるネットワーク間の通信ルールを規定．アドレスの割り当てやデータ伝送路の選択などを実施．通信プロトコルはIPである．
2層	データリンク層	接続されている通信機器間の信号の受け渡し，伝送途中のエラー検出や訂正の仕様を規定．通信プロトコルはARP，PPPである．
1層	物理層	ケーブルの特性やコネクタの形状，通信速度，電気信号や光信号，無線電波の形式等，物理的なルールを規定

損失パケットの再送を行うためにデータ転送の信頼性は高いのに対し，UDP（User Datagram Protocol）は損失パケットの再送を行わない方式である．UDPは，プロトコルが単純であること，遅延と遅延変動が小さいことから，リアルタイム転送の必要なアプリケーションで利用される．

問題6　インターネット上のサーバ機能　(H23-B7)

次の文章は，インターネット上のサーバ機能に関する記述である．

インターネットは，ネットワークの一部が故障してもさまざまなルートで情報が送れるように構成されている．この技術をもとに，アメリカ国防総省が開発した (1) の運用が1969年に開始されている．インターネットのサービスや管理を行う装置として次のような代表的なサーバ機能がある．

(2) ：ネットワークに接続されたサーバには，それぞれ固有の (3) が割り当てられている．そのアドレスとドメイン名との変換を行う機能をもつもので，ネームサーバとも呼ばれる．

メールサーバ：コンピュータ間の電子メールの配信や転送を取り扱い管理する機能をもつもので，メール送受信時に，POP サーバは受信に使用されるサーバであり， (4) は送信に使用されるサーバである．

(5) ：アクセスを要求するクライアントの代理となってその要求にこたえるアプリケーションゲートウェイ機能や，インターネットサーバへのアクセスがあった場合に以前のアクセス時に蓄積したデータを WWW ブラウザへ送るキャッシング機能をもつ．

解答群

（イ） MAC アドレス　（ロ） プロキシサーバ　（ハ） ARPANET
（ニ） 変換サーバ　（ホ） SMTP サーバ　（へ） ポストアドレス
（ト） FTP サーバ　（チ） JPNIC
（リ） ファイアウォールサーバ　（ヌ） Archie サーバ
（ル） IP アドレス　（ヲ） 分散サーバ　（ワ） APNIC
（カ） DNS サーバ　（ヨ） PEP サーバ

ー攻略ポイントー

インターネットのサーバ機能に関する基礎的な出題であるが，重要であるため，十分に理解しておく．

解説　(1) インターネットは，通信プロトコル TCP/IP を用いて，世界中のコンピュータなどの情報機器を接続する巨大ネットワークである．インターネットは，ネットワークの一部が故障しても様々なルートで情報を伝送できるよう構成されている．**ARPANET** は，コンピュータを他の複数のコンピュータと相互接続したネットワーク形態を作るものである．

(2)～(4) インターネットのサービスや管理を行う装置として，次のようなサーバ機能がある．サーバとは，サービスを提供している側のコンピュータを指し，インターネットを介してユーザとつながっている．

①DNS サーバ：ネットワークに接続されたサーバには，それぞれ固有の **IP アドレス**が割り当てられている．この IP アドレスとドメイン名を紐付けるための仕組みを提供するサーバが DNS（Domain Name System）サーバであり，ネームサーバともいう．ここで，IP アドレスは数字で構成されており，人間が一目で違いを見分けるのは難しいため，人間が理解しやすいように IP アドレスを異なる

形式で表したのがドメイン名である．

②メールサーバ：メールサーバは，メールの送受信の役割を担っているサーバである．メールサーバには，メールの送信の役割を持つ**SMTP（Simple Mail Transfer Protocol）サーバ**とメールを受信する役割を持つPOPサーバの２つがある．メールを宛先メールアドレスに送信するため，そのメールアドレスから宛先のIPアドレスをDNSサーバによって割り出すので，メールを送受信するときには，SMTPサーバ，POPサーバ，DNSサーバによって実現できる．

③プロキシサーバ：プロキシサーバは，インターネットへのアクセスを代理で行うサーバをいう．プロキシサーバを利用する目的は，コンテンツのキャッシュとセキュリティ確保がある．キャッシュは，Webサーバから送られてきたコンテンツを一時的に保存しておけば，同じコンテンツがリクエストされたときにWebサーバへアクセスすることなくコンテンツをクライアントに送ることができる．セキュリティに関しては，プロキシサーバは詳細な通信内容をログとして記録したり，コンテンツをチェックして不正なコードやマルウエアが含まれていないかチェックしたりするために使われる．

参考までに，インターネットのWWW（World Wide Web）とは，情報をハイパーテキスト形式で表した分散型データベースシステムである．要するに，ハイパーテキストという記述方法で書かれたコンテンツをつなげる仕組みである．そして，ハイパーテキストでは文字や画像などにリンクを付けることで，別のコンテンツに遷移できる．この機能をハイパーリンクといい，これにより相互接続性を高めている．WWWでは，ブラウザ（閲覧ソフト）によりURL（Web上の住所）によって指定されたWebサーバにアクセスし，HTML（ハイパーテキストを記述するための言語）などで記述された文書や画像などのデータを閲覧することができる．

解答　(1)（ハ）　(2)（カ）　(3)（ル）　(4)（ホ）　(5)（ロ）

問題７　暗号化技術　（H19-B7）

次の文章は，暗号化技術に関する記述である．

電気設備の監視制御装置などにインターネットが利用されつつあるが，電気設備のみならず現代のネットワーク社会において，暗号化技術が重要な役割を果たしている．

暗号化には，主に二つの機能があり，情報を「秘匿（守秘）機能」により保護するだけでなく，「 (1) 」機能により情報に本人性や完全性等の信用を与えることで，ネットワーク社会における安全性と信頼性を実現できる．

秘匿（守秘）機能は，平文（データ）を送信者と受信者以外の第3者から隠すことであり，送信側で暗号鍵を用いて平文を暗号化し，受信側で復号鍵を用いてその暗号文を元の平文に (2) して保護する．この暗号鍵と復号鍵とが同じであるか，あるいは暗号鍵から復号鍵が容易に導けるものを (3) 方式と呼び，送信者と受信者はともにそれぞれの鍵を秘密に保たなければならない．一方， (4) 方式は，暗号鍵と復号鍵とが異なり，前者の鍵から後者の鍵を求めるのは難しく，鍵の管理の簡素化や，当事者間の争いの解決に有用であるが，暗号化や (2) が複雑となり，処理速度も低くなる．

(1) 機能は，人間やメッセージあるいは時刻といった対象によって分類される．これらへの偽造行為の対策として，関数値から元の引数の値を求めるのが困難であるような一方向性 (5) と呼ばれる関数を利用して，メッセージ認証やディジタル署名などが実施される．

解答群

(イ) メッシュ関数	(ロ) 全二重	(ハ) 認　証
(ニ) 生成鍵暗号	(ホ) 公開鍵暗号	(ヘ) 解　読
(ト) ハッシュ関数	(チ) 半二重	(リ) 認　定
(ヌ) 改ざん	(ル) 復　号	(ヲ) なりすまし
(ワ) 確率密度関数	(カ) 共通鍵暗号	(ヨ) 検査鍵暗号

―攻略ポイント―

現代社会を支えるコンピュータネットワークやインターネットにおいて，情報のセキュリティ対策は重要であり，その要がウィルス対策や暗号化などである．

解説　(1) ネットワークが取り扱う情報は，ホームページのデータや電子メールでやり取りされるデータのほかに，クレジットカードに含まれる秘匿性の高い情報もある．こうした秘匿性の高い情報は，第三者による盗聴やデータの改ざんなどから保護するための安全性と信頼性を確保しなければならない．そこで，暗号化技術は重要な役割を果たす．暗号化には，主に二つの機能があり，情報を秘匿機能により保護するだけなく，**認証**機能により情報に本人性や完全性等の信用を与えることで，ネットワーク社会における安全性と信頼性を実現できる．

(2)～(4)　情報の暗号化の手法には，暗号化用と復号用に同じ鍵を使う**共通鍵暗号**方式と，異なる鍵を使う**公開鍵暗号**方式に分けられる．送信者が送りたい元のデータを平文，完全に送信できるように変換したデータを暗号文，変換する作業を暗号化，暗号文を元に戻すことを**復号**という．

①**共通鍵暗号方式**では，解図１のように，データを送受信する者同士で共通の鍵（秘密鍵）を使用して暗号化通信を行う．共通鍵方式は，双方で共通の鍵を使うので復号にかかる速度は速いというメリットはあるが，データの通信ごとにそれぞれ秘密鍵が必要になる．このため，多人数で情報を通信する場合，鍵の管理が煩雑になるほか，データを送受信する場合に何らかの方法で秘密鍵を受信相手に配信しなければならないというデメリットもある．

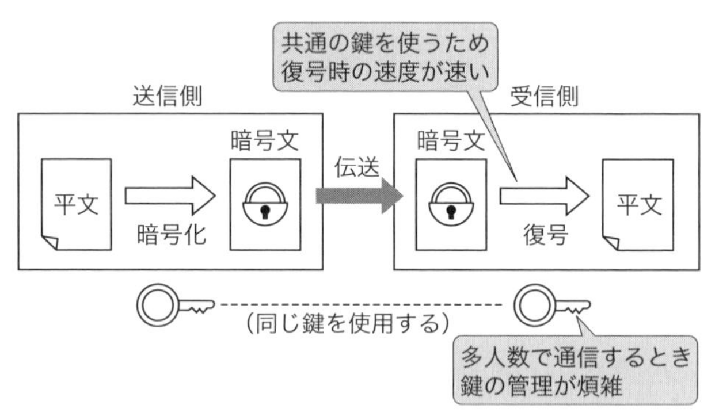

解図１　共通鍵暗号方式

②**公開鍵暗号方式**では，解図２のように，秘密鍵と，秘密鍵とペアになった公開鍵を用い，暗号化と復号用に使う鍵が異なる．公開鍵（暗号化鍵）から秘密鍵

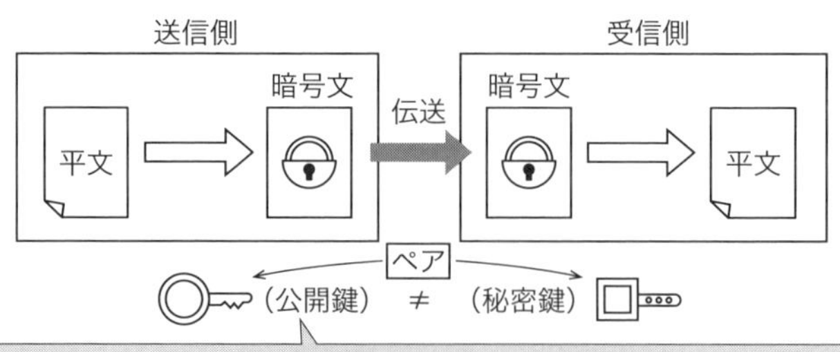

解図２　公開鍵暗号方式

（復号鍵）を導くためには膨大な計算量が必要になるため，暗号化鍵を公開しても使用することが可能になる．復号鍵から暗号化鍵は生成できるが，その逆はできないことが暗号の強さになっており，非対称系暗号と呼ばれる．

(5) 偽造行為対策として，関数値から元の引数の値を求めるのが困難であるような一方向性**ハッシュ関数**と呼ばれる関数を利用して，メッセージ認証やディジタル署名などが実施される．ハッシュ関数は，入力されたデータから疑似的に乱数を得ることができる関数である．データ送信側が，送信データと，このデータにハッシュ関数による演算を施して得られた疑似的な乱数（送信疑似乱数）とともに送信する．一方，受信側は，受信した送信データにハッシュ関数の演算を施して得られた出力データと送信疑似乱数とを比較する．データの改ざんがあれば，出力データと送信疑似乱数が不一致になる．

(1)（ハ） (2)（ル） (3)（カ） (4)（ホ） (5)（ト）

問題8 遠隔監視制御方式 (H18-B7)

次の文章は，遠隔監視制御装置に関する記述である．

電力系統や産業プラントなどの大規模システムにおいて，遠方から伝送路を介して，多数の制御所を監視制御する遠隔監視制御装置が利用されている．このような装置の伝送符号方式には，伝送制御手順の種類によって，サイクリック手順と， (1) 手順があり，専用の通信ネットワークプロトコルに基づくネットワーク形態が採用されている．

サイクリック手順は，フレーム単位の情報をサイクリックに伝送する方式であり，符号の誤り検定方式として2連送反転照合とパリティ検定により，伝送信頼度を確保している．

一方， (1) 手順は，情報伝送フレーム単位に，情報要求のつど伝送し，伝送先からの受信確認応答を確認して伝送を完了する方式であり，そのフレームのうち (2) を誤り検定のフィールドとして用いて， (3) 方式による誤り検出用のビット列が送られる．

これらの伝送制御手順は，基本的には，OSI参照モデルの (4) 層で規約されているプロトコルに位置づけられる．

最近では，インターネットプロトコルに基づくネットワーク形態の導入が進められており，OSI参照モデルの (5) 層に対応するUDP，TCPなどのプロトコルを活用して，伝送の標準化・統一化を図る一方，オープンネットワークからの分離のために，ファイアウォールなどによりセキュリティの確保を図っている．

解答群

(イ)　フレームチェックシーケンス	(ロ)　VRC（垂直パリティ）
(ハ)　トランスポート	(ニ)　セッション
(ホ)　ADSL	(ヘ)　CRC（巡回冗長符号）
(ト)　アプリケーション	(チ)　HDLC
(リ)　物　理	(ヌ)　フラグシーケンス
(ル)　アドレスフィールド	(ヲ)　プレゼンテーション
(ワ)　データリンク	(カ)　ベーシック
(ヨ)　ハミング符号	

―攻略ポイント―

遠隔監視制御装置（テレコン）は遠隔測定装置（テレメータ）や遠隔表示装置（スーパービジョン）を含め，無人化された発電所や変電所を監視する方式として必須の技術である．

解 説　(1) 遠隔監視制御装置に用いられる伝送制御手順には，サイクリック手順と **HDLC** (High Level Data Link Control；ハイレベルデータリンク制御) 手順とがある．サイクリック手順は，計測値情報や状態情報などの複数の情報を所定の順序に配列し，これを一定周期で繰り返して伝送する伝送制御手順である．サイクリック手順における符号の誤り検定方式としては，2連送反転照合とパリティ検定がある．

まず，2連送照合は，送信側から同一のデータを2回送信し，受信側では送られてきた2つのデータを受信して，それぞれを比較し，一致していれば伝送誤りがないと判断し，不一致なら，伝送誤りがあるとして送信側に再度の送信を要求する方式である．これに対し，反転2連送照合は，同じデータを送るのではなく，データの1と0のビットをすべて入れ替えて反転したデータを元のデータとともに送信する方式である．受信側では，受け取った一方のデータに対して，すべてのビットの1と0を入れ替え，この入れ替えたデータが他方のデータと一致するかどうかを調べることにより伝送誤りがないかどうかを判別する．

パリティ検定は，特定のビット数ごとに冗長ビットを付与してエラー検出を行う方法である．垂直パリティチェック方式と水平パリティチェック方式がある．垂直パリティチェック方式は，伝送する1文字ごとに1ビットの冗長ビットを付与したものである．この冗長ビットは，伝送する1文字の各ビットに含まれる1の数が奇数または偶数になるよう付与するもので，それぞれ奇数パリティ，偶数パリティという．一方，水平パリティチェック方式は，複数のデータ列から構成されるブロック単位でエラー検出を行うものであり，複数のデータ列の同一ビットごとに冗長ビットを付与している．

(2)（3）**HDLC** 手順は，情報伝送フレーム単位に，情報要求の都度伝送し，伝送先からの受信確認応答を確認して伝送を完了する方式である．HDLC のフレーム構成を解図に示す．その中で，HDLC 手順の誤り制御は，16 ビットの**フレームチェックシーケンス**を用いている．フレームチェックシーケンスには，誤り検出のためのビット列が設定される．このビット列は，アドレスフィールドから情報フィールドまでのデータを **CRC（Cyclic Redundancy Check；巡回冗長符号）**を行って演算したものである．

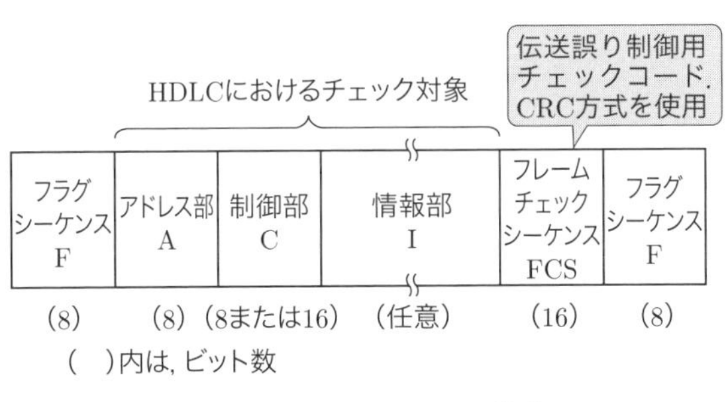

解図　HDLC のフレーム構成

(4)（5）サイクリック手順や HDLC 手順といった伝送制御手順は，OSI 参照モデルの**データリンク**層で規約されているプロトコルに位置づけられる．OSI 参照モデルやデータリンク層は問題 5 の解説やその中の解表を参照していただきたい．同様に，その解説やその解表の OSI 参照モデルから，**トランスポート**層の代表的なプロトコルは，TCP や UDP である．

解答　(1)（チ）　(2)（イ）　(3)（ヘ）　(4)（ワ）　(5)（ハ）

問題 9　通信のアクセス方式　(H17-B7)

次の文章は，通信のアクセス方式に関する記述である．

伝送線路や無線空間を利用した通信路では，複数組の通信が一つの通信路を共有して，それぞれの相手との通信が同時に行われる場合がある．それぞれ独立した端末から，送出される信号が伝わる通信路を有効活用し，効率よく多重化する技術を，［(1)］と呼ぶ．

［(1)］としては，次のような方式がある．

［(2)］は，各ユーザのチャンネルを周波数の異なる搬送波に設定することで合成分離する方式である．この方式は，従来のアナログ方式の携帯電話などに適用されている．

［(3)］は，単一の搬送波をタイムスロットと呼ばれる複数の時間区分に分割して，各ユーザのチャンネルを割り当てて，合成分離する方式であり，［(4)］変調には適さない．この方式は，電力系統の保護リレーシステム用のマイクロ波伝送などに適用されている．

［(5)］は，チャンネルの分離を周波数や時間ではなく，各ユーザが割り当てられた異なる符号を用いる方式であり，第3世代移動通信システムに適用されている．

解答群

(イ) 圧縮技術	(ロ) TCM	(ハ) アナログ
(ニ) CSMA	(ホ) FDDI	(ヘ) 変調技術
(ト) FDMA	(チ) TSS	(リ) 多元接続技術
(ヌ) ハイブリッド	(ル) CDMA	(ヲ) FSK
(ワ) ディジタル	(カ) TDMA	(ヨ) ハンドオーバー

— 攻略ポイント —

通信の多元接続技術に関する出題である．電力分野からすれば馴染みは薄いかもしれないが，通信技術からすれば基礎的な内容である．理解を深めておく．

解説　(1) 伝送線路や無線空間を利用した通信路では，複数組の通信が一つの通信路を共有して，それぞれの相手との通信が同時に行われる場合がある．それぞれ独立した端末から，送出される信号が伝わる通信路を有効活用し，効率よく多重化する技術を**多元接続技術**と呼ぶ．多元接続はマルチプルアクセスともいう．
(2) **FDMA**（Frequency Division Multiple Access；周波数分割多元接続）は，解図1に示すように，使用可能な周波数帯域を分割し，各端末に周波数を割り当てて通信を行う方式である．一つの端末は割り当てられた周波数を1チャネルとして使用する．各端末は異なる周波数で通信を行うため，周波数切換のための周波数シンセサイザや特定の周波数のみを通過させるチャネル選択用フィルタが必要である．システム構成は簡単であるが，基地局に端末の数だけの送受信機が必要になる．この方式は，従来のアナログ方式の携帯電話などに適用されている．

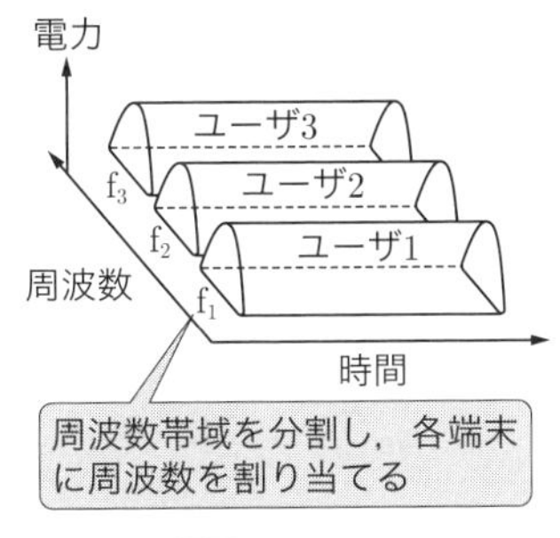

解図1　FDMA

(3) (4) **TDMA**（Time Division Multiple Access；時分割多元接続）は，解図2に示すように，ある一つの周波数に対して時間を複数に分割し，分割した時間（タイムスロット）を各端末に割り当てて通信を行う方式である．一つの端末は，割り当てられたタイムスロットを1チャネルとして使用する．チャネルを増設するには，別の周波数を使い，時間を複数に分割したタイムスロットを新たなチャネルとして割り当てる．タイムスロットが重ならないように時間同期の制御が必要になるものの，時間軸上での多重化なのでFDMAに比べて送受信機の数は少なくて済む．この方式は，**アナログ**変調には適さない．この方式は，電力系統の保護リレーシステムのマイクロ波伝送，第2世代ディジタル携帯電話方式などに用いられている．

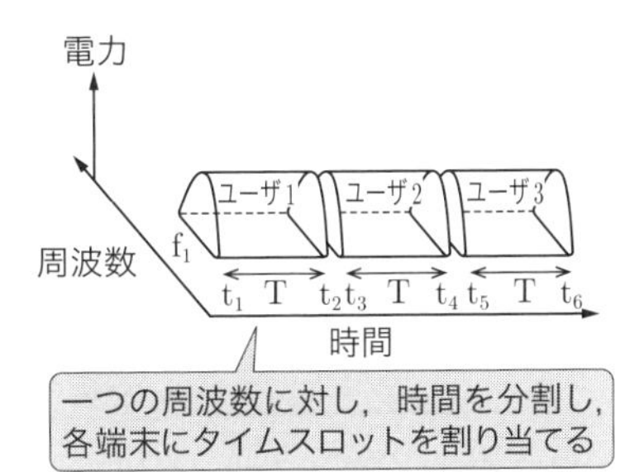

解図2　TDMA

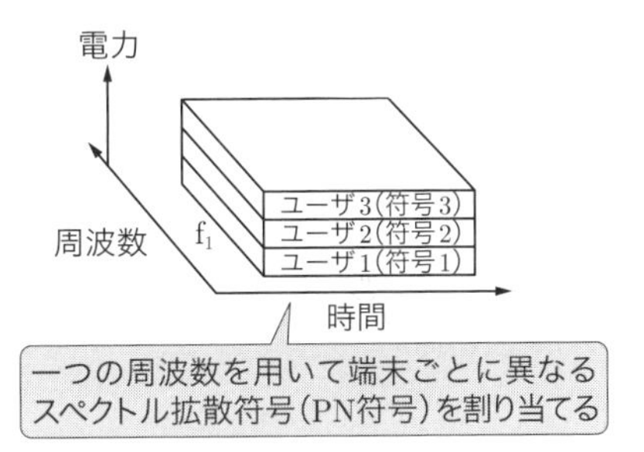

解図3　CDMA

(5) **CDMA**（Code Division Multiple Access；符号分割多元接続）は，解図3に示すように，一つの周波数を用いて端末ごとに異なるスペクトル拡散符号（PN符号）を割り当てて通信を行う方式である．送信信号は拡散符号を用いて変調信号の周波数帯域幅よりも広帯域に拡散される．同一周波数，同一時間で複数端末が通信を行っても拡散符号が異なるので，端末ごとのチャネルを識別できる．この方式は，周波数利用効率がFDMA，TDMAよりも高い．第3世代移動通信システムで用いられている．

解答　(1)（リ）　(2)（ト）　(3)（カ）　(4)（ハ）　(5)（ル）

問題 10　通信ネットワークのデータ伝送における同期制御方式 (H21-B7)

次の文章は，通信ネットワークにおけるデータ伝送制御の同期制御方式に関する記述である．

電力システムなどの大規模システムにおいては，多数のコンピュータが高速で大容量の通信回線によって接続され，膨大なデータを伝送・交換しながらその大規模システム全体を制御・運用している．データ通信の伝送制御としては，コンピュータと端末装置や周辺装置とのデータ通信が始まりといえる．このデータの送受信には，送信側と受信側との同期をとる必要があり，下記の主な同期制御方式がある．

(1) 方式：スタートやストップのビットを付加して送信する方式で，1文字ごとに同期をとる必要があるため，非同期方式と呼ばれる．また，伝送制御を実際に行うための伝送制御手順としては，受信する側の状態を確認することがないので (2) 手順で使用される．

(3) 方式：データの前にSYNと呼ばれる特定ビットパターンを2回以上付加して送信し，受信側では，SYN信号を受信すると受信側の時計をSYN信号に同期させ，送られてきた文字列データを (4) ごとに1文字に変換する方式である．

フレーム同期方式：伝送路に常にビットパターンを送信し，これをもとに受信側で同期をとる方式で，任意のビット列データを送信でき， (5) 手順で使われている．

解答群

(イ)　調歩同期	(ロ)　16ビット	(ハ)　低　速
(ニ)　ベーシック同期	(ホ)　HDLC	(ヘ)　半二重化同期
(ト)　8ビット	(チ)　高　速	(リ)　無
(ヌ)　アスキー同期	(ル)　BSC	(ヲ)　時刻同期
(ワ)　1ビット	(カ)　専　用	(ヨ)　キャラクタ同期

―攻略ポイント―

通信ネットワークのデータ伝送における同期制御方式についての出題である．少し専門的な内容を含むものの，目を通して基本事項だけは確認しておく．

解説 巨大なシステムである電力システムは，膨大なデータを伝送・交換しながら，制御・運用されている．コンピュータと端末装置や周辺装置とのデータ送受信には，送信側と受信側で同期をとる必要がある．

(1)(2) **調歩同期方式**は，一文字分の文字情報を送るときに，データの先頭にデータ送信開始の情報（スタートビット），データ末尾にデータ送信終了の信号（ストップビット）を付け加えて送受信を行う方式である．非同期方式ともいう．また，伝送制御を実際に行うための伝送制御手順としては，受信する側の状態を確認することがないので**無**手順で使用される．調歩同期方式は，パソコン通信などの低速通信に適用される．

(3)(4) **キャラクタ同期方式**は，データの前にSYN（シンク）と呼ばれる特定ビットパターンを2回以上付加して送信し，受信側では，SYN信号を受信すると受信側の時計をSYN信号に同期させ，送られてきた文字列データを**8ビット**ごとに1文字に変換する方式である．

(5) フレーム同期方式は，伝送路に常にビットパターンを送信し，これをもとに受信側で同期をとる方式である．これは，フラグと呼ばれる特殊符号を複数のデータからなるデータ集合体の前後に付与する同期方式であり，フラグ同期方式とも呼ばれる．任意のビット列データを送信でき，**HDLC**手順で使われている．HDLCに関しては，問題8の解説で説明しているので，参照する．

解答 **(1)(イ)　(2)(リ)　(3)(ヨ)　(4)(ト)　(5)(ホ)**

問題11 画像データの圧縮技術 (H30-B7)

次の文章は，画像データの圧縮技術に関する記述である．

施設の遠隔監視やセキュリティの確保などの場面で，ディジタル画像の保存や伝送が行われている．画像データは情報量が多く，保存や伝送に適するようデータを圧縮し，記憶容量を削減する必要がある．

[(1)] 画像のデータ圧縮方法としてランレングス符号化がある．[(1)] 画像は同じ画素値が連続して並ぶことが多いため，画像を走査したときの白又は黒の連続する画素数を数値で表すことによって，データ量を圧縮することができる．ファクシミリでは，この連続する画素数の統計的な発生確率を利用して，よく現れる数値には短い符号を，逆にほとんど現れない数値には長い符号を割り当てる可変長符号化であるハフマン符号化が応用されている．

カラー静止画像の場合は，非可逆圧縮方式の［(2)］アルゴリズムが普及している．この方式は，画像の空間周波数の［(3)］ところでは色差情報を粗くしても画像の劣化に気付きにくいことなどを利用してデータ量を圧縮したものである．

［(2)］アルゴリズムの圧縮演算時は，最初に表色系を変換し，色差成分の間引きを行う．その後，画像をブロック分割し，二次元離散［(4)］変換（DCT）によって空間周波数を算出し，高周波成分には粗いビット数を割り当ててデータ量を削減する．さらに，画像の走査方法を工夫し，エントロピー符号化によってデータ圧縮を行う．ただし，画像の圧縮率が高いと劣化現象としてブロックノイズや［(5)］ノイズが発生するので，要求される画像品質に応じた演算パラメータの設定が必要である．

解答群

(イ) フーリエ	(ロ) 低　い	(ハ) アマダール
(ニ) BMP	(ホ) TIFF	(ヘ) コサイン
(ト) 2値	(チ) モスキート	(リ) 変わらない
(ヌ) プ　ル	(ル) ホワイト	(ヲ) 高精細
(ワ) 濃　淡	(カ) JPEG	(ヨ) 高　い

―攻略ポイント―

専門的な内容を含んでいるが，昨今の世の中のニーズとして画像データの圧縮技術は重要性を増しているので，取り上げている．ポイントだけはおさえておく．

解 説　画像データの圧縮技術には，可逆圧縮方式と非可逆圧縮方式がある．可逆圧縮方式は，データの欠落が起こらず，圧縮された符号を復元すれば圧縮前のデータを完全に復元できる．一方，非可逆圧縮方式は，多少のデータの欠落を許容する代わりに圧縮効率を高めた方式であり，圧縮されたデータを復号しても圧縮前のデータを完全に復元することはできない．

(1) **2値**画像のデータ圧縮としてはランレングス符号化がある．2値画像は同じ画素数が連続して並ぶことが多いため，画像を走査したときの白または黒の連続する画素数を数値で表すことによって，データ量を圧縮することができる．ファクシミリで使われるハフマン符号化は，可逆圧縮方式のアルゴリズムである．

(2)(3) カラー静止画像の場合は，非可逆圧縮方式の**JPEG**（Joint Photographic Experts Group）アルゴリズムが普及している．この方式は，画像の空間周波数の**高い**ところでは色差情報（色空間の距離）を粗くしても画像の劣化に気付きにくいことなどを利用してデータ量を圧縮したものである．

(4)（5）**JPEG** アルゴリズムの圧縮演算時は，最初に表色系を変換し，色差成分の間引きを行う．その後，画像をブロック分割し，二次元離散**コサイン**変換（DCT；Discrete Cosine Transform）によって空間周波数を算出し，高周波数成分には粗いビット数を割り当ててデータ量を削減する．さらに，画像の走査方法を工夫し，エントロピー符号化によってデータ圧縮を行う．ただし，画像の圧縮率が高いと劣化現象としてブロックノイズや**モスキート**ノイズが発生するので，要求される画像品質に応じた演算パラメータの設定が必要である．ここで，ブロックノイズは画像の一部領域がモザイク状に見える現象，モスキートノイズは画像の輪郭部分に蚊の大群がいるように見える現象である．

(1)（ト）　(2)（カ）　(3)（ヨ）　(4)（へ）　(5)（チ）

〈著者略歴〉

塩 沢 孝 則（しおざわ　たかのり）

昭和61年　東京大学工学部電子工学科卒業
昭和63年　東京大学大学院工学系研究科電気工学専攻修士課程修了
昭和63年　中部電力株式会社入社
平成元年　第一種電気主任技術者試験合格
平成12年　技術士（電気電子部門）合格
　　　　　中部電力株式会社執行役員等を経て
現　　在　一般財団法人日本エネルギー経済研究所専務理事

徹底攻略
電験一種　一次試験　機械

2025年4月25日　　第1版第1刷発行

著　　者　塩 沢 孝 則
発 行 者　髙 田 光 明
発 行 所　株式会社 オーム社
　　　　　郵便番号　101-8460
　　　　　東京都千代田区神田錦町 3-1
　　　　　電話　03(3233)0641(代表)
　　　　　URL　https://www.ohmsha.co.jp/

印刷・製本　美研プリンティング
ISBN978-4-274-23332-6　Printed in Japan